NATHAN H. LENTS

Diversität

NATHAN H. LENTS

Diversität

Der biologische Sinn hinter der Vielfalt von Sex, Gender und Geschlecht

Aus dem Englischen
von Sebastian Vogel

DUMONT

Ich widme dieses Buch allen queeren Menschen, denen gesagt wird, sie seien unnatürlich. Ihr seid nicht unnatürlich. Ihr seid fehlerlos und schön, so, wie ihr seid.

Es liegt etwas Großes
in dieser Sicht auf das Leben, …
dass … aus einem so schlichten Anfang
zahllose überaus schöne und wunderbare
Formen hervorgegangen sind und
weiter hervorgehen werden.

Charles Darwin, *Der Ursprung der Arten*

Inhalt

Einleitung:

Wie die Dinge stehen

(Man verzeihe mir das Wortspiel.)

Im Biologieunterricht an der Highschool gab die Lehrerin eines Tages bekannt, gegen Ende der Woche werde eine *Lernstandserhebung* über den Inhalt des Kapitels stattfinden, über das wir zuvor gesprochen hatten. Das war Anfang der 1990er-Jahre, und meine Klassenkameraden und ich hatten den Begriff noch nie gehört. Dr. Parrish erklärte, was für Fragen in der Erhebung vorkommen würden, und gab uns Tipps, worauf wir uns beim Lernen konzentrieren sollten.

»Okay, aber ist das ein Test?«, fragten wir. Darauf erwiderte Dr. Parrish, die Erhebung werde mit 20 Punkten bewertet. Sie erinnerte uns daran, dass die Arbeit des Quartals insgesamt 200 Punkte bringen konnte, zusätzliche Leistungsnachweise nicht mitgerechnet.

»Dann ist es also ein Quiz?« Langsam war sie mit ihrer Geduld am Ende. Dr. Parrish erklärte, die Erhebung mache 10 Prozent der Gesamtpunkte im Quartal aus, also sollten wir uns entsprechend anstrengen.

»Warum sagen Sie uns nicht einfach, ob es ein Test oder ein Quiz ist???«

»Ich habe euch doch gerade gesagt, wie viele Punkte es bringt. Was spielt es für eine Rolle, wie man es nennt?«

Natürlich spielt es eine riesengroße Rolle. Wir Menschen sind instinktiv bestrebt, alles in unserem Leben zu benennen, in Kategorien einzuteilen und zu organisieren. Es hilft uns dabei, unsere Umwelt – sowohl die Natur als auch die Welt, die wir erschaffen –

zu verstehen. Aber solche Etiketten sind etwas Künstliches. Sie sind *Konstrukte*. Damit soll nicht gesagt werden, dass Benennungen und Kategorien bedeutungslos wären; es heißt nur, dass sie als reale Gebilde nicht existieren, bis wir sie kreieren. Zwischen einem Test und einem Quiz besteht kein sachlicher Unterschied. Es sind nur verschiedene Wörter, mit denen die relative Größe und Gewichtung einer Beurteilung angezeigt werden. Indem Dr. Parrish uns den Punktwert mitteilte, machte sie die Etiketten überflüssig, aber das stellte uns nicht zufrieden. Wir wollten wissen, wofür wir lernten – für einen Test oder für ein Quiz. Zumindest in unseren Köpfen bestand zwischen beiden ein Unterschied.

In der Biologie gibt es ein System – ein ganzes Fachgebiet –, in dem es um die Benennung und Klassifikation von Lebewesen geht. Aber diese Klassifikation oder *Taxonomie* (auch »biologische Systematik« genannt) ist ausschließlich eine Schöpfung der Menschen und dient nur unserem Bedürfnis, die Organismen, die wir studieren, zu verstehen und uns darüber zu verständigen. Unter einer »biologischen Art« oder »Spezies« stellen wir uns meist etwas Wirkliches vor. Dies ist ein *Canis lupus*, ein Wolf, und jenes Tier ist ein *Canis familiaris*, ein Hund. Sie sind verwandt, unterscheiden sich aber. Wir alle sind Jetztmenschen (*Homo sapiens*), doch die Schädeldecke, die an einem folgenschweren Tag des Jahres 1856 im Neandertal bei Düsseldorf gefunden wurde, gehört zu einer anderen Spezies, die wir *Homo neanderthalensis* nennen. Wir sind verwandt, aber auch unterschiedlich. Eine *Spezies* umfasst alle Exemplare eines Typs, die nicht zu einem anderen Typ gehören.* Einfach, fein und säuberlich.

Allerdings ... wissen wir, dass Hunde ursprünglich wilde Wölfe waren, die domestiziert wurden (oder sich selbst domestiziert haben). Vor langer Zeit machten ein paar Wölfe, die sich bei Menschengrup-

* Das ist natürlich nicht die wissenschaftliche Definition von »Spezies«. Aber den Begriff zu definieren, ist so schwierig, dass es in der Biologie mehrere konkurrierende Definitionen gibt.

pen herumtrieben, über einige Jahrtausende mehrere Selektionsrunden durch, bis die Population so viele eigenständige Merkmale hatte, dass es eigentlich keine Wölfe mehr waren. An welchem Punkt waren sie keine Wölfe mehr, sondern Hunde? Gab es einen Zeitpunkt, zu dem die letzte Wolfsgeneration die erste Hundegeneration zur Welt brachte?

Ähnlich verhält es sich auch mit Jetztmenschen und Neandertalern: Beide stammen von einer gemeinsamen Vorläuferspezies ab, die in der Anthropologie meist *Homo heidelbergensis* genannt wird (manche Forschenden glauben allerdings, es sei *H. antecessor* gewesen). Während *unsere* Vorfahren in Afrika blieben und dort ihre weitere Evolution durchmachten, entwickelten sich die Vorfahren der Neandertaler vorwiegend im Nahen Osten, in Zentralasien und Europa. Irgendwann waren die beiden Populationen, die sich parallel weiterentwickelt hatten, so unterschiedlich, dass wir sie als verschiedene Wesen erkennen und ihnen verschiedene Artnamen geben. Aber an welcher Stelle ziehen wir die Grenze? Angenommen, wir könnten eine ununterbrochene Abstammungslinie von *H. heidelbergensis* bis zu uns betrachten: Könnten wir dann auf den allerersten Jetztmenschen deuten? Die Antwort lautet: Nein, das könnten wir nicht. Was nützen uns demnach die Kategorien, wenn die Übergänge so verschwommen sind, dass wir keine klaren Grenzen ziehen können?

Das Problem hierbei ist, dass zwischen den Arten *kontinuierliche* Übergänge bestehen, insbesondere wenn wir Vorläuferpopulationen einbeziehen. Es gibt einfach keine Möglichkeit, eine eindeutige Abgrenzung vorzunehmen, aber das heißt nicht, dass die Unterschiede als solche nicht existieren und dass die Kategorien sinnlos sind. Betrachten wir einmal eine Parallele: das Entwicklungsalter. Irgendwann in der Vergangenheit waren wir Kinder und besaßen die Eigenschaften von Kindern: geringe Größe, körperliche und emotionale Unreife und so weiter. Derzeit weisen wir die Merkmale von Erwachsenen auf. Zu welchem Zeitpunkt ist jemand zum Erwachsenen geworden? Gab es einen Tag, an dem wir als Kinder zu Bett gegangen und als Erwachsene aufgewacht sind? Natürlich nicht. Es war ein kontinuierlicher Prozess mit verschwommenen Grenzen, aber das bedeutet nicht, dass Erwachsene und Kinder gleich wären. Dass Erwachsene und Kinder sich unterscheiden und unterschiedlich behandelt werden müssen, wissen wir alle.

Um die verschiedenen Varianten, die wir in Bezug auf biologisches Geschlecht, Gender (soziales Geschlecht) und Sexualität beobachten, zu erfassen, müssen wir uns mit der Vorstellung von kontinuierlich ineinander übergehenden Kategorien vertraut machen, denn sie sind die Lebenswirklichkeit. Mithilfe der von uns konstruierten Etiketten und Kategorien verständigen wir uns über Unterschiede, aber die Realität bewegt sich innerhalb und außerhalb dieser Kategorien, ohne viel Rücksicht auf unsere Empfindungen zu nehmen. Rubriken und Bezeichnungen sind wichtig – es ist schwer vorstellbar, wie wir ohne sie die Themen dieses Buches erörtern sollten –, doch wir müssen immer daran denken, dass sie dazu da sind, uns zu dienen, und nicht umgekehrt. Wenn wir feststellen, dass wir durch rigide Kategorien in Schubladen gesteckt werden, können wir nur eines tun: aus ihnen ausbrechen.

Eine Frage der Bezeichnung

Dass wir in einer Zeit großer Umwälzungen leben, steht außer Frage. Auf der ganzen Welt sind die Gesellschaften entlang politischer und sozialer Grenzen gespalten. Das Themenspektrum reicht dabei von der Umwelt über Migration bis zur Globalisierung – die Liste ließe sich beliebig verlängern. Die größte Gefahr besteht aber nach Ansicht vieler darin, dass die traditionellen Vorstellungen von Geschlecht, Gender und Sexualität zunehmend aufgegeben werden und dass in der Folge die traditionelle Kernfamilie zusammenbricht.

Wenn ich den Begriff »traditionell« verwende, meine ich damit einfach Ansichten, die in einem Großteil der Welt in der jüngeren

Vergangenheit vorherrschten. Über Generationen hinweg hat man uns beigebracht, dass das biologische Geschlecht eine einfache Angelegenheit ist: dass Männer Männer und Frauen Frauen sind; dass Männer sich nur von Frauen angezogen fühlen sollten und umgekehrt; dass romantische Begegnungen das Ziel haben, so schnell wie möglich einen Partner beziehungsweise eine Partnerin zu finden; dass Geschlechtsverkehr nur unter verheirateten Paaren stattfinden sollte, und zwar mit dem Hauptziel, Kinder zu zeugen; und dass die Ehe auf Dauer angelegt sein und sich vor allem darum drehen sollte, Kinder großzuziehen. Diese Ansichten wurden nicht als Ideale angepriesen, die es anzustreben galt, sondern als der *richtige* Weg. Wer davon abwich, so sagte man uns, sei anormal, gestört, sündig und *unnatürlich*.

Aber die Zeiten ändern sich. Immer mehr Menschen, insbesondere jüngere, stehen Gender und Sexualität aufgeschlossener gegenüber. Das geht weit darüber hinaus, sich als »schwul« oder »transgender« zu definieren, wie die Pioniere der abweichenden Gruppen des 20. Jahrhunderts.[1] Begriffe wie »genderfluid« und »nicht binär« gewinnen an Einfluss, und junge Erwachsene bezeichnen sich zunehmend als »pansexuell«, »demisexuell« oder »asexuell« statt wie früher einfach nur als »hetero«, »homo« oder »bi«.[2] Die herkömmlichen Kategorien für Genderidentität und -ausdruck, aber auch für sexuelle Anziehung und romantische Liebe sind einfach nicht mehr angebracht.[3] Das immer länger werdende Aufzählen der Kategorien in Bezug auf Gender und Sexualität macht nun einem allgemeinen *no labels* Platz, einem Ansatz, der jede strenge Definition vermeidet.[4,5]

Auch die sexuellen und romantischen Beziehungen verändern sich. Viele junge Erwachsene haben nicht die Absicht, zu heiraten,[6] einvernehmliche Nicht-Monogamie ist auf dem Vormarsch,[7] und die Geburtenraten sinken[8]. Innerhalb von nur zwei Generationen hat sich die sexuelle Landschaft im größten Teil der Industrieländer völlig verändert; deshalb ist es kein Wunder, dass viele Menschen das alles zutiefst beunruhigend finden.

Wirklich überraschend ist für mich aber, wie wenig die Biologie der Sexualität in der öffentlichen Diskussion vorkommt. Immerhin sind Geschlecht, Gender und Sexualität zuallererst biologische Merkmale. Natürlich haben derartige Themen auch psychologische, gesellschaftliche, politische und sogar juristische Aspekte, aber meiner Ansicht nach haben wir alle von diesen Sichtweisen bereits genug gehört. Es ist an der Zeit, dass auch die Biologie ein Wörtchen mitreden kann, und mit diesem Buch biete ich ihr nachdrücklich eine Bühne dafür.

Ich behaupte, dass diese Zeit der sexuellen Umwälzungen eigentlich nur die *Wiederentdeckung* einer viel umfassenderen Beziehung zur Sexualität ist, die unsere Vorfahren früher hatten und deren sich andere Tiere noch heute erfreuen. Mit dem Wort »Vorfahren« bezeichne ich sowohl Menschengesellschaften aus unserer prähistorischen Vergangenheit (vor Jahrtausenden) als auch die verwandten Primaten unserer entfernten Vergangenheit (vor Jahrmillionen). Um meine Aussage zu begründen, werde ich mich mit dem beschäftigen, was wir bei anderen Tieren und verschiedenen Menschengesellschaften unserer Zeit beobachten, sowie mit Erkenntnissen, die wir von unseren Vorfahren in der früheren Welt ableiten können. Für eine unvoreingenommene Betrachtung ist es entscheidend, dass wir vorgefasste Ansichten so gut es geht beiseitelassen und aufgeschlossen in die Tiefe gehen; genau das habe ich hier versucht.

Meine These impliziert aber noch etwas anderes: Viel von der Art, wie wir Menschen unsere Sexualität zum Ausdruck bringen und unsere sexuellen Beziehungen eingehen, erwächst nicht aus angeborener biologischer Verdrahtung, sondern aus kulturellen Konstruktionen. Wie wir noch genauer erfahren werden, fegt schon ein oberflächlicher Blick auf das Sexualleben anderer Tiere alle Vorstellungen hinweg, wonach sexuelle Aktivität ausschließlich auf Fortpflanzung ausgerichtet sei. In der Biologie führt man eine immer länger werdende Liste von Gründen, warum Tiere miteinander Sex haben. Tiere nutzen Sex zur Stärkung von Bindungen und sozialem Zusammenhalt sowie zum Aufbau von Bündnissen. Sie nutzen Sex zum Täuschen, Konkurrieren und mit ökonomischer Absicht. Und sie haben sogar aus dem gleichen Grund Sex, der für *uns* meist entscheidend ist: einfach weil es Spaß macht.

Darüber hinaus wird Sexualität bei keiner anderen Spezies außer dem Menschen streng durch weit gefasste Konstruktionen wie Heterosexualität und sexuelle Monogamie eingeschränkt, und auch in der Geschichte unserer Spezies gab es solche Einschränkungen größtenteils nicht. Eine Neuinterpretation solcher Konstruktionen erscheint weniger verrückt, wenn wir bedenken, wie seltsam und neuartig sie eigentlich sind. Tiere masturbieren. Sie genießen Oralsex, »schwulen« Sex und Gruppensex. Sie haben »außerehelichen« Sex und bemühen sich, mit der Eifersucht fertigzuwerden, die sie häufig begleitet. Da die Menschen nun dieses angeblich neue sexuelle Terrain erkunden, können wir vielleicht einen Blick auf unsere tierischen Vettern werfen und Anhaltspunkte dafür gewinnen, wie man in diesem Minenfeld der gesellschaftlichen Verwerfungen zurechtkommt. Das ist kein Witz!

Die Frage, warum und mit wem wir Sex haben, wurde traditionell stärker durch kulturelle Werte beantwortet als durch die biologischen Grundlagen dieses Verhaltens. Meiner Ansicht nach ist es längst überfällig, dass wir die Wissenschaft in die Diskussion einbeziehen, und das Fachgebiet der Biologie kann uns dabei mindestens auf zweierlei Weise etwas über uns selbst lehren. Erstens trägt ein Blick auf die Naturgeschichte der Sexualität dazu bei, dieses interessante Verhalten in seinen vollständigen evolutionären Zusammenhang zu stellen. Ich behaupte zwar nicht, die Verhaltensweisen anderer Tiere seien die alleinige oder auch nur die beste Grundlage für moralische Überlegungen, aber die Erforschung von Tieren kann unser eigenes Handeln entmystifizieren und schädliche Tabus abmildern. Und wenn wir zweitens vollständig verstehen, aus welch unterschiedlichen Gründen Tiere sexuell aktiv sind und was sie dadurch für sich selbst und andere gewinnen, können wir die vielen sozialen Facetten der Sexualität umfassender würdigen und sie besser in den Zusammenhang unserer anderen Bedürfnisse stellen.

Die biologischen Grundlagen des Tierverhaltens zu studieren, ist schwierig und erfordert ständiges Erforschen und Hinterfragen. Das Verhalten der Menschen begreifen zu wollen, ist jedoch noch mühsamer, denn man muss bedenken, wie viel komplexer unsere Kultur ist. Hin und wieder werde ich eine gerade Linie vom Verhalten eng mit uns verwandter Tiere zu unserem eigenen ziehen und darauf hinweisen, dass wir über eine gemeinsame Evolutionsgeschichte verfügen. In solchen Fällen können wir tatsächlich eine Menge über die Hintergründe bestimmter Handlungsweisen lernen, wenn wir verstehen, wie sie bei anderen Tieren funktionieren.

Manchmal gibt es zwar Parallelen, aber keine direkte Verbindungslinie, das heißt, ein Verhalten dient unter Umständen ähnlichen Zielen, ist jedoch kein Erbe, das einer gemeinsamen Quelle entstammt. In der Biologie trifft man häufig auf dieselben Merkmale bei verschiedenen Lebewesen – nicht weil die Arten eng miteinander verwandt wären, sondern weil die Eigenschaften aufgrund ihrer speziellen Vorteile unabhängig voneinander entstanden sind. So haben beispielsweise sowohl Vögel als auch Fledermäuse Flügel und die Fähigkeit zum Fliegen ausgebildet, aber das geschah getrennt voneinander. Deshalb sind die Flügel von Vögeln und Fledermäusen unterschiedlich gebaut, auch wenn sie ähnlich funktionieren, weil sie den gleichen Zweck erfüllen. Das Gleiche kann für Verhaltensweisen gelten. Die Neigung der heutigen Menschen, *Dyaden* (stabile Zweiergruppen zum Großziehen von Kindern) zu bilden, beobachtet man auch bei Dianameerkatzen. Dagegen gibt es sie bei keiner der Menschenaffenarten, mit denen wir näher verwandt sind, und auch bei keiner der kleinen Affenarten, mit denen die Dianameerkatzen verwandt sind. Die Tendenz, Paare zu bilden, hat sich also offensichtlich bei diesen beiden Arten unabhängig voneinander entwickelt; wir müssen demnach Vorsicht walten lassen, wenn wir die Dyaden-Bildung der Dianameerkatzen als Entsprechung zur

Ehe der Menschen betrachten, wie manche Psychologen es getan haben. Auf die vorhandene oder nicht vorhandene gemeinsame Evolutionsgeschichte werde ich immer wieder hinweisen.

Was dieses Buch ist (und was nicht)

Die ersten fünf Kapitel bieten eine umfassende Darstellung der biologischen Grundlagen von Geschlecht, Gender, Sexualität und sexuellen Beziehungen bei nichtmenschlichen Tieren. Um unsere eigene Beziehung zur Sexualität wirklich einschätzen zu können, müssen wir sie in ihren vollständigen evolutionären Zusammenhang stellen, denn unsere Spezies ist nicht plötzlich vom Himmel gefallen. Wir sind mit allen Tieren verwandt – die anderen afrikanischen Menschenaffen sind unsere Vettern und nur durch wenige Millionen Jahre einer eigenständigen Abstammung von uns getrennt –, und unser Körper, unser Geist sowie unsere Verhaltensweisen haben unter denselben aufmerksamen Blicken der natürlichen Selektionskräfte Gestalt angenommen. Wenn wir beobachten, wie andere Tiere mit ihrer Sexualität umgehen, können wir in einem viel größeren Umfang beurteilen, was beispielsweise »Gender« wirklich bedeutet, wozu Sex wirklich dient und warum sexuelle Beziehungen für uns so wichtig sind. Mit diesen Kenntnissen sind wir in der Lage, uns auf die menschliche Sexualität zu konzentrieren; das werden wir in den letzten drei Kapiteln tun.

Ich widme mich dem Thema zuallererst als Wissenschaftler. Im Mittelpunkt meiner Forschung stehen die Evolution des Menschen und die genetischen Grundlagen für unsere Einzigartigkeit. Insbesondere gehe ich der Frage nach, wie die Gene von Menschen im Vergleich zu denen anderer Menschenaffen auf einzigartige Weise reguliert werden. Was Anatomie, Verhalten und anderes angeht, wissen wir viel darüber, wie Menschen sich von anderen Tieren unterscheiden und welche Unterschiede etwa zwischen dem Jetztmenschen und älteren Spezies wie dem Neandertaler, *Homo erectus* und so weiter bestehen. Peinlich wenig ist aber über die genetischen Ursprünge solcher Unterschiede bekannt; deshalb beschäftigt sich mein Labor mit der Einzigartigkeit der Menschen unter genetischen Gesichtspunkten. Wenn wir Fälle von menschenspezifischer Genexpression entdecken, so unsere Hoffnung, können wir auch nachverfolgen, wie unsere so ganz besondere Art entstehen konnte.

Im Jahr 2012 entschloss ich mich, ein Buch über die Einzigartigkeit der Menschen zu schreiben. Mein Sabbatjahr widmete ich den Recherchen und dem Lesen über das Thema, aber dann stellte ich fest, dass ich genau das Gegenteil des Buches schrieb, das ich hatte schreiben wollen. Als ich der Frage nachging, wie sich Tiere verhalten und welche Instinkte und Gefühle die Triebkräfte solcher Verhaltensweisen sind, gelangte ich zu dem Schluss, dass Tiere gar nicht so anders sind als wir, und diese Erkenntnis – *Not So Different* – wurde dann auch zum Titel des Buches, das aus meiner Arbeit hervorging.[9] Und genauso ist es mit dem Buch, das Sie hier lesen: Es betont nicht die Unterschiede, sondern die Ähnlichkeiten zwischen uns und anderen Tieren.

Dass ein Wissenschaftler erforscht, warum die Menschen anders sind, und dann ständig Bücher und Artikel darüber schreibt, in welcher Hinsicht Menschen *nicht* anders sind, mag verwirrend erscheinen, aber in gewisser Weise geht es genau darum. Um wirklich zu verstehen, was es heißt, ein Mensch zu sein – die treibende Frage für meine ganze Arbeit –, müssen wir sowohl unsere bruchlose Verbindung zu anderen Tieren als auch unsere Besonderheiten erkunden. Es ist wie mit den beiden Seiten einer Münze: Betrachtet man nur eine davon, erfährt man lediglich die halbe Geschichte.

Vor ein paar Jahren begann meine Arbeitsgruppe beispielsweise damit, nach einzigartigen Genen des Menschen zu suchen – das heißt nach Genen, die wir besitzen, unsere engsten heutigen Verwandten (die Schimpansen) aber nicht. Solche speziesspezifischen Gene werden manchmal »verwaiste Gene« oder fachsprachlich »taxonomisch eingeschränkte Gene« genannt.* Dabei verfolgten wir einen etwas naiven Ansatz: Wir nutzten leistungsfähige moderne Computerverfahren zur Genomanalyse, die einfach die Chromosomen von Menschen und Schimpansen nebeneinanderlegten, und suchten dann mit genauen Kriterien, die wir unzähligen Veränderungen unterwerfen konnten, nach Unterschieden. Eigentlich rechnete ich nicht damit, etwas Neues zu finden, denn ähnliche Verfahren nutzten andere Forschende schon seit Jahren. Dennoch hielt ich es für eine gute Möglichkeit, um diese Analysetechnik einmal zu erproben und festzustellen, was man mit ihr erreichen konnte.

Wir suchten uns die Nummer 21 aus, das kleinste Chromosom des Menschen, und hofften, damit etwas über die Methode lernen zu können, bevor wir uns an fettere Chromosomen wagten. Zu meiner großen Überraschung hatten wir schon nach wenigen Wochen in der DNA eine »Insel« gefunden, die ausschließlich menschlich war, und innerhalb dieser Insel lagen einige Gene eines besonderen Typs, die sogenannten microRNA-Gene. Weitere zwei Jahre brachten wir damit zu, diese Gene mit penibelst genauen Analysen zu charakterisieren, Rückschlüsse auf ihre Herkunft zu ziehen und uns zu vergewissern, dass wir mit dem, was wir zu sehen glaubten, recht hatten. Im Jahr 2021 veröffentlichten wir schließlich die Entdeckung.[10] Mittlerweile verwenden wir das Verfahren mit dem weiter gefassten Ziel, im Genom des Menschen sämtliche ausschließlich menschlichen RNA-Gene nachzuweisen. Für Genomforscher ist die heutige eine unglaublich spannende Zeit!

Diese Arbeit wurde teilweise zur Anregung für mein zweites Buch *Human Errors: A Panorama of Our Glitches, from Pointless Bones to Broken Genes.*[11] Darin konzentrierte ich mich gezielt auf die Evoluti-

* Ich bezeichne sie lieber als »junge Gene«, denn ich halte die Mechanismen, die für die Schaffung neuer Gene sorgen, für weitaus interessanter als die Frage, welche engen Verwandten die Gene gemeinsam haben und welche nicht.

onsgeschichte des Menschen und insbesondere auf die Folgen und Nachteile der einzigartigen Vergangenheit unserer Spezies, die neben einer biologischen ebenso eine kulturelle Evolution durchgemacht hat. Wir sind eine seltsame, exzentrische Spezies, und das nicht nur wegen unserer Zellen und Gene, sondern auch weil wir unsere eigene Lebensumwelt *erschaffen*, statt einfach nur auf die Welt um uns herum zu reagieren.

Das alles erwähne ich, weil es meine Überzeugung deutlich macht: Wenn wir die Natur des Menschen – in diesem Fall unsere *genetische* Natur – wirklich verstehen wollen, müssen wir sowohl die Gene studieren, die wir mit anderen Tieren gemeinsam haben, als auch jene, die ausschließlich bei uns vorkommen. Wäre ich davon ausgegangen, dass nur gemeinsame genetische Elemente eine Funktion haben können – eine Annahme, die in der Evolutionsgenetik weitverbreitet ist –, hätte ich diese spezifisch menschlichen Gene auf dem Chromosom 21 ebenso übersehen wie viele Forschende zuvor. Hätte ich aber die Tatsache außer Acht gelassen, dass unsere Chromosomen eine gemeinsame Geschichte mit denen der Schimpansen und Gorillas haben, wäre ich nicht in der Lage gewesen, diese Gene überhaupt zu finden.

Das Gleiche gilt auch für andere Aspekte der menschlichen Natur, darunter unsere gesellschaftliche und sexuelle Natur. Herauszufinden, was wir mit anderen Tieren gemeinsam haben, ist ebenso wichtig wie die Würdigung von allem, was uns von ihnen unterscheidet. Wir sind eine einzigartige Spezies. Aber wir sind auch eine von mehreren Arten afrikanischer Menschenaffen. Zu dem, was wir sind, wurden wir sowohl durch unsere kollektive als auch durch unsere singuläre Geschichte. Dieses Buch konzentriert sich vorwiegend auf die Vergangenheit, die wir mit anderen Tieren teilen, denn Bücher über die einzigartige Geschichte der menschlichen Sexualität haben andere bereits geschrieben. Die letzten drei Kapitel fassen einen Teil solcher Arbeiten zusammen, und nachdem zuvor fünf Kapitel lang von anderen Tieren die Rede war, versuche ich damit, uns wieder zu unseren typisch menschlichen Erfahrungen mit Geschlecht und Gender zurückzuführen.

In der Biologie erforscht man Tiere meist um ihrer selbst willen und unter tierspezifischen Gesichtspunkten, aber nicht als Mittel, um das Menschsein zu verstehen. Schließlich sind Menschen nicht die einzige Spezies mit besonderen Merkmalen. *Jede* Spezies ist einzigartig und muss als solche verstanden werden. Menschen sind nicht einfach eine klügere Version von Schimpansen, und wir dürfen andere Tiere nicht darauf reduzieren, einfachere Versionen unserer selbst zu sein. Aber wenn wir beobachten, wie verschiedene Tiere Geschlecht, Gender und Sexualität ausleben, ist es unmöglich, gewisse Gesetzmäßigkeiten und Gemeinsamkeiten zu übersehen, aus denen sich weiterreichende Erkenntnisse darüber ableiten lassen, worum es beim Sex eigentlich geht. Insbesondere von einem Umstand bin ich überzeugt: Wenn wir die Sexualität der Menschen wirklich verstehen wollen, *müssen* wir das ganze Bild betrachten, und dazu gehören zwangsläufig auch vergleichende Sichtweisen.

Solange wir nicht in eine Zeitmaschine steigen und unseren Vorfahren unmittelbar begegnen können, ist es am besten, wenn wir andere heutige Tiere so eingehend wie möglich beobachten. Wir sollten uns darum bemühen, Aufschluss über gemeinsame Merkmale zu bekommen und herauszufinden, wie sich diese Merkmale in der einzigartigen Umwelt entfaltet haben, in der die Evolution unserer Vorfahren stattgefunden hat. Das ist natürlich ein unvollkommener Ansatz, aber in Verbindung mit allem, was wir durch Fossilien und Artefakte wissen, liefert er unschätzbar wertvolle Erkenntnisse darüber, warum wir so und nicht anders sind.

Hier muss ich eine Warnung aussprechen: Wer an den eigenen Vorurteilen über Gender oder Sexualität hängt, findet dieses Buch vielleicht beunruhigend. Auf den folgenden Seiten wird davon die Rede sein, wie andere Tiere seit Jahrmillionen mit der Entfaltung ihres Geschlechts experimentieren. Wir werden sehen, dass ein intergeschlechtlicher Körperbau weder etwas Neues noch etwas Beängstigendes ist. Es wird deutlich werden, dass sexuelle Aktivität nicht ausschließlich der Fortpflanzung dient und das auch *nie* der Fall war. Ich werde darlegen, warum sexuelle Monogamie im gesamten Tierreich nahezu unbekannt ist. Wir werden uns mit den vielen menschlichen Gesellschaften beschäftigen, in denen unsere heutigen sexuellen Tabus keinen Platz hatten. Gleichzeitig können wir uns über die ersten Versuche amüsieren, die Homosexualität bei Menschen zu erklären. Wir werden verfolgen, wie Transgender-Personen in einer Welt zurechtkamen, die sich schlecht für sie eignete. Und wir werden fragen, *wie um alles in der Welt die Dinge so schiefgehen konnten*. Noch vor zwei Generationen haben wir buchstäblich *verlangt*, dass Teenager sich dazu bereit erklärten, eine dauerhafte und exklusive Ehe mit einer Person einzugehen, die sie nie zuvor nackt gesehen hatten – von einer intimen oder romantischen Bindung ganz zu schweigen.

Natürlich liefert die Erforschung des Sexuallebens von Tieren nicht alle Antworten. Was mein Sexualleben angeht, so würde ich mit vielen Tierarten nicht tauschen wollen. (Mit Ausnahme der Bonobos. Wenn wir wählen könnten, als welche Spezies wir wiedergeboren werden wollen, wären wir verrückt, uns nicht für die Bonobos zu entscheiden.) Die Praxis anderer Tiere und auch die unserer Vorfahren weist sicherlich durchaus beneidenswerte Facetten auf, es gibt jedoch auch Schreckliches. Wenn beispielsweise ein Gorillamännchen einen Harem übernimmt, ermordet es sofort alle Kinder des vorherigen Alphamännchens. Das hat zwar einen eindeutigen Evolutionsvorteil, ist aber kein Aspekt des Gorillalebens, den ich uns zur Nachahmung empfehlen würde. Ebenso kennen beide Schimpansenarten kein Tabu hinsichtlich sexueller Erfahrungen mit sehr jungen Tieren und sogar Säuglingen, doch das ist für mich kein Anlass, meine Abscheu gegenüber der Pädophilie auch nur ein klein wenig zu überdenken. Nur weil Tiere etwas tun, heißt das nicht, dass wir es ebenso tun können oder sollten.

Aber wenn es um eine weiter gefasste, vielfältigere und flexiblere Einstellung zu Gender und Sexualität geht, können wir viel lernen, indem wir über unsere eigene Spezies hinausblicken. Wir müssen nichts nachahmen, wenn wir es nicht wollen. Um ehrlich zu sein, bin sogar *ich* manchmal unsicher, was ich von alledem halten soll. Eines weiß ich allerdings: Viele Argumente, die der Etablierung jener starren, eingeschränkten Haltung gegenüber der Sexualität dienten, die in den letzten Jahrhunderten große Teile der Welt beherrscht hat, lösen sich schnell auf, wenn wir einen Blick in die Runde werfen. Unsere Biologie schreibt keine strenge Zweiteilung der Geschlechter vor. Heterosexualität ist nicht die vorherrschende sexuelle Orientierung. Sexuelle Monogamie ist unter Säugetieren praktisch unbekannt. Und die Kernfamilie ist für Menschen nicht der einzig natürliche Zustand.

Vielleicht identifiziert sich jemand grundsätzlich als Frau. Oder jemand fühlt sich sexuell nur zu Frauen hingezogen. Vielleicht bevorzugt der eine oder die andere eine traditionelle Form von Dating, Beziehungen und Ehe. Und einige wollen vielleicht mit polyamoren Beziehungen nichts zu tun haben. Nichts in diesem Buch soll persönliche Einstellungen zu solchen Themen infrage stellen. Aber ich hoffe, es liefert gute Gründe, um anzuerkennen, dass manche Mitmenschen anders empfinden und dass ihre Sichtweisen ebenso Gültigkeit haben wie unsere eigenen. Wenn wir andere Tiere oder unsere eigene Vergangenheit betrachten, finden wir eine gewaltige Vielfalt. Es gibt nicht den einen richtigen Weg, ein Mann zu sein, nicht den einen angemessenen Weg, Sex zu haben oder Beziehungen einzugehen, und es gibt keine starre Schablone dafür, wie eine Familie auszusehen hat.

Manche Kritiker der hier dargelegten Gedanken werden behaupten, diese seien von einer sozialpolitischen Agenda beeinflusst, ein Ausdruck verrückter postmoderner Werte oder vielleicht sogar nur meine persönlichen Überzeugungen oder Vorlieben. Das stimmt nicht. Wenn wir bei anderen Tieren oder auch bei einigen früheren oder heutigen Bevölkerungsgruppen der Menschen auf sexuelle Verhaltensweisen stoßen, die meinen eigenen Wertvorstellungen zuwiderlaufen, werde ich das ohne Zögern aussprechen. Sexuelle Nötigung und erzwungener Geschlechtsverkehr sind beispielsweise bei anderen Arten und sogar bei unseren engen Verwandten nichts Ungewöhnliches, wobei beide Geschlechter sowohl Täter als auch Opfer sein können. Dennoch verurteile ich Vergewaltigung und sexuelle Übergriffe ebenso nachdrücklich wie jeder andere. Man mag es glauben oder nicht, aber in diesem Buch geht es nicht um Werte; es geht um Biologie.

Dessen ungeachtet möchte ich den Lesenden nicht vormachen, ich hätte hier keine eigenen Interessen. Ich bin nicht nur ein Wissenschaftler, der sich für das Wesen des Menschen interessiert, sondern ich bin auch ein schwuler Mann und trete seit Ende der 1990er-Jahre für Schwulenrechte ein. Ebenso bin ich an der Institution der Ehe beteiligt. Ich habe 2013 vor dem Obersten Gerichtshof die Verhandlung im Verfahren *United States vs. Windsor* mit angehört, in dem es um die gleichgeschlechtliche Ehe ging; ich habe Mitglieder der Westboro Baptist Church zum Wegschauen gezwungen; und ich habe geheiratet, sobald in meinem Heimatstaat New York die juristische Möglichkeit dazu bestand. Mein Mann und ich ziehen zwei Kinder groß, die wir aus einem Pflegeverhältnis heraus adoptiert haben. Allen, die mir vorwerfen, ich wolle das Konzept von Ehe und Familie zerstören, sage ich: Warum sollte ich gerade diese Institution ruinieren wollen, nachdem ich so hart dafür gekämpft habe, Zugang zu ihr zu erhalten?

Wenn wir naturwissenschaftliche Erkenntnisse auf gesellschaftliche und persönliche Angelegenheiten oder auch auf politische Fragen beziehen, müssen wir letztlich immer das »Ist« vom »Sollte« trennen. Wissenschaft beschäftigt sich traditionell mit dem »Ist«. Forschende bemühen sich darum, das Wesen der Dinge zu untersuchen und aufzuzeigen, wie sie wirklich sind. Der Frage nachzugehen, wie Dinge sein »sollten«, ist Aufgabe anderer Fachgebiete wie

Philosophie, Jura und Theologie. Aber die Grenzen sind fließend, und zwischen »ist« und »sollte« kann nie sauber getrennt werden. Wie können wir erkennen, wo wir sein »sollten«, ohne zuvor vollständig begriffen zu haben, wo wir stehen und wie wir hierhergekommen sind?

Sosehr ich mich auch darum bemühen werde, in diesem Buch einen leidenschaftslosen Blick auf die biologischen Grundlagen der Sexualität zu werfen, so werde ich doch zwangsläufig den Spagat zwischen den Welten von »ist« und »sollte« vollziehen müssen; etwas anderes vorzutäuschen, wäre unaufrichtig.

Das einfachste und am häufigsten gewürdigte Beispiel dafür aus dem Bereich der Sexualforschung ist die Masturbation. Jahrhundertelang beharrten Fachleute in der christlichen Welt, darunter auch Forschende, auf einem ganz bestimmten »Sollte«: Menschen sollten nicht masturbieren, weil es sündig und für Körper und Geist schädlich sei. Als man endlich die Wissenschaft dazu befragte, zeigte sie, dass nahezu alle Menschen (und nahezu alle Tiere!) regelmäßig masturbieren und dass damit allein weder im Körper noch im Geist auch nur der geringste Schaden angerichtet wird. Das erforderte eine umfangreiche Revision all dessen, was bis dahin über das »Sollte« in Bezug auf die Masturbation geglaubt und gelehrt worden war. Manche religiösen Gemeinschaften erhalten zwar das Tabu stillschweigend um einer einheitlichen Doktrin willen aufrecht, ansonsten hat man es aber praktisch überall fallen gelassen, und heute lernen junge Leute im Sexualkundeunterricht, dass Masturbation vollkommen normal und gesund ist. Auch wenn es nicht die Aufgabe der Wissenschaft ist, Aussagen über das »Sollte« zu machen, haben die von ihr gewonnenen Erkenntnisse mit Sicherheit Auswirkungen auf die Entwicklung und Beibehaltung solcher Aussagen. Ich biete hier ein kleines Stückchen der Wahrheit, das uns durch sorgfältige Beobachtung der Natur nahegebracht wurde. Was wir mit dieser Wahrheit anfangen, liegt bei uns – als Individuen und als Gesellschaft.

Das vorliegende Buch ist eindeutig *keine* Darstellung meiner eigenen »Sollte«-Ansichten, wenn es um Gender und Sexualität geht. Um ganz ehrlich zu sein: Diese herauszufinden, bemühe ich mich selbst immer noch. Ich glaube einfach, dass die jungen Menschen von heute auf etwas gestoßen sind, das eine weitere Erkundung lohnt, dass sie eine umfassendere Sicht auf die menschliche Sexualität haben. Welche Aussagen über das »Sollte« wir als Einzelne oder als Kultur auch machen, sie sollten nach meiner Überzeugung auf der bestmöglichen Wissenschaft basieren. Wir können eine freiere, weitreichende Entfaltung unserer Sexualität in Betracht ziehen und selbst entscheiden, welche Aspekte davon wir uns zu eigen machen oder ablehnen. Ganz gleich, wohin es uns führt, wir werden durch einen aufrichtigen, umfassenden Blick auf die Naturgeschichte der Sexualität besser informiert sein.

Wollen wir anfangen?

Kapitel 1

Der Regenbogen der Evolution: Männchen, Weibchen und mehr

Der zweitumsatzstärkste Film des Jahres 2003 war *Findet Nemo*, ein Familien-Animationsfilm über den Clownfisch Marlin, der nach seinem Sohn Nemo sucht. Wer ihn nicht gesehen hat, sollte dies als Spoileralarm betrachten. Der Film beginnt mit dem tragischen Tod von Nemos Mutter. Marlin wird Witwer, und Nemo geht orientierungslos verloren, hinweggespült von den Meeresströmungen. Der Rest des Films ist die Geschichte von Marlins Suche nach dem verlorenen Sohn. Es ist eine herzerwärmende Erzählung über Liebe, Verlust und das Erwachsenwerden.

Wäre der Film biologisch korrekt, verliefe die Geschichte ein wenig anders. Nach dem Verlust seiner Partnerin würde Marlin sich in ein Weibchen verwandeln. Bei der schlussendlichen Wiedervereinigung mit Nemo wäre Marlin dessen Mutter.

Clownfische (*Amphiprion ocellaris*) leben in einer präzise in Schichten eingeteilten Sozialstruktur. Wie bei vielen sozialen Tieren – in der Regel allerdings nicht bei Fischen – gibt es bei ihnen eine Dominanzhierarchie, die über das Vorrecht beim Fressen und bei der Paarung bestimmt. In jeder Kleingruppe ist diese Hierarchie streng an die Größe gebunden: Die Spitzenposition hat der größte Fisch inne, der auch der älteste und aggressivste ist. Dieser Alphafisch ist immer ein Weibchen, und zwar das einzige in der Gruppe. Demnach muss Nemos Mutter also das Alphatier ihrer Clownfischgruppe gewesen sein.

Umgeben ist das Alphaweibchen von einem kleinen Harem aus Männchen, deren Rangfolge wiederum von Größe und Alter abhängt. Das älteste und größte wird als »Alphamännchen« bezeichnet und ist gegenüber seinen Geschlechtsgenossen dominant, dem Alphaweibchen aber ordnet es sich unter. Nur das Alphamännchen darf sich mit dem Alphaweibchen paaren. Alle anderen müssen warten, bis diejenigen, die über ihnen stehen, entweder gestorben sind oder sich in Weibchen verwandelt haben. Da Marlin einen Sohn hat, muss er also das Alphamännchen gewesen sein.

Eine Clownfischgruppe besteht aus einem Brutpaar und einigen Ersatzmännchen, die warten, bis sie an der Reihe sind. Geht das Alphaweibchen verloren, ist die Gruppe nicht nur führungslos, sondern sie hat auch kein Weibchen mehr. Was ist dann zu tun? Um den Harem zu übernehmen, muss das Alphamännchen, das der größte verbliebene Fisch ist, nur sein Geschlecht von männlich zu weiblich ändern. Und genau das tut es.

Bei Clownfischen gibt es nahezu keinen *Geschlechtsdimorphismus*, das heißt, Männchen und Weibchen sind im Wesentlichen gleich und besitzen sogar eine Keimdrüse mit doppeltem Potenzial, die als *Ovotestis* oder »Zwitterdrüse« bezeichnet wird. Nachdem das Alphaweibchen verloren gegangen ist, verkümmert im Laufe ungefähr eines Monats das Hodengewebe des Alphamännchens, während das Eierstockgewebe schnell heranreift und tätig wird. Gleichzeitig steigen alle anderen Männchen im Rang auf und wachsen. Das Betamännchen wird zum neuen Alphamännchen, das Gamma wird zum Beta und so weiter.

Als Vater Marlin den Sohn Nemo findet, hätte »sie« eigentlich schon den Übergang zum Weibchen vollzogen haben müssen. Die beiden hätten dann in der Nähe eine Seeanemone gefunden und sich dort ein neues Zuhause geschaffen. Wenn man annimmt, dass keine größeren Männchen hinzukämen, hätten Nemo und Marlin angefangen, sich zu paaren. Vermutlich ist es gut, dass man bei Pixar keine biologische Genauigkeit angestrebt hat.

Let's talk about sexes, Baby

Im Englischen hat das Wort *sex* unglücklicherweise zwei verschiedene Bedeutungen, und beide spielen in Gesprächen über eines der beiden Themen häufig eine Rolle. Wie im Deutschen bezeichnet *sex* die Verhaltensweisen und Aktionen in Verbindung mit Sexualität, wobei in der Regel die Geschlechtsorgane beteiligt sind und es zur körperlichen Erregung einer oder mehrerer Personen sowie manchmal sogar zur Fortpflanzung kommt. Wir sprechen davon, dass wir »Sex haben«, und das ist sowohl wissenschaftlich als auch – nun ja – ansonsten der lustige Teil. *Sex* ist außerdem das englische Wort für »Geschlecht«. In der Alltagssprache wird damit oft zum Ausdruck gebracht, ob jemand ein Junge oder ein Mädchen ist, beispielsweise wenn gefragt wird: »*Do you know the sex of the baby?*« (»Weißt du, welches Geschlecht das Baby hat?«) Die wissenschaftliche Definition des Wortes – häufig spezifiziert als »biologisches Geschlecht« – wurde nach und nach immer mehr eingeengt, sodass damit heute in der Biologie meist nur noch die Produktion von Samen- oder Eizellen bezeichnet wird. Und wie oft kommt es in dieser Bedeutung in Gesprächen vor? Nur selten. Wenn wir aber die Sexualität der Menschen genauer betrachten wollen, müssen wir an dieser Stelle ansetzen, denn jeder Körperteil und jedes Verhalten im Bereich von Geschlecht, Gender und Sexualität geht auf den Umstand zurück, dass vor rund *2 Milliarden* Jahren diese beiden ganz besonderen Zelltypen entstanden sind: die Samen- und die Eizelle.

Wenn man in der Biologie vom »Geschlecht« eines Tieres redet, meint man damit in der Regel die Art der Keimzellen, die dessen Körper produziert. »Keimzelle« oder »Gamet« ist die Bezeichnung für die stark spezialisierten Fortpflanzungszellen, von denen es zwei Formen gibt: Die größeren werden umgangssprachlich als »Eizellen« bezeichnet, die kleineren als »Samenzellen«. Keimzellen besitzen als einzige Körperzellen nur genau halb so viel DNA wie alle anderen Zellen. Hier liegt der Schlüssel zu dem eleganten genetischen Tanz, der bei der sexuellen Fortpflanzung stattfindet, und er ist der einzige Grund, warum diese Zellen überhaupt existieren. Wenn zwei Gameten verschmelzen und zu einer einzigen Zelle werden, steuern sie zu dieser ihre gesamte DNA-Ausstattung bei. Damit der DNA-Gehalt sich nicht in jeder Generation verdoppelt, halbiert sich jedes Mal die DNA-Menge, wenn die Gameten entstehen.

Aus diesem Grund enthält jede Samen- und Eizelle nur halb so viele Chromosomen wie alle anderen Zellen des Organismus. Beim Menschen besitzen die Gameten jeweils 23 Chromosomen, in jeder anderen Zelle unseres Körpers liegen 23 Chromosomen*paare*, wobei jedes Chromosom von einem biologischen Elternteil stammt – insgesamt sind es also 46. Wenn sich unsere Gameten bilden, erhält jeder eine zufällige DNA-Mischung, die zum Teil vom Vater und zum Teil von der Mutter stammt; entscheidend ist aber, dass jedes Chromosom in jedem Gamet genau ein Mal vorkommt, sodass sich die Gesamtzahl von 23 ergibt.

Wie wir, so besaßen auch unsere Eltern zwei Exemplare jedes Chromosoms, wiederum jeweils eines von jedem *ihrer* Elternteile, aber nur eines davon haben sie an uns weitergegeben. Die Auswahl eines Chromosoms gleicht einem Münzwurf, und bei den 23 Chromosomen entspricht das 23 Münzwürfen. Damit ergeben sich mehr als *8 Millionen Chromosomenkombinationen* (2^{23}). Und da wir zwei Elternteile haben, können wir diese Zahl verdoppeln.* Hinzu kommt noch, dass jede Samen- oder Eizelle eine gewisse Anzahl neuer Mutationen enthält. Bei Menschen liegt deren Zahl zwischen 50 und 200. Die Entstehung der Gameten verläuft also in Schritten, die Vielfalt hervorbringen: Jedes Mal, wenn sich ein neues Individuum

* Genau genommen gibt es noch weitaus mehr Kombinationen, denn die beiden Versionen der Chromosomen tauschen während der Entstehung von Samen- und Eizellen Stücke der DNA untereinander aus. Damit ergibt sich eine praktisch unendliche Zahl möglicher Kombinationen der väterlichen und mütterlichen DNA in einem Gamet.

entwickelt, werden automatisch und unausweichlich einzigartige genetische Kombinationen geschaffen. Das ist der Grund, warum zwei Elternteile theoretisch Millionen Kinder haben könnten, ohne dass zwei von ihnen genetisch genau gleich wären.* Die Karten werden immer wieder neu gemischt.

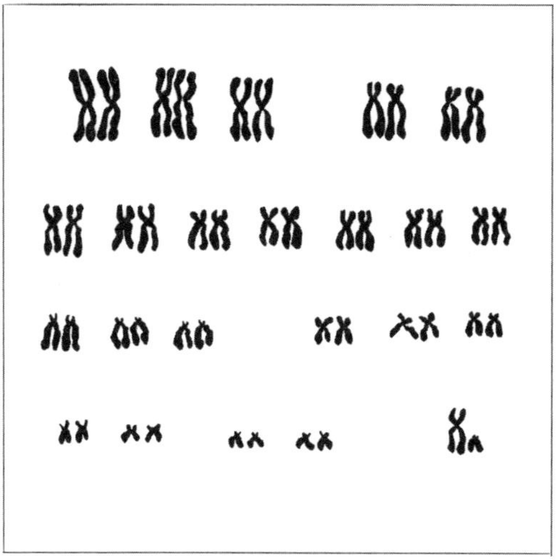

Der Karyotyp eines Menschen mit 23 Chromosomenpaaren

Da das biologische Geschlecht davon abhängt, was für Keimzellen ein Tier produziert, und da es zweierlei Keimzellen gibt – Samen- und Eizellen –, halten viele Menschen das biologische Geschlecht für ein einfaches Entweder-oder, auch wenn sie anerkennen, dass es mit

* Selbst bei eineiigen Zwillingen, die am Anfang ein nahezu gleiches Genom besitzen, bilden sich eigenständige neue Mutationen heraus, und sie erfahren schon in der Frühphase der Embryonalentwicklung eine unterschiedliche epigenetische Prägung (also chemische Abwandlungen der DNA, die sich auf die Ausprägung der Gene auswirken). Wie jeder weiß, der schon einmal eineiige Zwillinge näher kennengelernt hat: Sie sind *nicht* identisch, nicht einmal in genetischer Hinsicht.

dem *Gender* nicht so einfach ist. Die Vielschichtigkeit des Genders werden wir im nächsten Kapitel erörtern, aber schon die Vorstellung, das biologische Geschlecht sei ausschließlich binär, ist problematisch, selbst wenn wir es nur danach bestimmen, was für Keimzellen ein Tier bildet. Es gibt mindestens *drei* Geschlechter, denn wir dürfen die Hermaphroditen nicht vergessen. Wer glaubt, das biologische Geschlecht sei eine einfache Angelegenheit, sollte jetzt den Sicherheitsgurt anlegen, denn es wird ein holpriges Kapitel.

Hermaphroditen (auch »Zwitter« genannt) sind Tiere oder Pflanzen, die sowohl Samen- als auch Eizellen produzieren können, und das häufig zur gleichen Zeit. Bei den meisten Wirbeltieren (Tieren mit einer Wirbelsäule) kommen nur Männchen und Weibchen vor, aber zu vielen Arten wirbelloser Tiere gehören auch Hermaphroditen. Einige Spezies bestehen ausschließlich aus Zwittern, manchmal sind sie neben Männchen und Weibchen vorhanden, und bei anderen Arten gibt es die *Dichogamie*, das heißt, ein Individuum wechselt zu irgendeinem Zeitpunkt in seinem Lebenszyklus das Geschlecht.

Außerdem kennen wir die *Parthenogenese*: Tiere mancher Spezies können sich ganz allein fortpflanzen, aber nicht durch Klonbildung. Von »Parthenogenese« spricht man, wenn eine Eizelle sich zu einem vollständigen Organismus entwickelt, ohne dass sie befruchtet wurde. Ein berühmter Fall ereignete sich 2006: Damals produzierte ein einsamer weiblicher Komodowaran (*Varanus komodoensis*) im Zoo von Chester in Großbritannien ohne den Beitrag eines Männchens ein Gelege, und aus den Eiern schlüpften Junge, die sich zu vollkommen normalen Komodowaranen entwickelten. Dasselbe seltene Phänomen wurde später auch bei wilden Komodowaranen beobachtet.[1] Ebenso kennt man die Parthenogenese von Haien,[2] domestizierten Truthähnen sowie verschiedenen Schlangen und Echsen. Die betreffenden Individuen sind Weibchen, denn sie produzieren Eizellen. Es handelt sich aber um ungeschlechtliche Fortpflanzung, da nur ein Individuum beteiligt ist; die Nachkommen sind jedoch keine Klone, weil ihr Genom nicht mit dem des einen Elternteils identisch ist.

Mehrere Arten der Rennechsen (Gattungen *Aspidoscelis* und *Cnemidophorus*) pflanzen sich sogar *ausschließlich* durch Parthenogenese fort.[3,4] Alle Angehörigen dieser Spezies sind Weibchen und legen Eier, die sich zu ausgewachsenen Tieren entwickeln, ohne dass sie jemals befruchtet wurden. Und doch betreiben auch diese Echsen Sex!

Bei Rennechsen findet eine *induzierte Ovulation* statt, das heißt, sie müssen begattet werden, damit der Eisprung stattfindet. Zwei Weibchen bringen sich also gegenseitig zum Eisprung, indem sie sich abwechselnd gegenseitig besteigen, und danach legen sie Eier, die sich zu Töchtern entwickeln. In Kapitel 3 wird noch einmal von den Rennechsen die Rede sein; vorerst reicht es, wenn ich sage: Die Vorstellung, das biologische Geschlecht müsse etwas Binäres sein, weil es nur zweierlei Keimzellen gibt, wird schon durch Hermaphroditen und Parthenogenese ruiniert.

Und das ist noch nicht alles: Da man erkannt hat, dass sich die Konzepte von Männlichkeit und Weiblichkeit nicht nur auf die Keimdrüsen, sondern auch auf Organe und Strukturen im ganzen Körper anwenden lassen, wird jetzt der Begriff »Gametengeschlecht« immer gebräuchlicher. Er ermöglicht klare Aussagen über Individuen, bei denen manche Körperteile nicht zum Geschlecht der Geschlechtsdrüsen passen. Der Körper mancher Tiere – und Menschen – ist ein Mosaik aus typisch männlichen und weiblichen Formen, und wenn man von dem »Gametengeschlecht« spricht, verdeutlicht man, was für Gameten er produziert.

Reden wir einmal Tacheles: Gameten sind im Gesamtzusammenhang der Evolution das Allerwichtigste. Einzelne Organismen, auch jeder und jede von uns, spielen überhaupt keine Rolle. Wir sind nur kleine Pünktchen auf einer uralten Zeitachse. Unsere Körper werden irgendwann spurlos verschwinden, aber bestimmte Elemente könnten wirklich unendlich weiterleben: unsere Gene. Wir sind nur Behälter zur Verbreitung der Gene, und die Gameten sorgen dafür, dass es uns gelingt. Um die Gameten wirklich zu verstehen, müssen wir großen Abstand von dem Thema gewinnen und eine viel grundsätzlichere Frage über unsere Fortpflanzung stellen: *Warum haben Pflanzen und Tiere überhaupt Sex?*

Bei der geschlechtlichen Fortpflanzung treffen zwei Individuen aufeinander, und durch die Kombination ihres genetischen Materials entsteht ein neues Individuum. Das ist aber nicht der einzige Weg für Lebewesen, um sich zu vermehren. Die Organismen, die auf unserem Planeten *mit Abstand* vorherrschen, sowohl was ihre Biomasse als auch was die schiere Zahl der Individuen angeht, pflanzen sich überhaupt nicht durch Sex fort: Ich meine die Bakterien.

Bakterien und die meisten anderen Mikroorganismen reproduzieren sich durch verschiedene Formen der Klonbildung. Ein Individuum teilt sich in zwei (oder manchmal mehr) Tochterzellen, und die neuen Individuen sind Klone voneinander wie auch Klone der Ausgangszelle, die mit der Teilung zu existieren aufhört. Diese »ungeschlechtliche Fortpflanzung«, wie man sie nennt, verläuft sehr schnell und effizient. Das Bakterium *Escherichia coli*, der am eingehendsten untersuchte Organismus der Welt (und Hauptbestandteil menschlicher Exkremente), hat eine Verdoppelungszeit von nur 20 Minuten. In einer geeigneten Kulturflüssigkeit, bei warmer Temperatur und unbegrenzter Nährstoffversorgung bringt eine einzige *E.-coli*-Zelle in nur 20 Generationen eine Million Nachkommen hervor – und das in weniger als sieben Stunden. Würde sich der Vorgang – wiederum mit unbegrenzter Nährstoffversorgung – fortsetzen, könnte eine einzige *E.-coli*-Zelle in etwas mehr als 24 Stunden theoretisch eine Kugel von Nachkommen hervorbringen, die größer ist als die Erde. Damit will ich sagen: Ungeschlechtliche Fortpflanzung ist schnell und produktiv.

Auch Bakterien betreiben Sex; er steht nur in keinem Zusammenhang mit der Fortpflanzung. Durch einen als »Konjugation« bezeichneten Prozess kann ein Bakterium einige Gene auf ein anderes übertragen. Nach dieser Übergabe findet aber keine Fortpflanzung statt – die beiden Bakterien gehen getrennte Wege. Der Spender verändert sich nicht, nachdem er die Übertragung vorgenommen hat; der Empfänger besitzt aber nun zusätzliche Kopien einiger Gene, und die gleichen unter Umständen nicht exakt den Genen, die das Bakterium ursprünglich enthielt. Es könnten sogar ganz neue Gene sein. Dieses Bakterium wählt in einem Prozess, der rein zufällig zu sein scheint, einen Teil der hinzugekommenen DNA aus und baut ihn in sein eigenes Genom ein. Auf diese Weise tauschen Bakterien tatsächlich Gene aus, was zu ihrer schnellen Evolution beiträgt. Bei Bakterien und vielen anderen Mikroorganismen verändert Sex die genetischen Eigenschaften *der Teilnehmer*; neue Individuen mit neuen Genkombinationen entstehen dabei aber nicht. Wenn allerdings die Zeit der Fortpflanzung gekommen ist, bilden sich einfach Klone.

Dagegen ist die geschlechtliche Fortpflanzung viel langsamer und energieaufwendiger, und sie wirft eine ganze Fülle von Schwierigkeiten auf, die es bei der ungeschlechtlichen Fortpflanzung nicht gibt. Die erste ist die Frage, wie sich das genetische Material zweier Individuen mischen soll. An dieser Stelle kommen die Gameten ins Spiel. Ein Genom ist groß und umfasst Tausende von Genen, die in DNA-Strängen, den Chromosomen, aufgereiht sind. Damit eine ganz neue Genkombination entsteht, muss das Ausgangsmaterial genau geordnet werden, denn wenn ein Gen zufällig verloren geht oder ein anderes in zu vielen Kopien vorhanden ist, können die Folgen verheerend sein. Und nicht nur das: Zellen enthalten einen komplizierten Apparat, der durch ein komplexes Netzwerk molekularer Verbindungen zusammengeschaltet ist. Manche Strukturen, etwa den Zellkern und das Zentrosom, darf eine Zelle nur ein Mal besitzen. Wenn zwei Zellen einfach zu einer größeren verschmelzen würden, entstünde selbst dann keine funktionsfähige Zelle, wenn man herausbekäme, wie die Genome gefahrlos und richtig neu kombiniert werden könnten.

Das ist nach allgemeiner wissenschaftlicher Überzeugung der Grund, warum sich bei Pflanzen und Tieren das ausgeklügelte System der Samen- und Eizellen entwickelt hat. Eine davon, die Eizelle, ist groß und enthält alles, was der neue potenzielle Organismus zu Beginn seines Lebens braucht. Die andere, die Samenzelle, ist winzig: Sie entspricht (beim Menschen) nur ungefähr 3 Prozent der Größe einer Eizelle und verschmilzt nicht mit dieser, sondern drückt nur ihre Chromosomen hinein. Das ist mehr oder weniger alles.* Aus Gründen der Einfachheit behauptet nahezu jedes Biologiebuch (auch dieses!), Samen- und Eizelle würden »verschmelzen«; in Wirklichkeit sind Samenzellen aber gewissermaßen winzige Versandpakete für Chromosomen. Befruchtung ist weniger die Verschmelzung zweier Zellen als vielmehr die Übertragung der Chromosomen von der Samen- auf die Eizelle. Sobald das geschehen ist, wird die Eizelle zur Zygote, und der Entwicklungsprozess beginnt.

Wenn die beiden Genome zu einem werden, entsteht eine neue Genkombination, aber damit das möglich wird, ohne dass sich der DNA-Gehalt des Organismus in jeder Generation verdoppelt, bilden wir Gameten mit 50 Prozent des normalen DNA-Gehalts. Besäßen wir allerdings von jedem Chromosom nur ein Exemplar, wäre die Vereinigung der beiden Genome ein unmöglicher, weil viel zu komplizierter Sortierprozess. Um zu vermeiden, dass jedes einzelne Chromosom nachverfolgt werden muss, besitzen Pflanzen und Tiere *zwei* Kopien von jedem Chromosom – mit Ausnahme der Gameten, die nur eine enthalten. Wenn zwei Gameten verschmelzen, wird demnach der richtige DNA-Gehalt wiederhergestellt. Durch dieses System – Halbierung der DNA bei der Entstehung der Gameten, Wiederherstellung der vollständigen Menge bei ihrer Verschmelzung – erhält jedes so entstandene Individuum eine einzigartige genetische Vielfalt.

Das Vorhandensein von nur jeweils einem Chromosomenexemplar in den Gameten, während alle übrigen Körperzellen zwei Ko-

* Die Samenzelle von Tieren steuert außerdem eine kleine Struktur bei, das *Centriol*.

pien enthalten, war in der Evolution der sexuellen Fortpflanzung ein entscheidender Schritt. Bakterien besitzen keine zwei Chromosomenkopien, denn sie betreiben keinen Sex zur Fortpflanzung. Das ist auch der Grund, warum sie weder Samen- noch Eizellen brauchen. Ihr System ist viel einfacher, schneller und effizienter.

Warum also bevorzugen Pflanzen, Tiere, Pilze und andere komplexe Lebensformen die sexuelle Fortpflanzung, obwohl sie langsamer, aufwendiger und komplizierter ist? Die geschlechtliche Fortpflanzung hat zwei wichtige Vorteile, und beide haben mit der Vielfalt zu tun.

Erstens bietet das Phänomen der *Diploidie* – die Tatsache, dass immer zwei Versionen eines Chromosoms vorliegen – für jedes einzelne Gen eine Art »Sicherungskopie«. Das heißt, die Organismen können einen Ausgleich schaffen, wenn ein Gen geschädigt wird. Dann dient die zweite Kopie als Matrize zur Reparatur des Schadens. Durch diese Pufferwirkung sind diploide Organismen gegenüber Mutationen widerstandsfähiger. Mutationen sind Veränderungen der DNA, die durch Schädigung, Abbau oder Kopierfehler entstehen; in der Mehrzahl der Fälle beeinträchtigen sie das Gen und sind für den Organismus gefährlich. Die Diploidie entwickelte sich anfangs vermutlich sogar als Ausweichmechanismus gegen die Ansammlung schädlicher Mutationen in den einfach gebauten Mikroorganismen, die in der Frühzeit der Erde eine schnelle Evolution durchliefen.

Sicherungskopien aller Gene sind aber nicht nur praktisch für die Korrektur nachteiliger Mutationen. Sie schaffen auch Spielraum, um mit *nützlichen* Modifikationen zu experimentieren. Die meisten DNA-Veränderungen sind zwar schädlich oder haben überhaupt keine Wirkung, hin und wieder kann eine Mutation aber auch hilfreich oder kreativ sein, und solche Abwandlungen sind der Rohstoff aller evolutionären Veränderungen und Neuerungen. Deshalb haben Arten, die sich sexuell fortpflanzen, eine größere Flexibilität und können mit verschiedenen Genversionen experimentieren, denn zu jedem Gen gibt es eine Sicherungskopie, die die ursprüngliche Funktion beibehalten kann. Das ist so, wie wenn jemand nur ein Fahrrad hat.

Dann wird er es nicht riskieren, schrille Umgestaltungen vorzunehmen und es damit möglicherweise zu ruinieren. Hat er aber ein zweites Fahrrad, kann er sich richtig ins Zeug legen und alle möglichen Modifikationen ausprobieren – wenn es nicht klappt, kann er immer noch auf das unveränderte Gefährt zurückgreifen. Bei Bakterien und ähnlichen Organismen gibt es für schädliche Veränderungen keinen Ausgleich; deshalb sind Mutationen bei ihnen viel gefährlicher und bieten weniger Gelegenheiten für kreative Experimente.

Da Arten, die sich sexuell fortpflanzen, gegenüber Mutationen toleranter sind, kann sich bei ihnen genetische Vielfalt anreichern, und das ist selbst dann von großer Bedeutung, wenn sie keinen unmittelbaren Vorteil bietet. Jeder Organismus besitzt zwei Versionen jedes Gens, und im Genpool einer Population, die sich sexuell fortpflanzt, sind unter Umständen Hunderte solcher Versionen im Umlauf, sodass sich ein gewaltiges Reservoir an genetischer Vielfalt ergibt. »Vielfalt« bedeutet, dass jeder Organismus einzigartige Merkmale hat, unterschiedliche Stärken und Schwächen – und wie jeder Börsenmakler bestätigen wird, ist eine solche Diversifizierung die beste Versicherung angesichts einer ungewissen Zukunft.

Und zweitens gewährleistet die Verbindung von Sexualität und Fortpflanzung immer wieder neue Gen*kombinationen*. Da die ungeschlechtliche Reproduktion so unglaublich zügig und effizient verläuft, sind die Lebewesen gewissermaßen versucht, auf diese unfassbar produktive Fortpflanzungsmethode zurückzugreifen. Im unmittelbaren Wettbewerb wird die sexuelle Fortpflanzung schnell von der Klonbildung überrannt: Ein Organismus, der erfolgreich und gut an seine Umwelt angepasst ist, kann schlicht mehr Exemplare seiner selbst hervorbringen und weiterhin erfolgreich bleiben. Der Erfolg geht aber auf Kosten der Vielfalt, und das große Problem besteht darin, dass *Erfolg etwas Vorübergehendes ist*. Die Umwelt ist ständig im Fluss, und Stabilität ist kurzlebig. Selbst der am besten angepasste Organismus ist gefährdet, wenn die Bedingungen sich ändern. Eine Population aus Klonen lebt und stirbt gemeinschaftlich, aber eine Population mit einer ausgeprägten Vielfalt hat gute Chancen, eine Umweltveränderung und sogar eine Katastrophe zu überleben, denn irgendwo in der Diversität gibt es Individuen, die den Sturm durchstehen und dann bei der Anpassung der Spezies an eine veränderte Welt die Führungsrolle übernehmen.

Dass die Natur dazu neigt, Vielfalt zu erzeugen, erkennen wir überall um uns herum. Von Marienkäfern, bei denen die Farben der Punkte und des Hintergrunds vertauscht sind, bis zu den seltenen vollkommen schwarzen Varianten, die man bei nordamerikanischen Rothörnchen beobachtet – überall taucht ständig Vielfalt auf. Wenn eine spontane Veränderung zum ersten Mal auf der Bildfläche erscheint, sprechen wir von einer »Mutante«. Bleibt sie für kurze Zeit als Merkmal einer Minderheit erhalten, nennen wir sie »Variante«. Und wenn sie zu einem dauerhaften, wichtigen Teil der Variationsbreite einer Spezies wird, bezeichnen wir sie als »Morphe«. Dass derartige Abweichungen auftauchen, liegt nicht an der Sexualität als solcher, sondern an zufälligen molekularen Spielereien, aber Sexualität ist der Schlüssel, durch den sich die Variation in der Population ausbreiten kann, und sie sorgt dafür, dass die veränderte Eigenschaft von anderen Merkmalen entkoppelt ist, sodass die Selektion sie aufgrund ihrer eigenen Wirkungen begünstigen oder benachteiligen kann. Für Rothörnchen ist die schwarze Farbe in einer stark bewaldeten Umwelt vielleicht eine bessere Tarnung; in einer offenen Landschaft dagegen erfüllt das übliche Graubraun seine Aufgabe besser. Wenn die Gene für beide Morphen in der Population zirkulieren, sind die Rothörnchen anpassungsfähiger.

Sexuelle Fortpflanzung zwingt eine Spezies dazu, ständig neue Vielfalt hervorzubringen, die sich dann in der Population verbreitet und damit dem Reiz der Klonbildung entgegenwirkt. Die biologische Lehre lautet: Diversität gewinnt insbesondere auf lange Sicht, und das war immer so. Da Sexualität die Fabrik der Vielfalt ist, passt es, dass wir uns nun endlich auch mit der sexuellen Vielfalt selbst beschäftigen.

Unsere menschliche Form der sexuellen Fortpflanzung halten wir häufig für selbstverständlich, als könnte es keine andere geben, aber wie sich herausstellt, können Lebewesen auf vielerlei Weise die nützlichen Wirkungen von Sex – also die genetische Rekombination – genießen; unsere Methode mit Ei- und Samenzellen ist nur eine davon. Dennoch bietet das System mit einem großen und einem kleinen Gamet das beste Gleichgewicht zwischen dem Pro und dem Kontra der sexuellen Fortpflanzung, und das ist ein stichhaltiger Grund, warum alle Pflanzen und Tiere sich darauf eingelassen haben. Zunächst wollen wir aber einen schnellen Blick auf einige der Möglichkeiten werfen, die von unseren Vorfahren zum großen Teil verworfen wurden – worüber wir alle, denke ich, froh sein können.

Sexperimente

Es gibt Lebewesen, die als »Schleimpilze« und »Eipilze« bezeichnet werden, und um ehrlich zu sein: Sie sind genauso unappetitlich, wie ihre Namen klingen. Eine Spezies von Schleimpilzen heißt beispielsweise *Fuligo septica* oder mit umgangssprachlichem Namen »Hexenbutter« (im Englischen auch *dog vomit slime mold,* also »Hundekotze-Schleimpilz«, genannt). Diese ekelhaften Organismen sind keine echten Pilze; stattdessen bilden sie ihre eigenen Reiche, und dort gehören sie auch hin, denn sie sind wirklich seltsam. Was die Fortpflanzung angeht, zeigen sie aber eine faszinierende Vielfalt; in ihr hallt die Frühzeit der Erde wider, als das Leben mit verschiedenen Formen der sexuellen Fortpflanzung experimentierte.

Schleimpilze aus der Gruppe der Dictyosteliida sind beispielsweise während des größten Teils ihres Lebens einzellige Lebensformen[5] und ähneln den Amöben, die manch einer vielleicht im Biologieunterricht unter dem Mikroskop gesehen hat. In den meisten Fällen pflanzen sich diese einzelligen Lebewesen durch ungeschlechtliche Klonbildung fort. Wenn aber die Nährstoffzufuhr oder das Wasser knapp werden, geschieht etwas Bemerkenswertes: Die einzelnen Zellen senden ein »Sammelsignal« aus, mit dem sie sich gegenseitig anziehen, und dann finden sie sich zu einer großen Zellmasse zusammen, die an eine kleine behaarte Schnecke erinnert. Diese Zellmasse kann sich sogar koordiniert fortbewegen, als wäre sie ein vielzelliger Organismus (der an den Mind Flayer aus der dritten Staffel von *Stranger Things* erinnert). Im Inneren dieser Struktur verschmelzen manche Zellen und bringen Sporen hervor – eine Form der sexuellen Fortpflanzung. Andere opfern sich und schließen sich zu dünnen Stielen oder Fruchtkörpern zusammen, aus denen die Sporen freigesetzt werden wie bei einem Pilz oder dem flauschigblauen Teil von Brotschimmel. Mit anderen Worten: Tausende genetisch eigenständige Individuen vereinigen sich und bilden ein riesiges Geschlechtsorgan, das Sporen ausspuckt. Ich schätze, so kann man es machen.

Es gibt aber auch das nahezu genaue Gegenteil – einen Fall, ohne den jede Beschreibung der vielfältigen Fortpflanzungsmethoden von Tieren unvollständig wäre: die Rädertierchen oder Rotifera aus der Klasse der Bdelloidea.[6] Die Bdelloidea (das B wird nicht gesprochen) sind mikroskopisch kleine Tiere und stellen eine uralte Abstammungslinie dar, die auf die allerersten schwammähnlichen Tiere zurückgeht. Sie leben im Süßwasser, sind absolut durchsichtig und haben die besondere Eigenschaft, dass sie als einzige wichtige Tiergruppe vollkommen ohne Männchen auskommen. Diese ausschließlich weiblichen Lebewesen produzieren Eier, die dann ganz allein zu neuen Organismen heranwachsen. Da sie keine Sexualität betreiben, gibt es auch keine genetische Neukombination und damit sehr wenig Vielfalt.

Dass die Bdelloidea bis heute erhalten geblieben sind, obwohl sie keine Möglichkeit haben, für genetische Diversität zu sorgen, ist erstaunlich. Wie ihnen das gelungen ist, zeigen zwei Entdeckungen aus jüngerer Zeit.[7] Erstens gedeihen diese Tiere in einem unwirtlichen

Umfeld mit einem steten Wechsel von Nässe und völliger Trockenheit – das vertragen nur die wenigsten ihrer Parasiten und Konkurrenten. Einer der wichtigsten Gründe, warum Lebewesen genetische Vielfalt erreichen müssen – und vielleicht auch der ausschlaggebende Grund, warum sich Sex überhaupt entwickelt hat –, ist die Notwendigkeit, Parasiten und Krankheitserregern zu entgehen und sie zu überlisten. Und da die Bdelloidea ihre Parasiten loswerden können, indem sie zwischen zwei extrem unterschiedlichen Lebensräumen hin- und herwechseln, ist genetische Diversität für sie nicht ganz so entscheidend wie für alle anderen.

Zweitens profitiert diese Gruppe von einem umfangreichen Zufluss neuer Gene durch *horizontalen Gentransfer*: Gene von Lebewesen, mit denen sie nicht verwandt sind, werden durch Virusinfektionen übertragen.[8] Wenn Viren durch eine Population wandern, können sie ungewollt Gene mitbringen, und wenn sie von einer Spezies zur anderen springen, erreichen sie durch reinen Zufall etwas, was sonst nie geschieht: Gene werden ohne jede Form der Kreuzung zwischen zwei Arten ausgetauscht. So etwas ist äußerst selten, aber wenn es geschieht, kann es zu bemerkenswerten evolutionären Anpassungen führen. Die Bdelloidea sind also tatsächlich die Ausnahme, die die Regel bestätigt, dass sexuelle Fortpflanzung der bessere Weg ist. Sieht man von den ungewöhnlichen Wegen ab, auf denen die Bdelloidea für Ausgleich sorgen, ist ungeschlechtliche Fortpflanzung bei Tieren ein Rezept zum Aussterben.

Während wir die Bdelloidea als ausschließlich weibliche Spezies betrachten können, haben andere Lebewesen, darunter die Pilze, eigentlich überhaupt kein »Geschlecht«, sondern *Paarungstypen*. Bei vielen Pilzen, darunter die Bäcker- und Bierhefe *Saccharomyces cerevisiae*, gibt es zwei solcher Typen, die als »a« und »α« (der griechische Buchstabe Alpha) bezeichnet werden. Es sind keine Geschlechter, denn die beiden Zellen, die verschmelzen, unterscheiden sich in ihrer Größe nicht, und nach ihrer Fusion läuft eine andere Kette von Ereignissen ab. Wenn Samen- und Eizelle verschmelzen, bildet sich ein einziges einzigartiges Individuum. Vereinigen sich dagegen Gameten mit den Paarungstypen *a* und α, entsteht eine große diploide Zelle, die sich anschließend sofort teilt und ein ganzes Spektrum genetisch unterschiedlicher haploider Sporen hervorbringt, und diese Sporen können dann zu einzigartigen haploiden Individuen heranreifen. Das System bewirkt das Gleiche wie die Samen- und Eizellen von Menschen – die Gene werden vermischt –, hat aber einen großen Nachteil: Die normalen Körperzellen der ausgewachsenen Pilze besitzen nicht die Sicherungskopien der einzelnen Gene, mit denen sie in Form von Mutationen herumspielen können. Das ist vermutlich einer der Gründe, warum Pilze auf der Erde nie eine so dominierende Stellung erlangt haben wie Pflanzen und Tiere. Stattdessen werden sie meist in die ruhmlose, aber unentbehrliche Rolle von Zersetzern oder Destruenten gedrängt.

Bei manchen Pilzen gibt es nur zwei Paarungstypen wie *a* und α oder *Mat1-1* und *Mat1-2*, bei anderen sind es dagegen vier. Deshalb spricht man von »bipolaren« oder »tetrapolaren« Paarungssystemen. Wie die Typen im Einzelnen aussehen und worin sie sich unterscheiden, spielt eigentlich keine Rolle – letztlich läuft es darauf hinaus, dass Moleküle aus der Oberfläche der Gameten herausragen. Die einzige strenge Regel lautet: Eine Zelle kann sich nicht mit einer anderen Zelle des gleichen Paarungstyps paaren – *a* und *a* vertragen sich ebenso wenig wie α und α. Deshalb haben tetrapolare Paarungssysteme gegenüber bipolaren einen großen Vorteil, wenn Zellen nach einem Partner suchen: Sie vertragen sich mit 75 Prozent der Population ihrer Spezies, während es bei bipolaren Typen nur 50 Prozent sind. Und wie man vielleicht vermuten kann, haben manche Pilze das Phänomen der Paarungstypen in ein geradezu anstößiges Extrem getrieben: Bei ihnen gibt es Dutzende oder sogar Hunderte von Paarungstypen, sodass der Anteil der Population, mit dem sie sich paaren können, auf nahezu 100 Prozent steigt.

Den Weltrekord hält derzeit *Schizophyllum commune*, ein weißer Pilz mit über 23 000 Paarungstypen.[9] Als man das entdeckte, berichteten viele Pressestimmen, dieser Pilz habe 23 000 »Geschlechter« – oder noch schlimmer: 23 000 »Gender«. Hm, nein, das stimmt nicht. Paarungstypen sind nicht das Gleiche wie Geschlechter, und mit Sicherheit sind sie keine Gender.

Wichtig ist, dass man eines versteht: Auch wenn es Alternativen gibt, bietet unser System der Gameten (Samen- und Eizelle) offensichtlich das beste Gleichgewicht zwischen Pro und Kontra, und deshalb haben Pflanzen und Tiere es übernommen. Ja, es ist langsam, und es bedeutet auch, dass sich jeder von uns im Hinblick auf die Fortpflanzung nur mit 50 Prozent der Bevölkerung verträgt, aber es ermöglicht die sexuelle Rekombination, vermeidet die Versuchung der Klonbildung, sorgt für Sicherungskopien der Gene, sodass Experimente möglich werden, und das alles mit nicht mehr als der Mindestzahl von Gametentypen: zwei. Dass dies der beste Kompromiss ist, zeigt sich daran, dass so viele erfolgreiche Abstammungslinien sich dieses System zu eigen gemacht haben. Alle Pflanzen und Tiere sind diploid, das heißt, sie besitzen zwei Exemplare jedes Chromosoms, und sie produzieren zweierlei Gameten, einen großen und einen kleinen.

Aber zurück zu den Geschlechtern der Tiere: Bei den meisten Wirbeltieren einschließlich der Säugetiere gibt es Männchen, die kleine Gameten produzieren, und Weibchen, die große Gameten hervorbringen. Zu vielen Tierarten, insbesondere unter den Wirbellosen, gehören jedoch auch Hermaphroditen. Wirbeltiere für die »höheren« Tiere zu halten, wie wir es oft tun, ist eine spezieschauvinistische Haltung, insbesondere wenn man bedenkt, dass die Wirbellosen älter, vielgestaltiger und auf der Erde weitaus zahlreicher sind als wir, sowohl was die Individuenzahl als auch was die Zahl und Vielfalt der Arten angeht. Die Welt gehört den Wirbellosen; wir leben nur darin. Hermaphroditismus ist unter wirbellosen Tieren weitverbreitet und kommt bei den ältesten Abstammungslinien fast überall vor; bei den Pflanzen ist er ebenfalls überwältigend dominant (auch wenn man in der Botanik andere Begriffe verwendet). Das deutet darauf hin, dass der Hermaphroditismus älter ist als die getrennten Geschlechter.

Hermaphroditen haben einen gewaltigen Vorteil: Sie müssen sich nie die Mühe machen, einen Partner oder eine Partnerin zu finden, denn sie können sich einfach mit sich selbst paaren, ein Vorgang, der als »Selbstbefruchtung« bezeichnet wird. Da aber die Selbstbefruchtung nicht der genetischen Vielfalt dient, ist sie meist nur die letzte Rettung und ein schlechter Ersatz für Sex mit einem anderen. (Das hört sich vielleicht ein wenig vertraut an, aber wer hier auf einen Abschnitt über Masturbation hofft, ist leider im falschen Kapitel. Die gute Nachricht lautet: Es ist das richtige Buch. Einfach weiterlesen!)

Die Selbstbefruchtung der Hermaphroditen ist keine Klonbildung. So seltsam es sich anhört: Ein Tier, das sich als Hermaphrodit selbst befruchtet, betreibt eine Form der sexuellen Fortpflanzung. Ob es sich um geschlechtliche oder ungeschlechtliche Reproduktion handelt, hängt nicht davon ab, wie viele Individuen beteiligt sind, sondern davon, ob im Rahmen der Fortpflanzung zwei verschiedene Genome vermischt werden. An ungeschlechtlicher Reproduktion ist nur ein Genom beteiligt, das (abgesehen von eventuellen Kopierfehlern) originalgetreu verdoppelt wird und Klone erzeugt. Bei der sexuellen Fortpflanzung verschmelzen zwei Gameten, und dabei spielt es keine Rolle, ob beide von demselben Individuum oder von zwei verschiedenen Wesen stammen.

Wenn ein Tier oder eine Pflanze Gameten produziert, enthält jede derartige Zelle eine einzigartige Kombination der beiden Gensätze des Organismus. Durch einen vollkommen zufälligen Sortierprozess stammen dabei manche Gene vom biologischen Vater des Individuums, andere von der Mutter. Da ein Organismus Zehntausende von Genen besitzt, ist die Zahl der Kombinationen nahezu unendlich. Ein männliches Tier erzeugt in der Regel während seines Lebens *Milliarden* von Samenzellen, und davon gibt es in Bezug auf die Kombination väterlicher und mütterlicher Gene niemals zwei genau gleiche. Ein Weibchen produziert zwar vielleicht »nur« einige Zehn- oder Hunderttausend Eizellen, aber auch diese sind in ihren Genkombinationen jeweils vollkommen einzigartig. Treffen also eine Ei- und eine Samenzelle zusammen, sind die dabei entstehenden Nachkommen selbst dann, wenn beide Zellen vom selben Individuum stammen, nicht identisch mit diesem Elternteil. Vielmehr tragen sie eine einzigartige Kombination der Gene ihrer Großeltern. Allerdings haben sie dann nicht vier, sondern nur zwei Großeltern.

Aber trotz alledem: Obwohl die Selbstbefruchtung genau genommen eine Form der sexuellen Fortpflanzung ist und eine gewisse genetische Rekombination beinhaltet, ist sie der genetischen Vielfalt nicht dienlich. Sie greift nicht auf den Genpool einer Population von Lebewesen zurück, sondern nur auf den Genpool eines einzigen Individuums. Deshalb entstehen durch sie *Teilmengen* der genetischen Diversität des Ausgangsorganismus. Verschmelzen in einer Population, die sich sexuell fortpflanzt, die Gameten zweier *unterschiedlicher* Individuen, *vervielfacht* sich die genetische Diversität. Handelt es sich dagegen um zwei Gameten desselben Individuums, *halbiert* sich die Vielfalt. Wir haben es hier mit einer extremen Form der Inzucht zu tun; deshalb betreiben Pflanzen und Tiere, die Hermaphroditen sind, großen Aufwand, um die Selbstbefruchtung zu verhindern.

Besonders kreativ sind Blütenpflanzen, wenn es um die Selbstvermeidung geht. Bei einigen Pflanzenarten, etwa bei Ginkgobäumen, gibt es getrennte männliche und weibliche Individuen. Andere bringen die männlichen und die weiblichen Teile in unterschiedlichen Blüten unter. Wieder andere sorgen für einen genauen Zeitablauf bei der Reifung der männlichen und weiblichen Teile, sodass niemals zwei von ihnen zur gleichen Zeit für die Befruchtung zur Verfügung stehen. Manche Blumen ordnen ihre männlichen und weiblichen Teile sogar gezielt so an, dass ein Bestäuber – meist eine Biene oder ein anderes Insekt – höchstwahrscheinlich keinen Pollen von den männlichen auf die weiblichen Teile derselben Blüte übertragen wird. Die Blüte kann beispielsweise so aufgebaut sein, dass eine Biene nicht auf dem Weg *zu* den weiblichen Teilen (wo der Nektar gespeichert ist) an den männlichen Bereichen entlangstreift, sondern nur auf dem Weg *aus* der Blüte, nachdem sie die weiblichen Teile besucht und den Nektar getrunken hat. Damit ist gewährleistet, dass der Pollen, der auf die weiblichen Teile übertragen wird, von der Blüte stammt, die das Insekt zuvor besucht hat, und nicht von der gerade erreichten. Es ist kein perfektes System, aber in der Regel funktioniert es.

Tiere, die Hermaphroditen sind, müssen sich beschränken. Im Gegensatz zu Pflanzen zeigen Tiere das seltsame Phänomen namens »Verhalten«, von dem ein Großteil dieses Buches handelt. Wie Anatomie und Biochemie, so sind auch die Verhaltensweisen von Tieren das Produkt der Evolution. Führt eine Verhaltensweise langfristig zum Erfolg, wird sie selektiert und weiterentwickelt. Führt sie in die Sackgasse, verschwindet sie irgendwann. So funktioniert natürliche Selektion. Da Selbstbefruchtung perspektivisch eine schlechte Strategie ist, haben sich Hermaphroditentiere in der Evolution so entwickelt, dass sie diese Verhaltensweise fast um jeden Preis vermeiden. Ist ein Tier aber lange Zeit allein und isoliert, ist sie eine praktische letzte Rettung, bevor der Tod eintritt.

Middlesex – das »mittlere« Geschlecht

Es gibt unter Tieren zwei Formen des Hermaphroditismus: den simultanen und den konsekutiven. Simultane Hermaphroditen, auch »Simultanzwitter« genannt, sind während ihres ganzen Lebens sowohl männlich als auch weiblich. Konsekutive Zwitter wechseln irgendwann im Laufe ihres Lebenszyklus das Geschlecht. Der konsekutive Hermaphroditismus ist eine ziemlich schlaue Strategie: Er sorgt aufgrund der Fähigkeit, beide Gameten zu produzieren, für Flexibilität und Anpassungsfähigkeit, vermeidet aber gleichzeitig die langfristigen Gefahren der Inzucht, weil zu jedem Zeitpunkt nur ein Gametentyp produziert wird, sodass Selbstbefruchtung unmöglich ist. Betrachten wir aber zuerst kurz die Simultanzwitter.

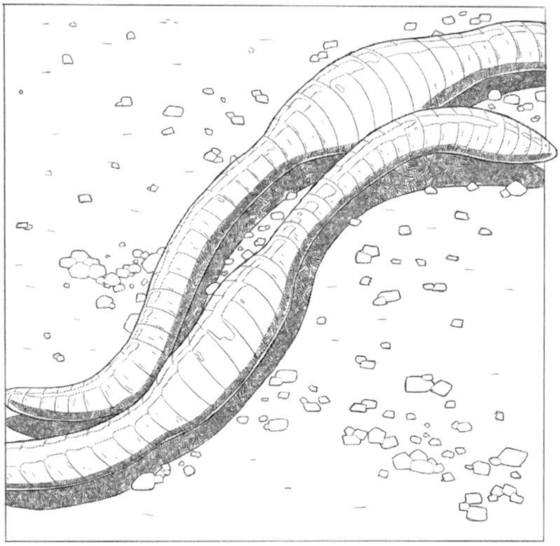

Zwei Regenwurm-Hermaphroditen paaren sich

Bei den meisten Schnecken und Würmern sind alle Individuen Simultanzwitter. Jedes Individuum besitzt sowohl Eierstöcke als auch Hoden, und beide Gewebe sind während des ganzen oder fast des ganzen Lebens produktiv und fruchtbar. Solche Tiere führen aber alles andere als ein einsames Dasein. Vielmehr sind sie ständig auf der Suche nach Partnern. Fressen und Sex sind für praktisch alle Tiere die beiden Haupttriebkräfte, da machen auch Schnecken und Würmer keine Ausnahme. Bei zwittrigen Arten gibt es Partnerwerbung, Konkurrenz um Partnerinnen und so weiter. Um sich sexuell zu betätigen, muss ein Individuum einen potenziellen Partner finden und ihn vom Sex überzeugen. Es ist eigentlich nicht anders als bei uns – außer dass es keine »Geschlechterrollen« gibt und alle Beteiligten sich mehr oder weniger auf Augenhöhe befinden.

Sogar der *Anblick* der hermaphroditischen Sexualität solcher wirbellosen Tiere wirkt auf uns vertraut. Sie ordnen sich so an, dass die weiblichen Teile des einen Individuums neben den männlichen Teilen des anderen liegen und umgekehrt. Mit anderen Worten: Sie praktizieren die »69«. In der nüchternen Sprache der Wissenschaft bezeichnet man dies als »bilateralen Samentransfer«, denn beide Seiten besamen sich gegenseitig, um ihre Eier zu befruchten. Eine Schwangerschaft gibt es bei Wirbellosen nicht, und die meisten Arten betreiben auch keinerlei Brutfürsorge, das heißt, die befruchteten Eier werden einfach im Wasser oder Boden abgelegt; dann gehen die Eltern ihrer Wege und hoffen für ihre Nachkommen auf das Beste.

Was für Wahrnehmungen oder innere Erlebnisse wirbellose Tiere haben, ist nicht geklärt, aber wenn sie »Spaß« am Sex empfinden, wie die meisten von uns, haben solche wirbellosen Hermaphroditen tatsächlich ein beneidenswertes Sexualleben. Sie haben nicht nur viele, unter Umständen Hunderte von Sexualpartnern, sondern auch der Sex selbst dauert manchmal stundenlang, wobei ein ansehnliches »Vorspiel« schließlich zur Samenübertragung führt. Was sich während solcher langen Kopulationsphasen im Einzelnen abspielt, wissen wir nicht, aber wenn man bedenkt, dass die Methode »spritz und weg« ebenso funktionieren würde, dienen sie mit ziemlicher Sicherheit irgendeinem Zweck.

In der Biologie herrscht die Ansicht, dass es sich bei dem Vorspiel um eine Art Qualitätskontrolle handelt: Jedes Individuum überprüft gewissermaßen die Gesundheit und Fitness des anderen. Das nimmt man an, weil der Sex nicht immer vollständig abläuft – manchmal trennen sich die Individuen auch, ohne dass Sperma freigesetzt wurde. Wie man beobachtet hat, überlegen es sich die Individuen unter Umständen anders und versuchen sogar, zu »betrügen«: Sie geben zwar Samen ab, nehmen aber keinen auf. Man könnte denken, dass Hermaphroditen von einem enormen Ärgernis, nämlich vom »Kampf der Geschlechter«, verschont bleiben, der viele von uns Wirbeltieren plagt, aber leider haben auch sie nicht dieses Glück.

Aus biologischer Sicht versteht man unter dem »Geschlechterkampf« die unterschiedlichen Fortpflanzungsinteressen von Männchen und Weibchen sowie die daraus erwachsenden unvermeidlichen Konflikte. Wir werden uns später genauer damit beschäftigen, aber manch einer fragt sich vielleicht schon jetzt, wie Hermaphroditen im Hinblick auf die Fortpflanzung in einen Konflikt geraten können, wenn doch alle das gleiche Geschlecht haben. Das liegt daran, dass Samenzellen einfach und Eizellen nur mit großem Aufwand zu produzieren sind, was dem erheblichen Größenunterschied zwischen den Zellen geschuldet ist. Für den Preis einer Eizelle kann ein Tier Hunderte oder Tausende von Samenzellen erzeugen. Deshalb sind hermaphroditische Tiere oftmals ein wenig wählerischer, wenn es darum geht, von wem sie Samen *annehmen*, während sie ihre Samenzellen nahezu jedem *geben*. Die Würmer, die wir in der erotischen 69er-Stellung sehen, stehen also vielleicht in Wirklichkeit in Konkurrenz zueinander und wollen wissen, wer der »tollere Hecht« ist. Ideal ist es natürlich, wenn beide Individuen beeindruckt voneinander sind und sich einigen, den Samen des jeweils anderen anzunehmen. Ist das nicht der Fall, kann es zu recht erheiternden Situationen kommen.

Die Lieblingshermaphroditen in vielen biologischen Instituten sind Plattwürmer der Gattung *Pseudobiceros*.[10] Diese Meereswürmer sind mit zwei Penissen ausgestattet; um das Recht, ihren Samen abzugeben, konkurrieren sie mit einem Tanz, der den spektakulären Namen »Penisfechten« trägt. In Runden, die bis zu einer Stunde dauern können, gehen diese Hermaphroditen immer wieder aufeinander los und versuchen, einen ihrer Penisse in die Vulva des anderen einzuführen. Da sie keine anderen Körperanhänge besitzen, sind die beiden Penisse auch die wichtigsten Abwehrwaffen. Der Konflikt, der sich daraus ergibt, gleicht einem Duell in Zeitlupe, wobei jeder der beiden Kampfhähne zwei Schwerter schwingt.

Auch wenn Eizellen einen höheren Aufwand bedeuten, wirkt eine solche Konkurrenz ein wenig albern. Ganz gleich, wer gewinnt: Beide Würmer werden die Eltern der dabei entstehenden Nachkommen sein, und der Einsatz für Eizellen ist nicht *so* viel höher als der für Samenzellen. Warum also führen sie eine Stunde lang buchstäblich einen Zweikampf um das Privileg, Vater zu werden? Wie wir in diesem Buch immer und immer wieder erfahren werden, sind die Dinge komplizierter, als es auf den ersten Blick scheint.

Im Kampf zwischen den Plattwürmern geht es mit ziemlicher Sicherheit nicht um den unterschiedlichen Aufwand für Ei- und Samenzelle. Vielmehr ist es ein Balzritual, ein Wettbewerb um die Frage, wer ein ebenbürtiger Gegner und damit der ideale Partner ist. Es ist eine Qualitätskontrolle. In diesem Kampf zu unterliegen, ist eigentlich kein »Verlust«: Es bedeutet, dass der Wurm auf einen kräftigen, Respekt einflößenden Gegner getroffen ist, mit dem sich jeder Wurm mit Vergnügen paaren würde. Zu verlieren bedeutet einfach, dass die eigenen Gene sich mit denen des Siegers vermischen und eine Generation mit hoffentlich stärkeren, robusteren Würmern hervorbringen werden.

Während der simultane Hermaphroditismus einfach zu sein scheint, ist die konsekutive Version alles andere als das. Der konsekutive Hermaphroditismus wird manchmal auch als »Geschlechtswechsel« bezeichnet; dabei werden die Weibchen mancher Arten zu Männchen, bei anderen verwandeln sich die Männchen in Weibchen, und wieder andere kommen ohne festgelegtes Geschlecht zur Welt und können sich bei der Geschlechtsreife zu Männchen oder zu Weibchen entwickeln. Das alles sind Formen des konsekutiven Hermaphroditismus, und sie haben gegenüber den Simultanzwittern zwei wichtige Vorteile. Erstens unterliegen sie, wie bereits erwähnt, nicht der Versuchung, sich selbst zu befruchten. Zweitens – und das ist noch wichtiger – können sich solche Hermaphroditen auf verschiedene Umweltbedingungen oder soziale Verhältnisse einstellen und das Geschlecht dann wechseln, wenn es für das Individuum den größtmöglichen Vorteil mit sich bringt. Solche Flexibilität kann sich wirklich auszahlen. Das wird an einigen Beispielen deutlich.

Kommen wir zunächst noch einmal auf Nemo und seinen Vater Marlin zurück. Wie sich in den Anfangs- und Schlussszenen des Films zeigt, richten sich Clownfische in Seeanemonen häuslich ein, dabei wird aber nicht erwähnt, dass die Anemonen höchst giftig sind. Mit ihren Stacheln können sie ein derart starkes Gift injizieren, dass schon ein einziger Stich der gefährlichsten Spezies bei Menschen zu Lähmungen und Organversagen führen kann. Clownfische sind aber auf einzigartige Weise immun gegen das Gift der Seeanemonen und werden auch nicht gestochen. Die beiden Arten leben in einer großartigen Symbiose zusammen: Die Seeanemone bietet Schutz gegen nahezu alle denkbaren natürlichen Feinde, und die Clownfische versorgen die Anemone mit Nährstoffen in Form ihrer Nahrungsreste und Exkremente. Obwohl die Anemonen eine relativ große Sicherheit bieten, sind Clownfische höchst revierbewusst: Sie verteidigen ihr Zuhause gegenüber Konkurrenten – das heißt gegenüber anderen Clownfischen.

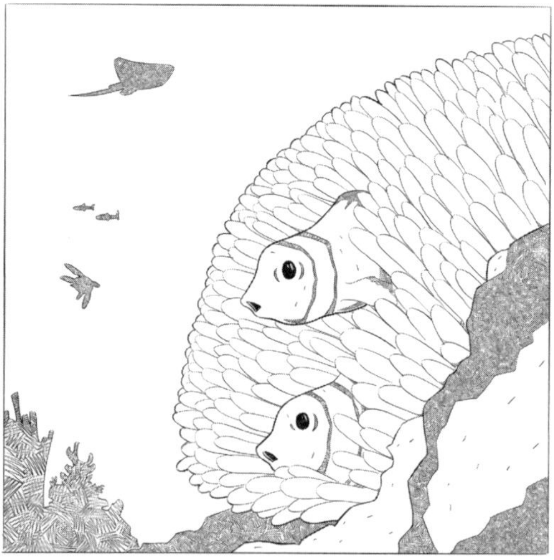

Eine Clownfischfamilie lebt in einer Seeanemone

Wie bereits erwähnt, besteht eine Clownfischfamilie aus einem Brutpaar – dem Alphaweibchen und dem Alphamännchen – und einer geringen Zahl kleinerer, jüngerer Männchen, die häufig Nachkommen des Brutpaars sind und je nach Größe und Alter in einer Rangfolge stehen.[11] Alle Familienmitglieder verteidigen ihr Zuhause gegen eindringende andere Clownfische. Gleichzeitig stehen die jüngeren Fische bereit, um auf der Hierarchieleiter aufzusteigen und Artgenossen zu ersetzen, die sterben (oder die Gruppe verlassen). Das Alphaweibchen war zuvor das Alphamännchen. Das Betamännchen steht als Zweites in der Reihe und wird zum Alphamännchen und so weiter.

Forschende haben beobachtet, wie die Gene von Clownfischen den Geschlechtswechsel in Gang setzen. Zuerst kann man im Gehirn eine Veränderung nachweisen: Das Alphamännchen bemerkt, dass das Weibchen gestorben ist und dass es selbst nun an der Reihe ist, zum Weibchen zu werden. Daraufhin wandern Signale vom Gehirn zu den Geschlechtsdrüsen, und dort beginnt die Verwandlung. Alle übrigen Männchen wachsen einfach ein wenig und rücken in der Dominanzhierarchie eine Stufe nach oben. Während sie weiter wachsen und altern, warten sie geduldig, bis sie an der Reihe sind, zu paarungsfähigen Männchen und schließlich zum Alphaweibchen zu werden. Sofern sie alle Gefahren meiden können, die der Ozean bereithält, sind sie irgendwann tatsächlich an der Reihe. Aber die meisten schaffen es nicht.

Eine solche Sozialstruktur ist unter Tieren ziemlich außergewöhnlich, und es lohnt sich, sie genauer zu betrachten. Man könnte meinen, eine Beschränkung der Fortpflanzung auf die beiden ranghöchsten Fische würde ein potenzielles Populationswachstum unnötig einschränken, was eine schlechte Erfolgsstrategie wäre. Wir müssen aber bedenken, dass jedes Fischweibchen in der Regel *Tausende* von Eiern produziert, die dann befruchtet werden. Die Produktivität ist schlicht kein begrenzender Faktor. Eine Grenze setzen aber die Seeanemonen, in denen die Clownfische sich niederlassen. Einfach eine große Zahl von Fischen hervorzubringen, für die anschließend kein Platz ist, wäre nicht nur Verschwendung, sondern könnte auch die Wirte gefährden. Symbiose ist eine heikle Angelegenheit, und Seeanemonen sind besonders empfindlich. Statt auf Massenproduktion und Konkurrenz zu setzen, halten Clownfische, was Wachstum und Dominanzhierarchie angeht, eine strenge Disziplin ein. Sie treten nicht unmittelbar untereinander in Konkurrenz, sondern bedienen sich einer anderen Form der Qualitätskontrolle: Das Brutpaar ist herangewachsen, hat sich entwickelt und ein höheres Alter erreicht, das heißt, es muss sich um einigermaßen robuste, gesunde Individuen handeln.

Noch bemerkenswerter ist vielleicht, dass die Familienmitglieder, die sich nicht paaren, offenbar ihr eigenes Wachstum steuern und so die genaue Rangordnung aufrechterhalten. Sie wissen sozusagen, wo sie hingehören, und unterbrechen ihr Wachstum, um ihren Platz in der Reihe nicht zu verlieren und ältere Fische nicht zu überholen. Insbesondere angesichts des üblichen Evolutionsprinzips, wonach Tiere immer auf ihren eigenen Vorteil aus sind und ständig nach Gelegenheiten suchen, ihre Kollegen auszustechen, wirkt das in der Tat erstaunlich. Aber den geordneten Ablauf beizubehalten, scheint Teil der natürlichen Disziplin von Clownfischen zu sein.

Um das nachzuweisen, machte eine wissenschaftliche Arbeitsgruppe ein Experiment: Sie entnahm einen einzelnen Fisch aus einer Clownfischfamilie.[12] Daraufhin beschleunigte sich das Wachstum bei den jüngeren Fischen, die in der Dominanzordnung tiefer gestanden hatten, um ihren neuen Rang einzunehmen; dagegen wurde das Wachstum derer, die bereits größer gewesen waren als der jetzt fehlende Fisch, nicht beeinflusst. Welche Kräfte ein solches Ausmaß an sozialer Disziplin trotz der gewaltigen evolutionären Verlockung zum »Betrug« aufrechterhalten, ist bis heute ein Rätsel, aber der Erfolg der Clownfische in ihrer besonderen ökologischen Nische spricht für sich. Das System funktioniert.

Eine Unempfindlichkeit gegenüber dem Gift von Seeanemonen

hat sich nur bei einer Handvoll Meerestiere entwickelt; und neben dem Clownfisch lebt nur eine Art in einer so engen Symbiose: die Pfauenaugen-Anemonengarnele (*Periclimenes brevicarpalis*).[13] Erstaunlicherweise sind Anemonengarnelen ebenfalls konsekutive Hermaphroditen! Von dieser Gemeinsamkeit abgesehen, haben sie eine vollkommen andere Sozialstruktur als die Clownfische, und wenn Individuen den Geschlechtswechsel vollziehen, werden sie in der Regel von Weibchen zu Männchen. Dennoch scheint dies ein derart bemerkenswerter Zufall zu sein, dass er vermutlich überhaupt kein Zufall ist. Der eng begrenzte Platz in ihrem Unterschlupf schafft für Leben und Fortpflanzung einen speziellen Druck. Unter solchen Bedingungen ist die Flexibilität, die der konsekutive Hermaphroditismus bietet, offensichtlich besonders nützlich. Das Leben findet immer einen Weg.

In den Tiefen der Meere schwimmen noch andere Geschlechtsverwandlungskünstler. Bekannt sind 13 Arten von Fischen der Gattung *Cyclothone* aus der Familie der Borstenmäuler; sie ist nach heutiger Kenntnis die Wirbeltiergattung mit der größten Zahl lebender Individuen auf der Erde. Im Ozean tummeln sich buchstäblich Billiarden Exemplare. Deshalb ist es eigentlich erstaunlich, dass die meisten Menschen noch nie von diesen Fischen gehört haben, aber das liegt daran, dass sie sehr klein sind und in großer Tiefe leben, sodass sie keinen kommerziellen Wert haben. In den 1960er-Jahren jedoch, nachdem man *Cyclothone* jahrhundertelang nicht beachtet hatte, fingen einige Forschende endlich an, sich genauer mit der Gattung zu beschäftigen. Da die Fische in riesigen Schwärmen umherziehen, kann man sie zu Untersuchungen leicht in großer Zahl mit Netzen fangen, und als man das tat, entdeckte man, dass es sich fast ausschließlich um Weibchen handelte.

Wie sich herausstellte, sind die meisten *Cyclothone*-Arten Konsekutivzwitter: Die Individuen sind zu Beginn ihres Lebens männlich.[14] Überschreiten sie aber eine gewisse Größe, werden sie zu Weibchen. Dass man bei den Forschungsarbeiten ausschließlich Weibchen fand, lag daran, dass nur die größeren, ausgewachsenen Tiere eingefangen wurden – und im ausgewachsenen Zustand sind sie praktisch alle Weibchen. Die kleineren Männchen schlüpften durch die Netze. Das fand man in Aquarien im Labor heraus, denn über die Eiablage und die ersten Entwicklungsstadien dieser Fische in freier Wildbahn wissen wir bis heute nicht viel. Vermutlich spielt sich alles in so großer Tiefe ab, dass sie sich derzeit außerhalb unserer Reichweite befinden. Was dabei faszinierend ist: Das System der Geschlechtsumwandlung ist so flexibel, dass manche Fische männlich bleiben können, wenn um sie herum ein Mangel an Männchen herrscht. Im Ozean wurde das zwar noch nicht nachgewiesen, aber diese Form des »Quorum sensing«, wie man es nennt – ein Mitglied einer Spezies nimmt die demografischen Verhältnisse in seiner Gruppe wahr und reagiert darauf –, ist sehr hoch entwickelt und demnach wahrscheinlich keine Besonderheit, die man nur im Labor beobachtet.

Der konsekutive Hermaphroditismus ist nicht auf Fische beschränkt. Eine wissenschaftliche Arbeitsgruppe der Cornell University in Ithaca, New York, veröffentlichte 1989 einen Bericht, wonach Weibchen einer Spezies westafrikanischer Baumfrösche, *Hyperolius viridiflavus*, in ihrem Labor zu Männchen werden konnten – eine Beobachtung, die 1993 durch ein Zitat in dem Kino-Kassenschlager *Jurassic Park* berühmt wurde. Laut der Studie verwandelten sich sieben von zwölf Weibchen in Männchen, nachdem sie mindestens einmal, meist aber mehrfach Eier abgelegt hatten, und alle konnten später als Männchen weitere Eier erfolgreich befruchten.[15] Die Frösche lebten in einem Terrarium mit ihrem Nachwuchs zusammen und waren von einigen Jungtieren die Mütter und von anderen die Väter! In freier Wildbahn wurde der Geschlechtswechsel bei dieser Spezies noch nicht beobachtet; die Frösche wurden aber mit keinerlei Hormonen oder Chemikalien behandelt, und ähnliche Beobachtungen hat man in Laboratorien auch bei mindestens zwei weiteren Froscharten aus verschiedenen Regionen der Welt gemacht. Dass es sich um ein Kunstprodukt des Laborumfeldes handelt, ist also unwahrscheinlich.

Sowohl Simultan- als auch Konsekutivzwitter zeigen, dass viele Tiere hinsichtlich des biologischen Geschlechts einen kreativeren Ansatz als das einfache Binärprinzip verfolgen. Damit stellt sich aber eine naheliegende Frage: Wenn das Geschlecht von den Chromosomen bestimmt wird, wie kann ein Tier dann überhaupt sein Geschlecht wechseln? Die überraschende Antwort auf diese Frage lautet: Chromosomen sind für das Geschlecht nicht immer der bestimmende Faktor.

Wann ist ein Mann ein Mann?

Im Jahr 2015 meldete die Presse, in Australien würden weibliche Bartagamen (eine Echsenart) durch den Klimawandel in Männchen verwandelt. In der Öffentlichkeit lief die Reaktion meist auf so etwas wie ein »Ach was? Wirklich?« hinaus, in der Zoologie war man aber weniger erstaunt. Man weiß nämlich schon seit Langem, dass die Umwelt insbesondere bei Reptilien mit über das Geschlecht bestimmen kann. Um das zu verstehen, müssen wir erst einmal der Frage nachgehen, wie ein Tier zu einem Männchen oder einem Weibchen wird.

Bei Säugetieren einschließlich der Menschen beginnt die Geschlechtsbestimmung mit den Geschlechtschromosomen X und Y. In der Regel besitzen Weibchen zwei X-Chromosomen, Männchen dagegen ein X und ein Y. Diese beiden Chromosomen werden zwar als »Paar« bezeichnet, sie könnten aber unterschiedlicher nicht sein. Das X-Chromosom ist riesig: das achtgrößte Chromosom unseres Genoms. Das Y-Chromosom ist das drittkleinste und enthält nur wenige Gene, von denen keines für das Leben unentbehrlich ist – was schon daran deutlich wird, dass Weibchen sie überhaupt nicht brauchen.

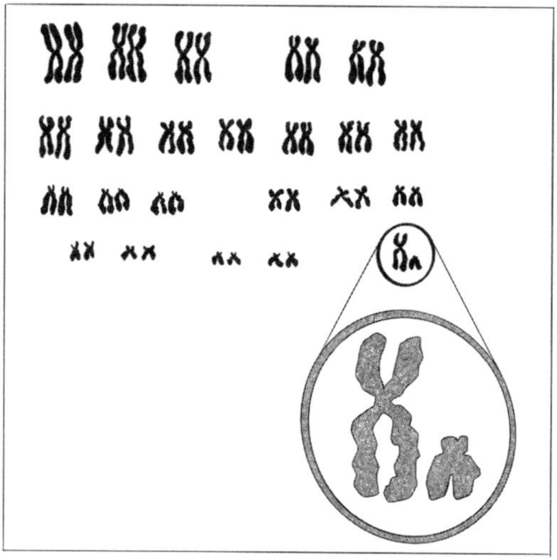

Die Geschlechtschromosomen des Menschen

Wenn unsere Gameten entstehen, trennen sich die Geschlechtschromosomen, sodass eines davon in jede Keimzelle gelangt. Deshalb enthalten alle Eizellen einer Frau ein X-Chromosom – dieses Chromosom hat sie entweder von ihrem Vater oder von ihrer Mutter geerbt.* Unter den Samenzellen eines Mannes dagegen enthält die

* Zu diesem Zeitpunkt sind die beiden X-Chromosomen einer Frau aber keine genauen Kopien der Chromosomen, die sie von ihrer Mutter und ihrem Vater erhalten hat. Denn wenn die mütterlichen und die väterlichen Chromosomen sich auf die Trennung vorbereiten, tauschen sie genetisches Material aus. Danach stellen sie eine Mischung mütterlicher und väterlicher Gene dar. Bei Männern dagegen sind sich das X- und das Y-Chromosom nicht ähnlich, sodass sie normalerweise keinen derartigen Prozess durchlaufen. Ein Vater gibt seinen Töchtern praktisch das gleiche X-Chromosom weiter, das er von seiner Mutter geerbt hat. Da Frauen aber zwei X-Chromosomen besitzen – eines von der Mutter und eines vom Vater –, findet bei ihnen der Austausch statt, und die Chromosomen, die an die Kinder weitergegeben werden, sind gemischte Versionen.

Hälfte ein X- und die Hälfte ein Y-Chromosom. Bei Säugetieren wird das Geschlecht eines neuen Individuums also dadurch bestimmt, welches Chromosom die Samenzelle in die Eizelle einbringt – ein X- oder ein Y-Chromosom. (In der Geschichte gibt es viele Berichte über Machthaber, die frustriert waren, weil ihre Frauen ihnen immer wieder »Töchter schenkten«, während sie auf einen Sohn hofften, aber wenn man überhaupt jemandem die Schuld geben wollte, dann müsste man sie richtigerweise den Hoden des Mannes zuweisen. Aber ich schweife ab.)

Das System der Geschlechtsbestimmung durch Chromosomen wirkt täuschend einfach. In Wirklichkeit läuft dabei eine komplizierte Lawine der Genexpression ab, die mit einem einzigen Gen beginnt, das nur auf dem Y-Chromosom zu finden ist: dem *SRY*-Gen – die Bezeichnung bedeutet *sex-determining region of Y* (»geschlechtsbestimmende Region von Y«). Wird dieses Gen nicht exprimiert, entwickeln sich alle Säugetierembryonen automatisch zu Weibchen. Deshalb besagt eine beliebte feministische Erzählung, alle Menschen seien ursprünglich Frauen. So kann man es sehen, aber die meisten Fachleute für Embryologie würden sagen: Wir alle entstehen zunächst mit *unbestimmtem Geschlecht* und entwickeln uns zu Frauen, es sei denn, ein Signal vom Y-Chromosom greift ein und lenkt den Embryo stattdessen in die männliche Richtung. Am Y-Chromosom ist nichts Magisches: Es enthält einfach nur das *SRY*-Gen, das einen Embryo männlich prägt. Da das vorhandene oder nicht vorhandene Y-Chromosom der entscheidende Faktor ist, sprechen wir von einem »Y-zentrierten System«.

Das Prinzip der Geschlechtsbestimmung durch XX und XY ist bei den meisten Säugetieren verwirklicht, in anderen Tiergruppen gibt es jedoch Variationen des Themas. Eine raffinierte Abwandlung findet man bei manchen Insekten: Hier haben die Weibchen die Kombination XX und die Männchen XY, wie bei uns, aber die Gegenwart des Y-Chromosoms ist nicht entscheidend. Über das Geschlecht bestimmt vielmehr die Zahl der X-Chromosomen. Sind es zwei, entsteht ein Weibchen, mit einem X-Chromosom entsteht ein Männchen. Das ist ein geringfügiger, aber wichtiger Unterschied, denn wie bei Menschen, so tauchen auch bei diesen Insekten gelegentlich Individuen mit nur einem Geschlechtschromosom auf. In allen Fällen ist dies ein einzelnes X-Chromosom.* Sowohl bei den Insekten als auch bei Menschen sind Individuen mit einem einzelnen X-Chromosom in der Regel normal und gesund, aber unfruchtbar. Bei Menschen handelt es sich jedoch um Frauen, bei den Insekten um Männchen. Diese Insekten verfügen also über ein X-zentriertes System der Geschlechtsbestimmung.

Ein ähnliches System gibt es bei Vögeln, nur heißen die Chromosomen hier »Z« und »W«. Weibchen haben ein Z- und ein W-Chromosom, bei Männchen lautet die Kombination »ZZ«. Da dieses System bei allen Vögeln und vielen Reptilien nachweisbar ist, nimmt man an, dass die Dinosaurier es ebenfalls besaßen, denn die Vögel sind in der Evolution aus der Dinosauriergruppe der *Theropoden* hervorgegangen.

Das System der sozialen Insekten – Ameisen und Bienen – basiert ebenfalls auf Chromosomen, ist aber vollkommen anders. Unbefruchtete Eier, die nur ein Exemplar jedes Chromosoms enthalten, entwickeln sich zu Männchen, befruchtete (diploide) Eier werden dagegen zu Weibchen oder sterilen Männchen. In einem gewissen Sinn wirkt also ihr ganzes Genom wie ein riesiges X-Chromosom, wobei eine Kopie Männlichkeit und zwei Kopien Weiblichkeit bedeuten.

Der Preis für das skurrilste System der Geschlechtsbestimmung geht an das Schnabeltier, das ein Fell wie ein Otter trägt, aber einen Entenschnabel hat. Diese seltsamen Geschöpfe sind eigentlich Säugetiere, auch wenn sie Eier legen, und gehören zusammen mit nur vier anderen Arten zu der sehr ungewöhnlichen Tiergruppe der Klo-

* Ein einzelnes Y-Chromosom ist nicht möglich. Jeder von uns muss mindestens ein X besitzen, denn darauf liegen Tausende lebenswichtige Gene.

akentiere oder Monotremata. Kloakentiere besitzen *zehn* Geschlechtschromosomen. Bei Weibchen ist es die Kombination XXXXXXXXXX, Männchen tragen die Chromosomen XYXYXYXYXY. Das ist ein weiterer Grund, warum das Schnabeltier etwas so Besonderes ist.

Chromosomen sind aber nicht der einzige Faktor, der über das Geschlecht von Tieren bestimmen kann. Bei Alligatoren und manchen Schildkröten spielen sie überhaupt keine Rolle. In der Embryonalentwicklung dieser Tiere gibt es einen kritischen Zeitabschnitt, in dem die Temperatur, bei der die Eier bebrütet werden, den Ausschlag über das Geschlecht der Embryonen gibt. Solche Arten besitzen kein *SRY*-Gen, sondern eine Kombination aus temperaturabhängigen Genen, die unterschiedlich exprimiert werden können. Bei manchen derartigen Arten hängt die Geschlechtsdifferenzierung von hohen beziehungsweise niedrigen Temperaturen ab, bei anderen ist entscheidend, ob die Temperatur mäßig oder extrem ist. Wir sind so an das chromosomenbasierte System gewöhnt, dass die Temperaturabhängigkeit uns seltsam und anfällig für Probleme und unbeabsichtigte Folgen erscheint. Aber wir sollten uns vor Augen führen, dass dieses System erstens offenbar gut funktioniert und dass zweitens auch das der Chromosomen seine Schwächen hat – in Kapitel 7 wird genauer davon die Rede sein.

Damit sind wir wieder bei den Bartagamen. Diese sanftmütigen, liebenswürdigen Echsen werden auf der ganzen Welt als Haustiere gehalten. Wie bei den meisten Echsen wird das Geschlecht auch bei ihnen durch das System der ZW-Chromosomen bestimmt: Männchen weisen ZZ auf, Weibchen ZW. Sie sind aber auch temperaturempfindlich. Werden die Eier in einer entscheidenden Entwicklungsphase bei Temperaturen über 32 °C bebrütet, entwickelt sich der heranwachsende Embryo zum Weibchen, ganz gleich, welche Chromosomen er besitzt.[16] In der Wissenschaft spricht man von einem »Vorrang der Temperatur«, und man hat auch entdeckt, durch welche molekularen Mechanismen sich die erhöhten Temperaturen auf die Expression eines wichtigen geschlechtsbestimmenden Gens namens

»Jumonji« auswirken.* Die Aktivierung des *Jumonji*-Gens durch hohe Temperaturen setzt einen Ablauf in Gang, der sich über die Geschlechtschromosomen hinwegsetzt. Wie viele andere Echsenarten ebenfalls über dieses doppelte Regulationssystem verfügen, entzieht sich unserer Kenntnis.

Die Gründe für den Vorrang der Temperatur sind nicht genau geklärt, aber in der Herpetologie (der Wissenschaft von den Reptilien und Amphibien) herrscht überwiegend die Ansicht, höhere Temperaturen seien in den meisten Fällen ein Anzeichen für eine Umweltkrise oder -katastrophe. In solchen Phasen ist es wünschenswert, dass mehr Weibchen existieren, denn deren Zahl ist der limitierende Faktor für das Populationswachstum. Nur Weibchen können Eier legen, und wenn es um die Befruchtung dieser Eier geht, reicht eine sehr kleine Anzahl von Männchen aus, um eine große Anzahl von Weibchen abzudecken. In Zeiten der ökologischen Zerstörung, wenn Populationen zusammenbrechen, ist eine Steigerung der Anzahl von Weibchen der beste Weg zu einer schnellen Erholung.

Aus ähnlichen Gründen wirkt sich die Populationsdichte bei einer ganzen Reihe von Pflanzen- und Tierarten auf die Geschlechtsbestimmung aus. Bei einer Spezies parasitischer Fadenwürmer, die im Darm von Tieren – auch in unserem – leben, ist das Verhältnis von Weibchen zu Männchen streng an die gesamte Populationsgröße im Wirtsorganismus des Parasiten gebunden.[17] Bei niedriger Populationsdichte schlüpfen vorwiegend Weibchen, damit der Bestand schnell wächst. Bei hoher Populationsdichte entwickeln sich die meisten neu geschlüpften Würmer zu Männchen. Das bedeutet, dass die unvermeidliche Konkurrenz um begrenzte Ressourcen vor allem

* In der Genetik herrscht insbesondere dann, wenn es um andere Organismen als den Menschen geht, eine Neigung, neu entdeckten Genen exzentrische Namen zu geben. Das ist nur eine von vielen liebenswerten Eigenschaften der Forschenden dieses Wissenschaftszweigs.

von den Männchen ausgetragen wird. Da die große Mehrzahl aller Tiergene bei Männchen und Weibchen auf die gleiche Weise genutzt wird, hat die männlich dominierte Konkurrenz, die bei hoher Populationsdichte auftritt, Auswirkungen auf den gesamten Bestand und stellt sicher, dass Gene sich durch natürliche Selektion weiterentwickeln.

Diese spezielle geschlechtsabhängige Arbeitsteilung ist ein kluges Prinzip, und es lohnt sich, noch ein paar Worte darüber zu verlieren, denn sie kommt bei vielen verschiedenen Tierarten vor. Selbst bei Arten, die weder eine Schwangerschaft noch eine soziale Brutfürsorge aufweisen, investieren die Weibchen meist mehr in die Nachkommen als die Männchen, weil die Produktion von Eizellen mit wesentlich höherem Aufwand verbunden ist als die von Samenzellen.* Deshalb sind die Weibchen mancher Arten die Triebkräfte der Fortpflanzung, während die Männchen zum größten Teil die Last der Konkurrenz und Qualitätskontrolle tragen. Bei geringer Individuenzahl läuft die Population Gefahr, auszusterben. Das erfordert eine üppige Reproduktion, und dazu sind möglichst viele Weibchen erforderlich. Gedeiht die Population dagegen in hoher Dichte, ergibt sich die Gelegenheit für Verbesserungen durch Konkurrenz und natürliche Selektion; in solchen Fällen bringen Arten, die dazu in der

* Der größere Aufwand für die Eizellenproduktion diente als Anlass zur Formulierung des *Bateman-Prinzips*, das den Gedanken noch weiter trieb. Es besagt, dass Weibchen stets mehr in die Nachkommen investieren als Männchen, was zu einem Kampf der Geschlechter führt: Dabei streben Männchen danach, so viele Sexualpartnerinnen wie möglich zu haben, während Weibchen einen einzigen guten Partner bevorzugen. Heute wissen wir, dass es sich dabei um eine Übertreibung und übermäßige Verallgemeinerung handelte, die mehr auf Chauvinismus als auf wissenschaftlichen Daten basierte. Eines aber stimmt: Die Fortpflanzung bedeutet bei der Mehrzahl der Tiere für Weibchen einen höheren Aufwand als für Männchen, und das hat Folgen für den Druck, den die natürliche Selektion auf die beiden Geschlechter ausübt, wie es in diesem Abschnitt genauer erläutert wird.

Lage sind, mehr Männchen als Weibchen hervor. Das Prinzip, dass die Last der Fortpflanzung stärker von den Weibchen getragen wird, während die Männchen stärkerer Konkurrenz ausgesetzt sind, dürfte zwar nicht allgemeingültig sein, ist aber bei Tieren ein immer wiederkehrendes Thema.

Ein noch raffinierteres, auf der Populationsdichte basierendes System der Geschlechtsbestimmung finden wir bei den Süßwasseraalen.[18] Junge Aale haben kein festgelegtes Geschlecht, bis sie die Geschlechtsreife erreichen; erst dann entwickeln sich ihre Keimdrüsen entweder zu Hoden oder zu Eierstöcken. Mit einer Reihe eleganter wissenschaftlicher Experimente konnte man feststellen, dass die Wachstumsgeschwindigkeit offensichtlich der entscheidende Faktor für die Geschlechtsbestimmung ist. Aale, die in ihrer Kindheit sehr schnell heranwachsen, entwickeln sich zu Männchen; wachsen sie langsamer, werden sie zu Weibchen. Solche Unterschiede der Wachstumsgeschwindigkeit werden meist durch die Populationsdichte beeinflusst: Auch hier begünstigt eine große Population das schnellere Wachstum und damit die Entstehung von mehr Männchen. Allerdings üben andere Faktoren ebenfalls Einfluss aus, darunter Temperatur, Salzkonzentration und Nahrungsangebot. Damit ergeben sich mehrere »Inputs« aus der Umwelt, auf die die Spezies reagieren kann. Mit dieser Flexibilität bei der Geschlechtsfestlegung können Aale das Verhältnis von Männchen zu Weibchen sehr genau auf die Umweltbedingungen abstimmen.

Leider ergeht es vielen Aalarten ähnlich wie Wirbellosen und Amphibien: *Xenoöstrogene,* also industrielle Umweltgifte, die den Effekt von Östrogen nachahmen, stören die normale Steuerung der Geschlechtsbestimmung, sodass die Spezies weniger gut auf Signale aus der Umwelt ansprechen.[19]

Zusammenfassend kann man sagen: Die Geschlechtsbestimmung ist komplizierter und vielgestaltiger, als es den Anschein hat, und im Tierreich wimmelt es von sexueller Vielfalt. Wie beim Gender, von dem im nächsten Kapitel die Rede sein wird, so ist auch das Geschlecht bei vielen Tierarten ein dynamisches, flexibles Konzept, das häufig je nach Bedarf auf die Umweltbedingungen reagiert. Oberflächlich sieht es so aus, als hätten die Menschen sich zugunsten eines einfachen, chromosomenbasierten Systems aus der Wandlungsfähigkeit und Diversität ausgeklinkt. Für die meisten Menschen mag das tatsächlich gelten, aber die Tatsache, dass wir einen beträchtlichen Anteil *intergeschlechtlicher* Menschen kennen, spricht dafür, dass auch unsere Spezies die sexuelle Vielfalt am Leben erhalten hat, einfach für den Fall, dass sie in Zukunft gebraucht werden könnte. Die genauere Betrachtung der sexuellen Diversität unter Menschen verschieben wir auf Kapitel 7.

Vorerst betrachten wir noch mal die in diesem Kapitel beschriebenen vielfältigen Aspekte des biologischen Geschlechts. Von den Plattwürmern, die mit ihren Penissen fechten, bis zu den Clownfischen, die ihr Geschlecht wechseln, gehen alle interessanten Varianten auf eine geringfügige, von einer Mutation verursachte Veränderung zurück. Was man vielleicht als »Defekt« oder »Abweichung« bezeichnet hätte, war in Wirklichkeit der Anfang einer kreativen Neuerung. Die gleiche Sichtweise sollte nach meiner Überzeugung auch unsere Haltung gegenüber Menschen mit intergeschlechtlichen Merkmalen beherrschen. Sie sind nicht fehlerhaft, sie sind nur anders. Die Natur liebt die Vielfalt. Wir sollten sie ebenfalls lieben.

Kapitel 2

Transvestiere

Während das *biologische Geschlecht* etwas über Körper und Zellen eines Individuums aussagt, ist *Gender* etwas ganz anderes. Beim Menschen hat es zumindest vordergründig kaum etwas mit Biologie zu tun, dafür aber umso mehr mit Kultur. »Gender« oder auch »soziales Geschlecht« bezeichnet Dinge wie das äußere Erscheinungsbild und Verhalten, gesellschaftliche Rollen und das innere Identitätsgefühl in einem Spektrum, das vom Weiblichen bis zum Männlichen reicht.

Während »Gender« im Deutschen erst seit recht kurzer Zeit geläufig ist, wird im Englischen das Wort *gender* in dieser Bedeutung seit den 1950er-Jahren gebraucht. Davor bezog sich *sex* auf das Geschlecht von Menschen, und *gender* war nur ein grammatikalischer Begriff für männliche und weibliche Pronomen wie *he* und *she, his* und *her*. Im Gegensatz zu den meisten anderen Sprachen gibt es im Englischen ohnehin nur wenige geschlechtsabhängige grammatikalische Unterschiede. Substantive sind meist neutral, Artikel und Adjektive sind es immer. Nur ausdrücklich männliche oder weibliche Dinge wie Menschen oder Tiere werden sprachlich *gegendert*, und auch dann nur in Form von Pronomen. Bei einigen Berufsbezeichnungen gibt es genderspezifische Unterschiede wie bei *waiter/waitress, actor/actress, comedian/comedienne*, aber sie werden derzeit immer unbeliebter. Mir geht es darum, dass die Anwendung des Begriffs *gender* auf Menschen ein relativ neues Phänomen ist. Das Gender-*Konzept* ist aber eindeutig nicht neu.

Während seiner kurzen Geschichte wurde der Begriff *gender* im psychosozialen Sinn fast ausschließlich auf Menschen angewandt. Da er eher auf Kultur als auf Biologie basiert und man angenommen hatte, dass es bei Tieren wenig oder gar keine Kultur gebe, erschien es nicht angebracht, sich mit dem Wort *gender* auf Tiere zu beziehen. Tiere, so schien es, haben natürlich kein Gender, sondern nur ein Geschlecht: Sie sind männlich, weiblich oder Hermaphroditen; vielleicht können wir auch die Parthenogenese noch als eine Form des Geschlechts bezeichnen, aber das war's dann auch. Nun, wie so viele Dinge, die wir über Tiere zu wissen glauben, so ändert sich nun auch diese Ansicht. Zunächst einmal haben Tiere mit Sicherheit eine Kultur. Ihr Verhalten wird nicht nur von blinden Instinkten gesteuert, sondern auch vom sozialen Umfeld, in dem ihre Instinkte zu Handlungen einschließlich sexueller Verhaltensweisen werden. Das ist Kultur, und es war eines der wichtigsten Themen in meinem ersten Buch *Not So Different: Finding Human Nature in Animals*.

Dass das Wort *gender* heute auch in der Biologie auf Tiere angewendet wird, hat aber noch einen umfassenderen Grund: Wie man entdeckt hat, gibt es bei vielen Tieren mehrere Möglichkeiten, männlich oder weiblich zu sein. Tiere können sich unterschiedliche *Versionen* »männlicher« oder »weiblicher« Verhaltensweisen zu eigen machen. Wichtig ist: Ich meine damit nicht nur, dass Männchen oder Weibchen aus einem Arsenal verschiedener Paarungsstrategien auswählen können. Vielmehr gibt es bei vielen Arten diverse *Typen* von Männchen oder Weibchen, die aus echten biologischen Unterschieden erwachsen und ihnen unterschiedliches Verhalten vorgeben. Auch wenn die Vorstellung, dass es Gender bei Tieren gibt, relativ neu ist, so zeigten Tiere immer schon verschiedene »genderspezifische Verhaltensweisen«, wie wir sie heute nennen.

Den meisten Zoologen und Zoologinnen ist nach wie vor nicht ganz wohl dabei, den Begriff »Gender« auf Tiere anzuwenden, aber in dem wichtigsten Punkt widerspricht mir niemand: Tiere bedienen sich höchst unterschiedlicher Strategien in Bezug auf Sexualität und Fortpflanzung. Außerdem gibt es derzeit keinen anderen geeigneten Begriff für die Art und Weise der Tiere, ihr biologisches Geschlecht – Männlichkeit, Weiblichkeit oder Hermaphroditismus – auszuleben. Also nennen wir es »Gender«. Tiere haben verschiedene Gender, und wir Menschen müssen einfach damit zurechtkommen.

Reine Kosmetik

In dem Sinn, in dem ich hier das Wort »Gender« verwende, wurde es erstmals von der angesehenen Evolutionsbiologin und Tierverhaltensforscherin Joan Roughgarden gebraucht. Von ihr stammt *Evolution's Rainbow,* das Standardwerk über das Thema, aus dem ich (mit ihrer Erlaubnis) den Titel für das letzte Kapitel übernommen habe. Mit ihrer lebenslangen eingehenden Forschungsarbeit hat Professorin Roughgarden uns gelehrt, dass sich das Sexualverhalten von Tieren nicht einfach auf männliche und weibliche Verhaltensweisen reduzieren lässt. Stattdessen gibt es verschiedene »Typen« von Männchen und Weibchen, die Sexualität unterschiedlich angehen. Diese unterschiedlichen Methoden sind oft biologisch programmiert und festgelegt, das heißt, ein Tier kann nicht einfach nach Belieben zwischen ihnen wechseln. Wir haben es also nicht nur mit veränderlichen Paarungsstrategien zu tun.

Wenn es um Menschen geht, ist es unangemessen, Gender ausschließlich als Funktion von Geschlecht, Paarung und Fortpflanzung zu betrachten. In unserer Gesellschaft eine Frau zu sein, bedeutet doch viel mehr, als nur Kinder zu bekommen. Schließlich leben wir in einem umfangreichen sozialen Milieu, das wir als »Kultur« bezeichnen, und auch wenn die Kulturen und Gesellschaften von Tieren komplexer sind, als die meisten Menschen annehmen, sind sie dennoch ein ganzes Stück einfacher als die Kultur der Menschen. Deshalb sind wir – zumindest vorerst – auf der sicheren Seite, wenn wir unter »Gender bei Tieren« Verhaltensmuster verstehen, die entweder mit Sexualität zu tun haben oder an die Fortpflanzung gebunden sind.

Bis zu einem gewissen Grad sind die verschiedenen Gender von Tieren eine Folge der sexuellen Konkurrenz. Zwar werde ich in diesem Buch immer wieder darauf hinweisen, wie kooperativ Tiergesellschaften und -familien sind, wir müssen aber auch einräumen, dass es in Tierpopulationen viel heftige Konkurrenz gibt. Manche Formen dieser Konkurrenz sind offenkundig und unübersehbar, andere laufen eher unterschwellig ab. Es war eine der größten Erkenntnisse von Charles Darwin, dass jede Spezies eine Überzahl von Nachkommen hervorbringt und damit einen Konkurrenzkampf um Nahrung, andere Ressourcen und Fortpflanzung in Gang setzt. Wenn beispielsweise zahlreiche Tiere auf die gleiche Nahrung aus sind, bemühen sich die meisten von ihnen, besser zu sein als die anderen und den Wettbewerb zu gewinnen. Andere umgehen die Konkurrenz vielleicht, indem sie es mit neuen Formen der Nahrung probieren und ihren Lebensunterhalt mit Ressourcen sichern, die von den Tieren um sie herum ignoriert werden. Wenn sie eine unbeachtete Ressource nutzbar machen, können sie – selbst wenn diese vielleicht nicht ideal ist – die intensive Rivalität vermeiden. Deshalb ist Konkurrenz eine wichtige Triebkraft für ökologische Experimente und Neuerungen.

Unter anderem entfaltet sich die Konkurrenz in der Natur in Form der *frequenzabhängigen Selektion*: Dabei sind manche Merkmale einfach dadurch von Vorteil, dass sie selten sind. Das Phänomen wurde zunächst in nichtsexuellen Zusammenhängen entdeckt. Stellen wir uns beispielsweise einen Bandwurm vor, der als Parasit in unserem Darm lebt. Dort kann er sich an Hunderten von Stellen festsaugen und fressen, aber nicht alle diese Stellen eignen sich gleich gut zum Festhalten, für den Zugang zu Blutgefäßen und Ähnliches. Es gibt »optimale« und »suboptimale« Punkte. Wenn aber alle Parasiten zu den optimalen Stellen streben, bleiben die suboptimalen unbesetzt.

Somit können sich Bandwürmer entwickeln, die sich auf die suboptimalen Bereiche spezialisieren.[1] Solche Stellen sind vielleicht nicht so üppig oder leicht zu nutzen, aber das wird durch die geringere Konkurrenz ausgeglichen, und letztlich sind die betreffenden Pioniere erfolgreicher als jene, die sich um die begrenzte Zahl der optimalen Plätze streiten. Wenn sich ihre Nachkommen vermehren, kann die Konkurrenz sich sogar umkehren, sodass es zu Konflikten um die suboptimalen Stellen kommt, während die optimalen weniger begehrt sind. Und so weiter.

Deshalb führt die frequenzabhängige Selektion häufig zu sich wiederholenden Zyklen, wobei eine neue, einzigartige Strategie den größten relativen Vorteil mit sich bringt, der sich aber vermindert, wenn immer mehr Individuen auf den Zug aufspringen. Das ist ein hervorragendes Rezept für Vielfalt und Neuerungen, denn manchmal ist es schon von Vorteil, wenn man einfach anders ist als die Mehrzahl. In der Biologie gibt es nur wenige allgemeingültige Wahrheiten, aber eine davon lautet: Lebewesen sind Maschinen zur Erzeugung von Diversität.

Warum sollte es bei sexuellen Verhaltensweisen anders sein? Wenn beispielsweise alle Männchen einer Spezies auf dieselbe Weise versuchen, eine Partnerin zu erobern, gewinnen manche, und andere verlieren. Warum sollten die Verlierer nicht etwas anderes ausprobieren? Sie haben wirklich nichts mehr zu verlieren, aber potenziell alles zu gewinnen. Manchmal bietet es einen Vorteil, wenn man etwas anders macht als die Masse. Sehen wir uns einmal an, wie sich diese Tatsache unter dem Gesichtspunkt des Genders bemerkbar macht.

Eines der anschaulichsten Beispiele für mehrere Gender bei Tieren ist das erste, das Roughgarden selbst nannte. Blaue Sonnenbarsche (*Lepomis macrochirus*) gehören in nordamerikanischen Süßwasserseen und Wasserläufen zu den häufigsten Fischarten. Wer wie ich in den Vereinigten Staaten östlich der Rocky Mountains oft in Seen, Flüssen und Bächen geangelt hat, hatte vermutlich viele derartige Fische am Haken und hat sie zurückgeworfen, um etwas Schmackhafteres zu fangen.

Ein Sonnenbarsch ist nicht größer als die gespreizte Hand eines Menschen, schwach gelbgrün gefärbt mit vielen dunklen Flecken auf dem Körper sowie einem charakteristischen schwarzen Fleck unmittelbar hinter den Kiemen, der salopp als »Ohr« bezeichnet wird. Häufig findet man auch eine gelbe oder blassorange Färbung am Unterbauch oder dunkle senkrechte Streifen auf dem Körper – es gibt zahlreiche regionale Abwandlungen. Viele Angler halten Blaue Sonnenbarsche und Sonnenbarsche für verschiedene Arten, und tatsächlich leben manchmal in einem Gebiet mehrere Sonnenbarscharten; in den meisten Fällen beobachtet man aber geschlechts- und genderabhängige Varianten derselben Spezies. Innerhalb der regionalen Schwankungsbreite lassen sich Männchen und Weibchen mit ein wenig Übung leicht unterscheiden.

Männchen sind im Allgemeinen größer und wachsen schneller als Weibchen. Wenn es um die Fortpflanzung geht, leisten sie auch sämtliche wichtigen Arbeiten.[2] Sonnenbarsche laichen in Nestern, die von den Männchen gebaut, instand gehalten und geschützt werden. Der weibliche Beitrag zur Elternschaft beschränkt sich auf einen einzigen Tag im Jahr, an dem das Weibchen seine Eier den Männchen seiner Wahl zur Verfügung stellt, und dabei ist es höchst wählerisch. Um ein Weibchen dazu zu bewegen, mit ihm zu laichen, muss das Männchen ein beeindruckendes Nest an einem begehrten Ort bauen und die Auserkorene davon überzeugen, dass es die Eier bis zum Schlüpfen des Nachwuchses beschützen wird. Das erfordert im Vorfeld eine mehrwöchige Arbeit zum Aufbau des bestmöglichen Nestes, und nach dem Laichen muss das Männchen einige Wochen lang über die Eier während ihrer Entwicklung wachen. Diese Männchen sind Superdaddys. Die Investition des Weibchens in die Nachkommen, also sein elterlicher Aufwand, beschränkt sich dagegen darauf, die Eier auszustoßen; anschließend verschwindet es für immer. Es ist eine Spezies fauler Mütter.

Die Männchen kommen in drei Ausprägungen vor.[3] Die größten unter ihnen übernehmen den gesamten Nestbau und zeigen die deutlichste Farbgebung: ein sehr helles Grün, entweder ohne oder mit blassen schwarzen Streifen, und ein auffälliges Orange oder Gelb am Bauch unter und hinter den Kiemendeckeln. Manche regionalen Varianten haben auch orange Flecken am ganzen Körper – das ist die charakteristische Färbung der Sonnenbarsche. Nennen wir diese Gruppe einmal »große Männchen«. Weibchen dagegen sind ein wenig kleiner, die grüne Hintergrundfarbe ist viel dunkler, und an den Seiten zeigen sich dicke schwarze vertikale Streifen, die manchmal auch als »Balken« bezeichnet werden.

Vor dem Tag der Eiablage versammeln sich die großen Männchen und bauen ihre Nester in einem weitläufigen Laichbett, wobei sie aber im Gegensatz zu den Weibchen keine Schwärme bilden. Diese Männchen sind sogar sehr revierbewusst und meist aggressiv gegenüber den anderen. Dass die Nester so dicht nebeneinander gebaut werden, liegt offensichtlich am Prinzip der »Sicherheit der großen Zahl«: Eine große Gruppe von Männchen kann die Nester wirksamer gegen Eierräuber verteidigen. Dies ist ein gutes Beispiel dafür, wie Konkurrenz und Kooperation unter den Mitgliedern einer Spezies eng miteinander existieren können. Die »besten« Stellen sind die in der Mitte des Laichbettes, die am weitesten von Gefahren entfernt sind. Aus diesem Grund bevorzugen Weibchen in erster Linie die größten und zentral gelegenen Nester, weshalb die Zeit des Nestbaus auch eine Zeit der Rangeleien unter den Männchen um die Reviere ist.

Nachdem die großen Männchen ein paar Wochen lang versucht haben, das ideale Nest zu bauen und zu bewachen, wobei sie kaum fressen oder schlafen, sind sie so weit, dass sie Eindruck auf die Weibchen machen wollen. Wenn diese im Schwarm beim Laichbett eintreffen, verschaffen sie sich einen Überblick über die Landschaft und begutachten einzelne Männchen sowie die von ihnen gebauten Nester. Die Männchen bemühen sich, die Weibchen körperlich zu bedrängen, aber die nehmen nur ein gewisses Maß an Übergriffen hin, bevor sie weiterziehen. Ist ein Weibchen mit der Qualität eines Männchens und seines Nestes zufrieden, lässt es sich auf seine Balz ein. Die beiden schlängeln sich eine Zeit lang Seite an Seite, dann schwimmen sie winkelförmig und reiben kurz ihre Genitalöffnungen aneinander, bevor sie die Gameten in das Nest abgeben. Dabei zittern beide, was an einen Orgasmus denken lässt. Der ganze Vorgang dauert kaum mehr als eine Minute, wiederholt sich aber während der tagelangen sexuellen Tollerei Tausende Male. Die Männchen balgen auch weiterhin miteinander, dringen hin und wieder in Nachbarnester vor und versuchen, dort Sperma auf die Eier abzugeben. Ein einzelnes Männchen befruchtet zwar die meisten Eier im eigenen Nest, doch ungefähr 10 Prozent der Eier werden von eingedrungenen Nachbarn besamt.

Gleichzeitig liegen Männchen eines anderen Typs auf der Lauer.[4] Sie sind nicht einmal halb so groß wie die »Big Daddies«, dafür aber schnell und lebhaft. Wie die großen Männchen sind sie blassgrüngrau gefärbt, ihnen fehlen jedoch die orangefarbenen oder gelben Flecken. Sie treiben sich am Rand des Laichbetts herum und verbergen sich so gut wie möglich in der umgebenden Vegetation, zwischen Felsen oder in anderen verfügbaren Verstecken. Zur Laichzeit schießen diese hinterlistigen kleinen Burschen zu den Nestern und wieder weg, wobei sie ihr Sperma auf alle frischen Eier entlassen, die sie finden können. Bezeichnen wir sie einmal als »kleine Männchen«. Die großen Männchen vertreiben ihre kleinen Artgenossen natürlich höchst aggressiv, aber sie werden von anderen großen Männchen abgelenkt, die in ihr Revier vordringen, und müssen ihre Aufmerksamkeit ja natürlich auch den Weibchen widmen.

Neben der Geschwindigkeit, der geringen Größe und der Tarnfärbung haben die kleinen Männchen in ihrem Streben nach Vaterschaft noch einen weiteren Vorteil: dicke Eier. Die Hoden dieser kleinen Burschen machen ungefähr 5 Prozent des Körpergewichts aus und nehmen den größten Teil der Bauchhöhle ein; das würde bei einem

90-Kilo-Mann einem Hodengewicht von viereinhalb Kilo entsprechen. Was den kleinen Männchen an Nähe zu den frisch abgelegten Eiern fehlt, machen sie mit der Anzahl ihrer Samenzellen wett. Während sie durch die Nester flitzen, geben sie eine dicke Wolke Samenflüssigkeit ab. Da die Eier unbefruchtet nur etwa eine Stunde lang überleben, zahlt sich die Heimlichtuerei der kleinen Männchen hin und wieder aus, und sie werden jedes Jahr mit der Vaterschaft von rund 5 Prozent der geschlüpften Fische belohnt.

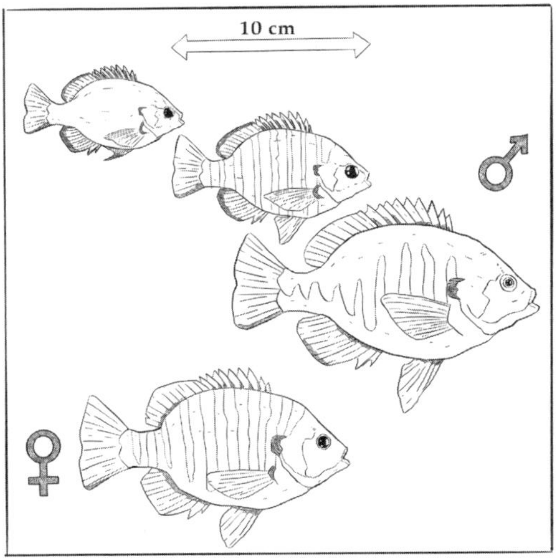

Weibchen und die drei Gender männlicher Blauer Sonnenbarsche

Für die großen Männchen ist das Laichen eine anstrengende Angelegenheit. Sie wollen einfach nur Sex haben, aber dabei werden sie auf allen Seiten von aufdringlichen Männchen – großen und kleinen – gestört. Sie müssen wachsam gegenüber den Männchen und aufmerksam gegenüber den Damen sein, und gleichzeitig müssen sie ihre Samenzellen zielgenau und zur richtigen Zeit im Nest abliefern. Ihre Hoden sind nicht annähernd so groß wie die der kleinen Männchen –

weniger als 1 Prozent des Körpergewichts* –, denn ihre Strategie besteht nicht im Abschießen riesiger Ladungen, sondern in Kontrolle und Aggression.

In der Wissenschaft wie auch in Anglerkreisen hielt man die kleinen Männchen lange Zeit fälschlicherweise einfach für heranwachsende Jungtiere. Man nahm an, die hinterlistigen Männchen seien einfach unreif und würden möglicherweise eine Lehrzeit absolvieren, in der sie das Verhalten der ausgewachsenen Männchen beobachten und sich vorbereiten würden, bis sie in dem großen Tanz an der Reihe wären, wobei sie sich heimlich ein gewisses Maß an Vaterschaft sichern würden, wenn es sich ergäbe. Aber diese Ansicht ist falsch. Sie sind zwar tatsächlich meist jünger, aber die kleinen Männchen wachsen nicht zu großen Nestbauern heran. Die großen Burschen werden schon dazu *geboren*, große Burschen zu werden, und müssen sieben oder acht Jahre lang wachsen und sich entwickeln, bevor sie in der Blüte des Lebens stehen. Wichtig ist dabei, dass sie bis zu diesem Zeitpunkt *nicht* geschlechtsreif sind. Die kleinen Männchen dagegen erreichen die Geschlechtsreife schon nach drei Jahren, wachsen anschließend weiter und werden schließlich zu etwas anderem: zu Männchen mittlerer Größe.

Der Tanz zwischen den Weibchen und den großen Männchen ist nicht das einzige Balzritual. Einen oder zwei Tage vor der Eiablage und bis danach nähern sich Männchen eines dritten Typs den Nestern.[5] Sie sind mittelgroß, haben wie die Weibchen einen dunklen Körper mit schwarzen Streifen und keine orangefarbenen oder gelben Flecken. Unerfahrene menschliche Beobachter halten sie in der Regel fälschlicherweise für Weibchen. Diese mittelgroßen Sonnenbarsche bauen keine eigenen Nester, sondern bemühen sich, eine Partnerschaft mit den großen Männchen einzugehen. Mit anderen

* Im Vergleich zum Menschen sind das immer noch große Hoden, denn Tausende von Paarungen erfordern eine Menge Sperma, selbst wenn es nicht so aufs Geratewohl verspritzt wird wie das der kleinen Männchen.

Worten: Die mittelgroßen Männchen umwerben die großen. Aber dieses Werberitual läuft ein wenig anders ab. Ein mittelgroßes Männchen nähert sich den Nestern nicht auf der gleichen Höhe wie ein Weibchen, sondern lässt sich aus größerer Höhe absinken. Wenn das geschieht, wird es vom großen Nest bauenden Männchen nicht vertrieben wie ein kleines oder ein anderes großes Männchen, und das große Männchen versucht auch nicht, das mittelgroße festzuhalten und zu bedrängen, wie es das mit einem Weibchen tun würde. Stattdessen ist es passiver und toleranter.

Die großen und die mittelgroßen Männchen betreiben ihre eigene Form der Partnerwerbung. Es ist immer eine Eins-zu-eins-Angelegenheit und ähnelt dem Ritual, mit dem die großen Männchen um Weibchen werben. Man schwimmt immer wieder umeinander herum, um sich visuell zu begutachten, dann werden die Körperseiten und schließlich auch die Geschlechtsöffnungen aneinander gerieben. Sie zittern sogar, Sperma wird jedoch nicht freigesetzt. Die Samenflüssigkeit ist ein so kostbares Gut, dass sie nicht verschwendet wird, wenn keine Eier in der Nähe sind, insbesondere wenn man bedenkt, dass diese Fische im ganzen Jahr nur an einem einzigen Tag laichen. Die Partnerwerbung zwischen den Männchen hat nicht immer Erfolg, aber wenn es klappt, toleriert das große Männchen den mittelgroßen Geschlechtsgenossen in seinem Nestbereich, und sie warten als Team auf die Weibchen – das heißt, wenn nicht ohnehin bereits ein Weibchen anwesend ist. Gemeinsam bemühen sie sich, die Damen zu betören und andere Kerle abzuwehren.

Wenn ein Weibchen bereits anwesend ist oder sich später dazugesellt, ist der Laichvorgang, der stattfindet, nachdem ein großes Männchen einen mittelgroßen Partner zugelassen hat, eine Dreierangelegenheit. Die Weibchen stört es überhaupt nicht, dass ein Dritter sich an dem Spaß beteiligt! Alle drei begutachten einander, und das Weibchen widmet auch der Größe und Qualität des Nestes viel Aufmerksamkeit. Während der eigentlichen Paarung befindet sich das mittelgroße Männchen in der Mitte, und das große Männchen hat weitgehend das Sagen, verhält sich aber sanftmütig, denn das Weibchen macht sich sofort aus dem Staub, wenn das große Männchen zu aggressiv ist. Geht alles gut, reiben sie sich gegenseitig an den Körperseiten, und dann folgt eine Art Dreier-Genitalkontakt; gleichzeitig zittern sie, und schließlich werden die Gameten der drei im Nest abgelegt.

Was ist da los? Warum nimmt das große Männchen ein solches Arrangement hin? Wenn es ein zusätzliches Männchen ins Nest holt, muss es die Vaterschaft aufteilen – was hat es davon? Sehen wir uns die Sache einmal ein wenig genauer an.

Die größten Männchen mit den besten Nestern gehen in der Regel keine Partnerschaft mit mittelgroßen Männchen ein. Sie haben bereits eine gute Stellung und erledigen mit Vergnügen alles allein, so anstrengend es auch sein mag. Aber für große Männchen, die weniger begehrenswert sind, stellt die Partnerschaft mit einem mittelgroßen Männchen eine alternative Methode dar, um Weibchen anzulocken. Wenn ein großes und ein mittelgroßes Männchen gemeinsam ein Nest betreuen, geht ihr Fortpflanzungsinteresse in die gleiche Richtung. Sie sind ein Team. Und das erkennen die Weibchen. Stehen zwei Nester mit gleicher Qualität zur Verfügung, bevorzugen die Weibchen tatsächlich die Paarung mit einem Duo statt mit einem Männchen, das alles allein macht. Zum einen üben die beiden Partner weniger Zwang aus. Irgendetwas an der Verbindung mit dem mittelgroßen Männchen beruhigt seinen großen Geschlechtsgenossen. Ich stelle mir vor, dass es weitaus anstrengender ist, alles allein zu erledigen, und wenn wir gestresst sind, ist keiner von uns besonders gut gelaunt. Zum anderen wissen die Weibchen offenbar, dass zwei Männchen besser sind als eines, wenn es darum geht, die Eier gegen Eindringlinge und natürliche Feinde zu verteidigen. Eier sind kostbar, und das Weibchen möchte, dass sein genetisches Erbe gut versorgt wird. Ein starkes Männchen mit einem großen, zentral gelegenen Nest ist eine gute Investition; das Gleiche gilt aber auch für ein weniger kräftiges Männchen mit einem loyalen Helfer.

Für Sonnenbarsche ist der Tag der Eiablage ein Wirbel aus Partnerwerbung, Jagd, Aggression, Partnerschaft und natürlich Sex. Am Ende sind die großen Männchen für rund 80 Prozent der Vaterschaft verantwortlich, was nur fair ist, denn sie leisten den größten Teil der harten Arbeit. Die mittelgroßen Männchen helfen bei ungefähr einem Drittel der Nester mit und stellen etwa 15 Prozent der Vaterschaft. Auch nicht schlecht. Damit bleiben nur 5 Prozent für die kleinsten Männchen. Hinterlist ist keine übermäßig erfolgreiche Strategie, aber gelegentlich funktioniert sie. Die kleinsten Männchen warten ohnehin eigentlich nur den richtigen Zeitpunkt ab. So machen sie es ungefähr ein Jahr lang oder manchmal auch zwei, bevor sie ausgewachsen und zu mittelgroßen Männchen geworden sind.

Es stimmt: Die kleinen Männchen wachsen zu mittelgroßen Männchen heran. Sie sind eine Art geschlechtswechselnde Hermaphroditen, nur mit dem Unterschied, dass sie nicht das Geschlecht wechseln, sondern das *Gender*. Genetisch betrachtet gibt es also bei den männlichen Sonnenbarschen zwei Körperbaupläne: den großen und den klein-mittelgroßen. Die Genetik ist einfach. Große Männchen werden zu Vätern großer Männchen, und klein-mittelgroße Männchen zeugen klein-mittelgroße Männchen. Die Demografie ist dabei allerdings interessant: Obwohl die großen Männchen jedes Jahr rund 80 Prozent der Nachkommen zeugen, machen sie nur 15 Prozent der Population erwachsener Männchen aus. Wo sind all die anderen?

Dass der große Körpertypus bei frisch geschlüpften Fischen der häufigste ist, bei ausgewachsenen dagegen der seltenste, hat mindestens drei Gründe. Erstens müssen die großen Männchen *acht Jahre* lang überleben, bevor sie überhaupt fortpflanzungsfähig sind. Kleine Männchen dagegen müssen nur drei, mittelgroße vier Jahre lang warten. Da die Sterblichkeit dieser Fische mehr oder weniger gleich bleibt, hat eine doppelt so lange Wartezeit bis zur Geschlechtsreife zur Folge, dass deutlich weniger Exemplare dorthin gelangen. Zweitens hat die Aggression unter den großen Männchen manchmal tödliche Folgen. Kämpfe um Leben und Tod kommen unter den Männchen vieler Arten vor (während sie bei Weibchen selten sind). Und drittens sind die Nestbau-Wochen vor dem Laichen und die Wochen danach, in denen die Eier bewacht werden müssen, für die großen Männchen sehr anstrengend. Es ist eine allgemeine Regel im Tierreich, dass Brutfürsorge häufig einen beträchtlichen Preis hat.* Davon können auch wir Menschen als Eltern ein Lied singen.

Mittlerweile stellt sich vielleicht die Frage, warum ich derart viel Zeit darauf verwende, das Fortpflanzungsverhalten dieser einen Fischart so genau zu betrachten. Dabei gilt es zu bedenken, dass es sich hier nicht um einen Ausnahmefall handelt. Dass wir so viel über Sonnenbarsche wissen, liegt nur daran, dass einige Fachleute sich die Zeit genommen haben, diese Spezies eingehend zu studieren. Was das Verhalten von Tieren angeht, wird aber ganz allgemein immer deutlicher, dass jede Art, die wir gründlich erforschen, komplizierter ist, als es auf den ersten Blick den Anschein hat. Für eine Beschreibung der Sonnenbarsche habe ich mich nicht deshalb entschieden, weil sie etwas Besonderes wären, sondern gerade weil sie eben nichts Besonderes sind. Sie veranschaulichen Themen, die überall im Tierreich und damit auch überall in diesem Buch vorkommen.

Von den Sonnenbarschen können wir unter anderem lernen, dass Kooperation ohne Weiteres neben heftiger Konkurrenz auftreten kann. Ich würde sogar noch weiter gehen und sagen: Konkurrenz zwischen Tieren führt häufig zur Kooperation als Weg, um zu »gewinnen«. Oder, wie das Sprichwort sagt: Wenn du sie nicht besiegen kannst, schließe dich ihnen an. Genau genommen müsste es wohl heißen: Der beste Weg, um jemanden zu besiegen, verläuft über die

* So weiß man beispielsweise seit den 1950er-Jahren, dass bei vielen Vogelarten ein direkter Zusammenhang zwischen der Größe der Gelege und der Sterblichkeit besteht. Die Chance, das Jahr zu überleben, sinkt für die Versorger pro abgelegtem Ei um einen beträchtlichen Prozentsatz. Deshalb steht das Bestreben, mehr Nachkommen hervorzubringen, in einem ständigen Spannungsverhältnis mit der Fähigkeit, die Nachkommen großzuziehen, bis sie sich selbst versorgen können.

Teamarbeit mit einem anderen. Die Fortpflanzung ist ein besonders fruchtbarer Nährboden (man verzeihe mir das Wortspiel) für kooperatives Verhalten, denn es gäbe sie nicht ohne ein zumindest geringfügiges gemeinsames Handeln zweier Tiere, deren Interessen – wenn auch vielleicht nur kurz – in die gleiche Richtung gehen. Meist denken wir dabei nur an die Kooperation zwischen Vater und Mutter, aber wenn zwei Väter ihr eigenes Fortpflanzungspotenzial durch Zusammenarbeit stärken können, warum sollten sie es nicht tun?

Außerdem können wir bei den Sonnenbarschen beobachten, dass zwischen den Männchen eine viel größere Konkurrenz herrscht als zwischen den Weibchen. Dieses Prinzip ist zwar wahrscheinlich nicht allgemeingültig, es kommt im Tierreich aber häufig zum Tragen – die umgekehrte Situation ist dagegen viel seltener. Das ist auch plausibel, wenn man bedenkt, welche Faktoren über Größe und Wachstum einer Population bestimmen. In der Demografie weiß man schon seit Langem, dass die Populationsdynamik sowohl bei Menschen als auch bei Tieren stark von der Zahl der Weibchen abhängt, während die Zahl der Männchen mehr oder weniger bedeutungslos ist. Rinderzüchter brauchen beispielsweise nur einen Stier für Hunderte von Kühen.

Um ein Beispiel aus der Menschheitsgeschichte zu nennen: Die Pest hatte in Europa verheerende Auswirkungen auf das Bevölkerungswachstum, wohingegen die Effekte des Ersten und Zweiten Weltkrieges wesentlich schwächer waren, obwohl in den beiden aufeinanderfolgenden Kriegen ein beträchtlicher Prozentsatz der Bevölkerung getötet wurde. Der Grund: *Yersinia pestis* infiziert Menschen unterschiedslos, in den Weltkriegen dagegen entrichteten Männer einen wesentlich größeren Teil des Blutzolls. Männer sind für das Bevölkerungswachstum kein limitierender Faktor, und deshalb ist jeder einzelne von ihnen entbehrlich. Die Entbehrlichkeit der männlichen Wesen führt zu Konflikten und Konkurrenz unter ihnen. Bei Sonnenbarschen sind die großen Männchen revierbewusst und untereinander aggressiv, während die Weibchen friedliche Schwärme bilden.

Aus diesem Konflikt ergibt sich bei den Sonnenbarschen ein drittes Thema, das auch bei vielen anderen Tierarten eine Rolle spielt: die Reproduktionsvielfalt der Männchen. Wie ich bereits erläutert habe, kann der Konflikt zur Folge haben, dass die Individuen gezwungen sind, andere Wege der Konkurrenz auszuprobieren. Die kleinen Sonnenbarschmännchen folgen einem ganz bestimmten Prinzip, das wir überall im Tierreich beobachten: Sie sind *sneaky fuckers*.* Angesichts der heftigen und oftmals tödlichen Konkurrenz zwischen den großen Männchen erscheint es nur natürlich, dass sich Hinterlist als brauchbare Strategie erwiesen hat; insbesondere gilt das für Fische, bei denen die Paarung einfach darin besteht, Sperma in der allgemeinen Umgebung der Eier abzugeben.

Die Hinterlist kommt bei Wirbeltieren vieler Arten vor, auch bei Säugetieren.[6] Bei zahlreichen Hirscharten zum Beispiel kämpfen die großen Zehnender mit ihren riesigen Geweihen um das exklusive Vorrecht, sich mit den Hirschkühen zu paaren; häufig schleichen sich aber kleinere Männchen ohne Geweih unter die Zuschauer und versuchen, die Weibchen zu begatten, während diese dem Kampf zusehen. Die schreckhaften Hirschkühe widersetzen sich oftmals und laufen davon, aber das geschieht nicht immer.

Die mittelgroßen Sonnenbarschmännchen verfolgen eine andere Paarungsstrategie, die wir ebenfalls häufig beobachten: die Kooperation. Im Rahmen dieser Strategie gehen sie eine Partnerschaft mit größeren, dominanteren Männchen ein und hoffen darauf, sich eben-

* Der Begriff *sneaky fucker* (»hinterlistiges Arschloch«) wird in der Biologie tatsächlich häufig für diese Fortpflanzungsstrategie verwendet; in Studien nutzt man oftmals allerdings die weniger anstößige Form *sneaky mater* (»hinterlistiger Paarungspartner«) oder einfach *sneaker* (»Schleicher«). Als Erfinder des Begriffs gilt für viele John Maynard Smith; der älteste schriftliche Beleg, den ich finden konnte, stammt aber von Jeremy Cherfas aus dem Jahr 1977, gefolgt von Richard Dawkins 1978. In beiden Fällen wurde der Begriff erwähnt, als wäre er bereits allgemein bekannt, was darauf schließen lässt, dass er informell schon früher in Gebrauch war.

falls fortpflanzen zu können. Das kann je nach der Verhaltensökologie der einzelnen Spezies sehr unterschiedlich ausgehen; allen gemeinsam ist aber das Prinzip, dass beide Seiten ihr Fortpflanzungspotenzial durch die Zusammenarbeit stärken. Manchmal besteht die Kollaboration wie bei den Sonnenbarschen darin, die Weibchen anzulocken, in anderen Fällen werden Bündnisse gegen andere Männchen gebildet. Ganz gleich, wie das Betamännchen seinem Alphageschlechtsgenossen hilft, der Lohn ist immer derselbe: ein Anteil an der Vaterschaft.

Wie nicht anders zu erwarten, sind die Anteile an der Vaterschaft niemals gleich, und bei den meisten Arten ist die Partnerschaft auch kein allgemeines Prinzip. Oft sind die Alphamännchen offensichtlich darauf aus, nach den Sternen zu greifen und die Fortpflanzung allein für sich zu beanspruchen wie der sprichwörtliche »Dschungelkönig«. Aber wo wir schon bei Löwen sind, sollte man festhalten, dass viele Löwenrudel nicht von einem einzigen Alphamännchen angeführt werden, sondern von einer Koalition mehrerer männlicher Tiere, wobei das Alphamännchen seine Untergebenen kontrolliert und ihnen, je nachdem, wie es ihre Hilfsbereitschaft wahrnimmt, den Zugang zu den Weibchen gestattet.[7] (Zur Stärkung ihrer Partnerschaft haben männliche Löwen auch häufig Sex miteinander, inklusive Orgasmus, aber das ist ein Thema für das nächste Kapitel.*)

Bei den Löwen sind Alpha- und Betamännchen keine unterschiedlichen Gender, denn alle Betamännchen würden gern die Alphastellung einnehmen und bemühen sich auch häufig darum. Aber bei den Sonnenbarschen sind die drei verschiedenen Männchentypen mehr als nur Strategien, die die Männchen anwenden und mit denen sie experimentieren können. Der große Männchentyp wird so geboren. Der kleine Typ wird ebenfalls so geboren und reift später zum mittelgroßen Typ heran. Eine »Wahlmöglichkeit« oder Experi-

* Von den Familien einsamer Löwenmännchen wird auch in Kapitel 4 die Rede sein.

mente gibt es nicht. Alles ist biologisch vorprogrammiert und genetisch festgelegt. Deshalb sagen wir: Bei Sonnenbarschen gibt es vier Gender, ein weibliches und drei männliche. Jedes davon hat je nach Umfeld seine eigenen Vor- und Nachteile, und jedes ist am Erfolg und an der Evolution der Spezies beteiligt. Dieser Regenbogen der Fortpflanzungsdiversität gehört als untrennbarer Bestandteil zum Leben der Sonnenbarsche dazu.

Vielleicht ist schon aufgefallen, dass ich über die Gendervielfalt bei Männchen viel mehr zu sagen habe als über die bei Weibchen. Jahrelang habe ich geglaubt, das sei einfach so – dass das Geschlecht, das die kleinen Gameten produziert, einen stärkeren Druck erlebe, seine Fortpflanzungsstrategien zu diversifizieren, während das Geschlecht, das große Gameten hervorbringt, sich vor allem zurücklehnen und die Partner aussuchen könne. Genau das ist die Aussage aller wissenschaftlichen Artikel. Dann aber öffnete mir das Buch *Bitch – Ein revolutionärer Blick auf Sex, Evolution und die Macht des Weiblichen im Tierreich* von Lucy Cooke die Augen: Der *scheinbare* Unterschied zwischen den Geschlechtern ist wahrscheinlich nicht wirklich vorhanden, sondern die Folge einer patriarchalischen Voreingenommenheit, die in den biologischen Wissenschaften verwurzelt ist.[8] Es gibt nämlich über die Verhaltensvielfalt von Männchen mehr Forschungsarbeiten, das heißt, in der Biologie hat man auf die Analyse männlicher Verhaltensweisen mehr Zeit verwendet als auf die Untersuchung des Verhaltens von Weibchen.

Die ersten echten wissenschaftlichen Tierverhaltensforscher (im Westen), auch »Naturforscher« genannt, waren im 19. Jahrhundert meist Gelehrte aus der besseren Gesellschaft. Ihre ansonsten sorgfältigen, kenntnisreichen Untersuchungen der Natur waren durch viktorianische Vorurteile getrübt. In seinem Werk *Die Abstammung des Menschen* erklärte Darwin: »Die Männchen beinahe aller Tiere haben stärkere Leidenschaften als die Weibchen … Das Weibchen ist andererseits … weniger begierig …«[9] Solche Aussagen spiegelten und verstetigten die Ansicht, männliche Wesen seien die Triebkräfte des Verhaltens und weibliche bloße Zaungäste. Diese Vorstellung wurde nicht nur auf das Streben nach Geschlechtsverkehr bezogen, sondern auf die meisten Verhaltensweisen (natürlich mit Ausnahme der Kinderversorgung). Ich habe die Hoffnung, dass Bücher wie *Bitch* unser kollektives Bewusstsein erweitern, nun, da im Fachgebiet der Tierverhaltensforschung eine neue Generation dabei ist, die Führung zu übernehmen, und Frauen eine gleichberechtigte Stellung anstreben. Ich gehe davon aus, dass wir gerade erst damit beginnen, das gesamte Ausmaß der Gendervielfalt wahrzunehmen.

Wenn du dich ihnen nicht anschließen kannst, besiege sie

Nachdem wir den Genderbegriff bei Tieren am Beispiel der Sonnenbarsche beschrieben haben, können wir jetzt die Gendervielfalt im ganzen Tierreich genauer betrachten und uns mit der Diskussion allmählich unserer eigenen Spezies annähern. Sonnenbarsche gehören zur Wirbeltiergruppe der Osteichthyes oder Knochenfische, die ihre Evolution seit etwa 400 Millionen Jahren getrennt von unserer Abstammungslinie durchlaufen. Sie sind also keine engen Verwandten, und wir sollten es vermeiden, eindeutige Parallelen zwischen ihrem und unserem Verhalten zu ziehen. Von den Sonnenbarschen können wir lernen, dass das Geschlecht eines Tieres nicht streng über seine sexuellen Verhaltensweisen bestimmt. Es gibt stets mehr, als es auf den ersten Blick den Anschein hat.

Bevor wir nun die Meerestiere hinter uns lassen, wenden wir uns noch einem anderen allgemein bekannten Fisch zu, der eine interessante Gendervielfalt aufweist. Pazifische und Atlantische Lachse haben eine ähnliche Lebensweise: Sie schlüpfen in Süßwasserbächen, wandern ins offene Meer, wo sie den größten Teil ihres Lebens verbringen, und kehren dann an ihren Geburtsort im Süßwasser zurück, schwimmen dabei stromaufwärts und springen sogar über Wasserfälle, um schließlich zu laichen und zu sterben. Sie haben aber noch eine weitere Gemeinsamkeit: Bei beiden weisen die Männchen zwei Gender auf.

Die Weibchen und die »Hakennasen«-Männchen der Pazifiklachse (*Oncorhynchus*) verbringen mindestens drei Jahre fressend und wachsend im Meer, bevor sie zum Laichen zurück in die Flüsse schwimmen.[10] Es gibt aber auch Männchen, die »Jacks«, die nur zwei Jahre lang im Meer leben und sich dann auf den Weg ins Süßwasser machen. Während die Hakennasen größer sind und aggressiv ihr Weibchen wie auch ihr Nest bewachen, sind die Jacks kleiner und schneller. Sie sind die *sneaky fuckers* dieser Spezies, schießen durch die Laichgründe und verbreiten ihr Sperma, wo immer sie die Gelegenheit dazu haben.

In der direkten Konfrontation sind die großen Hakennasen den Jacks weit überlegen, aber diese sind zahlreicher und haben anscheinend schnellere Samenzellen von höherer Qualität, was insgesamt zu einem empfindlichen Gleichgewicht zwischen den beiden Formen führt. Ähnlich sind die Verhältnisse beim Atlantiklachs (*Salmo salar*), nur wagen sich deren Jacks überhaupt nicht ins offene Meer.[11] Sie bleiben einfach in den Wasserläufen und beginnen mit ihrer hinterlistigen Paarungsstrategie, sobald sie fortpflanzungsreif sind. Wenn die größeren Hakennasen aus dem Meer zurückkehren, sind sie mindestens drei Jahre alt, die ältesten Exemplare bringen es sogar auf über zehn Jahre.

Wie die Sonnenbarsche, so sind auch die Lachsmännchen ein hervorragendes Beispiel dafür, wie sich bei einer Spezies unterschiedliche Paarungsstrategien entwickeln können, die im Spannungsfeld der Konkurrenz nebeneinander existieren. Sie sind von großem Wert, denn sie tragen zur Vielseitigkeit der Überlebenshilfsmittel einer Art bei. Wenn beispielsweise im Ozean aus irgendeinem Grund widrige Bedingungen für Lachse herrschen würden, wären die Jacks im Vorteil, und die Spezies könnte sich leicht an eine eher süßwassergeprägte Lebensweise anpassen. Für die Lebensdauer gilt das Gleiche.

In Zeiten stabiler Umweltverhältnisse ist eine längere Lebensdauer in der Regel von Vorteil; bei abrupten ökologischen Veränderungen jedoch sind kürzere Generationszeiten häufig sinnvoll, um sich auf den Wandel einzustellen und zu überleben. Wenn es mehrere männliche Gender mit unterschiedlicher Lebensweise und Lebensdauer gibt, verfügt eine Spezies über eine größere Vielfalt, auf die sie bei Bedarf zurückgreifen kann. Aber genug von Fischen – fürs Erste.

Zu den am weitesten verbreiteten Garten-Singvögeln in Neuengland und im Osten Kanadas gehören die Weißkehlammern (*Zonotrichia albicollis*). Im Gegensatz zu den meisten anderen Singvögeln sind die Weibchen bei ihnen genauso musikalisch wie die Männchen. Bei der Partnerwerbung singen beide, und wenn sich die Paare gefunden haben, tun sie gemeinsam alles, um ihr Revier aggressiv zu besetzen und zu verteidigen. Sie bauen zusammen das Nest, sitzen auf den Eiern, suchen nach Nahrung, die sie sich teilen, und versorgen gemeinschaftlich die Nachkommen. Die Arbeit wird mehr oder weniger gleich aufgeteilt, was bei Vögeln nichts Ungewöhnliches ist.

Interessanterweise sind sowohl die Männchen als auch die Weibchen auffällig gefärbt, und von beiden gibt es jeweils zwei Varianten oder *Morphen*, die unter anderem am Kopf unterschiedliche Streifenmuster tragen.[12] Der Einfachheit halber bezeichnen die meisten Vogelliebhaber sie als »Weißscheitel-« und »Braunscheitel-Variante«, auch wenn die Unterschiede in Wirklichkeit feiner sind. Die Vögel beiderlei Geschlechts mit weißen Streifen sind größer, aggressiver, musikalischer und allgemein besser in der Lage, ein Revier zu besetzen und zu behalten. Aber fast alle Weißscheitel-Vögel, ob Männchen oder Weibchen, paaren sich eher mit Braunscheitel-Exemplaren statt mit Weißscheitel-Genossen, obwohl Erstere in Bezug auf Gesang, Aggression und Revierverhalten unterlegen sind. Warum sucht sich ein großes, aggressives Weibchen gezielt ein kleineres, weniger revierbewusstes Männchen (und umgekehrt)?

Wie sich herausgestellt hat, machen die Braunscheitel-Vögel den Mangel an Aggression und Revierverhalten durch ihre geschickte

Brutpflege wett.[13] Sie brüten Eier erfolgreicher aus und helfen den Jungvögeln besser, heranzuwachsen und zu gedeihen. Das ist eine bemerkenswerte Zweiteilung. In der Regel findet man bei Vögeln entweder eine allgemeine geschlechtsspezifische Unterscheidung oder gar keine. Natürlich gibt es bei allen Arten Individuen, die aggressiver sind als andere, und solche, die bessere Eltern sind. Einige Arten teilen die Brutpflege untereinander auf, andere praktizieren sie gemeinschaftlich, »alloparental«, und so weiter. In unserem Fall handelt es sich um getrennte Morphen mit unterschiedlichem Brutpflegeverhalten, aber diese Morphen sind vollkommen losgelöst vom biologischen Geschlecht.

Deshalb kann man sagen, dass es bei Weißkehlammern vier Gender gibt: Weißscheitelweibchen, Weißscheitelmännchen, Braunscheitelweibchen und Braunscheitelmännchen. Da aber fast ausschließlich heterosexuelle Paarbildung zwischen unterschiedlich gefärbten Vögeln stattfindet, ist es vielleicht sinnvoller, von zwei Geschlechtern und zwei Gendern zu sprechen, wobei die Kategorien unabhängig voneinander sind. Welche Worte wir auch wählen: Diese Vögel sind offensichtlich im Kampf der Geschlechter zu einem vollständigen Waffenstillstand gelangt und haben gleichzeitig eigenständige »Rollen« für die entscheidenden Verhaltensweisen beibehalten, die mit der Fortpflanzung zu tun haben: für die Gründung und Verteidigung eines Nistreviers und die Aufzucht der Jungen. Wie fortschrittlich!

Kampfläufer (*Calidris pugnax*) sind eine Spezies kleiner Schnepfenvögel, die als Zugvögel in Europa und Asien verbreitet sind. Die Weibchen sind mattbraun und weiß gefärbt, die Männchen dagegen tragen rund um den Hals einen auffälligen Federbusch, den sie aufplustern können wie eine elisabethanische Halskrause. Die meisten Männchen sind aggressiv und revierbewusst, aber sie tun sich wie die Sonnenbarsche zusammen, um Gruppen von Nestern, sogenannte Balzplätze, zu bauen und zu verteidigen. Zusätzlich zu den aufgeplusterten Halsfedern führen die Männchen komplizierte Freiübungen auf, mit Sprüngen, Kniebeugen, Drehungen, Kopfstößen, Läufen, Geflatter und so weiter. Es sieht aus, als würde jemand tanzen, der (wie ich) überhaupt nicht tanzen kann. Die Vorführungen richten sich nicht an Weibchen, sondern an andere Männchen; sie dienen zusammen mit der allgemeinen Aggression dazu, auf dem Balzplatz eine Dominanzhierarchie aufzubauen, und die wiederum bestimmt über die Anordnung der Nester und den Zugang zu den begehrtesten Weibchen. Treffen diese am Balzplatz ein, paaren sie sich mit den Männchen entsprechend der zuvor festgelegten Dominanzreihenfolge.

Das gilt jedoch nur für die *meisten* Männchen. Etwa 15 Prozent der männlichen Kampfläufer sind ein wenig anders.* Sie machen sich nicht die Mühe, ein Nest zu bauen oder zu verteidigen, sie führen nicht den albernen Tanz auf, und ihr Halsgefieder ist alles andere als beeindruckend.[14] Aber auch sie zeigen sich am Balzplatz, wo sie von den anderen Männchen toleriert werden (und zwar mehr, als diese sich gegenseitig tolerieren), und konkurrieren um einen Zugang zu den Weibchen, unabhängig von der Hackordnung, an die die anderen Männchen sich halten. Sie bleiben noch nicht einmal am Balzplatz. Wenn die Paarungszeit vorüber ist, verschwinden sie und überlassen die Arbeit, die Eier und Jungvögel zu versorgen, den Weibchen und den anderen Männchen. Sie sind eine Art Schmarotzer, und das schamlos und vor aller Augen. Warum vertreiben die anderen Männchen sie nicht einfach?

Wie sich herausgestellt hat, werden die Gruppen von Kampfläuferweibchen umso stärker zu den Balzplätzen gelockt, je mehr Männchen sich dort befinden. Mehr Männchen sind gleichbedeutend mit mehr Paarungsgelegenheiten, mehr genetischer Vielfalt und so weiter, aber eine größere Zahl von »residenten« Männchen ist nicht immer möglich, denn auf einem Balzplatz kann nur eine begrenzte Anzahl von Nestern untergebracht werden – sonst ist er kein guter

* Eigentlich gibt es von diesen »anderen« Männchen sogar zwei Subtypen, die sich optisch gut voneinander unterscheiden lassen; ansonsten sind die Unterschiede kaum erforscht.

Balzplatz mehr. Sind zu viele Vögel ansässig, werden die hygienischen Verhältnisse kritisch, und es wird wahrscheinlicher, dass große Beutegreifer wie Wölfe und Bären angelockt werden, gegen die die Kampfläufer den Balzplatz nicht verteidigen können. Die zusätzlichen sogenannten Satellitenmännchen sind dazu da, die Zahl der Männchen vorübergehend künstlich zu steigern und damit mehr Weibchen anzulocken, ohne dass sie als Dauerbewohner zur Überbevölkerung beitragen.

Dass sich in der Evolution der Kampfläufer diese eigenartigen Typen von Männchen entwickelt haben, während das bei anderen Vogelarten (soweit wir wissen) nicht geschehen ist, liegt an ihrer Lebensweise, die unter Vögeln selten ist: der Polyandrie. Die meisten Kampfläuferweibchen paaren sich mit mehreren Männchen, was die Konkurrenz zwischen den Männchen, die man am Imponiergehabe erkennt, weiter antreibt; es ist aber auch eine Triebkraft für die »Spermienkonkurrenz«, wie man sie nennt, und entsprechend haben Kampfläufermännchen verhältnismäßig große Hoden. Tatsächlich zeigen die Kampfläufer unter allen bekannten Vogelarten den höchsten Grad an Polyandrie (gemessen als Anteil der Weibchen, die in einem Jahr Paarbindungen mit mindestens zwei Männchen eingehen) und verfügen im Verhältnis zur Statur über die größten Hoden. Das ist kein Zufall.

Bei den Kampfläufern hat sich das Gender der Satellitenmännchen entwickelt, damit die residenten Männchen mehr Weibchen anlocken können. Die Satellitenmännchen sind also eine Art Mitarbeiter. Im Gegenzug erhalten sie ein kleines Stück vom Vaterschaftskuchen, ohne dass sie Nester bauen, Konkurrenz aushalten, Eier verteidigen oder Jungvögel versorgen müssen. Kein schlechtes Geschäft! Wieder einmal erkennen wir, wie eine besondere Paarungsstrategie der Weibchen – in diesem Fall die Polyandrie – bei Männchen die Entwicklung von Gendervarietät vorantreibt.

Faszinierenderweise sind Kampfläufer eines der wenigen Beispiele, für die die Forschung entschlüsseln konnte, welche kleinen molekularen Details hinter der einzigartigen Gendervielfalt stehen. Zwei Forschungsteams machten 2016 unabhängig voneinander eine verblüffende Entdeckung: Im Genom der Kampfläufer gibt es ein sogenanntes Supergen – eine Gruppe von Genen, die so dicht benachbart liegen, dass sie wie ein einziges Gen weitervererbt werden.[15] Dieses Supergen ist für das Gender der Satellitenmännchen verantwortlich und codiert sowohl deren spezielle Verhaltensweisen als auch ihr charakteristisches Farbmuster. Die Existenz des Supergens hilft dabei, die enge genetische Kopplung von körperlichen Eigenschaften und Verhaltensmerkmalen dieser Vögel zu erklären.

Nachfolgende, 2023 veröffentlichte Studien bestätigten, dass das Supergen der Kampfläufer durch eine Inversion entstanden ist – eine Mutation, bei der ein Teil eines Chromosoms entfernt und in umgekehrter Richtung wieder eingebaut wird. Diese Inversion ist erst vor sehr kurzer Zeit aufgetreten, nämlich innerhalb der letzten 70 000 Jahre.[16] Im Fall der Kampfläufer hat also eine zufällige molekulare Veränderung zu einer Variante geführt, die erfolgreich war, allerdings nur in Verbindung mit anderen. Das Supergen, das für das Verhalten der Satellitenmännchen verantwortlich ist, wird die Population der Kampfläufer nie vollständig beherrschen, denn Satellitenmännchen können mit den »unabhängigen« Morphen nicht konkurrieren. Neben ihnen *können* sie aber existieren, und dann profitieren davon beide Männchentypen. Satellitenmännchen sind also eine Art Helfer, und in den letzten 70 000 Jahren hat diese Morphe durch natürliche Selektion im Genpool der Kampfläufer mit einer Häufigkeit von ungefähr 15 Prozent Fuß gefasst.

Priscilla – Königin der Wüste

»Gendervielfalt« ist in der biologischen Literatur (bisher) noch kein gebräuchlicher Begriff, aber Hunderte von Studien berichten über verschiedene Tierarten mit »Weibchenmimikry«, wie man sie nennt:

Die Männchen mancher Arten haben sich so entwickelt, dass sie sowohl die Weibchen als auch andere Männchen täuschen können, um sich damit in Bezug auf die Fortpflanzung einen Vorteil zu verschaffen. Unter Fachleuten herrscht die Ansicht, dass diese Trickbetrüger sich der Mimikry bedienen, um Revierstreitigkeiten mit anderen Männchen zu vermeiden und/oder sich an arglose Weibchen anzuschleichen. Mit anderen Worten: Es handelt sich um eine Art Crossdressing bei Tieren. Einige Beispiele sollen zeigen, dass dies unter bestimmten Umständen eine sehr wirksame Strategie sein kann.

Rohrweihenmännchen konkurrieren offenbar mit Crossdressing um Fortpflanzungsgelegenheiten. Sie sind Greifvögel wie Falken oder Adler, und der erste Teil ihres wissenschaftlichen Namens – *Circus aeruginosus* – geht darauf zurück, dass sie in auffälliger Weise ihre Beute umkreisen, wenn sie in der Luft auf der Jagd sind. Wie die meisten Greifvögel haben sie eine geringe Populationsdichte und verteidigen aggressiv ihr Revier. Die Männchen bauen wie die Sonnenbarsche Nester, um Weibchen zu beeindrucken und anzulocken, aber im Gegensatz zu den Fischen dulden sie keine anderen Männchen in ihrer Nähe. Energisch verteidigen sie das Gebiet rund um ihr Nest innerhalb eines Radius von fast einem Kilometer, und auf jedes Männchen, das in ihr Revier eindringt, stoßen sie im Sturzflug herab.

Nur nicht auf diejenigen, die Weibchen nachahmen. Die Mehrzahl der Männchen ist grau mit gelben Augen, die Weibchen dagegen sind eher bräunlich gefärbt und tragen oben auf dem Kopf auffällige weiße Federn. Diese weißen Federn helfen den Weibchen, sich von Männchen zu unterscheiden, sodass sie nicht versehentlich von oben angegriffen werden. Manche Männchen tragen allerdings ebenfalls die weißen Federn, um damit Revierstreitigkeiten mit den anderen Männchen zu vermeiden. Die Tarnung versetzt sie in die Lage, durch verschiedene Reviere zu streifen, ohne von Männchen attackiert zu werden, und dabei nach Paarungspartnerinnen zu suchen. Anscheinend lassen sich andere Männchen leicht täuschen, und die Weibchenmimikry funktioniert: Die »Raubvogeltransvestiten« (wie das Magazin *New Scientist* sie nannte) sind für einen ansehnlichen Anteil der Vaterschaft verantwortlich.[17]

Die Entdeckung der Weibchenmimikry bei dieser Spezies erregte 2011 großes Aufsehen, denn das Phänomen kommt zwar bei Insekten, Fischen und Reptilien häufiger vor, bei Greifvögeln hatte man es aber bis dahin noch nicht beobachtet. Es ist nur so, dass das alles … Quatsch ist.

Trotz der Behauptungen der Studienautoren glaube ich nicht, dass männliche Rohrweihen sich als Weibchen tarnen. Meine Skepsis gründet sich ausschließlich auf Daten aus früheren Artikeln derselben Arbeitsgruppe und unsere Kenntnisse über die Physiologie der Vögel. Man muss bedenken, dass Greifvögel unter allen Lebewesen auf der Erde über das beste Sehvermögen verfügen – daher der Begriff »Adleraugen«. Was die Sehschärfe auf große Entfernungen angeht, sind Greifvogelaugen ungefähr *fünfmal* leistungsfähiger als unsere, und dann sollen sie sich von ein paar weißen Federn täuschen lassen? Die angeblichen Weibchen-Nachahmer haben die gleiche Größe wie andere Männchen und sind damit um rund 30 Prozent kleiner als die Weibchen. (Das ist ein doppelt so großer durchschnittlicher Größenunterschied wie zwischen erwachsenen Männern und Frauen.) Außerdem besitzen auch die »nachgeahmten Weibchen« die charakteristischen gelben Augen der anderen Männchen. Wenn das Weibchenmimikry sein soll, dann sind sie die schlechtesten Dragqueens aller Zeiten.

Tatsächlich erscheinen mir die meisten Beschreibungen der sogenannten Weibchenmimikry höchst suspekt. Es ist nicht meine Absicht, die Seriosität der vielen Forschenden in Zweifel zu ziehen, die sich mit dem Phänomen bei Tieren beschäftigen, und ebenso wenig möchte ich ihre Intelligenz infrage stellen oder ihr Lebenswerk beleidigen, denn viele von ihnen sind angesehenere Fachleute als ich. Dennoch bin ich in vielen derartigen Fällen äußerst skeptisch, dass es sich wirklich um Weibchenmimikry handelt, und in einigen bin ich vollkommen davon überzeugt, dass es nicht so ist.* Ich räume ein, dass es das Phänomen möglicherweise tatsächlich gibt und dass es bei verschiedenen Arten von Insekten, Spinnen und Fischen vorkommen mag, vielleicht auch bei anderen Tieren mit einem einfach gebauten Nervensystem. Die wenigen Fälle von Weibchenmimikry, die bei Vögeln und Säugetieren im Einzelnen untersucht wurden, interpretiert man meiner Ansicht nach aber besser im theoretischen Rahmen der Gendervielfalt und nicht als Täuschung. Zugegeben: Dieser Rahmen ist noch an den Rändern des wissenschaftlichen Mainstream angesiedelt, aber möglicherweise steht hier ein Wandel kurz bevor.

Das abweichend gemusterte Gefieder mancher männlicher Rohrweihen soll vielleicht nicht dazu dienen, dass irgendjemand sie fälschlicherweise für Weibchen hält, sondern eher aufrichtig signalisieren, dass sie keine normalen Revierbesitzer sind und nicht den Wunsch haben, die kräftigen Kollegen herauszufordern. Die weißen Federn oben auf dem Kopf sind gewissermaßen eine Fahne, die besagt: »Ich komme in friedlicher Absicht.« Warum sollten aber die anderen Männchen den Olivenzweig annehmen und die Neuankömmlinge bereitwillig in Ruhe lassen, obwohl sie wissen, dass es Männchen sind? Wie sich herausgestellt hat, haben diese Männchen neben ihrer androgynen Färbung noch eine weitere Besonderheit: Sie sind Experten für das *Hassen* – ein gemeinsames Verhalten zum Vertreiben von Nesträubern.[18]

Zu den Räubern, die Rohrweihennester heimsuchen, gehören kleine Nagetiere, Hunde, Wölfe, Füchse, Stinktiere, Dachse und so-

* Auch bei diesem Thema haben die Schriften von Joan Roughgarden mir und vielen anderen die Augen geöffnet. Ich plappere hier vor allem ihre Kritik am Konzept der Weibchenmimikry nach – oder sollte ich sagen: Ich betreibe Mimikry? In ihrem Buch *Evolution's Rainbow* kritisiert sie dieses Konzept detaillierter und anhand anderer Beispiele.

gar andere Vögel. Deshalb haben die Vögel eine raffinierte Abwehr gegen Eiräuber entwickelt, die man als »Hassen« bezeichnet. Der Begriff ist treffend gewählt: Wird ein potenzieller Räuber ausgemacht, stößt der betroffene Vogel einen besonderen Ruf aus, und Artgenossen, die sich in der Nähe befinden, tun sich zusammen und vertreiben den Möchtegern-Eierdieb. Das mag verwirrend erscheinen, denn zuvor habe ich ja erklärt, dass die Männchen revierbewusst seien und andere Männchen in einem Umkreis von mehreren Hundert Metern nicht zulassen würden, ganz zu schweigen von der Zusammenarbeit in einer herumstreifenden Horde. Ein Konflikt besteht hier jedoch nicht, denn *solche* Männchen machen sich nicht die Mühe, sich der Horde anzuschließen. Diese besteht vielmehr aus Weibchen und dem speziellen Männchen-Typ, den sogenannten Weibchen-Nachahmern. Die Fachleute, die die Vögel studieren, betrachten deren Hassverhalten tatsächlich als Teil der Weibchenmimikry.

Vielleicht ist es auch nur ein weiteres männliches Gender. Statt Kämpfe mit den anderen Männchen auszutragen, haben diese Burschen einen anderen Weg zum Erfolg gefunden: Kooperation. Klingt das bekannt? Im Gegensatz zu den mittelgroßen männlichen Sonnenbarschen kooperieren die speziellen Rohrweihen jedoch nicht mit anderen Männchen, sondern sie vertreiben gemeinsam mit den Weibchen die Nesträuber. Ihre weißen Federn sind für die Revierbesitzer das Signal, dass sie keine Bedrohung darstellen, und den Weibchen teilen sie mit, dass sie zum gleichen Team gehören. Wenn es um das Hassen geht, sind die normalen Männchen zwar nicht nutzlos, denn irgendjemand muss schließlich bleiben und das Nest verteidigen. Aber die Horde wird durch die »alternativen« Männchen verstärkt. Sie kooperieren, und wie die Kooperateure anderer Arten tragen sie an ihrem ansonsten männlichen Körper einige typisch weibliche Kennzeichen, sodass die übrigen Männchen sie erkennen und anders behandeln. Das erscheint viel plausibler, als dass die Männchen getäuscht werden.

Außerdem ergibt sich durch die Demografie der Rohrweihen ein Überschuss an partnerlosen Männchen. Die Männchen, die Weibchen umwerben und Paarbindungen mit ihnen eingehen, tun dies in einem polygynen Umfeld. Zu einem Nest gehören ein einzelnes Männchen und ein, zwei oder sogar drei Weibchen. Deshalb bleiben viele Männchen übrig. Eine Fortpflanzungsstrategie besteht darin, einfach zu kämpfen und sich anzustrengen, um ein Nest zu bauen und zu verteidigen. Bei starker Konkurrenz wird jedoch Kreativität von der Evolution belohnt. Die Männchen, die kein Nest besitzen, haben einen Weg gefunden, um sich nützlich zu machen: Sie helfen, die Nester ihrer Artgenossen zu verteidigen. Natürlich tun sie das nicht einfach aus Freundlichkeit. Sie erwarten – und bekommen – einen gewissen Vaterschaftsanteil für ihre Mühen, und zwar über die Fremdkopulation (auch »außerpaarliche Kopulation« genannt).* Diese alternative Paarungsstrategie funktioniert allerdings nur als Ergänzung zu der zentralen Strategie des Nestbaus. Mehr noch: Mit solchen Alternativstrategien kann man wohl nur bei Arten rechnen, bei denen es viele ungepaarte Männchen gibt. Rund 90 Prozent der Zugvögel bilden »saisonal monogame« Paarbindungen; das ist vermutlich der Grund, warum man bei Vögeln nicht sehr häufig abweichende Männchen-Typen findet. Bei Rohrweihen jedoch, einer der wenigen Arten, die Polygynie praktizieren, beobachten wir eine ökologisch wichtige zweite männliche Morphe. Auch hier glaube ich nicht, dass das ein Zufall ist.

Warum sollten wir dies nicht als ein weiteres männliches Gender anstelle der Weibchenmimikry betrachten? Um die Belege zusammenzufassen: Die Mimikry ist, was Körpergröße und Augenfarbe angeht, unvollständig; die Vögel können ausgezeichnet sehen; die angeblichen Nachahmer bedienen sich einer nützlichen, wichtigen Strategie; am überzeugendsten aber ist die Beobachtung, dass

* Die Fremdkopulation ist bei Vögeln eine sehr verbreitete Paarungsstrategie; in Kapitel 4 werden wir sie genauer betrachten.

die kooperierenden Männchen nicht nur in geringer Zahl und in großen Abständen vorhanden sind. Sie machen *40 Prozent der männlichen Population* aus. Der gesunde Menschenverstand sagt uns, dass Tarnung im Allgemeinen zwar hier und da für ein einzelnes Tier funktionieren kann, aber nicht für eine Masse von Tieren. Je häufiger eine bestimmte Variante in der Population vorkommt, desto vertrauter sind die anderen mit ihr. Mir scheint, dass ein anderer Erklärungsansatz besser zu den Befunden passt: Bei den Rohrweihen gibt es zwei Gender von Männchen, die Nestbauer und die Hasser. Beide erfüllen wichtige Funktionen, und beide werden dafür mit der Vaterschaft belohnt.

Betrachten wir noch ein anderes Beispiel für angebliche Weibchenmimikry. Die erste Vogelart, bei der das Phänomen beschrieben wurde, war der Trauerschnäpper (*Ficedula hypoleuca*).[19] Diese Vögel sind für unser Thema noch aus einem anderen Grund interessant: Sie praktizieren nicht die saisonale Monogamie, die für die meisten Zugvögel typisch ist. Stattdessen gelten die Männchen als betrügerische Polygynisten und als polyterritorial. Im Frühjahr sind die Männchen eifrig damit beschäftigt, sich einen Nistplatz – meist in einer Eiche – zu sichern und ihn zu verteidigen; sie bauen das Nest und umwerben ein Weibchen für die Saison. Wenn das geschafft ist und das Weibchen seine Eier abgelegt hat, bemüht sich das Männchen, den Vorgang mit einem zweiten Weibchen – oder besser gesagt: einem *zweitrangigen* Weibchen – zu wiederholen. Als zweitrangig wird es betrachtet, weil, sobald es seinerseits Eier gelegt hat, das Männchen sofort zu seiner ersten Partnerin zurückkehrt; dort leistet es seinen Anteil an der typischen Brutpflege, bringt den Jungen Nahrung und so weiter. Die sekundäre Partnerin ist auf sich allein gestellt, und sie und ihre Nachkommen haben, wie nicht anders zu erwarten, geringere Chancen, das Jahr zu überleben, als die erste Auserwählte.

Warum das Trauerschnäppermännchen das tut, liegt auf der Hand: Es investiert weiterhin den größten Teil seiner Energie in den Nachwuchs, den es mit dem ersten Weibchen gezeugt hat, aber seinen Samen noch weiter zu verbreiten, ist mit geringem Aufwand und einem beträchtlichen potenziellen Gewinn verbunden, denn es kann darauf hoffen, dass auch einige der sekundären Nachkommen gegen alle Wahrscheinlichkeit Erfolg haben. Das Männchen muss dafür zwar ein zweites Revier sichern und verteidigen, aber nicht lange. Hat es einmal das Weibchen überzeugt und den Akt hinter sich gebracht, ist es weg. Geringe Investition, hohes Risiko, hoher potenzieller Lohn.

Interessanterweise legt das polygyne Männchen immer großen Wert darauf, seine beiden Leben – das heißt seine beiden Ehefrauen – mit weitem Abstand voneinander zu halten. Es besetzt nie zwei Nachbarreviere. Die beiden Nester sind vielmehr in der Regel mehrere Hundert Meter oder manchmal sogar einige Kilometer voneinander entfernt. Die Männchen nehmen große Mühen auf sich, damit ihre Partnerinnen nicht zusammentreffen. Ganz schön klug, diese Trauerschnäpper, denn wie sich herausgestellt hat, sind auch die Weibchen der Spezies revierbewusst und aggressiv gegenüber den anderen. Aggression zwischen Weibchen ist bei monogamen Vögeln nicht sehr häufig, aber durch die Polygynie ergibt sich ein System, in dem die Weibchen untereinander um hochwertige Männchen konkurrieren. Statt eines Kampfes *zwischen* den Geschlechtern findet hier also ein Kampf *innerhalb* der Geschlechter statt.

Da die Männchen ihre beiden Nester in so großer Entfernung voneinander anlegen, wurde diese Praxis in der Wissenschaft als »betrügerische Polygynie« bezeichnet, ähnlich der eines Mannes, der eine »Zweitfamilie« hat und sie vor seiner Ehefrau und den legitimen Kindern vollkommen geheim hält. Für mich ist die Deutung aber nicht sehr stichhaltig. Ja, die Männchen sorgen für eine klare Trennung der Partnerinnen, aber mir scheint es eine einfachere Erklärung dafür zu geben: Sie wollen nicht betrügen, sondern einfach Kämpfe verhindern. Das Männchen hat auf beide Weibchen sein genetisches Erbe verteilt, und wenn diese sich in einen Kampf verstricken, verliert das Männchen in jedem Fall, ganz gleich, welches Weibchen gewinnt. Da ist es am besten, sie weit getrennt voneinander zu halten. Unsere Neigung, automatisch Betrug als Erklärung für das Verhalten von Vögeln anzuführen, sagt mehr über unsere Spezies aus als über ihre.

Nun gut, aber wie steht es mit der Weibchenmimikry? Auch hier eignet sich die Situation ideal für die Entstehung eines weiteren männlichen Genders. Wenn die großen, gierigen Trauerschnäppermännchen es auf mehrere Partnerinnen abgesehen haben, bleibt in der Population eine beträchtliche Zahl von Männchen ohne Partnerinnen übrig – ein guter Nährboden für Gender-Experimente. Männliche und weibliche Trauerschnäpper sind bei der Geburt und während der gesamten Zeit vor der Geschlechtsreife unauffällig gefärbt; die Männchen legen sich ihre auffällige Färbung meist erst mit der Geschlechtsreife zu. Manche jungen Männchen behalten aber die triste Färbung auch nach der Geschlechtsreife noch für ein volles Jahr bei. Das sind die sogenannten Weibchen-Nachahmer, und einer allgemein verbreiteten Auslegung zufolge führen sie auf diese Weise andere Männchen hinters Licht, um deren aggressivem Revierverhalten aus dem Weg zu gehen. Dann können sie sich heimlich den Weibchen nähern, die bereits einen Partner haben, und sich um eine außerpaarliche Kopulation bemühen.

Die Erklärung mit der Weibchenmimikry wirft einige Probleme auf. Erstens sind die Weibchen, wie ich bereits erwähnt habe, gegenüber anderen Weibchen aggressiv. Mit der Weibchenmimikry würde die Aggression gegenüber dem einen Geschlecht einfach an die Stelle der Aggression gegenüber dem anderen treten, und das wäre noch schlechter, denn die Aggression ginge dann gerade von den Individuen aus, mit denen sich der Nachahmer paaren will. Zweitens: Da viele Männchen sich darum bemühen, zwei weit voneinander entfernte Reviere zu bewachen, erfordert eine »heimliche« Paarungsstrategie wohl kaum irgendeine Tarnung. Drittens sind die Weibchen, die bereits einen Partner haben, manchmal durchaus aufgeschlossen gegenüber den jungen Eindringlingen; aber selbst wenn das nicht der Fall ist, vertreiben sie die Männchen nicht so, wie sie andere Weibchen vertreiben würden. Sie verweigern ihnen nur einfach die außerpaarliche Kopulation. Mit anderen Worten: Offensichtlich werden sie nicht zu der falschen Vorstellung verleitet, diese jungen Männchen seien in Wirklichkeit Weibchen.

Auch hier lautet die einfachere Erklärung: Diese Männchen repräsentieren eine andere bei Trauerschnäppern vorkommende Form der Männlichkeit. Keine Mimikry, keine Täuschung, keine Schmarotzer. Nun könnte man einwenden: Paaren sich weibliche Trauerschnäpper nicht am liebsten mit den kräftigsten, kampflustigsten Männchen, die das beste Nest und das beste Revier besitzen, um sich auf diese Weise für ihre Nachkommen möglichst hochwertige Gene zu sichern? Natürlich ist das so, und genau an dieser Stelle kommt die Vielfalt ins Spiel. Weder für Trauerschnäpper noch für irgendwelche anderen Wesen gibt es die eine beste Lebensweise. Kräftig und schlau genug zu sein, um ein Nestrevier in der bewaldeten Landschaft einzurichten und zu verteidigen, ist ein guter Wertmaßstab für Trauerschnäpper *in ihrem gerade aktuellen Lebensumfeld*. Die gleichen Fähigkeiten wären aber beispielsweise für einen in der Wüste lebenden Truthahngeier vollkommen nutzlos. Während sich also die sexuellen Vorlieben der Trauerschnäpperweibchen stark auf die Fähigkeiten richten, die ein guter Ersatzmaßstab für allgemeine Stärke, Intelligenz und Lebenskraft zu sein scheinen, gibt es in diesen Vorlieben auch immer eine gewisse Varianz. Manchmal erhalten die jungen, hinterlistigen Eindringlinge einen kleinen Spielraum.

Damit stellt sich die Frage: Was können diese jungen angeblichen Weibchen-Nachahmer den Weibchen an genetisch Wertvollem anbieten, insbesondere jenen Weibchen, die bereits einen kräftigen Partner mit hochwertigem Revier haben? Erstens sollte man daran denken, dass es schlicht attraktiv sein kann, anders zu sein. Bis zu einem gewissen Grad fühlen sich Tiere offenbar zu Sonderlingen hingezogen, die ansonsten aber gesund, kräftig und erfolgreich sind. In Verbindung mit den besser erkennbaren, konkreten sexuellen Reizen ergibt sich auch eine Anziehungskraft allein aufgrund der angeborenen Auffassung, dass Vielfalt als solche wünschenswert ist.

Aus irgendeinem Grund wurde der Nutzen der Diversität offensichtlich von den Biologinnen und Biologen, die sich mit Trauerschnäppern befassen, weitestgehend übersehen. Seit den 1980er-Jahren, als man die angeblichen Weibchen-Nachahmer erstmals entdeckte, hält man im Wesentlichen an dem Täuschungsnarrativ fest, obwohl es naheliegende Probleme aufwirft. In einer Studie waren die Autoren so skeptisch, dass sie das Verhalten der Weibchen als »unvollkommene Partnerwahl« bezeichneten, als müssten die Weibchen wirklich dumm sein, dass sie diese eigenartigen Männchen auswählten. Der Artikel – er erschien in einer führenden Fachzeitschrift für Tierverhalten – enthält schon in der Zusammenfassung den erstaunlichen Satz: »Das anscheinend nicht der Anpassung dienende, unvollkommene Verhalten der Weibchen legt die Vermutung nahe, dass die Entwicklung der weiblichen Wahlmöglichkeiten eingeschränkt ist und zulässt, dass Männchen in dem evolutionären ›Rüstungswettlauf‹ zwischen den Geschlechtern durch Täuschung Erfolg haben können.«[20]

Diese Forschenden waren aufgrund ihrer Vorurteile so blind, dass sie nur eine Interpretation für möglich hielten: Danach können die männlichen Trauerschnäpper hervorragend täuschen, und die Weibchen sind unglückselige Dummköpfe, die keine gute Wahl treffen können. Angesichts des Vorurteils, dass Männchen stark und aggressiv sein müssen, galten alle, die es nicht so ausgeprägt sind, als Weicheier und Weibchen-Nachahmer. Und angesichts des Vorurteils, dass kluge Weibchen immer die stärksten, aggressivsten Männchen auswählen, bezeichneten die Autoren deren Partnerwahl als »unvollkommen«. Damit wirft die Erklärung aber ein zweites Problem auf: Diese Männchen sind keine Weicheier.

Wie bereits erwähnt, widersetzen sich Weibchen für gewöhnlich den außerpaarlichen Kopulationsversuchen der hinterlistigen jungen

Männchen. Der Widerstand ist vermutlich eine Form der Qualitätskontrolle ähnlich der *Partnerkonkurrenz*, bei der die Männchen untereinander um den sexuellen Zugang zu Weibchen kämpfen. Unter Fachleuten gilt dies als der wichtigste Grund, warum Weibchen so vieler Arten sich der Kopulation mit Männchen verweigern. Indem sie eine Schranke in Gestalt einer schwierigen körperlichen Herausforderung aufrichten – dem Sex widerstehen –, gewährleisten die Weibchen, dass nur starke, gesunde Männchen zu Vätern ihrer Nachkommen werden. Beim Haupttyp der männlichen Trauerschnäpper dienen Revierverteidigung und Nestbauverhalten den Weibchen als stellvertretende Indikatoren für robuste Gene;[21] bei den jungen Männchen, die sich einschleichen, brauchen sie demnach einen anderen Indikator. Also sorgen sie dafür, dass diese Männchen sie bezwingen müssen, bevor sie in den Akt einwilligen. Wieder erkennen wir, dass es für die angebliche Weibchenmimikry in Wirklichkeit eine viel einfachere Erklärung gibt: die Gendervielfalt. In der Wissenschaft ist die einfachste Erklärung meist auch die richtige.

Eine weibliche Hyäne mit ihrer phallusförmigen Klitoris

Aber wir wollen die Weibchen im Mimikry-Spiel nicht vollkommen außen vor lassen:* Manche behaupten, weibliche Tüpfelhyänen würden eine »Männchenmimikry« zeigen. Hier fällt es mir schwer, respektvoll Kritik zu üben, denn der Behauptung zufolge ahmen *alle* Weibchen die Männchen nach. Alle. Nur weil sie aggressiv und dominant sind, viel Testosteron im Blut haben und eine so große Klitoris besitzen, dass sie gewöhnlich fälschlicherweise für einen Penis gehalten wird, müssen sie Männchen nachahmen? Nun, da die Harnröhre durch die riesige Klitoris verläuft und sie damit urinieren, handelt es sich tatsächlich genau genommen um einen Penis. Hm, okay, ich gebe zu, Hyänenweibchen haben im Vergleich zu anderen Säugetieren eine etwas eigenartige Physiologie. Und noch eine letzte Anmerkung zu der großen Klitoris: Weibchen haben oft Sex miteinander, indem das eine sie in das andere einführt. Ach, übrigens: Sie bringen durch sie auch Junge zur Welt.

Ja, ja, das hört sich alles sehr seltsam an, aber statt zu behaupten, Hyänen seien eine ganze Spezies von Männchen und Männchen-Nachahmerinnen, gibt es vielleicht eine einfachere Erklärung: Weibliche Tüpfelhyänen sind einfach so. Keine Mimikry, keine Täuschung, einfach nur Weibchen, die nicht dem typischen Klischee entsprechen. Tüpfelhyänen – Männchen wie Weibchen – haben einen sehr hohen Testosteronspiegel, und da der durchschnittliche Testosteronwert im Blut in einem ziemlich engen Zusammenhang mit der Aggression innerhalb der Spezies steht, ist es nicht verwunderlich, dass sowohl männliche als auch weibliche Hyänen aggressiv, konkurrenzbewusst und ziemlich unfreundlich zueinander sind. Das Testosteron hat anscheinend auch den Körperbauplan der Weibchen so stark vermännlicht, dass wir sie nur unter Schwierigkeiten noch als Weib-

* Wie wir in Kapitel 4 genauer erfahren werden, zeigen manche Weibchen der Kuckucke und ihrer Verwandten eine Männchenmimikry als Form der Tarnung, aber sie dient dazu, Vögel *anderer* Arten zu täuschen und nicht die eigenen Artgenossen.

chen erkennen. Es gilt aber zu bedenken, dass das nicht ihr Problem ist, sondern unseres. Hyänen sind eine erfolgreiche Spezies. Wieder einmal gewinnt die Vielfalt.

Jetzt sind wir so weit, dass wir das Genderverhalten bei Arten betrachten können, die mit uns viel näher verwandt sind: bei unseren Vettern, den afrikanischen Menschenaffen – Gorillas und Schimpansen.

Gorilla-Gender im Nebel*

Weite Teile der zentralafrikanischen Regenwälder sind bis heute nicht von der westlichen Wissenschaft erforscht, aber die Wälder des Virunga-Nationalparks waren Gegenstand eingehender wissenschaftlicher Untersuchungen, seit George Schaller und Dian Fossey dort in den 1950er- und 1960er-Jahren mit ihren Pionierarbeiten begannen. Die Bestände der Berggorillas im Virunga-Park werden seit 1967 ständig überwacht; über sie wurden zahlreiche Dokumentarfilme gedreht sowie das oscarnominierte Biopic *Gorillas im Nebel,* in dem Sigourney Weaver die tragische Kultgestalt Dian Fossey verkörperte.

Vieles von dem, was wir über die Ökologie und das Sozialverhalten von Gorillas wissen, geht auf die ständige Beobachtung der Berggorillas von Virunga zurück.[22] Zahlreiche verbreitete Verhaltensweisen von Primaten wurden an dieser Population erstmals entdeckt, darunter die »männliche Wettstreitkonkurrenz« (*male contest competition*), bei der Männchen um den Zugang zu Weibchen kämpfen, für die sie dann das ausschließliche Paarungsrecht besitzen; außer-

* Dieser Abschnitt erschien ursprünglich im Rahmen eines längeren Blogposts bei *Gender and Society* und *The Human Evolution Blog*. Co-Autorin war Stacy Rosenbaum von der University of Chicago und dem Lincoln Park Zoo. Wir sprechen nicht im Namen des Dian Fossey Gorilla Fund International; dieser hat die hier dargestellten Ansichten weder überprüft noch unterstützt.

dem der *sexuell selektierte Kindesmord* (*sexually selected infanticide*), bei dem Männchen die Nachkommen anderer Männchen töten, damit die Weibchen wieder empfängnisbereit werden und ihre mütterliche Aufmerksamkeit auf zukünftige Kinder richten; sowie die »Gedränge-Fress-Konkurrenz« (*scramble feeding competition*), bei der es um den Zugriff auf Nahrungsquellen geht, für die man kein Monopol aufbauen kann, was die Nützlichkeit von Dominanzhierarchien zwischen Weibchen vermindert. Schon an diesen drei Beispielen erkennt man, wie »gegendert« das Leben von Gorillas sein kann.

Bei Gorillas gibt es einen beträchtlichen Geschlechtsdimorphismus. Die Männchen sind mehr als doppelt so groß wie die Weibchen und auch viel kräftiger gebaut. Ihre Größe und Stärke sind keine Folgen ihrer ökologischen Ausrichtung: Gorillas sind Vegetarier. Ihre Physis unterstreicht vielmehr das evolutionäre Erbe der Wettstreitkonkurrenz unter Männchen und der Polygynie. Lange glaubte man, Gorillas würden ausschließlich in Harems leben, wobei kleine Gruppen von Weibchen von einem einzigen mächtigen Silberrücken angeführt würden. Da die Silberrücken vorwiegend grüne Blätter und je nach Jahreszeit auch Früchte essen, dienen ihre Herkuleskräfte und die spitzen Reißzähne ausschließlich dazu, untereinander zu kämpfen.

In der Regel verlassen junge Männchen, die sich der Geschlechtsreife nähern, die Gruppe, in der sie geboren wurden, da sie allmählich für den Alpha-Silberrücken, der in den meisten Fällen ihr Vater ist, eine potenzielle Bedrohung darstellen. Aber statt ihn herauszufordern, was mit Sicherheit scheitern würde, gehen die heranwachsenden Männchen ihrer Wege und machen eine einsame Phase durch, während sie mit der Vollendung von Wachstum und Geschlechtsreife zu kräftigen, ausgewachsenen Tieren werden. Später versuchen sie, einen anderen Harem zu übernehmen, indem sie den Silberrücken (und dann alle Jungtiere) töten, oder sie bemühen sich, Weibchen wegzulocken und eine eigene Gruppe zu gründen. In den meisten Fällen haben sie damit keinen Erfolg. Heterosexuelle Männer, die auf die Harem-Lebensweise der Gorillas neidisch sind, sollten bedenken, dass die meisten Männchen nicht in den Genuss einer solchen Stellung kommen, sondern in gewalttätigen Konflikten sterben. Polygynie ist für die große Mehrzahl der Männer jeder Spezies, die sie betreibt, eine ziemlich unangenehme Angelegenheit; das gilt auch für uns.

Ab den 1990er-Jahren ereignete sich bei den Berggorillas etwas Unerwartetes.[23] Einige jüngere Männchen verließen ihre Geburtsgruppe nicht mehr, und die maßgebliche Harem-Sozialstruktur machte bei ungefähr einem Viertel der Population im Park einen grundlegenden Wandel durch. Statt Gruppen mit einem oder gelegentlich auch zwei ausgewachsenen Männchen beobachtete man jetzt sehr große Verbünde, in denen mehrere ausgewachsene Männchen und Weibchen relativ harmonisch zusammenlebten. Manche Gruppen umfassten bis zu neun ausgewachsene Männchen, und eine Horde stellte mit 66 Tieren den Rekord auf – ungefähr dem *Vierfachen* der normalen Größe einer Gorillagruppe. Noch heute, nach über 30 Jahren, ist bei diesem Trend keine Umkehr zu erkennen; damit stellen die Berggorillas alles, was wir über ihr Fortpflanzungsverhalten zu wissen glaubten, auf den Kopf.

Die vielen Forschenden, die sich mit den Berggorillas von Virunga beschäftigen, haben bisher keine überzeugende Antwort auf die Frage gefunden, warum diese Tiere plötzlich ein offensichtlich uraltes vererbtes Verhalten über Bord warfen.[24] Jedenfalls ist ihre Geschichte ein faszinierendes Beispiel für die soziale Wandelbarkeit von langlebigen Primaten mit großem Gehirn, die sich nicht allzu stark von uns unterscheiden. Als Schaller und Fossey sie zum ersten Mal beobachteten, war es praktisch unvorstellbar, dass sechs ausgewachsene Männchen nebeneinanderher lebten, heute dagegen ist es die Regel. Diese Männchen sind zwar nur selten enge Partner, sie vertreiben aber gemeinsam Außenstehende und sind untereinander, was das Paarungsverhalten angeht, bemerkenswert tolerant.

Die Silberrücken der Berggorillas spielen sogar »Eltern« für die

Jungtiere anderer Männchen, und aufgrund ihrer gemeinschaftlichen Schutzanstrengungen sterben Jungtiere in Gruppen mit mehreren Männchen seltener durch Infantizid, also Kindesmord, als Jungtiere in Gruppen, in denen ihr Vater das einzige Männchen ist. Offensichtlich haben diese Männchen erkannt, dass Kooperation manchmal gegenüber der Konkurrenz zu bevorzugen ist! Wie nicht anders zu erwarten, veränderten daraufhin auch die Weibchen ihr Sozialverhalten. Mittlerweile ist wissenschaftlich erwiesen, dass beide Geschlechter Fortpflanzungsvorteile haben, wenn sie in Gruppen mit mehreren Männchen leben. Auch etwas anderes sollte man festhalten: Es ist durchaus möglich, dass die Weibchen auf diese soziale Verschiebung nicht nur reagiert haben, sondern daran beteiligt waren oder sie sogar angeregt haben! Angesichts der starken Rolle, die Alphaweibchen im alltäglichen Sozialleben der Berggorillas spielen, erscheint so etwas mehr als plausibel.

Wie es zu diesem bemerkenswerten Wandel kam, wissen wir schlicht und einfach nicht; er zeigt aber glasklar, dass Verhalten nicht streng vorprogrammiert, sondern flexibel und anpassungsfähig ist. In diesem Fall haben sich die extrem genderabhängigen Verhaltensweisen der Berggorillas, auf denen ihre gesamte Sozialstruktur basierte, völlig verändert, und eine neue Struktur entwickelte sich ohne Konflikte oder Katastrophen. Selbst bei Gorillas ist Gender ein soziales Konstrukt.

Ein Ass im Ärmel

Professor Frans de Waal, der mehr als fünf Jahrzehnte lang das Sozialverhalten von Primaten studierte, war einer der weltweit führenden Experten für das Verhalten von Schimpansen. Sein Tod 2024 versetzte den gesamten Bereich der Primatenforschung, Verhaltensbiologie und Anthropologie in große Trauer. In seinem 17. und letzten Buch mit dem Titel *Der Unterschied* beschäftigte er sich mit der

Frage der Gendervariation bei Primaten, insbesondere bei Menschenaffen und Menschen. Außerdem machte er uns mit Donna bekannt, einem Schimpansen, den er seit vielen Jahren kannte und beobachtete.[25]

Donna ist in Bezug auf ihr Gametengeschlecht weiblich, doch sie nahm nie typisch weibliche Verhaltensweisen an und war nie auffällig aufgeschlossen für Sex, wie Schimpansenweibchen es typischerweise mit geschwollenen äußeren Genitalien anzeigen. Sie ist größer und robuster, als Weibchen in der Regel sind, allerdings nicht so groß wie ein Männchen, außerdem aggressiver und dominierend, wie man es von männlichen Schimpansen kennt. Donna ist sicher ein *gender-bender* (also jemand, der traditionelle Geschlechterrollen »verbiegt«) – bei Schimpansen kommt das nicht häufig vor, daher repräsentiert sie offensichtlich kein weiteres weibliches Gender. Darüber hinaus zeigt sie keinerlei Interesse an Sex und hat sich bis heute nicht fortgepflanzt. Damit man sie als Gender betrachten kann, müsste sich irgendeine Fortpflanzungsstrategie mit ihrer Lebensweise verbinden, aber dafür sind keine Anzeichen zu erkennen.

De Waal bezeichnet sie vielmehr als »asexuell« und »nicht binär«. Da man die beiden Kennzeichnungen – wenn auch unzureichend – allein anhand des Verhaltens beschreiben kann, sind ihm diese Begriffe lieber, als wenn er Donna als »Transgender« bezeichnen würde, und auch mir erscheint das sinnvoll. Dennoch fällt es mir eher leicht, in Donna eine Form von Gendervielfalt zu erkennen, die wie alle Formen der Diversität bei diesem Schimpansen durch Zufall entstanden ist. Das ist die übliche Funktionsweise von Variation und natürlicher Selektion. Variationen treten zufällig auf, und entweder vermehren sie sich dann oder sie verschwinden, je nachdem, ob sie für die betreffenden Individuen mit Vor- oder Nachteilen verbunden sind.

Im Fall von Donna scheinen die Abweichungen, die sie in ihrem Genderverhalten an den Tag legt, nicht sonderlich nützlich zu sein, denn sie hat sich bisher nicht fortgepflanzt und zeigt daran auch wenig Interesse. Man kann sich aber ohne Weiteres vorstellen, wie andere Formen der Gendervariation zu einer erfolgreichen langfristigen Strategie werden können – dieses Kapitel ist voller solcher Beispiele. Wichtig ist, dass jede derartige Variation ihren Anfang genau wie bei Donna nahm: durch Zufall. Die Natur spielt ständig mit unseren genetischen Eigenschaften und Verhaltensweisen herum, und das Genderverhalten ist dabei keine Ausnahme.

Das Prinzip der Gendervielfalt bei Tieren, wie es in diesem Kapitel beschrieben wurde, auf Transgender-Menschen anzuwenden, ist verlockend, aber der Vergleich ist nicht unkompliziert. Zum einen ist der Transgender-Zustand bei Menschen stark von subjektiven Gefühlen abhängig. Bei anderen Tieren können wir jedoch nur das Verhalten beschreiben; zu ihren persönlichen Gefühlen und mentalen Zuständen haben wir keinen Zugang.

Oder doch? Schließlich werden äußerlich sichtbare Verhaltensweisen vorwiegend von inneren Kräften und Emotionen vorangetrieben. Wir trinken (ein Verhalten), weil wir Durst haben (ein Antrieb). Vielleicht lässt sich nach dem gleichen Prinzip auch die Genderidentifikation verstehen, der Drang, wie ein Mann oder eine Frau zu handeln. Vielleicht verspüren wir alle einen unbestimmten Impuls, uns »wie ein Mann zu verhalten« oder »wie eine Frau zu verhalten«, und was das im Einzelnen bedeutet, hängt davon ab, zu welcher Zeit, an welchem Ort und in welchem Kulturkreis wir leben.

Wenn wir unter Genderidentität den Drang verstehen, uns auf typisch männliche oder weibliche Weise zu verhalten, ist es nicht besonders abwegig, Donna als »Transgender-Schimpansen« zu bezeichnen. Sie hat vorwiegend typisch weibliche Körpermerkmale (ihr Geschlecht), aber sie verhält sich eher typisch männlich (ihr Gender). Damit erfasst man zwar nicht das innere Erlebnis, transgender zu sein, aber das ist ohnehin eine speziesspezifische Erfahrung. Natürlich erlebt Donna das Transgendersein nicht so wie ein Mensch, denn sie erlebt überhaupt *nichts* so wie ein Mensch. Menschen und Schimpansen sind unterschiedlich, insbesondere wenn es um Dinge wie unsere inneren, subjektiven Erlebnisse geht. Und natürlich ist Donna nicht so wie Menschen darauf aus, ihre subjektiven Gefühle zu *bewerten*, aber das heißt nicht, dass sie keine hätte.

Statt darüber zu diskutieren, welches Etikett am besten passt, können wir in Donna auch einfach ein einzigartiges Beispiel dafür sehen, welche Gendervielfalt die Natur in ihrer kreativen Weisheit ständig hervorbringt. Es besteht wirklich kein Bedarf für Bezeichnungen, Kategorien oder Einschlusskriterien, wenn wir Donna schlicht genau als das anerkennen können, was sie ist.

Kapitel 3

Das ist schwul

Die Buckelwale (*Megaptera novaeangliae*) sind eine der größten Erfolgsgeschichten im Naturschutz: Die gemeinschaftlich ergriffenen Schutzmaßnahmen führten dazu, dass eine Spezies, die kurz vor dem Aussterben stand, gerettet wurde. Ende der 1960er-Jahre war der weltweite Bestand dieser riesigen, majestätischen Lebewesen auf wenige Tausend Individuen zusammengeschrumpft. Die Aufrufe zur Rettung der sanften Riesen waren tatsächlich der Auslöser einer gewaltigen öffentlichen Unterstützung für das 1973 verabschiedete US-Naturschutzgesetz, den *Endangered Species Act*. Durch internationale Schutzvorkehrungen und ein weltweites Walfangverbot* hat sich der Bestand der Buckelwale allmählich erholt. Im Jahr 2021 wurde die Spezies von der Internationalen Naturschutzunion IUCN offiziell auf die geringste Gefährdungsstufe *Least Concern* (»nicht gefährdet«) heruntergestuft. Heute bevölkern schätzungsweise 150 000 dieser Wale unsere Ozeane.

Die Buckelwale begeistern zwar häufig die Walbeobachter mit ihren akrobatischen Sprüngen, aber wenn es um Partnerwerbung, Geburt und anderes Fortpflanzungsverhalten geht, sind diese Meeressäuger unglaublich scheu. Über das Sexualleben der Buckelwale ist nur sehr wenig bekannt. Wir wissen, dass sie singen. Und zwar VIEL.

* Ganz zu schweigen vom Effekt des Films *Star Trek IV: Zurück in die Gegenwart*, in dem das Aussterben der Buckelwale eine Katastrophe in Gang setzt, die den Planeten fast zerstört.

Männchen singen bekanntermaßen bis zu sieben Stunden am Stück. Und die Lieder sind von einer unglaublichen Komplexität – in der Wissenschaft hat man Kataloge mit verschiedenen Strophen, Phrasen und Themen erstellt, einschließlich der familiären und sozialen Verwandtschaft und geografischen Abweichungen. Definitive Erkenntnisse über Funktion und Zweck der Gesänge fehlen jedoch bis heute.

In Gefangenschaft paaren Buckelwale sich nicht, und bis 2023 hatte man nie unmittelbar mitbekommen, wie sie in freier Wildbahn Sex haben. Erst dann wurden zwei Buckelwale dabei erwischt, wie sie es vor der Küste von Oahu trieben, und die Beobachtungen wurden im Februar 2024 in der Fachzeitschrift *Marine Mammal Science* veröffentlicht.[1] Bei den Buckelwalen, die dort kopulierten, handelte es sich um zwei Männchen.

Jahrhundertelang lautete eine Schlüsselaussage zur Begründung der Verfolgung von Schwulen und Lesben, homosexuelles Verhalten sei unnatürlich oder widernatürlich. Unter »unnatürlich« kann man vieles verstehen, aber Reaktionäre meinten damit in der Regel, sexuelle Betätigung unter Angehörigen desselben Geschlechts sei bei Tieren in der Natur nicht zu beobachten und deshalb sei es auch bei Menschen nichts Natürliches. Es lohnt sich, festzuhalten, dass *niemand,* der so etwas behauptet, wirklich über das Sexualleben von Tieren Bescheid weiß oder sich auch nur dafür interessiert. Solche Leute interessieren sich aber aus verschiedenen Gründen für das Sexualleben von Menschen und vertreten die Haltung, geschlechtliche Aktivität solle auf heterosexuelle Paare beschränkt sein, und das in der Regel im Rahmen einer monogamen Ehe. Die Einwände gegen missbilligte sexuelle Betätigung basieren natürlich fast immer auf religiöser oder moralischer Empörung, und die Berufung auf angebliche biologische Tatsachen ist schlicht der Versuch, diese Haltung zu begründen, ohne auf eine religiöse Lehre zurückzugreifen.

Seit dem Mittelalter und mit einem Höhepunkt im 19. Jahrhundert stufte die abendländische Kultur schwulen Sex als »Verbrechen gegen die Natur« ein. Homosexuelle wurden häufig beschuldigt, sie hätten »unnatürliche Gelüste« und so weiter. Daraus, so nehme ich an, folgerte man: Wenn ein bestimmtes Verhalten nicht natürlich ist, darf man es verurteilen und kriminalisieren. Ich habe nie gehört, wie mit ähnlichen Argumenten der Gebrauch von Seife, das Tragen von Kleidung oder unzählige andere typisch menschliche Verhaltensweisen beanstandet worden wären, aber trotz der fadenscheinigen Begründung fasste diese Rechtfertigung zu jener Zeit offenbar Fuß. Bis heute hört man noch manchmal den Ausdruck: »So etwas machen noch nicht einmal Hunde!«

Das Argument wirft allerdings ein Problem auf. Hunde tun »so etwas« definitiv, das kann jeder bestätigen, der schon einmal einen Hund hatte. Sowohl männliche als auch weibliche Hunde besteigen und bumsen andere Hunde beiderlei Geschlechts. Wie wir in diesem Kapitel noch sehen werden, gilt das im Prinzip für alle Säugetiere. Tiere treiben es aus den verschiedensten Gründen miteinander und erlangen dabei sexuelle Befriedigung. Möglicherweise ist *das* sogar der Grund. Ja, Tiere haben Sex aus reinem Vergnügen und auch mit Angehörigen des eigenen Geschlechts, aber, wie ich noch erläutern werde, die sexuelle Betätigung dient häufig – zumindest in einem weiten Sinn – einem ganz bestimmten Zweck, und das gilt für alle Tiere, einschließlich uns selbst. Ja, das Streben nach Vergnügen treibt sexuelles Verhalten an, und deshalb scheint es *uns* das vorrangige Ziel zu sein. Unter Evolutionsgesichtspunkten dient das Vergnügen jedoch als Anreiz, damit ein Tier ein bestimmtes Ziel verfolgt. Fachsprachlich ausgedrückt, ist das Streben nach Vergnügen nur das *proximate*, also das unmittelbare Ziel. Außerdem gibt es die höchsten, die *ultimaten* Ziele, und eines davon ist die Fortpflanzung. Jedenfalls manchmal.

Traditionell wurde uns gesagt, Fortpflanzung sei das ultimate Ziel der Sexualität. Nicht mehr und nicht weniger. Wenn wir annehmen, dass sich der Trieb zu sexueller Aktivität ausschließlich auf die Fortpflanzung richtet, ist schwuler Sex natürlich sinnlos, und Homosexualität ist eine Sackgasse. Aber nach dieser Logik wäre Oralsex ebenso sinnlos, und das Gleiche gilt für Analsex, Masturbation und sogar den vaginalen Geschlechtsverkehr außerhalb der fruchtbaren Tage einer Frau. All das führt nicht unmittelbar zur Reproduktion, und doch ruft es nicht dieselbe reaktionäre Giftigkeit hervor wie schwuler Sex. Die Tatsache, dass diese anderen sexuellen Praktiken nicht zur Fortpflanzung führen, hat zwar gleichzeitig dazu geführt, dass sie lächerlich gemacht, verurteilt und zu manchen Zeiten und in verschiedenen juristischen Systemen sogar kriminalisiert wurden, aber in keinem Fall geschah das so energisch und weitverbreitet wie bei der Homosexualität. Wenn man so darüber nachdenkt: Warum war der Sex mit einer Frau nach den Wechseljahren niemals verboten?

Das alles ist absurd und zeigt nur, wie falsch wir die Sexualität die ganze Zeit über betrachtet haben. Wie ich in Kapitel 5 genauer erläutern werde, dient sexuelle Betätigung allen möglichen Zielen und Zwecken, und das sowohl für die beteiligten Individuen als auch für die Gemeinschaft, zu der sie gehören. Das Vergnügen am Sex ist nur ein Trick. Die Evolution verleitet uns mithilfe der Wonne dazu, aggressiv nach Sex zu streben – wie ein Vater oder eine Mutter, die ihr Kind mit Süßigkeiten zur Sauberkeit erzieht. Dem Kind geht es nur um die Süßigkeit; das eigentliche Ziel ist jedoch die Sauberkeit. Mit den verschiedenen Zwecken der Sexualität werden wir uns später eingehender beschäftigen, aber erst einmal müssen wir mit der Vorstellung aufräumen, Tiere des gleichen Geschlechts würden nicht sexuell miteinander verkehren.

Lasst die Bettwanzen nicht zustechen!

Wie man schon seit einiger Zeit weiß, besteigen männliche Bettwanzen (*Cimex*) andere männliche Bettwanzen und besamen sie auch. Bettwanzen leben fast ausschließlich von Säugetierblut und können über lange Zeit – möglicherweise bis zu einem Jahr lang – ohne Nahrung auskommen. Während sie warten, bemühen sie sich nicht um zweitklassige Nahrung als Ersatz. Blut oder Hungertod. Wenn es aber um die Paarung geht, sind sie nur in einer Hinsicht wählerisch: Männchen begatten nur andere Wanzen, die kurz zuvor gefressen haben. Vermutlich sichern sie sich so die besten Erfolgsaussichten für die Entwicklung der befruchteten Eier.

Ihre Paarungsmethode, »traumatische Insemination« genannt, ist recht ungewöhnlich und findet sich nur bei einer Handvoll wirbelloser Tiere.[2] Wenn eine Bettwanze eine andere begattet, durchstößt sie mit dem *Aedeagus* (bei Gliederfüßern die Entsprechung zum Penis) die Bauchhaut des Partners und spritzt die Samenzellen unmittelbar in die Bauchhöhle. Anschließend wird das Sperma vom Blutkreislauf aufgenommen und im ganzen Körper verteilt. Handelt es sich bei der gestochenen Wanze um ein Weibchen, erreichen die Samenzellen irgendwann die Eierstöcke und befruchten dort die Eier. Wurde dagegen ein Männchen besamt, wandern die Spermien unnütz herum und sterben schließlich ab. Diese Kopulationsmethode ist seltsam, denn sie ist eindeutig mit Verletzungen verbunden. Die Wanze, die besamt wurde, trägt eine Wunde davon, sodass zumindest ein Infektionsrisiko besteht; ernsthaftere Schäden kommen jedoch ebenfalls vor. (Allerdings ist dies sicher nicht das einzige Beispiel für ein Sexualverhalten, das zu Verletzungen führt.)

Weibliche Bettwanzen haben weder eine Vagina noch eine Genitalöffnung, das heißt, sie können sich ausschließlich durch traumatische Insemination fortpflanzen.[3] Genau das geschieht auch. Männchen aber haben (soweit wir wissen) nichts zu gewinnen, wenn sie begattet werden, und leisten fast immer Widerstand. Weibchen tun das oft ebenfalls, das Männchen kann also am Widerstand nicht erkennen, dass es ein anderes Männchen besteigt. Wie bereits erwähnt, ist Widerstand der Weibchen gegen die Paarung bei allen möglichen Tieren nichts Ungewöhnliches, und Qualitätskontrolle ist die am weitesten verbreitete Erklärung. Die Garantie für einen kräftigen, lebenstüchtigen Vater der eigenen Nachkommen verschafft man sich bei vielen Arten dadurch, dass man ihm die Paarung erschwert. Die Weibchen haben ein Interesse daran, sich mit solchen harten Burschen zu paaren, denn ihre Söhne kommen dann wahrscheinlich nach dem Vater und sind später ebenfalls erfolgreich. Damit beginnt gewissermaßen ein Kampf der Geschlechter, der in der biologischen Fachsprache als »reproduktiver Konflikt« bezeichnet wird. Indem die Weibchen sich widersetzen, sorgen sie dafür, dass nur erstklassigen Männchen die Paarung gelingt, das heißt solchen, die das Weibchen festhalten und unterwerfen können.*

Wie konnte die traumatische Insemination im Laufe der Evolution entstehen? Das bedarf einer Erklärung. Alle Tierarten, die sich ihrer bedienen, sind nur recht weitläufig miteinander verwandt, das heißt, sie entwickelte sich unabhängig und muss demnach einzigartige Vorteile bieten. Einer Hypothese zufolge entstand die traumatische Insemination erstmals als Mittel, um einen Vaginalpfropfen unwirksam zu machen. Bei vielen Insekten – und auch bei anderen Tierarten, darunter einige Säugetiere – hinterlässt das Männchen einen geleeartigen Pfropfen, nachdem es seinen Samen in der weiblichen Geschlechtsöffnung abgelegt hat. Damit soll verhindert werden, dass ein anderes Männchen sich anschließend ebenfalls mit dem Weibchen paart und das erste Männchen als Vater verdrängt. Heftige Konkurrenz zwischen den Männchen kann innerhalb einer Spezies ein evolutionäres Wettrüsten in Gang setzen, und bei den Bettwanzen führte das möglicherweise zur traumatischen Insemination als Weg, um den Vaginalpropfen ganz buchstäblich zu umgehen. Anfangs könnte es sogar ein Versehen gewesen sein, denn diese Insekten sind nicht für genaue motorische Koordination bekannt.

* Für den Fall, dass der eine oder die andere nun überlegt: Ja, es wurde die Vermutung geäußert, dass der BDSM-angehauchte Sex bei Menschen seine Wurzeln in der gleichen evolutionären Logik habe. Der gewaltige kommerzielle Erfolg von *Fifty Shades of Grey* spricht für sich. Eine enge Freundin sagte einmal im Scherz zu mir: »Wer mag denn leichte Schläge nicht?«

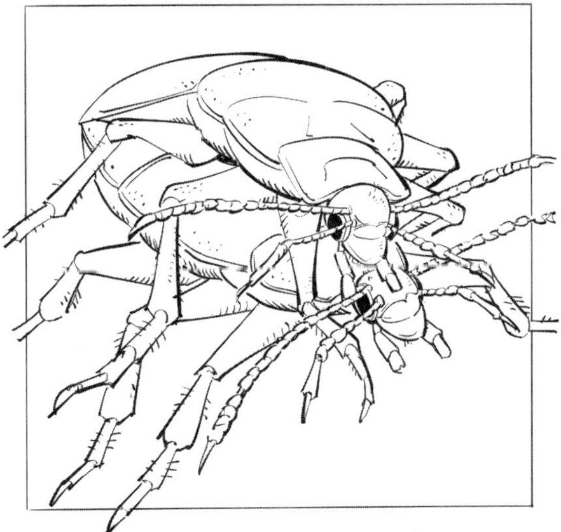

Zwei Bettwanzen kopulieren mittels traumatischer Insemination

Wie alle Gliederfüßer, so haben auch Bettwanzen einen offenen Kreislauf. Statt Blut besitzen sie Hämolymphe, eine Flüssigkeit, die alle Zellen und Organe des Tieres umspült und nicht auf Blutgefäße beschränkt ist. Bei Wirbeltieren wie uns würden Samenzellen, die lediglich in die Bauchhöhle des Weibchens gespritzt werden, ihr Ziel nie erreichen, weil unser Blut in einem geschlossenen Kreislauf durch die Blutgefäße strömt. Selbst eine winzige Zelle, beispielsweise eine Samenzelle, könnte nicht einfach in den Kreislauf hinein- und wieder hinausschwimmen. Mit Hämolymphe und einem offenen Kreislauf dagegen funktioniert die simple Methode. Möglicherweise injizierten männliche Bettwanzen zunächst aus Frustration oder durch Zufall ihre Samenzellen, indem sie den Bauch der Weibchen anstachen. Als die Strategie von Erfolg gekrönt war, erbten die so entstandenen Nachkommen die Verhaltensweise des Einspritzens, und der Ablauf der natürlichen Selektion setzte ein. Aber auch die armen Weibchen bekommen letztlich das, was sie anstreben: die Gene eines kräftigen, erfolgreichen Vaters.

Wenn ein Bettwanzenmännchen ein anderes begattet, hat dagegen keiner etwas zu gewinnen: Der eine ist verletzt, der andere hat sein Sperma aufgebraucht. Man würde also meinen, sie hätten mittlerweile eine Strategie entwickelt, um solche nutzlosen Akte zu vermeiden. Tatsächlich scheinen sie sich zu bemühen. Wie man 2009 herausfand, geben männliche Bettwanzen nach der Nahrungsaufnahme ein Pheromon ab, das andere Männchen davon abhält, sie zu begatten.[4] Ursprünglich hatte man das Pheromon für ein Alarmsignal zur Warnung vor natürlichen Feinden gehalten. Das könnte auch stimmen, aber den Vermutungen der Forschenden zufolge könnte die Ausschüttung dieses Pheromons auch andere Männchen darauf aufmerksam machen, dass eine Paarung nutzlos wäre und dass sie besser ihrer Wege gehen. Das Mittel ist bei Weitem nicht hundertprozentig wirksam, aber in Laborexperimenten senkt es tatsächlich die Zahl der Paarungen zwischen Männchen.

Zur Erklärung gehen die Forschenden davon aus, dass dieses Pheromon ein *zweckentfremdetes Signal* ist. Die Signalsubstanz existiert bereits, und Bettwanzen reagieren negativ darauf. Ein großer Teil der molekularen Vorgänge ist also schon vorhanden, und das Signal für einen neuen Zweck heranzuziehen, erfordert nur minimale Veränderungen. Von »Hey, wenn ihr dies hört, lauft weg! Da ist ein Feind in der Nähe!« zu der Bedeutung »Hey, wenn ihr dies hört, lauft weg! Ich bin kein Weibchen!« ist es kein weiter Weg; man erkennt also leicht, wie er im Laufe der Evolution entstanden sein könnte, insbesondere da in beiden Fällen genau die gleiche Reaktion erwünscht ist. Das Ganze erfordert nur eine winzige Abwandlung, und die ist für die Evolution ein Kinderspiel. Deshalb kommen zweckentfremdete Signale bei Tieren häufig vor, und auch Menschen nutzen sie in großem Umfang.*

* Ein Beispiel für ein zweckentfremdetes Signal bei Menschen: In vielen Kulturen werden die Gesten, die man bei der Begrüßung verwendet, wie Händeschütteln, Verbeugungen oder Umarmungen, oft auch bei einer

Dass die Strategie nur teilweise wirksam ist, könnte ein Hinweis darauf sein, dass es sich um eine relativ neue Anpassungsinitiative handelt, die die Spezies noch weiterentwickeln wird. Damit sich die Evolution fortsetzt, muss sich für beide »Parteien« ein klarer Selektionsvorteil ergeben: für diejenigen, die das Signal aussenden, und für alle, die darauf richtig reagieren. Diese Bedingungen sind anscheinend erfüllt, und deshalb ist nicht ohne Weiteres zu erkennen, warum das schädliche Verhalten nicht wirksamer im Zaum gehalten wird. Die Entfaltung eines so einfachen Merkmals, das einen so eindeutigen Vorteil bietet, sollte schnell und problemlos verlaufen – jedenfalls im evolutionären Zeitmaßstab.

Deshalb schlage ich eine andere Erklärungsmöglichkeit vor. Vielleicht ist den Bettwanzen durchaus bewusst, wer ein Männchen und wer ein Weibchen ist, und die traumatische Insemination, die Männchen sich gegenseitig zufügen, ist eine absichtliche Verletzung. Männchen, die andere Männchen begatten und verletzen, verschaffen sich damit einen klaren Vorteil, denn gewöhnlich stehen sie miteinander in Konkurrenz. Bettwanzen sind nicht besonders sozial und bauen (soweit wir wissen) untereinander keine partnerschaftliche Zusammenarbeit auf. Wenn ein Männchen ein anderes Männchen sieht – und insbesondere wenn dieses wohlgenährt ist –, erkennt es darin nur eine potenzielle Bedrohung für seine zukünftige Vaterrolle. Deshalb sollte es uns nicht verwundern, dass es sofort danach strebt, diese Bedrohung zu vermindern oder zu beseitigen, und dazu verwendet es die einzige Waffe, die es besitzt: seinen Penis.

Außerdem könnte das mutmaßliche Pheromonsignal, das von dem bestiegenen Männchen abgegeben wird, schlicht das sein, was man zuvor in ihm gesehen hat: ein Alarmsignal, kein Mitteilungsversuch, dass es sich um ein Männchen handelt. Möglicherweise

Versöhnung genutzt. Die Körpersprache signalisiert also entweder potenzielle Zusammengehörigkeit oder erneute Zusammengehörigkeit nach einem Konflikt.

gibt das Männchen dieses Signal unterschiedslos immer dann ab, wenn es sich bedroht fühlt, ganz gleich, ob es sich um einen natürlichen Feind oder ein anderes Männchen handelt, ganz ähnlich wie ein Tintenfisch, der Tinte verspritzt, oder ein Stinktier, das seine Analdrüsen benutzt. Vielleicht versucht es auch, das andere Männchen mit einem »unehrlichen Signal« zu täuschen, indem es blinden Alarm schlägt. So oder so erscheint mir dies ein wenig plausibler, denn wenn ein Evolutionsdruck dafür gesorgt hätte, dass ein Alarmpheromon als geschlechtsanzeigendes Signal zweckentfremdet wurde, stellt sich die Frage: Warum hätte der gleiche Druck nicht einfach dazu führen sollen, dass sich bei Männchen die Fähigkeit entwickelt, Männchen und Weibchen voneinander zu unterscheiden? Schließlich ist diese Eigenschaft so allgemein vorteilhaft, dass praktisch alle Tiere sie besitzen.

Ich erzähle diese Geschichte hier nicht, weil es naheliegende Parallelen zwischen dem Sex von Menschen und dem von Bettwanzen gäbe, sondern weil wir daraus lernen können, dass das Sexualleben selbst der schlichtesten Tiere unter Umständen weitaus komplexer ist, als es anfangs den Anschein hat. Die Kopulation durch traumatische Insemination kommt nur bei einer Handvoll wirbelloser Tiere vor und ist für einige Angehörige der Spezies mit Verletzungen verbunden, die eine einfachere Fortpflanzungsmethode nicht mit sich bringen würde. Es gibt Versuche, zu kommunizieren, sich zu widersetzen und zu täuschen. Es gibt Blessuren, Strategien und Gegenstrategien, und die Fachleute, die solche Phänomene studieren, haben immer noch viele Einzelheiten des Fortpflanzungsverhaltens der winzigen Tiere zu klären. Selbst für die simplen Bettwanzen ist Sex eine komplizierte Angelegenheit, und fast immer gehört dazu mehr, als man auf den ersten Blick glauben könnte.

Jetzt überlegen wir einmal: Wie wäre es, wenn die männlichen Bettwanzen ausschließlich heterosexuell wären? Dabei sollten wir bedenken, dass wir den Begriff »heterosexuell« nicht als die Eigenschaft definieren, sich zu Angehörigen des anderen Geschlechts hingezogen zu fühlen – diese Bestrebungen gibt es bei vielen Orientierungen –, sondern als *Abneigung* gegenüber sexuellen Handlungen mit Angehörigen des gleichen Geschlechts. Welchen Vorteil würde das mit sich bringen? Ich kann mir keinen vorstellen. Wohl aber fällt mir ein großer Nachteil ein: die verpasste Gelegenheit, andere Männchen auszustechen (im wortwörtlichen und übertragenen Sinne). Streng heterosexuell zu sein, wäre in einem gewissen Sinn gleichbedeutend mit der Weigerung, in Konkurrenz zu treten. In dem großen Fortpflanzungswettbewerb unter den männlichen Bettwanzen sind diejenigen, die andere Männchen begatten, jenen überlegen, die es nicht tun. Gegenüber sexuellen Handlungen mit Angehörigen des gleichen Geschlechts aufgeschlossen zu sein, hat also seine Vorteile; ausschließliche Heterosexualität hätte dagegen zumindest bei Bettwanzen ihren Preis.

Sehr verqueer

Als jemand, der den größten Teil seines Lebens im Betondschungel von New York verbringt, finde ich kaum ein anderes Geräusch der Natur so beruhigend und hypnotisch wie das Zirpen von Grillen. Bei den meisten Grillenarten zirpen nur die Männchen, und das Geräusch dient als Paarungsruf, der Weibchen betören soll. Ist die Population groß genug, kann es ohrenbetäubend werden, insbesondere wenn man sich eine enorme Menge fieser junger Kerle vorstellt, die Jagd auf Frauen machen. Es hält sich der hartnäckige Mythos, wonach Grillen ihr Paarungsgeräusch erzeugen, indem sie die Beine aneinanderreiben, doch in Wirklichkeit entsteht es durch die Flügel, von denen sie zwei Paare besitzen. An den Vorderflügeln befinden sich lederartige Zackenleisten, die wie die Zinken eines Kammes aussehen. Reibt der gezahnte Teil eines Vorderflügels an der glatten Kante des anderen Vorderflügels, entstehen Schwingungen, die etwa durch Luftsäcke im Körper der Grille verstärkt werden. Die Weibchen der meisten Grillenarten besitzen keine solchen Zacken und bleiben entsprechend still.*

Wie alle biologischen Phänomene, so wird auch das Zirpen der Grillen deutlich komplizierter, je genauer wir hinsehen. Wie sich herausgestellt hat, zirpen nicht *alle* Grillenmännchen. Manche verfolgen eine andere Strategie, ähnlich wie die kooperierenden männlichen Sonnenbarsche, von denen in Kapitel 2 die Rede war. Vermutlich verzichten diese Männchen auf das Zirpen, weil sie keine bedrohlichen Signale an andere Männchen senden wollen. Grillenmännchen zirpen nicht nur, um Weibchen anzulocken, sondern auch, um andere Männchen einzuschüchtern und sie zu warnen, damit sie sich fernhalten. Grillen sind revierbewusst und wehren normalerweise jedes eingedrungene Männchen ab, aber das tun sie nicht, wenn der Eindringling stumm bleibt. Indem das kooperierende Männchen auf das Zirpen verzichtet, erwirbt es sich das Vertrauen des Revierbesitzers, und dann versuchen offensichtlich beide gemeinsam, die Weibchen zu beeindrucken.[5]

Wenn bei den Grillen die Zeit der Kopulation kommt, übernehmen die Weibchen die Begattung: Mit besonderen Strukturen an ihrem Bauch legen sie die Eier im Genitalbereich der Männchen ab. Da Weibchen die Auswahl übernehmen, müssen wir annehmen, dass

* Nebenbei noch ein interessanter Aspekt: Die Zirprate einer vor allem in den USA vorkommenden Grillenart ist so eng an die Temperatur gebunden, dass man das Zirpen als Thermometer nutzen kann. Zählt man die Zirplaute 15 Sekunden lang und addiert dann 40 dazu, erhält man die Temperatur in Grad Fahrenheit. In Grad Celsius errechnet sie sich, indem man die Zirplaute acht Sekunden lang zählt und fünf addiert. Das Ganze wird als »Dolbearsches Gesetz« bezeichnet, obwohl Amos Dolbear lediglich als Zweiter auf diesen mathematischen Zusammenhang stieß. Eigentlich müsste man ihn als »Brookssches Gesetz« bezeichnen, denn Margarette W. Brooks berichtete erstmals 1881 in der Zeitschrift *Popular Science Monthly* über das Phänomen, volle 16 Jahre vor Dolbear. Schon seltsam, dass ein Mann das Verdienst für etwas einstreicht, das eine Frau als Erste getan hat, nicht wahr?

sie einen besonderen Wert darin erkennen, Paare aus zwei Männchen als Empfänger ihrer Eier auszusuchen. Dass Grillen, die am lautesten zirpen, am erfolgreichsten die Weibchen anlocken, weiß man schon lange; heute ist aber ebenfalls klar, dass die Weibchen zudem dazu neigen, sich für Revierbesitzer mit einem stummen Helfer zu entscheiden. Solche Beobachtungen stehen nicht im Widerspruch zueinander: Wer am lautesten zirpt, lockt auch mit der größten Wahrscheinlichkeit einen stummen Helfer an. Es ist sogar denkbar, dass die Gegenwart eines Partners für die Weibchen attraktiver ist als der laute Gesang als solcher. Vielleicht haben die Grillenmännchen überhaupt nur wegen der anderen Männchen gesungen! Eine derartige Behauptung wäre vermutlich übertrieben, aber anscheinend besteht ein Zusammenhang zwischen kräftigen Sängern, männlichen Helfern und der Entscheidung der Weibchen. Unter bestimmten Bedingungen zeugen die stummen Helfer sogar im Durchschnitt mehr Nachkommen als die Männchen, die singen.

Manch einer ist jetzt vielleicht versucht, das stumme Männchen nicht als schwul, sondern einfach als Helfer zu betrachten. Das liegt an unserer speziestypischen chauvinistischen Neigung, bei Tieren nach genauen Entsprechungen zu Verhaltensweisen von Menschen zu suchen, statt uns darum zu bemühen, die Tiere aus sich selbst heraus zu verstehen. Wenn wir ein Tier als schwul betrachten wollen,* rechnen wir mit Analsex oder etwas Ähnlichem, aber man darf nicht vergessen, dass Grillenmännchen keine äußeren Geschlechtsorgane besitzen. Grillen betreiben Sex *überhaupt nicht* wie Menschen. Wir beobachten allerdings bei diesen Tieren durchaus gleichgeschlechtliche Partnerwerbung, Paarbindung und Kooperation mit sexuell-pro-

* In diesem Kapitel nutze ich die Begriffe »schwul«, »hetero«, »oben«, »unten« und so weiter ausschließlich augenzwinkernd. Ich möchte sicherlich nicht das Sexualverhalten von Grillen, Schafen, Bonobos oder irgendwelchen anderen Tieren mit der Erfahrung, ein queerer Mensch zu sein, vermischen. Ich halte es nur für langweilig, immer und immer wieder Fachbegriffe wie »gleichgeschlechtlich orientiert« zu lesen.

duktiven Zielen, und ich würde sagen: Das ist ziemlich schwul. Wichtiger für das Thema dieses Buches ist jedoch, dass die stummen, männlich orientierten Grillenmännchen eine Variante darstellen, die in bestimmten Zusammenhängen einen Vorteil bietet.

Interessanterweise hat das Verhalten, nicht zu zirpen, bei Grillen eine genetische Komponente, und die Flügel der betreffenden Männchen ähneln denen der Weibchen. Da diese Männchen auch Nachkommen zeugen können, herrscht im Genpool Konkurrenz zwischen dem dominanten Revierverhalten und dem still-kooperativen Verhalten. Während also lautstarke und leise Grillen gut zusammenarbeiten, stehen ihre zugehörigen Gene im großen Überlebensspiel in einem Konflikt. Das dürfte sich mittlerweile schon vertraut anhören. Sexuelle Fortpflanzung hat die geniale Eigenschaft, ständig neue Vielfalt hervorzubringen, die in einer unsicheren Umwelt als Reservoir für potenzielle Anpassungen dient. Grillen sind in unserer Vorstellung von Natur aus geräuschvolle Tiere, die vermutlich gar nicht anders können; wenn die Bedingungen sich aber irgendwann so verändern, dass der Aufwand für das Zirpen schwerer wiegt als der Nutzen, ist die Anpassung an eine stille Lebensweise einfach. Die Diversität ist bereits da und wartet hinter den Kulissen, bis die natürliche Selektion sie auf die Bühne bittet.

Und das hat sie getan. Auf Hawaii ist eine Grillenspezies erst vor Kurzem verstummt, aber nicht weil die Tiere sich zurückhalten, sondern weil sie sich in ihrer Entwicklung vom Zirpen entfernt haben. Der Grund war ein neuer Selektionsdruck durch eine invasive Fliegenart, deren Maden sich in die Grillen bohren und sich parasitisch von ihnen ernähren, bis die Wirtstiere schließlich sterben, wenn die ausgewachsenen Fliegen ans Licht kommen.[6] Da die Fliegen ihre Opfer – die Grillen – aufgrund des Zirpens finden, können diese der Entdeckung entgehen, wenn sie still bleiben. Durch ihre aggressive und erfolgreiche Jagd bilden die tödlichen Fliegen einen starken Selektionsdruck; wie man beobachten konnte, haben sich die Grillen in nur 20 Generationen an eine lautlose Lebensweise angepasst.

Nach den Zeitmaßstäben der Evolution sind 20 Generationen nur ein Augenblick; die Anpassung fand so schnell statt, dass sie unmöglich *aus dem Nichts* entstanden sein konnte. Die geräuschlose Variante war vielmehr im Genpool der Grillen in Form der kooperierenden Männchen bereits vorhanden. Natürlich *wissen* Grillen und andere Tiere nicht, welche Varianten in Zukunft nützlich sein könnten. Vielfalt entsteht nach dem Zufallsprinzip, und ob der richtige Typ für eine neue Herausforderung dabei ist, ist vor allem Glückssache. Bei dieser betreffenden Grillenart ist die lautlose Form das Ergebnis einer genetischen Variation, die für flachere Flügel sorgte und den Kamm für das Zirpen entfernte. Vermutlich können diese Grillen auch besser fliegen, aber das wurde nicht unmittelbar überprüft, sondern nur in Modellen simuliert.

Faszinierenderweise hat genau derselbe Evolutionsprozess zweimal stattgefunden – auf zwei verschiedenen Hawaii-Inseln, die durch eine große Strecke offenes Meer voneinander getrennt sind.[7] Hinter den Änderungen in Anatomie und Verhalten stehen auf den beiden Inseln jedoch vollkommen unterschiedliche Mutationen, das heißt, es handelt sich um einen Fall von *konvergenter Evolution*. Der gleiche Selektionsdruck (die parasitischen Fliegen) führte zur gleichen Anpassung (flachere Flügel, die nicht zirpen), doch die genetischen Abläufe waren anders. Es gibt viele Wege zum selben Ziel.

Aber genug von wirbellosen Tieren. Um zu unserem ersten Beispiel unter Wirbeltieren zu kommen, besuchen wir noch einmal die Rennechsen aus dem Südwesten der USA, die ich bereits in Kapitel 1 erwähnt habe. Es gibt mehrere Dutzend Arten von ihnen, und einige sind echte biologische Kuriositäten (besonders gut untersucht sind *Aspidoscelis uniparens* und *Aspidoscelis neomexicanus*). Diese Rennechsen zeigen nicht nur hin und wieder mal gleichgeschlechtliches Sexualverhalten – es ist die einzige Art von Sex, die sie *überhaupt* haben. Diese Arten bestehen nämlich nur aus Weibchen.

Dass sich eine Wirbeltierspezies ausschließlich mit Weibchen sogar vermehren kann, ganz zu schweigen davon, dass sie in der unwirtlichen Wüste gedeiht, erscheint vollkommen rätselhaft, aber die einzigartige Evolution dieser Spezies wurde gut dokumentiert, und in groben Zügen wissen wir, wie sie sich abgespielt hat. Zunächst einmal vermehren sich die Echsen durch einen Prozess, der als »Parthenogenese« bezeichnet wird: Dabei entwickelt sich eine unbefruchtete Eizelle zu einem vollständigen, charakteristischen Individuum. Parthenogenese ist bei Pflanzen und manchen wirbellosen Tieren, darunter einige Fadenwürmer, Bärtierchen, Skorpione, Milben, Bienen und Wespen, nichts Unbekanntes. Unter Wirbeltieren ist sie zwar selten, doch die Liste der eingeschlechtlichen Arten wächst und umfasst Vertreter aus den Gruppen der Fische, Amphibien und Reptilien.

Damit die Eizellen ohne Befruchtung durch Samenzellen zu vollwertigen Organismen heranwachsen können, verdoppelt sich in denen der Rennechsen einfach die Chromosomenzahl, und dann beginnt die Embryonalentwicklung. Wie gesagt: Die Eizellen eines Tiers sind alle genetisch unterschiedlich, das heißt, aus diesen Eizellen gehen keine genauen Klone der Mutter hervor, auch wenn sie der einzige Elternteil ist. Aber da jede Müttergeneration auf demselben Weg entsteht, wird die genetische Vielfalt stetig eingeengt. Ähnlich wie bei einem hermaphroditischen Wurm, der sich mit sich selbst fortpflanzt, ist dies eine extreme Form der Inzucht und damit keine gute Strategie für langfristigen Erfolg. Weil die Rennechsen anscheinend ausgezeichnet an ihre Umwelt angepasst sind, geht es ihnen derzeit gut. Wenn sich die Umwelt allerdings verändern sollte, werden sie, so vermute ich, in Schwierigkeiten geraten.

Interessanter für das Thema dieses Buches ist das Kopulationsverhalten der Rennechsen. Da ihre Eizellen sich ganz von allein zu ausgewachsenen Individuen entwickeln, könnte man meinen, dass sie die Sexualität nicht brauchen und völlig aufgegeben haben. Das ist aber eindeutig nicht der Fall. Die Rennechsen tun sich paarweise zur Kopulation zusammen, und das Begattungsverhalten scheint für die Eiablage ebenso unentbehrlich zu sein wie bei gewöhnlichen

Echsen mit zwei Geschlechtern. Die Weibchen zeigen Werbeverhalten, und wenn ein Paar sich gefunden hat, begatten sie sich gegenseitig, um den Eisprung einzuleiten. Bei Reptilien wird der Eisprung wie bei den meisten Wirbeltieren durch einen Anstieg des Progesteronspiegels ausgelöst, und solch ein Anstieg wird in den Weibchen hervorgerufen, wenn sie begattet werden – ein Vorgang, den man »induzierte Ovulation« nennt. Obwohl die Männchen bei diesen Rennechsen fehlen, ist Sex zur Fortpflanzung nach wie vor notwendig! Zwar findet keine Vermischung von genetischem Material statt, aber die Weibchen müssen einander begatten, um den Fortpflanzungszyklus anzustoßen.

Zwei weibliche Rennechsen lösen kopulierend den Eisprung aus

Die meisten oder vielleicht sogar alle Vogelarten betreiben gleichgeschlechtliche Sexualität, und wie wir im nächsten Abschnitt noch genauer sehen werden, können dazu auch langfristige Paarbindungen und die Aufzucht von Jungvögeln gehören. Vögel, die keine Paarbindungen eingehen, lassen ebenfalls gleichgeschlechtliches Begattungsverhalten erkennen. Erinnern wir uns noch einmal an die Kampfläufer aus Kapitel 2. Ihre Männchen versammeln sich in einer großen Balzarena und locken Weibchen an; dabei gibt es zwei Typen von ihnen: die zahlreicheren konkurrenzbewussten Männchen, die Nester bauen, und die Satellitenmännchen, eine Art Herumtreiber, die kaum etwas tun, außer die Zahl der Männchen zu erhöhen und damit Weibchen anzulocken, die dicht bevölkerte Balzplätze bevorzugen. Die Satellitenmännchen werden heimlich zu Vätern, indem sie Weibchen begatten, während die anderen Männchen sich mit Imponiergehabe und Balzkonkurrenz beschäftigen. Interessant ist aber noch etwas anderes: Wenn keine Weibchen in der Nähe sind, besteigen diese Männchen eben andere Männchen. Die ersten Berichte über solche Verhaltensweisen bezeichneten die Satellitenmännchen als »Weibchen-Nachahmer« (Augenrollen), aber bei näherem Hinsehen zeigte sich, dass sie ebenso oft begatten, wie sie von den nestbauenden Männchen begattet werden.[8] Mit anderen Worten: Sie sind ebenso oft oben wie unten und ahmen demnach keine Weibchen nach. (Weibliche Kampfläufer besteigen nie andere Weibchen.)

Die engsten Verwandten des Menschen sind, wie allgemein bekannt sein dürfte, die Schimpansen. Von ihnen gibt es zwei Schwesterspezies: den berühmten Gemeinen Schimpansen (*Pan troglodytes*) und den weniger bekannten Zwergschimpansen, richtiger als »Bonobo« (*Pan paniscus*) bezeichnet. Die beiden Schimpansenarten sind gleich eng mit den Menschen verwandt: Sie haben mit uns einen gemeinsamen Vorfahren, der vor 6 bis 7 Millionen Jahren lebte. Untereinander sind sie jedoch noch enger verwandt: Sie haben sich erst vor weniger als 2 Millionen Jahren mit der Entstehung des Flusses Kongo in zwei Populationen aufgespalten. (Schimpansen können nicht gut schwimmen.)

Während die Gemeinen Schimpansen konkurrenzbewusst, aggressiv, tyrannisch und – man konnte es vermuten – männlich dominiert sind, zeigen sich die Bonobos wesentlich kooperativer, friedlicher und gleichberechtigter.[9] Oft werden sie zwar als »matriarchal« bezeichnet, die Dominanzhierarchie ist aber recht flach. Den höchsten Rang unter den Bonobos bekleiden ältere Weibchen: Sie führen die Gruppe durch Kooperation mit anderen hochrangigen Weibchen und Männchen. Die Weibchen an der Spitze nutzen ihre Position eher zur Lösung von Konflikten und zur Aufrechterhaltung der Harmonie, als andere zum eigenen Nutzen zu unterwerfen oder zu etwas zu zwingen. Männchen erlangen einen hohen Rang, wenn ihre Mutter großes Ansehen genießt; die Weibchen dagegen konkurrieren um eine hohe Stellung durch Bündnisse mit gegenseitiger Hilfe und Unterstützung. Ein höherer Rang führt auch hier zu mehr Nachkommen und bestimmten Privilegien; der Wettkampf wird aber allgemein weniger durch Aggression als vielmehr durch Einflussnahme und Bündnisse ausgetragen. Von der Gesellschaft der Bonobos könnten wir viel lernen.

Bonobos sind eine unglaublich sexuell orientierte, leidenschaftliche Spezies. Sexuelle Aktivität dient ihnen als Mittel zur Stärkung sozialer Bindungen, zur Konfliktlösung und sogar einfach zur Begrüßung. Während andere Arten, einschließlich des Gemeinen Schimpansen, mit Einschüchterung und körperlicher Aggression ihren Rang festigen und gemeinschaftliche Regeln durchsetzen, nutzen die Bonobos dazu Zuwendung und Sex.[10] Auffällig ist auch, wie »menschlich« ihre Geschlechtsakte sind. So sind sie zum Beispiel neben dem Menschen die einzigen Tiere, die lange, leidenschaftliche Zungenküsse austauschen. Außerdem verkehren sie häufig von Angesicht zu Angesicht (Missionarsstellung), sie betreiben Gruppensex und zudem in großem Umfang Oralsex und manuelle Stimulation. Ein durchschnittlicher Bonobo hat ungefähr zehn- bis zwanzigmal häufiger Sex als ein durchschnittlicher Gemeiner Schimpanse; die Geburtenrate liegt allerdings nicht höher, obwohl die fruchtbare Phase bei Bonoboweibchen länger ist. Warum nicht? Weil der allergrößte Teil ihrer Sexualakte nicht der Fortpflanzung dient. Meist ist der Sex bei Bonobos sogar homosexuell.

Zwei weibliche Bonobos reiben ihre Genitalien aneinander

Die häufigste Sexualpraktik unter Bonoboweibchen ist das Aneinanderreiben der Genitalregionen, *genito-genital rubbing* oder kurz »GG« genannt: Dabei sitzen sich zwei Weibchen gegenüber und reiben ihre angeschwollenen Klitoris aneinander. Bonobos sind zwar nur ungefähr halb so groß wie wir, aber ihre Klitoris ist dreimal größer und liegt weiter außen. (Witze über Männer, die die Klitoris nicht finden, würden in der Bonobogesellschaft nicht funktionieren.) Den Weibchen dient der homosexuelle Sex nicht nur zur Bindung, sondern auch als Mittel, um »auf der sozialen Leiter nach oben zu klettern«. Die ranghöchsten Weibchen sind die begehrtesten Sexualpartnerinnen, und Bündnisse werden durch Sex begründet und gestärkt.[11]

Männliche Bonobos sind nicht ganz so sexuell orientiert wie die Weibchen, aber in der Beziehung immer noch weitaus aktiver als andere Menschenaffen. Gruppen von Männchen kooperieren bereitwillig und stärken ihre Bindungen ebenfalls durch sexuelle Betätigung, insbesondere indem sie sich gegenübersitzen und die Penisse aneinanderreiben – das gelingt ihnen sogar, wenn sie in den Bäumen hängen! Da Nahrung südlich des Kongos ausreichend vorhanden ist, gibt es kaum Konkurrenz beim Fressen. Und da praktisch jeder mit jedem sexuell verkehrt, besteht auch wenig Konkurrenz um Partnerinnen oder Partner. Wegen des promiskuitiven Sex sind alle Männchen an der Vaterschaft beteiligt, und die Identität der biologischen Väter ist stets unsicher. Aus diesem Grund gibt es bei den Bonobos auch keinerlei Infantizid, also Kindesmord, während die Männchen der Gemeinen Schimpansen und Gorillas dafür bekannt sind, die Nachkommen von Konkurrenten zu töten.

Wichtig ist die Feststellung, dass im Hinblick auf die gleichgeschlechtliche Aktivität der Bonobos ein Vorbehalt gilt. Sexualität erleichtert zwar eindeutig den Aufbau von Beziehungen und den sozialen Zusammenhalt in der Gruppe und insbesondere innerhalb einzelner Bündnisse, Bonobos gehen aber keine Paarbindungen ein. Bei Menschen und vielen anderen Tieren ist sexuelle Betätigung unentbehrlich zur Begründung und Stärkung von Paarbindungen, die wiederum bedeutsam für die Aufzucht von Nachkommen sind. Da es eine solche Bildung von Paaren bei Bonobos nicht gibt, werden Kinder gemeinschaftlich großgezogen, wobei der biologischen Elternschaft kaum Beachtung geschenkt wird. Deshalb werden wir in Kapitel 5 noch einmal auf die Bonobos zurückkommen; vorerst reicht die Erkenntnis, dass Bonobos, unsere nächsten lebenden Verwandten, eine sehr sexuelle Spezies sind und dass gleichgeschlechtliche sexuelle Aktivität bei ihnen buchstäblich alltägliche Praxis ist. Die unmittelbare Folge des schwulen Sex sind Frieden und soziale Harmonie.

In jüngster Zeit hat der Gedanke, dass homosexuelle Sexualität die soziale Harmonie fördere, großen Auftrieb erhalten.[12] In Spanien sammelten Forschende wissenschaftliche Daten über das Sexualverhalten aller Säugetierarten, für die solche Erkenntnisse verfügbar waren, und erstellten damit einen *phylogenetischen Stammbaum*. Ein derartiger Stammbaum zeigt die bekannten oder vermuteten evolutionären Verwandtschaften und dient dazu, die Entstehung, Ausbreitung und Entwicklung von Merkmalen zu verfolgen. Daraus kann man schließen, ob eine bestimmte Eigenschaft einmal entstand und sich dann ausbreitete, ob sie sich mehrere Male herausbildete oder im Laufe der Evolution sogar wiederholt auftauchte und wieder verschwand. Solche Analysen sind zwar eine Form der sekundären Forschung, man kann sich mit ihrer Hilfe aber einen Überblick über ganze Organismengruppen verschaffen und weitreichende Schlussfolgerungen ziehen, die andere dann in der Freilandforschung durch direkte Beobachtung und Experimente überprüfen können.

In der spanischen Studie stellte sich erstens heraus, dass gleichgeschlechtliches Sexualverhalten überall in der Klasse der Säugetiere vorkommt. Das war keine Überraschung. Sie ergab aber auch, dass es sich in manchen Tiergruppen stärker häuft als in anderen. Beispielsweise gehören unter allen Säugetieren Primatenarten zu denen, die sich am häufigsten gleichgeschlechtlich vergnügen. Und unter den Primaten wiederum sind Menschenaffen schwuler als Kleinaffen oder Lemuren. Beide Befunde ordnen die Menschen in eine Gruppe von Lebewesen ein, die eine Neigung zu schwulem Sex haben.

Zweitens – und am interessantesten: In der Studie wurde versucht, die Vebreitung gleichgeschlechtlicher Sexualität innerhalb der Säugetiere mit anderen Aspekten ihrer Verhaltensökologie in Verbindung zu bringen. Mit anderen Worten: Man suchte im Sozialleben der Säugetiere nach Aspekten, die mit homosexuellen Verhaltensweisen in Beziehung stehen könnten. Dabei stellte sich heraus, dass sich gleichgeschlechtliches Verhalten vorwiegend bei sozialen Säugetieren findet und seltener bei solchen, die allein leben. Das ist auch plausibel: Einzelgänger betreiben Sex vor allem zur Fortpflanzung, soziale Säugetiere dagegen nutzen ihn für eine Fülle verschiedener Zwecke – mehr darüber werden wir in Kapitel 5 erfahren. Tiere, die sich aus sozialen Gründen sexuell betätigen, haben keinen Grund, sich dabei nur auf das andere Geschlecht zu konzentrieren.

Drittens stellte sich heraus, dass sich Spezies, deren soziales Umfeld durch Konkurrenz auf Leben und Tod geprägt ist – was ich wörtlich meine, denn die ausgewachsenen Tiere mancher Arten kämpfen tatsächlich bis zum Tod –, seltener gleichgeschlechtlich sexuell betätigen. Je geselliger und kooperativer eine Spezies dagegen ist, desto häufiger gehört schwuler Sex zu ihrem Sozialleben. Auch das erscheint intuitiv plausibel: Wenn ausgewachsene Tiere des gleichen Geschlechts sexuell miteinander verkehren, sind sie mit geringerer Wahrscheinlichkeit feindselig und mordlustig. Sexualakte schaffen soziale Bindungen, lösen Konflikte und befrieden das soziale Umfeld. Da fällt einem der Slogan »*Make love, not war*« ein. Oder, wenn man Fachsprache bevorzugt: Die Autoren der spanischen Studie gelangten zu dem Schluss, dass »gleichgeschlechtliches Sexualverhalten bei Säugetieren eine konvergente Anpassung ist, die die Aufrechterhaltung sozialer Beziehungen erleichtert und intrasexuelle Konflikte vermindert«.[13]

Dieser Befund besagt, dass sich die Unterschiede zwischen Gemeinen Schimpansen und Bonobos tatsächlich in Bezug auf Säugetiere verallgemeinern lassen: Sexuelle Betätigung ist der Schlüssel, wenn man statt eines brutal konkurrenzorientierten Umfelds ein kooperatives, geselliges schaffen will. Damit bleibt jedoch die Frage: Wie kommt es, dass sich ein Tier überhaupt von einem anderen des gleichen Geschlechts angezogen fühlt?

Schwule Böcke

Einige besonders umfangreiche Forschungsarbeiten über die sexuelle Anziehung des eigenen Geschlechts bei Tieren hat man an Schafen durchgeführt. Geleitet wurden die Studien vorwiegend von dem Wissenschaftler Charles Roselli aus Oregon, der sich anfangs aus rein landwirtschaftlichen Gründen für das Paarungsverhalten von Schafen interessierte. Farmer wissen schon seit längerer Zeit, dass man manche Bullen oder Böcke (männliche Nutztiere, die zur Zucht verwendet werden) verschiedener Tierarten nur schwer zur Paarung veranlassen kann, weil sie fast kein Interesse daran zeigen. Solche Männchen sind in jeder anderen Hinsicht erwünscht – sie sind groß und haben ein fröhliches Gemüt –, aber aus irgendeinem Grund werden sie halsstarrig, wenn es darum geht, Weibchen zu befruchten. Für die Bauersleute kann das sehr frustrierend und mit einem beträchtlichen finanziellen Verlust verbunden sein. Preisbullen und -böcke sind wegen ihrer ausgezeichneten genetischen Ausstattung Tausende wert. Wenn sie nicht liefern, sinkt ihr Wert auf null.

Den ersten Artikel über die »schwulen Schafböcke«, wie die Presse sie nannte, veröffentlichte Roselli mit Kolleginnen und Kollegen im Jahr 1996.[14] Im Mittelpunkt ihrer Studie standen ursprünglich Böcke, die sich bei Zuchtversuchen weigerten, die Mutterschafe zu bespringen. Nachdem die Forschenden aber festgestellt hatten, dass einige von denen, die Weibchen zurückwiesen, mit Vergnügen andere Böcke begatteten, entschlossen sie sich, der Frage nachzugehen, ob diese Böcke »männlich orientiert« seien. Dazu entwickelten sie einen Test für die sexuellen Vorlieben der Schafböcke: Sie brachten einen Bock in ein Gehege und setzten ihm ein fixiertes Schaf zum Bespringen vor. Dabei handelte es sich in den einzelnen Versuchen um einen Bock, ein fruchtbares Weibchen oder beide, und in mehreren Durchgängen wurden die Vorlieben notiert.

In den Tests erzielten sie alle möglichen Kombinationen: Manche Böcke bevorzugten Mutterschafe und besprangen niemals Böcke, andere bevorzugten Mutterschafe, besprangen aber auch Böcke, wenn sie keine andere Wahl hatten, manche bevorzugten Böcke, besprangen jedoch auch Mutterschafe, und wieder andere begatteten ausschließlich andere Schafböcke. Außerdem stellten die Forschenden fest, dass einige Böcke weder Mutterschafe noch Böcke begatteten. In späteren Studien versuchte man, die Größen dieser verschiedenen Gruppen abzuschätzen; dabei konnte man ohne Schwierigkeiten sechs ausschließlich männlich orientierte Böcke identifizieren – gegenüber sieben ausschließlich weiblich orientierten Artgenossen.

Die Befunde Rosellis und seiner Kollegenschaft waren faszinierend. Das Blut der heterosexuellen Böcke wies einen höheren Testosteronwert auf, aber auch größere Mengen der beiden aktivsten Formen des Östrogens.[15,16] Insbesondere zwei Erkenntnisse aus dem Jahr 2004 aber gaben in Presse und Wissenschaftlergemeinde den Anlass zu den hitzigsten Debatten. Erstens fanden die Forschenden bei den schwulen Schafen einen kleinen Unterschied in einer Gehirnregion, die als »präoptisches Areal« (POA) bezeichnet wird.[17] Und zweitens war ein Enzym mit dem Namen »Aromatase« oder »Östrogen-Synthase« im POA der männlich orientierten Böcke nur halb so aktiv.[18] Dieses Enzym wandelt Androgene, manchmal auch »männliche Geschlechtshormone« genannt, in Östrogene oder »weibliche Geschlechtshormone« um. Die Aromatase hatte man sich gerade in diesem Gehirnabschnitt gezielt angesehen, weil sie bei Schafen bekanntermaßen geschlechtsspezifisch ist. Die männlich orientierten Böcke waren den Weibchen, was die Aktivität der Aromatase im POA anging, sehr ähnlich.

Natürlich haben die Geschlechtshormone im Gehirn komplizierte Funktionen, und wir wissen nur wenig darüber, wie sie sich auf sexuelle Vorlieben und Ähnliches auswirken. Das hielt die Presse aber nicht davon ab, sich auf die Befunde zu stürzen, und die Folge war ein Aufschrei. Glaubte man den Schlagzeilen, so hatten die Forschenden herausgefunden, dass »Schwulengehirne anders sind« und so weiter. In progressiven Kreisen sah man darin den endgültigen Beweis dafür, dass Homosexualität biologisch angelegt und keine Frage der Entscheidung sei, während sich Konservative potenzielle Therapien für die »Opfer« der Homosexualität ausmalten. Ich möchte hier die Kontroversen und schlechten Journalismus außen vor lassen, um mich auf die Wissenschaft zu konzentrieren. In dem Artikel wurde ein wissenschaftlich interessantes Ergebnis veröffentlicht: Zum ersten Mal hatte man eine handfeste biologische Variable in Form von Hormonen im Gehirn nachgewiesen, durch die sich männliche Schafe mit einer Vorliebe für Männchen von jenen mit einer

Vorliebe für Weibchen unterschieden. Könnte das ein Hinweis auf die mechanistischen Grundlagen der sexuellen Orientierung sein?

Bewegungseinschränkung zur experimentellen Überprüfung der sexuellen Vorlieben von Schafböcken

Bevor wir dieser Frage weiter nachgehen, müssen wir uns mit einem Thema beschäftigen, das praktisch jedes Mal aufkommt, wenn wir Forschungsarbeiten über sexuelle Orientierung erörtern. Im 20. Jahrhundert wurden selbst wohlmeinende Wissenschaftler und Wissenschaftlerinnen von Vorurteilen heimgesucht, die wir heute als grob vereinfachend oder sogar homophob betrachten würden. So glaubte man beispielsweise, Männer und männliche Tiere, die ein männlich orientiertes Sexualverhalten an den Tag legen, würden an einem Übermaß an Weiblichkeit leiden. Ihr Gehirn und selbst ihr Körper, so hieß es, seien nicht vollständig männlich. Richtige Männer würden Frauen begatten, und Abweichungen davon seien ein Hinweis auf eine unvollendete Ausbildung des männlichen Körpers und Gehirns. Bis vor sehr kurzer Zeit flossen solche Denkweisen in die Experimente ein, mit denen man das Sexualverhalten erforschte. Und noch mehr galt das für die Interpretation solcher Arbeiten.

Schon in den 1950er-Jahren hatte man in der Wissenschaft die Vermutung geäußert, die Wirkung von Geschlechtshormonen im Gehirn würde über die Paarungsvorlieben von Tieren einschließlich des Menschen bestimmen. Es war kein weit hergeholter Gedanke, denn man wusste, dass sexuelle Verhaltensweisen durch die Regulierung von Geschlechtshormonen verstärkt oder gehemmt werden können. Erste Experimente mit verschiedenen Tierarten schienen den Verdacht zu bestätigen; bei näherem Hinsehen zeigen sich jedoch in allen derartigen Arbeiten eine nachlässige Denkweise und schlampiges wissenschaftliches Vorgehen.

Um herauszufinden, ob Hormone nicht nur die Libido, sondern auch die sexuellen Vorlieben beeinflussen, pumpte man Tiere mit Hormonen voll. Man spritzte jungen Tieren entweder vor oder nach der Geburt große Östrogenmengen und konnte so verhindern, dass sich bei den Männchen »richtige« männliche sexuelle Verhaltensweisen entwickelten. Ebenso konnte man durch Injektion großer Androgenmengen (Testosteron und seine Verwandten) weibliche Tiere in Scheinmännchen verwandeln, einschließlich der männlichen Aggression und des Begattungsverhaltens. Aus solchen Experimenten mit Schafen und anderen Tieren zog man den Schluss, »schwule« männliche Tiere hätten entweder zu viel Östrogen oder nicht genug Testosteron; für homosexuelle Weibchen vermutete man das Umgekehrte.

Das war eine krasse Überinterpretation. Bei Weibchen »vermännlichte« sich durch das zusätzliche Testosteron nicht nur das Sexualverhalten, sondern auch der Körperbau. Es handelte sich nicht lediglich um einen kleinen Eingriff in die chemischen Vorgänge im Gehirn. Diese Weibchen waren entwicklungsbedingt behindert, antisozial, aggressiv, unfruchtbar und litten offenkundig an Stoffwechselstörungen. Sie führten ein kurzes, elendes Leben. Bei den Männchen hatte das Übermaß an Östrogen ebenfalls Entwicklungsprobleme in Bezug auf Verhalten und Gesundheit zur Folge. Aus solchen Experimenten konnte man einzig die Erkenntnis ableiten, dass die Gabe hochdosierter Geschlechtshormone bei Tieren während der Entwicklung zu verschiedenen Störungen führt, auch zu solchen des Sexualverhaltens. Man kann daraus aber nicht den logischen Schluss ziehen, dass Östrogen oder Testosteron für die gleichgeschlechtliche Orientierung eine Rolle spielen, denn die Dosierung ging weit über all das hinaus, was ein Tier während seiner Entwicklung von Natur aus erlebt. Es ist, als würde man schlussfolgern, Orangensaft sei giftig, weil ein Neugeborenes schwer erkrankt, wenn man es zwingt, fünf Liter davon auf einmal zu trinken. Orangensaft ist überhaupt nicht giftig, vorausgesetzt, er wird von einem Organismus, der damit umgehen kann, in vernünftigen Mengen aufgenommen. Für Geschlechtshormone gilt das Gleiche.

Aber zurück zu den Schafen: Die Entdeckung und Definition dauerhaft »männlich orientierter« Böcke war interessant, denn diese Tiere hatte man weder mit Hormonen behandelt noch irgendwelchen anderen Eingriffen unterzogen. Die gemessenen Unterschiede waren, soweit man es überhaupt sagen konnte, eine Folge ihrer natürlichen Entwicklung. Wie Roselli und Kolleginnen nachweisen konnten, waren acht bis zehn Böcke beständig schwul – eine Zahl, die dem Anteil der Menschen in der Bevölkerung, die sich in irgendeiner Form als »queer« bezeichnen, verblüffend ähnlich ist.[19] Ebenso fanden sie heraus, dass das POA der schwulen Böcke insgesamt kleiner war als das ihrer heterosexuellen Geschlechtsgenossen und wiederum in seiner Größe dem POA von Weibchen ähnelte. Außerdem bestätigten sie die verminderte Aktivität der Aromatase im POA der schwulen Böcke.

Wie man sofort erkennt, stimmt dieser Befund nicht mit der Vorstellung überein, die schwulen Schafböcke seien einfach nicht männlich genug. Richtig ist, dass sie mit ihrem kleineren POA stärker den Weibchen ähneln. Aber das Enzym Aromatase stellt Östrogene aus

Androgenen her; demnach hätten die heterosexuellen Böcke in ihrem POA *mehr* Östrogen und *weniger* Testosteron als die schwulen. Das ist das Gegenteil dessen, was man aufgrund der ersten Experimente mit den Hormonspritzen vorhergesagt hatte. Als die Befunde durch spätere Arbeiten bestätigt wurden, war der Gedanke, die Homosexualität der Böcke sei einfach eine Frage von zu viel weiblichen oder zu wenig männlichen Geschlechtshormonen, endgültig widerlegt.

Der Größenunterschied im POA schwuler und heterosexueller Böcke könnte einfach eine Kuriosität sein, aber den gleichen Zusammenhang zwischen sexueller Orientierung und diesem Unterschied hat man seither auch bei Ratten, Rhesusaffen und den seltsamsten Tieren von allen – den Menschen – gefunden. Dass Roselli und seine Kolleginnen sich überhaupt dazu entschlossen, das POA der Schafböcke zu untersuchen, lag unter anderem daran, dass der britische Neurowissenschaftler Simon LeVay zuvor berichtet hatte, eine bestimmte Region des POA sei bei heterosexuellen Frauen und homosexuellen Männern kleiner als bei heterosexuellen Männern.[20] Bei Menschen sind derartige Forschungsarbeiten allerdings schwieriger, weil man die Größe des POA nur bei Verstorbenen messen kann.

Die Arbeiten von LeVay waren auch anderen Einschränkungen ausgesetzt und zogen Kritik auf sich, aber als über den gleichen Befund bei Schafen, Ratten und Affen berichtet wurde, verstummten viele Kritiker. LeVay, Roselli und andere hatten das POA in Verdacht, weil man schon seit Langem wusste, dass es an sexuellen Verhaltensweisen beteiligt ist, und in den 1980er-Jahren hatte man entdeckt, dass es bei Frauen kleiner ist als bei Männern; die Größenbereiche bei beiden Geschlechtern überschneiden sich allerdings beträchtlich.[21]

Die Forschungsarbeiten auf diesem Gebiet werden bis heute fortgesetzt und haben zu widersprüchlichen Befunden geführt. Alles in allem scheint allerdings gesichert zu sein, dass das POA schwuler Männer im Durchschnitt kleiner ist als das heterosexueller und in seiner Größe eher dem heterosexueller Frauen ähnelt. Was das bedeutet, ist alles andere als geklärt, aber da sich der Unterschied lange vor der Geschlechtsreife ausbildet und festigt, sind sich die meisten Fachleute einig, dass er ein Beleg für eine angelegte biologische Basis der sexuellen Orientierung ist. Auf das Thema möglicher Mechanismen für die sexuelle Orientierung werden wir in Kapitel 8 zurückkommen.

Warme Brüder (und Schwestern)

Gleichgeschlechtliche Aktivität ist das eine, Paarbindung ist aber etwas ganz anderes. Das gilt sowohl für Menschen als auch für andere Tiere. Zahlreiche der zuvor beschriebenen Tiere, die sich homosexuell betätigen, gehen entweder keine oder nur sehr flüchtige Paarbindungen ein. Paarbindung kommt nämlich nur bei Tierarten vor, die viel in die Brutpflege ihrer Jungen investieren. Nahezu keine Art von Wirbellosen gibt sich Mühe mit der Brutpflege, und auch die große Mehrzahl aller Fische, Amphibien oder Reptilien tut dies, abgesehen vom Schutz der Eier vor dem Schlüpfen, nicht. Wenn es um Paarbindungen geht, reden wir vor allem über Vögel und Säugetiere, deren hilflose Junge von den aufmerksamen Blicken ihrer ausgewachsenen Versorger profitieren und sie sogar brauchen.

Ja, es scheint, als gäbe es die Paarbindung in der Tierwelt vorwiegend als soziale Einheit für die Aufzucht der Nachkommen. Das Verhalten wird vor allem durch Bindungshormone angetrieben, und dieses Hormonsystem entstand im Laufe der Evolution ursprünglich als »Klebstoff«, der die Eltern zusammenhielt, solange der Nachwuchs sie brauchte. Wenn wir davon ausgehen, dass beide Beteiligten des Paares die biologischen Eltern der Nachkommen sind – eine Annahme, die nicht immer stimmt –, haben beide ein starkes genetisches Interesse daran, zusammenzuarbeiten und damit den Jungen zum Erfolg zu verhelfen. Gute Eltern bringen erfolgreiche Kinder hervor, die die genetische Grundlage für eine gute Brutfürsorge erben, wodurch sie wiederum weitere erfolgreiche Nachkommen aufziehen und so weiter. Die einfache darwinsche Logik passt zu der heteronormativen Weltanschauung, wonach der Hauptzweck der Ehe darin besteht, Kinder zu zeugen und zu ernähren.

Aber wie üblich baut die Natur in diese einfache Logik viele kreative Besonderheiten ein. Eine davon ist die gleichgeschlechtliche Paarbindung.

Dass Vögel gern Paarbindungen eingehen, ist schon lange bekannt. Millionen Vogelliebhaber sehen fröhlich zu, wie Vogelpaare im Garten in jedem Frühling ihre Jungen versorgen. Die Vogelkunde ist voller Erzählungen über Paare, die alljährlich über Tausende von Kilometern gemeinsam ziehen. Diese Darstellung ist zwar übertrieben, aber tatsächlich bilden viele Vogelarten stabile Paarbindungen, die bei manchen Spezies ein Leben lang halten. Was wir aber bis vor Kurzem nicht wussten: Zahlreiche Vogelpaare sind gleichgeschlechtlich.

Wissenschaftliche Fachartikel über Tierverhalten machen nur selten internationale Schlagzeilen, aber gegen Ende des ersten Jahrzehnts im neuen Jahrtausend fanden sich Berichte über »lesbische Albatrosse« in Presseorganen von der *New York Times* bis zur *Daily Mail*. Die Berichterstattung bezog sich auf einen Artikel, in dem davon die Rede war, dass es sich bei 31 Prozent der Albatrospaare einer bestimmten Kolonie auf Hawaii um Paare von Weibchen handle.[22] Die Forschenden stellten auch fest, dass die weiblichen Paare ebenso oder nahezu ebenso fruchtbar waren wie ihre heterosexuellen Artgenossen und dass die Partnerschaft Jahr für Jahr ebenso dauerhaft war. Ein Weibchenpaar war beim Abschluss der Studie seit 19 Jahren zusammen. Seither gilt der Albatros in der westlichen Welt als Symbol für homosexuelle Paare. In meinem Heimatbezirk in Queens (New York) gibt es sogar eine Schwulenbar namens »Albatross«.

Laysanalbatrosse legen sehr große Eier, und ein Weibchen kann nur eins pro Jahr produzieren. In der Studie zeigten die Weibchen-Zweiergruppen ein beeindruckendes Maß an Koordination. In den meisten Jahren legte jedes Paar ein Ei, wobei die Mutterschaft jährlich wechselte, sodass im Laufe der Zeit alle von den beiden großgezogenen Jungen die Nachkommen des einen oder anderen Weibchens waren. Vermutlich ließen diese Weibchen ihre Eier durch außerpaarliche Kopulation mit partnerlosen Männchen befruchten, und dann versorgten sie die Jungvögel gemeinsam. Es war allerdings keine vollkommene Koordination. In nahezu der Hälfte der Fälle legten beide Partnerinnen des Weibchenpaares ein Ei. Dann wurde jedoch nur ein Ei ausgebrütet, und das Junge konnte schlüpfen. Ein Verhältnis von zwei Elternteilen pro Ei ist offensichtlich das Äußerste, was Albatrosse bewerkstelligen können.

Lesbische Laysanalbatrosse in liebevollem Kontakt

Die Autoren der Studie – zwei Ornithologinnen und ein Ornithologe der University of Hawai'i – stellten das Phänomen als Folge eines ungleichen Geschlechterverhältnisses dar.[23] Bis zum Alter von sieben oder acht Jahren, also bevor sie Paare bilden, schließen sich junge, partnerlose Albatrosse in nach Geschlechtern getrennten Gruppen zusammen. Da diese Gruppen unterschiedlich getaktetes Wanderverhalten aufweisen, gab es in der Kolonie auf der Insel Oahu am Ende mehr Weibchen als Männchen, und die Forschenden behaupteten, diese »Männchenknappheit« sei wahrscheinlich der Grund für die Paarbildung zwischen Weibchen. Wie ich in Kürze noch genauer erklären werde, stand dies im Einklang mit der üblichen Denkweise jener Zeit, wonach gleichgeschlechtliche Paarbildung bei Vögeln ausschließlich ein Nebeneffekt eines »verschobenen Geschlechterverhältnisses« sei, wie man es in der Biologie nennt.

Ich bin da skeptisch. In dieser Kolonie waren die Weibchen gegenüber den Männchen nur mit 59 zu 41 Prozent in der Überzahl. Wenn wir annehmen, dass alle Weibchen eine Paarung mit Männchen bevorzugen, bliebe nur ein geringfügiger Überschuss an ausgewachsenen Weibchen ohne Partner. Selbst wenn *alle* Weibchen, die keine heterosexuelle Paarbindung eingehen konnten, sich dann untereinander zusammentäten, statt ein weiteres Jahr partnerlos zu bleiben, würde man gemäß den Zahlen davon ausgehen, dass höchstens 18 Prozent der Paare rein weiblich wären. In Wirklichkeit bestand aber ein Drittel aller Paare aus zwei Weibchen, und wie immer gab es in der Kolonie auch noch viele Männchen ohne Partnerin. Ausschließlich mathematisch betrachtet, überzeugt eine solche Erklärung also nicht.

Vermutlich fühlten sich die Forschenden genötigt, einen »Grund« für die gleichgeschlechtlichen Verbindungen zu nennen, denn der 2008 erschienene Artikel war der erste Bericht über derartige Verhaltensweisen bei Albatrossen. Die lesbischen Albatrosse auf Oahu galten als Besonderheit, die man erklären musste. Aus meiner Sicht ist die wirkliche »Antwort« auf das Rätsel leicht zu erkennen, und zwar im Artikel selbst: Rein weibliche Paare fanden sich auch in einer Albatroskolonie auf der nahe gelegenen Insel Kauai, auf der das Geschlechterverhältnis nicht stark verschoben war. Wie sich herausstellte, können die Zahlen zwar stark schwanken, Paare aus zwei Weibchen sind aber bei Laysanalbatrossen *überhaupt nichts* Ungewöhnliches. Man findet sie in den Kolonien auf dem gesamten Hawaii-Archipel. Dass vor 2008 nicht darüber berichtet wurde, lag einfach daran, dass niemand es überprüft hatte. Da Albatrosse nicht *dimorph* sind – Männchen und Weibchen sind äußerlich nicht zu unterscheiden –, hatten alle einfach angenommen, die Vögel würden heterosexuelle Paare bilden.

Ein verschobenes Geschlechterverhältnis erklärt die Paarbildung unter weiblichen Albatrossen zwar nicht vollständig, es könnte aber dazu beitragen. Wie man festgestellt hat, sind gleichgeschlechtliche Verbindungen unter Vögeln häufiger, wenn ein ungleiches Geschlechterverhältnis vorliegt. Professorin Julie Elie, die Leiterin einer Arbeitsgruppe an der University of California in Berkeley, überprüfte diese Erklärung bei Zebrafinken (*Taeniopygia guttata*), einer Vogelart, die bekanntermaßen lebenslange Paarbindungen eingeht. Die Forschenden fingen Vögel, brachten sie an andere Orte und konnten so auf künstliche Weise Schwärme mit einem verschobenen Geschlechterverhältnis erzeugen. Dabei fanden sie heraus, dass der Prozentsatz gleichgeschlechtlicher Zweiergruppen tatsächlich sofort zunahm, allerdings nicht proportional.

Ein wesentlicher Aspekt war jedoch: Die gleichgeschlechtlichen Finkenpaare waren nicht weniger erfolgreich als gemischtgeschlechtliche, und sie waren auch nicht weniger dauerhaft verbunden, selbst nachdem ein ausgeglichenes Geschlechterverhältnis hergestellt worden war.[24] Wichtig ist für die Finken, hochwertige Partner oder Partnerinnen zu finden, um gemeinsam alle Herausforderungen des Lebens zu meistern. Das Geschlecht scheint dabei keine große Rolle zu spielen. Und wie bei so vielen anderen Vögeln ist die Stärke der Paarbindung höchst eindrucksvoll.

Im Jahr 1998 fiel Tierpflegern des Zoos im New Yorker Central Park auf, dass zwei männliche, ein Jahr alte Zügelpinguine miteinander Paarungsrituale aufführten, einschließlich der charakteristischen Paarungsrufe und des *necking*, des Aneinanderreibens der Hälse. Die beiden – ihre Namen waren Roy und Silo – bildeten ein Paar und verbrachten ihre Zeit größtenteils gemeinsam. Man konnte sogar beobachten, dass sie auf einem Stein saßen, als wäre es ein Ei. Die Tierpfleger boten ihnen eine Eiattrappe an, die sie pflichtbewusst bebrüteten und versorgten; allerdings waren sie bekümmert, als daraus kein Junges schlüpfte.

Roy, Silo und Tango im Central Park Zoo

Schließlich erhielten Roy und Silo ein echtes Ei, das von einem anderen Pinguinpaar verlassen worden war, und die beiden bebrüteten es abwechselnd, bis ihre Tochter schlüpfte, die später den Namen Tango erhielt. Roy und Silo fütterten Tango mehrere Monate lang und versorgten sie, sodass sie heranwuchs. Die Geschichte gab den Anlass zu vielen Artikeln und wurde zu einem Vorbild für schwule Familien auf der ganzen Welt. Nicht lange nachdem mein Mann und ich Pflegeeltern geworden waren, bekamen wir mehr als einmal das Kinderbuch *And Tango Makes Three* geschenkt.[25]

Die Geschichte von Roy und Silo schaffte es 2004 in die *New York Times* und fand sofort weite Verbreitung, was Pinguin-Tierpfleger und -pflegerinnen auf der ganzen Welt erstaunte. Überraschend war für sie nicht die Geschichte, sondern dass Menschen ihr einen Neuigkeitswert zuschrieben. Gleichgeschlechtliche Paarbindungen sind bei Pinguinen in Zoos nicht ungewöhnlich. Schon zwei Jahre zuvor hatte ein Artikel in dem Magazin *Advocate* in allen Einzelheiten die »Romanze« zwischen zwei Pinguinmännchen dargestellt, die nur wenige Kilometer entfernt im New York Aquarium auf Coney Island lebten. Und bereits 1998 war über gleichgeschlechtliche Paare auch bei wilden Pinguinen in der Antarktis berichtet worden.[26] Eine 2010 erschienene Studie des Centre d'Écologie Fonctionnelle et Évolutive im französischen Montpellier kam zu dem Ergebnis, gleichgeschlechtliche Paarbindungen seien bei den verschiedenen Pinguinarten »weitverbreitet« und kämen bei beiden Geschlechtern vor.[27] In den Kolonien ist es demnach nichts Ungewöhnliches, dass sich bis zu einem Viertel der Männchen mit einem anderen Männchen zusammentut.

Nun könnte man meinen, solche Befunde würden heteronormative Vorurteile zumindest bei Fachleuten für Pinguine zerstreuen, aber Voreingenommenheiten sind hartnäckig. Nachdem die Studie über verbreitete gleichgeschlechtliche Paarbildungen bei Pinguinen 2010 erschienen war, erklärte der Hauptautor, beteiligt seien vorwiegend Männchen mit hohem Testosteronspiegel, die sich »einsam« fühlen würden, wenn nicht genügend Weibchen in der Nähe seien. Darüber hinaus sagte er, die homosexuellen Paarbindungen würden in der Regel nur wenige Jahre halten, und nach dem Ende der »Liaison« seien die Pinguine häufig als Nächstes auf eine heterosexuelle Beziehung aus. Tatsächlich »trennten« sich Roy und Silo, nicht lange nachdem ihre Geschichte viral gegangen war und nachdem sie sechs Jahre zusammen gewesen waren. Danach blieb Roy bis zu seinem Tod Junggeselle, während Silo sich mit einem Weibchen namens Scrappy zusammentat.

Ist die Trennung von Roy und Silo ein Beleg dafür, dass die gleichgeschlechtliche Paarbindung etwas Ungewöhnliches war? Ist die Tatsache, dass solche homosexuellen Partnerschaften häufig mit Auflösung enden, auch ein Nachweis ihrer Seltsamkeit? Und dass die anfangs »schwulen« Pinguine später Paarbindungen mit Weibchen eingehen – heißt das, dass sie eigentlich nicht schwul sind und dass es nur eine Laune oder eine Phase war? *Nein. Keineswegs.* Und zwar aus folgendem Grund.

Als der oben angeführte Wissenschaftler die gleichgeschlechtlichen Paarbindungen als etwas Vorübergehendes bezeichnete, erwähnte er nicht, dass sich auch gemischtgeschlechtliche Paare häufig trennen. Wie viele Vögel, so bilden auch Pinguine Paare für eine Saison, und danach bewerten sie die Verbindungen offensichtlich jedes Jahr neu.[28] Gewöhnlich verlängern sie und bleiben auch im Folgejahr miteinander verbunden, aber das geschieht nicht immer. Man spricht von »saisonaler Monogamie«, und bei manchen Arten liegt die jährliche »Scheidungsrate« bei bis zu 50 Prozent. Jedes Jahr besteht die Möglichkeit, dass das Paar getrennte Wege geht und neue Paarbindungen anstrebt. Dass ein Pinguin während seiner gesamten natürlichen Lebensdauer in derselben Paarbindung bleibt, ist tatsächlich selten. Die Wissenschaftler waren so erpicht darauf, die gleichgeschlechtliche Paarung als etwas zutiefst anderes darzustellen, dass sie an die »schwulen Pinguine« einen höheren Maßstab anlegten.

Und wie steht es mit der Neigung der Pinguine, nach einer gleichgeschlechtlichen Paarbindung eine heterosexuelle Beziehung anzustreben? All jene – auch manche Forschenden –, die Heterosexualität für den normalen, bevorzugten Zustand halten, erkennen darin die Bestätigung der flüchtigen und vielleicht anormalen Natur gleichgeschlechtlicher Paarungen. Aber auch hier misst man mit zweierlei Maß. Man könnte die Sache genauso gut andersherum betrachten und sagen: Viele Pinguine in gemischtgeschlechtlichen Paarungen hatten zuvor gleichgeschlechtliche Beziehungen oder werden sie in der Zukunft haben. Warum sollte die eine Kombination anormal und die andere natürlich sein? Vielleicht kümmern sich Pinguine einfach nicht sonderlich viel um solche Unterscheidungen, sondern streben nach den Paarbindungen, die sich in dem jeweiligen Jahr richtig anfühlen.

Manche Vögel werden mit ihren Paarbindungen sogar noch kreativer. Austernfischer (*Haematopus ostralegus*) etwa, Watvögel, die überall in Europa, Asien und Afrika insbesondere entlang der Meeresküsten leben, gehen recht stabile Paarbindungen ein. Und wie bei den Albatrossen bilden sich dabei gelegentlich gleichgeschlechtlich-weibliche Paare. In den meisten Fällen ist es aber kein Duo, sondern ein Trio mit einem Männchen. Austernfischerweibchen sind normalerweise revierbewusst und untereinander aggressiv; sie konkurrieren um die Männchen, die ebenfalls ihre Reviere aggressiv verteidigen. Wenn ein Männchen und ein Weibchen eine Bindung eingehen und kooperieren, überschneiden sich ihre Reviere, aber sie verschmelzen nicht, und die Weibchen vertreiben weiterhin aggressiv andere Weibchen, die sich in der Nähe befinden.

Manchmal allerdings tun sie es nicht. Manchmal schließen zwei Nachbarinnen einen Waffenstillstand und einigen sich darauf, sich ein Männchen zu teilen, dessen Revier sich mit ihren Revieren überschneidet.[29] Sie gehen keine Bindung ein und kooperieren nicht, aber sie tolerieren einander – abgesehen von gelegentlichen Scharmützeln und aggressivem Gehabe. Etwas seltener kooperieren die beiden Weibchen jedoch tatsächlich in vollem Umfang, gehen eine Paarbindung ein und vereinigen ihre Nester. Diese Weibchen stellen in den Gruppen der Austernfischer nur eine winzige Minderheit von rund 2 Prozent dar; sie putzen und begatten einander und verteidigen ihr gemeinsames Revier zusammen mit dem Männchen, das sie sich teilen. Die Bindungen scheinen fast ebenso stabil zu sein wie die typischen Zweierbeziehungen zwischen Männchen und Weibchen.[30] Da drei Vögel das Nest bauen und die vielen Eier verteidigen, die beide Weibchen legen, sind solche Austernfischer-»Dreier« erfolgreich – sogar viel erfolgreicher als die Weibchen, die untereinander aggressiv bleiben, wenn sie sich ein Männchen teilen. Das Arrangement kommt nicht häufig vor, aber es funktioniert.

Auch Gänse sind bekannt für gleichgeschlechtliche Zweierbeziehungen. Bei Graugänsen (*Anser anser*) halten Paarbindungen in der Regel ein Leben lang, das heißt mehr als zehn Jahre, und ungefähr 15 Prozent dieser Zweiergruppen bestehen nur aus Männchen. In der Wissenschaft werden solche rein männlichen Beziehungen oft als die engeren Bindungen beschrieben, das heißt, die Partner verwenden mehr Zeit auf Zuwendung, gegenseitiges Putzen, Werbung und Sexualität als heterosexuelle Paare. Interessanterweise gibt es in Gänseschwärmen eine Dominanzhierarchie, mit der sich zahlreiche Privilegien verbinden. Da Paare den gleichen Rang einnehmen und da Männchen größer und kräftiger sind als Weibchen, stehen die rein männlichen Zweiergruppen oft an der Spitze des Schwarms oder sehr weit oben. Mit anderen Worten: Bei Gänsen bringt Homosexualität einen eindeutigen Vorteil mit sich. Und da sie mit ihrer außerpaarlichen Kopulation ziemlich promiskuitiv sind, werden auch die schwulen Männchen zu Vätern zahlreicher Junggänse.

Aber nicht nur die schwulen Männchen sind im Vorteil. Eine der ersten sorgfältigen Studien über rein weibliche Vogelpaare beschäftigte sich mit Kleinen Schneegänsen (*Chen c. caerulescens*). Zuvor hatte man beobachtet, dass in bestimmten Jahren, in denen die Zahl der Männchen ungewöhnlich gering ist, eine höhere Anzahl von Eiern in den Nestern liegt.[31] In der Ornithologie sorgte das für Verwirrung: Obwohl man schon seit Langem weiß, dass die Zahl der Männchen für das Populationswachstum nahezu ohne Bedeutung ist, hatte niemand damit gerechnet, dass die Zahl der Eier *zunehmen* würde, wenn es einer Population an Männchen mangelt. Zwar legen Männchen keine Eier, und ein Männchen kann zahlreiche Weibchen versorgen, aber da ständig Wärme zum Brüten notwendig ist, müssen die Vögel dennoch Paare bilden, um die Eier erfolgreich auszubrüten. Eine *gewisse* Funktion haben die Männchen also doch.

Warum sollte nun ein Mangel an Männchen zu mehr Eiern führen? Wie sich herausstellte, nahm die Zahl der Eier *pro Weibchen* nicht zu, die Zahl der Eier *pro Nest* aber sehr wohl, denn viele Nester wurden nicht nur von einem Weibchen, sondern von zweien versorgt.[32] Wenn in der Population ein Männchendefizit herrscht, bilden mehr Vögel rein weibliche Paare, und diese legen mehr Eier als heterosexuelle, denn schließlich können hier beide Partnerinnen Eier produzieren. In einem 1989 erschienenen Aufsatz über diese Forschungsarbeiten in *Nature*, der weltweit angesehensten wissenschaftlichen Fachzeitschrift, fasste Jared Diamond, einer der einflussreichsten Biologen der Welt, die Befunde so zusammen:

> Diese Beobachtungen werfen die immer wiederkehrende Frage auf, warum Männchen überhaupt mit einem Geschlechterverhältnis von nahezu 1,0 existieren. Nachdem ein Möwenmännchen seinen Samen beigesteuert hat, spielt es anscheinend nahezu keine Rolle mehr, die ein Weibchen nicht ebenso gut ausfüllen könnte … Männchen sind nützlich, weil sie die Jungen beschützen. Allerdings sind andere Männchen auch eine der größten Bedrohungen. Weitere Studien über homosexuelle Paare weiblicher Vögel könnten zur Klärung der Frage beitragen, ob Männchen überhaupt nützlich sind, und wenn ja, wozu – natürlich im evolutionären Sinn.[33]

Das war vor fast 30 Jahren! Und bei Möwen wurde schon in den 1970er-Jahren über rein weibliche Paare berichtet![34] Die Befunde, wonach gleichgeschlechtliche Vogelpaare verbreitet, stabil und erfolgreich sind, liegen schon seit Jahrzehnten offen zutage, aber alte Vorurteile sind hartnäckig.

Auf der anderen Seite des Globus sind die in Australien heimischen Trauerschwäne (*Cygnus atratus*) ebenfalls dafür bekannt, dass rein männliche Paare häufig vorkommen, häufiger sogar noch als bei Gänsen.[35] Bis zu einem Drittel aller männlichen Trauerschwäne bevorzugt offenbar Paarbindungen mit anderen Männchen. Die meisten Zugvögel sind zwar sozial monogam, das heißt, sie bilden stabile, dauerhafte Paarbindungen, aber fast nie sind sie *sexuell* monogam – ein Thema, mit dem wir uns im nächsten Kapitel genauer befassen werden. Schwäne sind allerdings eine Ausnahme. Sie gehören zu den sexuell monogamsten Vogelarten, die man kennt. Die Ausnahme von dieser Ausnahme sind die rein männlichen Zweiergruppen, denn sie müssen außerpaarliche Kopulation anstreben, um sich fortzupflanzen. Von ihrer Treue zeugt allerdings, dass sie sich dazu nicht fortschleichen und Weibchen heimlich besamen, sondern sie laden ein Weibchen ein, eine Zeit lang mit ihnen zusammenzuleben. Sie betreiben Sex zu dritt, begatten sich abwechselnd gegenseitig und bleiben dann auch während der Eiablage und der Brutzeit in engem Kontakt, bis die Jungen schlüpfen. Obwohl sich diese schwulen Schwäne ein Weibchen »teilen«, sind sie in der Fortpflanzung ebenso erfolgreich wie ihre heterosexuellen Geschlechtsgenossen.[36]

Der Grund, warum schwule Schwäne sich mindestens genauso gut fortpflanzen wie ihre heterosexuellen Artgenossen, ist eigentlich eine Geschichte darüber, warum Vögel überhaupt Paarbindungen eingehen: Die Eier müssen ununterbrochen bebrütet werden, bis die Jungen schlüpfen, und das stellt an die Lebensweise von Vögeln eine einzigartige Anforderung. Wirbellose Tiere, Fische, Amphibien und Reptilien legen ebenfalls Eier, aber diese müssen nicht ausgebrütet werden (in manchen Fällen ist es allerdings notwendig, sie zu bewachen). Das andere Extrem sind die Säugetiere: Sie tragen die Embryonen während ihrer Entwicklung im eigenen Körper herum, sodass das Brüten auch hier kein Thema ist. Nur Vögel müssen ungefähr einen Monat lang ständig darauf achten, ihre Eier warm zu halten. Deshalb bilden sie so häufig Paarbindungen. Ständig muss einer auf den Eiern sitzen; wenn also ein Vogel allein wäre, würde er dabei verhungern. Stattdessen brüten die beiden Vögel eines Paares abwechselnd, während der jeweils andere die Nahrung sucht und nach Hause bringt. Das Ganze ist ein hervorragendes Beispiel für Partnerschaft und gegenseitige Unterstützung. Und wenn das Ei gelegt ist, besteht auch keine Notwendigkeit mehr, sich um Genderrollen zu kümmern. Bei fast allen Vogelarten tragen Mütter und Väter zur Brutpflege bei, und daher funktionieren gleichgeschlechtliche Paare in etwa genauso wie solche mit unterschiedlichem Geschlecht.

Damit sind wir wieder bei den Dreierbeziehungen mancher Schwäne. Wenn zwei Schwäne besser sind als einer, müssen drei – zumindest in bestimmten Fällen – besser sein als zwei. Jede Vogelart steht mit Nestbau, Fortpflanzung, Nahrungssuche und anderem vor eigenen Herausforderungen, und deshalb entwickelt jede ihre eigene Lebensweise, die sich für die besonderen ökologischen Bedingungen am besten eignet. Unter manchen Umständen gedeihen Trios bei den Schwänen sogar besser als Duos, aber vermutlich gibt es gute Gründe, warum solche Dreiergruppen in der Vogelwelt insgesamt nicht annähernd so häufig vorkommen wie Paare. Einer der Gründe dürfte sein: Wenn zwei Männchen vorhanden sind, teilen sie sich die Vaterschaft, das heißt, das Weibchen müsste *doppelt* so viele Eier legen, um die gleiche väterliche Produktion hervorzubringen wie ein heterosexuelles Paar. Die Produktion von Eiern ist aber sehr anstrengend, das ist also für einen Vogel eine große Anforderung. Sind dagegen zwei Weibchen in dem Trio, könnten sie mehr Eier legen, als die drei Vögel gemeinsam bewältigen können.

In unserem Zusammenhang lautet die wichtigste Erkenntnis: In der Lebensweise der Vögel herrscht eine große Flexibilität, und sie experimentieren mit verschiedenen Kombinationen, um herauszufinden, wie sie am besten gedeihen können. Wie immer gewinnt die Vielfalt.

Sodoms Rasiermesser

Nachdem wir die gleichgeschlechtliche Aktivität verschiedenster Tiere kennengelernt haben, können wir nun auf die Frage zurückkommen, ob Homo- beziehungsweise Bisexualität etwas Natürliches ist.

Die Antwort ist ein unüberhörbares *Ja*. Es gibt nichts Natürlicheres als zwei Tiere, die einen Sexualakt vollziehen – unbelastet von gesellschaftlichen oder moralischen Konventionen. Wir können darauf wetten, dass sie sich keinen Pfifferling um unsere Empfindlichkeiten im Hinblick auf ihr Sexualleben scheren. Die große Mehrzahl aller sozialen Tierarten – die meisten Vögel und Säugetiere – zeigen gleichgeschlechtliche Aktivität, und das sollte jede Vorstellung, Homosexualität sei unnatürlich, endgültig zu den Akten legen; schon die geringste Bestrebung, in dieser Frage zu recherchieren, fördert in der wissenschaftlichen Literatur eine Fülle veröffentlichter Studien ans Licht.

Dennoch hängt die Forschung hartnäckig an der Auffassung, Homosexualität sowohl bei Menschen als auch bei Tieren sei ein Rätsel. Während praktisch alle Biologinnen und Biologen heute anerkennen, dass gleichgeschlechtliche Aktivität vorkommt und ein natürlicher Teil des Sozialverhaltens von Tieren ist, behandeln die meisten sie so, als wäre sie ein Mysterium, das einer Erklärung bedürfte. Man geht davon aus, dass ein homosexuelles Tier unter ansonsten gleichen Voraussetzungen im Hinblick auf das übergeordnete Ziel, seine Gene weiterzugeben, im Nachteil sei. Angesichts der heftigen Konkurrenz, die wir in der Natur beobachten, sollte man meinen, dass jedes Merkmal, das die Fortpflanzung auch nur geringfügig behindert, ausgerottet wird – die natürliche Selektion beseitigt es innerhalb weniger Generationen. Und sich von Mitgliedern des gleichen anstelle des entgegengesetzten Geschlechts angezogen zu fühlen, müsste doch den Fortpflanzungserfolg zumindest geringfügig beeinträchtigen, oder? Mehr braucht es nicht, damit das Merkmal schnell ausgemerzt wird.

Es wurde aber nicht ausgemerzt. Die Zahl sozialer Tierarten, bei denen man nach gleichgeschlechtlicher sexueller Aktivität gesucht und sie *nicht* gefunden hat, ist verschwindend gering. Daraus können wir eigentlich nur zwei Schlussfolgerungen ziehen: Entweder bringt gleichgeschlechtliche sexuelle Aktivität für die Fortpflanzung einen Nutzen mit sich, der den Aufwand übersteigt, oder der Aufwand ist von vornherein nicht besonders groß. So oder so muss die Ausgangsposition, wonach Homosexualität im besten Fall eine Marotte und im schlimmsten eine Verirrung ist, falsch sein. Offensichtlich ist sie keines von beiden. In der Natur ist Sexualität nicht annähernd so eingeschränkt, wie es die traditionellen gedanklichen Konstruktionen der Menschen sind, und für die Sexualforschung ist es an der Zeit, diese Tatsache anzuerkennen. Die Zeit für eine neue Denkweise ist gekommen.

Es war einer der kleinen Augenblicke des absoluten Zufalls: Ich saß an meinem Schreibtisch und schrieb genau diesen Abschnitt, als ich den Hinweis sah, dass in der führenden Fachzeitschrift *Nature Ecology & Evolution* ein Aufsatz über dasselbe Thema erschienen sei.[37] Die Autorinnen unter Leitung von Julia Monk von der Yale University verfolgten einen radikalen Ansatz. Sie betrachteten das gleichgeschlechtliche Sexualverhalten bei Tieren nicht als Rätsel, für das eine Lösung gesucht wurde, sondern fragten wie bei jedem anderen tierischen Verhalten und ohne jede Voreingenommenheit nach den »Kosten«. Dazu nahmen sie eine sogenannte phylogenetische Analyse vor: Die Methode soll offenlegen, wann sich ein bestimmtes Merkmal während der Evolution welcher Populationen entwickelt hat und an nachfolgende Populationen und Arten weitergegeben wurde. Wenn wir der Frage nachgehen, welche Tiere ein bestimmtes Merkmal besitzen und welche nicht, und wenn wir dann die bekannten oder mutmaßlichen evolutionären Verwandtschaftsbeziehungen berücksichtigen, können wir Rückschlüsse auf die Evolutionsgeschichte des Merkmals ziehen. Deshalb wissen wir beispielsweise, welche Dinosaurier vermutlich Federn hatten, selbst wenn man bisher bei den meisten Dinosaurierarten keine Federn entdeckt hat. Wenn wir wissen, welche Verwandten der Dinosaurier Federn besaßen und welche nicht, können wir eine gut begründete Vermutung anstellen.

Der radikale Ansatz der Forschenden war einfach: Sie ließen die Annahme fallen, sexuelle Verhaltensweisen seien ursprünglich, bei den ersten Tieren, auf Partner des anderen Geschlechts gerichtet und alle Abweichungen von diesem Prinzip seien Evolutionsereignisse gewesen, die einer Erklärung bedürften. Stattdessen gingen sie von einer anderen Hypothese aus: Danach gab es von vornherein keinerlei sexuelle »Orientierung«, sondern die einzelnen Vorlieben und Ausrichtungen entwickelten sich, wenn überhaupt, erst später. Vermutungen anzustellen und zu überprüfen, ist ein entscheidender Aspekt der wissenschaftlichen Methodik, und die Ergebnisse kann man dann nach ihrer Wahrscheinlichkeit einstufen. Dabei lautet die allgemeine Regel, dass die Erklärung, die die wenigsten Annahmen erfordert, die wahrscheinlichste ist. Diese Logik gründet sich auf ein Prinzip, das »Ockhams Rasiermesser« genannt wird: Die einfachste Erklärung ist in der Regel die richtige. Als Professorin Monk und ihre Forschungsgruppe verschiedene Thesen über die sexuelle Orientierung von Tieren überprüften, suchten sie nach dem einfachsten und deshalb wahrscheinlichsten Evolutionsszenario.

Wenn wir annehmen, dass die ersten Tiere heterosexuell waren, müssten wir erklären, wie die gleichgeschlechtliche sexuelle Aktivität im Laufe der Evolution der unzähligen Tiergruppen, in denen wir sie beobachten, entstanden ist. Das wirkt tatsächlich unwahrscheinlich. Wenn wir aber davon ausgehen, dass Tiere danach strebten, sich mit *jedem* Artgenossen sexuell zu betätigen, braucht man nur für eine Verhaltensweise eine evolutionäre Erklärung: für die *Abneigung*, Sex mit bestimmten Angehörigen der eigenen Spezies zu haben. Da die meisten (allerdings nicht alle) Tiere, die gleichgeschlechtliche sexuelle Aktivität zeigen, auch mit Angehörigen des anderen Geschlechts sexuell aktiv sind, ist hier überhaupt keine Erklärung notwendig. Ein Großteil der Tiere hat den Ausgangszustand der Bi- oder Pansexualität gewissermaßen beibehalten. Eine Erklärung brauchen wir nur für Tiere, die *ausschließlich* auf Sex mit Angehörigen des anderen Geschlechts aus sind. Demnach brauchen wir nicht für homosexuelle Tiere eine Begründung, sondern vielmehr für die rein heterosexuellen.

Wer nun den Eindruck hat, dies gehe ein wenig zu weit, sollte sich eine sehr wichtige Tatsache vor Augen halten: Bei den ersten Tieren gab es überhaupt keine verschiedenen Geschlechter. Wie ich in Kapitel 1 erwähnt habe, verlief die Evolution der Geschlechter in der Tierwelt in verschiedenen Phasen. Den Anfang machte die *Isogamie*: Alle Individuen hatten das gleiche »Geschlecht«, auch wenn es um die Produktion von Gameten ging. Dann kam die *Anisogamie ohne Dimorphismus*, das heißt, es gab unterschiedliche »Paarungstypen«, deren Gameten mit sich selbst unverträglich waren, aber diese Gameten sahen mehr oder weniger identisch aus und waren auch ansonsten gleich gebaut. Selbst als dann später sehr unterschiedliche Gameten – Samen- und Eizellen – entstanden, handelte es sich bei den Tieren, die sie herstellten, um Hermaphroditen. Während dieser Anfangszeit mit all ihrer vielgestaltigen sexuellen Fortpflanzung waren die Individuen der meisten oder aller Arten, was das Geschlecht anging, nicht unterschiedlich. Es gab keine getrennten männlichen oder weiblichen Formen, und entsprechend gab es auch so etwas wie Heterosexualität nicht. Jeder wurde von jedem angezogen. Warum sollte man die Heterosexualität als Normalzustand betrachten, wenn die Bisexualität ihr in einem gewissen Sinn lange vorausging?

Vor diesem Hintergrund wird die Evolution der sexuellen Orientierung zum genauen Gegenteil des Prinzips, das uns häufig vorgesetzt wird. Die wahre Ausgangssituation ist sexuelle Anziehung, die sich ohne Ansehen von Gender oder Geschlecht auf die Qualitäten von Körper und Verhalten des anderen Individuums stützt, und das kommt dem, was wir heute bei den meisten Vögeln und Säugetieren beobachten, viel näher. Die Anomalie, die einer Erklärung bedarf, ist die Abneigung gegen Sex mit einem ganzen Geschlecht oder Gender, denn sie ist weniger wahrscheinlich, setzt mehr Annahmen voraus und ist mit Kosten verbunden. Was lässt sich durch eine solche Abneigung gewinnen?

Wenn wir Tiere auf einer Kinsey-Skala anordnen würden, auf der *0* für »ausschließlich heterosexuell« und *6* für »ausschließlich homosexuell« steht, würde sich nicht die zweigeteilte Einstufung ergeben, die wir bei Menschen beobachten, in der sich die meisten Individuen in der Nähe der beiden Extreme ballen. Vermutlich würden wir das genaue Gegenteil erhalten: eine Normalverteilung mit den meisten Individuen irgendwo in der Mitte. Unter Tieren gibt es nicht viele Kinsey-Nullen oder Kinsey-Sechsen. Und um ehrlich zu sein: Ich bin nicht davon überzeugt, dass es bei Menschen wesentlich anders ist.

Aber stellen wir solche Gedanken erst einmal zurück. Zunächst müssen wir erörtern, welchen Zwecken und Vorteilen die Sexualität dient – abgesehen von der reinen Fortpflanzung. Dies ist das Thema der nächsten beiden Kapitel.

Kapitel 4

Monogamismus

Bis zum Ende der 1980er-Jahre glaubte man, Vögel, die stabile Brutpaare bilden, seien einander sexuell zumindest meistens treu. Mit anderen Worten: Man nahm an, ein Großteil der Vögel sei *monogam*. Wenn zwei Vögel sich zusammengetan haben, bauen sie gemeinschaftlich ein Nest, brüten die Eier aus und sorgen für die Jungvögel, bis diese allein davonfliegen können; das heißt, das Paar ist während der meisten Zeit zusammen, und die beiden trennen sich nur, um Nahrung und Nestmaterial zu beschaffen oder andere Arbeiten zu verrichten, die für ihr gemeinsames Ziel, möglichst viele gemeinsame Nachkommen hervorzubringen, unentbehrlich sind.

Aus diesem Grund galten Vögel als ideales Vorbild für Paarbindung, lebenslanges Engagement für die Familie und sexuelle Treue. Begriffe wie »Turteltauben« und »Liebesnest« fallen einem ein. Das Bild von der Vogel-Monogamie wandelte sich, als man bei Vögeln die ersten DNA-Vaterschaftstests vornahm; den Anfang machte man 1987 mit den Indigofinken (*Passerina cyanea*) und 1988 mit den Sunda-Zebrafinken (*Poephila guttata*).[1,2] Nun unterzogen Vogelkundige einen Jungvogel ihrer Lieblingsspezies nach dem anderen einer genetischen Untersuchung.

Wie die DNA-Tests zeigten, waren in der Mehrzahl der Fälle nicht alle Jungvögel eines Vogelpaares die genetischen Nachkommen des Männchens. In den Einzelheiten gibt es zwischen den verschiedenen Arten große Unterschiede, aber überall, wo man Untersuchungen anstellte, entdeckte man *außerpaarliche Vaterschaft* (*extra-pair paternity*/EPP), die natürliche Folge der *außerpaarlichen Kopulation* (EPC). Wie konnten wir, einschließlich der Biologinnen und Biologen, die sich während ihres ganzen Lebens mit Vögeln beschäftigt hatten, in Bezug auf die Monogamie bei Vögeln so falsch liegen? Die Antwort: weil wir glaubten – oder sollte ich sagen: *annahmen* –, eine lebenslange oder auf eine Saison beschränkte Paarbildung und das gemeinsame Engagement für die Aufzucht der Jungen seien von sexueller Exklusivität begleitet. Aber wie Professorin Sue Carter in ihrem Artikel »The Monogamy Paradox« schrieb, habe sich wiederholt gezeigt, dass diese Annahme inkorrekt sei.[3]

Dass man sich in der Biologie dieser Tatsache bis vor 35 Jahren nicht bewusst war, erscheint bemerkenswert, aber eine einfache Literaturrecherche macht das Unwissen deutlich: Sucht man bei Google Scholar nach »Vögel, außerpaarliche Vaterschaft«, erhält man aus den Jahren 1977 bis 1987 genau *einen* wissenschaftlichen Fachartikel. Für die Jahre 1988 bis 1998, also nach Einführung der genetischen Vaterschaftstests, liefert die gleiche Suche 810 Artikel! Wieder einmal waren die Forschenden durch Vorurteile blind: Wenn sie bei Vögeln eine Paarbindung beobachteten, nahmen sie an, sie sei sexuell monogam. Erst die unbestreitbaren DNA-Analysen zwangen uns, die Dinge so zu sehen, wie sie wirklich sind.

Was *ist* Monogamie eigentlich?

Die Biologinnen und Biologen hatten, was die Paarbindung bei Vögeln angeht, nicht unrecht. Unrecht hatten wir vielmehr in der Frage, was Paarbindung eigentlich bedeutet, denn wir verwechselten *soziale Monogamie* mit *sexueller Monogamie*. Sexuelle Monogamie ist genau das, wonach es sich anhört: eine zweiseitige sexuelle Beziehung, der in der Regel irgendeine Form der Werbung und Partnerwahl vorausgeht und in der die sexuelle Betätigung beidseitig exklusiv ist. Diese sexuelle Ausschließlichkeit fällt uns meist ein, wenn wir den

Begriff »Monogamie« hören, aber wie wir noch genauer erfahren werden, ist sexuelle Monogamie in der Natur äußerst selten – eigentlich existiert sie fast überhaupt nicht.

Dagegen ist soziale Monogamie weitverbreitet. Mit dem Begriff, auch »ökonomische Monogamie« genannt, bezeichnet man die Neigung von Tieren, einschließlich des Menschen, dauerhafte Zweierbeziehungen einzugehen, die durch gegenseitige Hilfe und Unterstützung gekennzeichnet sind und gegenüber allen anderen sozialen Beziehungen den Vorrang haben. Einfach ausgedrückt, besteht soziale Monogamie darin, dass sich zwei Individuen ein gemeinsames Leben aufbauen, und zwar in den meisten Fällen mit dem Ziel, Kinder großzuziehen. Sie teilen und verteidigen ein Zuhause (oder ein Nest, Revier und so weiter); sie teilen ihre wirtschaftlichen Ressourcen; sie tragen gemeinsam zur Versorgung der Kinder bei, die in der Regel ihre eigenen genetischen Nachkommen sind; und was vielleicht am wichtigsten ist: Sie tun das unter Ausschluss anderer und während eines beträchtlichen Teils ihrer Lebensgeschichte oder sogar für immer.

Da wir das Leben häufig durch unsere eigene Brille sehen, fallen uns in Diskussionen über Monogamie immer wieder die Säugetiere ein, aber die eigentlichen Stars der sozialen und ökonomischen Monogamie sind die Vögel.[4] Rund 90 Prozent aller Vogelarten bilden dauerhafte Paare; dagegen tun dies nur 5 Prozent der Säugetierarten und 15 Prozent der Primaten. Das liegt daran, dass Vogelembryonen sich auf einzigartige Weise entwickeln: außerhalb des Körpers, wobei sie aber Wärme brauchen. Reptilien, Amphibien und Fische versorgen ihre Eier nach der Ablage nicht, denn sie brauchen keine Wärme. Deshalb sind Zweierbeziehungen unter solchen Tieren kein Thema. Das andere Extrem sind die Säugetiere: Sie tragen ihre Embryonen während der Entwicklung im Körper, sodass Partnerschaft zwar hilfreich sein kann, in der Regel aber nicht unbedingt benötigt wird.

Vögel wiederum stehen in der »monogamen Mitte«, wie ich sie nenne. Damit Vogeleier sich ordnungsgemäß entwickeln können, müssen sie ständig bebrütet und vor Eierräubern beschützt werden. Mit anderen Worten: Es muss praktisch ständig jemand auf den Eiern sitzen, bis die Jungen schlüpfen. Und selbst dann ist die Arbeit nicht beendet. Die Brut braucht weiterhin Wärme und Schutz, während die winzigen Körper wachsen. Und natürlich braucht sie auch Nahrung.

Was soll eine Vogelmutter tun, wenn sie während so vieler Wochen ihre Eier und Jungen versorgen muss? Ein Freund, der mit Nahrung, Wasser und Schutz aushilft, wäre sicher nützlich. Und was für ein Freund würde so selbstlos helfen? Nun, der andere genetische Elternteil der Eier natürlich. Eier und Nachkommen stellen eine Verflechtung der Evolutionsinteressen beider Eltern dar. Und tatsächlich teilen Männchen und Weibchen der meisten Vogelarten die Arbeit mehr oder weniger gleichberechtigt untereinander auf. Ein Elternteil sitzt auf den Eiern, der andere sucht nach Nahrung für beide, und gewöhnlich wechseln sie sich ab. Es ist eine echte Partnerschaft: Beide Beteiligten tragen zur Versorgung und Verteidigung der Jungvögel bei. Deshalb sind monogame Paare aus Männchen und Weibchen bei Vögeln so weit verbreitet: Eine solche Partnerschaft ist am wenigsten durch Konflikte bei der Fortpflanzung belastet. Ein einzelner Elternteil hätte Mühe, die Eier auszubrüten und dabei am Leben zu bleiben, und eine Partnerschaft aus mehr als zwei Vögeln würde in Reproduktionskonkurrenz geraten. Zwei sind genau die richtige Anzahl. Jedenfalls meistens. Es gibt allerdings Abweichungen. (Gibt es die nicht immer?)

Wie dauerhaft die Zweierbeziehungen bei Vögeln sind, ist jedoch eine andere Frage. Die Lebensweise von Zugvögeln ist stark an die Jahreszeiten gebunden. Im Frühjahr werden Nester gebaut und Eier gelegt; der Sommer dient der Aufzucht der Jungen; und im Herbst fliegt man an einen warmen Ort, wo man den Winter über bleibt. Deshalb sind auch die Partnerschaften oft jahreszeitlicher Natur: Ungefähr die Hälfte aller Vogelarten zeigt eine *saisonale Monogamie*. Nachdem die Jungvögel das Nest verlassen haben, trennt sich das

Paar, und im folgenden Jahr beginnt der Kreislauf aus Partnerwerbung und Paarung aufs Neue.

Dass *manche* Zweierbeziehungen bei *manchen* Vogelarten von Dauer sind, stimmt, doch die Entdeckung dieser lebenslangen Vogel-»Ehen« im 19. Jahrhundert wurde übermäßig verallgemeinert. In der viktorianischen Zeit war man nur allzu erpicht darauf, in der Natur das zu finden, was man in der Gesellschaft der Menschen schätzte: Treue und Dauerhaftigkeit. Heute wissen wir aber, dass die saisonale Monogamie der Vögel der *seriellen Monogamie* bei Menschen ähnelt, um den heutigen Sprachgebrauch zu verwenden. Und wie wir bald noch genauer erfahren werden, folgt selbst bei in ökonomischer Hinsicht absolut monogamen Vögeln nicht zwangsläufig auch die sexuelle Monogamie.

Bei Säugetieren dagegen sind ökonomisch monogame Zweierbeziehungen nur einer von mehreren Wegen, um Nachkommen großzuziehen, und noch nicht einmal ein besonders verbreiteter.[5] Unter Säugetiereltern gibt es nahezu alle Beziehungstypen, die man sich vorstellen kann – von der starken ökonomischen Monogamie der Präriewühlmäuse bis zur gemeinschaftlichen Kindererziehung der Löwenweibchen. Orang-Utans und Tasmanische Teufel leben als ausgewachsene Tiere fast immer allein, während Seelöwen und Grünmeerkatzen (eine Primatenart) *alloparentale Pflege* betreiben, das heißt, die Jungen werden von einer kooperativen Gruppe versorgt. In den vielfältigen, flexiblen Familienstrukturen der Säugetiere spiegeln sich jeweils die Anordnungen wider, die zu der sozialen Ökologie einer bestimmten Zeit und eines bestimmten Ortes am besten passen. Aber Zeiten und Orte ändern sich, und mit ihnen ändert sich auch die »optimale« Familiengestaltung. Wie immer sind Vielfalt und Flexibilität das beste Bollwerk gegen eine unsichere Zukunft und eine sich wandelnde Umwelt – das ist die immer wiederkehrende Lektion dieses Buches. Werfen wir zunächst einmal einen Blick auf die Monogamie der Vögel.

Vogel-Techtelmechtel

Durch die Entdeckung der außerpaarlichen Vaterschaft haben wir gelernt, dass Vögel ein viel interessanteres und komplizierteres Sozialleben haben, als wir zuvor geglaubt hatten. So ist etwa mittlerweile klar, dass praktisch alle Vögel, Männchen wie Weibchen, und selbst die am striktesten sozial monogamen Arten außerpaarliche Kopulation betreiben. Warum tun sie das, wenn ihre Fortpflanzungsinteressen doch bereits mit dem Erfolg der gemeinsamen Nachkommen befriedigt sind?

Wenn man in der Tierverhaltensforschung die Motive für eine Verhaltensweise verstehen will, muss man klar zwischen den *proximaten* Zielen (den unmittelbar wirksamen Beweggründen für ein bestimmtes Verhalten) und den *ultimaten* Zielen (dem Evolutionszweck dieser Antriebe) unterscheiden. Letztgültige Motive sind komplexer, lassen sich schwerer mit Sicherheit ermitteln und sind dem Handelnden in der Regel nicht bewusst. Wenn wir beispielsweise einen Keks essen, hat dies den proximaten Grund, dass es uns Vergnügen bereitet, aber der ultimate Grund, warum wir den Keks essen, ist ein anderer: Die Evolution hat unseren Geschmackssinn so gestaltet, dass wir Lebensmittel bevorzugen, die reich an Kalorien oder anderen Nährstoffen sind, denn diese, darunter Zucker, Protein, Salz oder bestimmte Mikronährstoffe (Vitamine und Mineralstoffe), waren in der fernen Vergangenheit oft nur begrenzt verfügbar.*

* Unsere Vorliebe für Süßigkeiten entwickelte sich, als die wenigen süßen Lebensmittel, zu denen unsere Vorfahren Zugang hatten, reife Früchte (und möglicherweise Honig) waren; diese enthielten viel weniger Kalorien als die gezüchteten Sorten und lieferten auch Ballaststoffe und lebenswichtige Vitamine. Heute bieten die leicht verfügbaren Süßigkeiten keine Mikronährstoffe und sind voller Kalorien, von denen wir ohnehin bereits ein Überangebot haben. Die uralte Lust der Menschen auf Süßes führt daher heute zu Fettleibigkeit und Typ-2-Diabetes. Solche Krankheiten gelten zunehmend als evolutionär bedingte Fehlanpassungen, die sich

Der proximate Grund, warum Vögel außerpaarlich kopulieren, ist der gleiche wie bei uns allen: Sie haben sexuelle Instinkte und werden dazu getrieben, ihnen nachzugehen. Sexuelle Aktivität mit einer neuen, erstrebenswerten Partnerin oder einem derartigen Partner regt das Belohnungszentrum im Vogelgehirn an. Wie bei uns ist das alles, was der Vogel weiß. Die *ultimaten* Gründe dagegen, warum Vögel die außerpaarliche Kopulation anstreben, liefern weitaus mehr Aufschlüsse über die Zwecke von Sexualität und Fortpflanzung und darüber, wie sie unsere sexuelle Anziehungskraft prägen. Es lohnt sich, dies bei Vögeln genauer zu betrachten, denn einiges von dem, was wir dabei lernen, können wir wahrscheinlich auch auf uns anwenden.

Zunächst einmal müssen wir anerkennen, dass männliche und weibliche Vögel auch dann, wenn sie – wie bei den meisten Vogelarten – kooperativ zum Brüten und zur Brutpflege beitragen, unterschiedliche Fortpflanzungsinteressen haben können. Zwar profitieren beide Seiten vom Erfolg ihres gemeinsamen Nachwuchses, aber jedes Geschlecht kann auch auf andere Weise für die genetische Nachkommenschaft sorgen, und durch diese Unterschiede können sie in Konflikt geraten. Wenn beispielsweise ein Vater sich vom Nest entfernt hat, um Nahrung für seine Partnerin und/oder die gemeinsame Brut zu suchen, hat er ein klares Interesse daran, auch heimlich außerpaarlich mit allen Weibchen zu kopulieren, denen er unterwegs begegnet und die nicht bereits Eier ausbrüten oder Nachkommen versorgen. Ob er damit Erfolg hat, ist ohne Bedeutung, denn es besteht kaum ein Risiko. Gelingt die außerpaarliche Kopulation, verschafft sie ihm nahezu ohne Aufwand die außerpaarliche Vaterschaft, denn das Weibchen ist an ein anderes Männchen gebunden oder wird es sein, und diese beiden investieren dann in die Versorgung des entstehenden Nachwuchses. Es ist ein hinterlistiger Weg, um

aus den krassen Unterschieden zwischen der modernen Welt und dem Umfeld, in dem die Evolution unserer Vorfahren stattfand, ergeben.

mehr Nachkommen zu hinterlassen, und deshalb ist es nicht verwunderlich, dass Seitensprünge des Männchens bei praktisch allen Vögeln, die Paarbindungen eingehen, verbreitet sind.

Für ein Weibchen sieht die Sache anders aus. Es kann nicht einfach seine Eier verstreuen, wie ein Männchen es mit seinem Samen tut.* Wenn das Weibchen außerpaarlich kopuliert, muss es den Embryo in sich tragen, bis es das Ei legt, und dieses Ei muss es dann ausbrüten, verteidigen und das Junge am Ende füttern. Deshalb sind Weibchen, wenn es um die außerpaarliche Kopulation geht, wählerischer als Männchen: Sie müssen ganz buchstäblich die Kosten für alle Nachkommen tragen, die daraus entstehen, während ein Männchen nicht dazu gezwungen ist. Für Weibchen gibt es nichts umsonst.

Oder doch? Die meisten Vogelarten legen nicht mehrere Eier gleichzeitig, sondern die Eier werden über einen kurzen Zeitraum nacheinander abgelegt. Hüttensänger zum Beispiel legen bis zu eine Woche lang jeden Tag ein Ei. Damit diese Eier sich möglichst gleichzeitig entwickeln, beginnt das Weibchen erst mit dem Brüten, wenn alle abgelegt sind. Während der Eiablage steht es ihm also frei, sich um Kopulation zu bemühen und seinem Gelege eine vielfältige Vaterschaft zu verschaffen, und genau das strebt es auch an. Rotkehlchen treiben die Sache in wärmerem Klima sogar noch weiter und vollenden in einer einzigen Saison mehrere Fortpflanzungszyklen: Sie bauen ein Nest, legen Eier und versorgen die Jungen, bis diese fortfliegen, und dann wiederholt sich der ganze Vorgang ein zweites oder sogar ein drittes Mal.

Aber worin liegt der Vorteil, wenn ein Gelege mehrere Väter hat? Für ein Männchen können außerpaarliche Kopulationen dazu füh-

* Bei manchen Arten ist das allerdings doch möglich. Im Rahmen des sogenannten Brutparasitismus legt ein Vogelweibchen seine Eier in den Nestern anderer Vögel ab. Die Strategie kann so erfolgreich sein, dass manche Arten aufgrund ihrer Evolution *nur* noch diese Methode der gestohlenen Brutpflege nutzen.

ren, dass es viel mehr Nachkommen hat, als wenn es sich nur mit seiner eigentlichen Partnerin paaren würde. Für ein Weibchen dagegen liegt der limitierende Faktor für die Zahl seiner Nachkommen in seiner Fähigkeit, Eier hervorzubringen. Anders als ein Fisch, der Hunderte oder Tausende von Eiern ausstößt und darauf hofft, dass einige davon überleben, produziert ein Vogelweibchen pro Saison nur eine Handvoll Eier, und deshalb bemüht es sich sehr, dafür zu sorgen, dass jedes einzelne handfeste Erfolgsaussichten hat. Ob es sich nun mit einem oder mit 100 Männchen paart – ein Vogelweibchen legt immer die gleiche Anzahl von Eiern. Warum sollte es sich also mit vielen Männchen paaren, statt wiederholt mit dem besten, das es finden kann?

Sex mit vielen hat für ein Vogelweibchen zwei unmittelbare Vorteile. Erstens ist die Diversifizierung des genetischen Erbes seiner Nachkommen aus den bereits erörterten Gründen schon als solche ein Vorteil. Vielfalt ist für jede Spezies der Schlüssel zum langfristigen Erfolg. Das eine »beste« Männchen, das sich finden und auswählen ließe, gibt es nicht. Vielmehr hat jeder Vogel verschiedene Merkmale, die je nach Umwelt und Zeitpunkt gut oder schlecht sein können. Gute allgemeine Gesundheit und Lebensenergie sind zwar Konstanten, aber da man unmöglich wissen kann, welche anderen Merkmale in einer unsicheren Zukunft vielleicht optimal sind, ist Vielfalt die beste Investition. Das ist natürlich ein ultimates Motiv. Wie den Menschen, so sind auch den Vögeln evolutionäre Beweggründe nicht bewusst. Sie lassen sich einfach von ihren unmittelbaren Wünschen und Bestrebungen treiben. Im Laufe der Evolution jedoch wurde der Antrieb der Weibchen, mit diversen Männchen außerpaarlich zu kopulieren, durch das Gedeihen ihrer vielfältigeren Nachkommen belohnt. Der Drang zur Promiskuität ist eine Folge seines eigenen Erfolges.

Weibchen ziehen aber noch einen anderen Vorteil aus der außerpaarlichen Kopulation, selbst wenn sie nicht zur Zeugung führt – das heißt, wenn es Sex ohne Befruchtung ist. Eine der ersten Vogelarten, bei denen außerpaarliche Kopulation und Vaterschaft durch genetische Analysen sorgfältig dokumentiert wurden, war die Heckenbraunelle (*Prunella modularis*), ein sehr verbreiteter, unauffälliger Singvogel, der in Europa und Westasien zu Hause ist. Damals, Ende der 1980er-Jahre, waren die Forschenden überrascht, dass sie in vielen Nestern der Heckenbraunelle Nachkommen mit unterschiedlichen genetischen Vätern vorfanden. Dies zeigte, dass die Weibchen außerpaarlich kopuliert hatten. In späteren Studien fanden wissenschaftliche Teams jedoch etwas, das ihnen zuvor nicht aufgefallen war: Während die Partner auf Nahrungssuche waren und die Weibchen die Eier ausbrüteten oder Jungvögel versorgten, kamen andere Männchen hin und wieder zum Nest und brachten den Weibchen ebenfalls Futter.[6] Und wer waren diese großzügigen Männchen? Erraten! Es waren diejenigen, mit denen sich die Weibchen zuvor gepaart hatten.

Indem sich eine weibliche Heckenbraunelle nicht nur mit ihrem Partner aus der Paarbindung, sondern auch mit anderen Männchen sexuell betätigt, sichert sie sich also zusätzliche Unterstützung für sich selbst und ihre Nachkommen. Die außerpaarlichen Männchen bieten nicht so viel Unterstützung wie der Hauptpartner, aber sie haben auch keinen so großen Anteil an der Vaterschaft, und die meisten von ihnen haben selbst eine Hauptpartnerin, der sie den größten Teil ihrer Unterstützung angedeihen lassen. Was haben also alle diese sekundären sexuellen Beziehungen zu bedeuten?

Noch heute halten die meisten Fachleute das Phänomen für Irreführung und für einen Fortpflanzungskonflikt. Mit anderen Worten: Für sie ist es »Betrug« und die Folge des alten »Geschlechterkampfes«, der schon seit einigen Jahrhunderten die biologischen Vorstellungen vom Tierverhalten beherrscht. Man mag es kaum glauben, aber ein anderer »wissenschaftlicher« Begriff für die außerpaarliche Vaterschaft lautet im Englischen *cuckoldry*,* was so viel wie »Hörner-

* Das Wort *cuckold* stammt von der französischen Bezeichnung für den Kuckuck, einen Vogel, der seine Eier in die Nester anderer Vögel legt. Linguis-

aufsetzen« bedeutet, und diese Bezeichnung wird in Fachpublikationen bis heute verwendet. Meiner Ansicht nach – man ahnt es vielleicht – ist das eine zynische Vermenschlichung, für die keine Notwendigkeit besteht. Es gibt eine viel einfachere Erklärung.

Wenn männliche und weibliche »Betrüger« außerpaarlich kopulieren, tätigen sie eigentlich nur eine evolutionäre Sicherungsinvestition. Vögel, die in einer Paarbindung leben, legen zum größten Teil Eier mit dem Genmaterial des Hauptpartners. Wie alles im Leben, so ist auch die Partnerwahl ein Glücksspiel, und wie jeder Glücksspieler oder Investor weiß, ist es oftmals klug, eine Nebenwette abzuschließen. Für den Fall, dass die Hauptwette nicht so läuft, wie man es sich erhofft hat, bleibt man mit den Nebenwetten noch eine Zeit lang im Spiel. Für die Vögel sind die Fortpflanzungsnebenwetten nicht mit großem Aufwand verbunden, aber sie bieten zusätzliche Gelegenheiten für Reproduktionserfolg. So etwas als »Betrug« oder »Hörneraufsetzen« zu bezeichnen, besagt nicht nur, dass es auf Täuschung beruht – was tatsächlich so sein kann oder auch nicht –, sondern zudem, dass es hinterlistig und unmoralisch ist. Solche moralisierenden Wertungen haben in der Analyse des Tierverhaltens keinen Platz. Und im Übrigen dürfte den Vögeln vollkommen bewusst sein, was bei ihnen abläuft.

Trotz allem ergibt sich daraus ein Interessenkonflikt, der bewältigt werden muss. Das Weibchen eines Paares verliert zwar nichts, wenn sein Partner sich mit einem anderen Weibchen paart; es kann aber durchaus etwas verlieren, wenn er später dem fremden Weibchen Nahrung bringt. Ähnlich geht es einem Männchen, dessen Partnerin außerpaarlich kopuliert hat: Dann trägt es möglicherweise am Ende mit Ressourcen zum Erfolg der genetischen Nachkommen eines anderen Männchens bei. Während sowohl Männchen als auch Weib-

tisch ist das nicht plausibel, denn bei den Brutparasiten handelt es sich um die Kuckucksweibchen, mit *cuckold* meint man dagegen den *Ehemann* einer untreuen Frau.

chen also an außerpaarlicher Kopulation interessiert sind, haben beide auch ein Interesse daran, dass der Partner beziehungsweise die Partnerin sie möglichst selten vollzieht. Entsprechend handeln sie.

So wurde beispielsweise die Vermutung geäußert, ein Weibchen auf seinem Sitzplatz sei unter anderem deshalb gegenüber den Annäherungsversuchen eines anderen Männchens aufgeschlossen, weil dadurch sichergestellt werden soll, dass der Hauptpartner des Weibchens möglichst schnell zurückkehrt und nicht viel Zeit mit außerpaarlicher Kopulation verbringt. Bei Dohlen (*Corvus monedula*), einer monogamen Spezies aus der hochintelligenten Familie der Rabenvögel, betreiben die Weibchen außerpaarliche Kopulation, die jedoch in der Regel nicht zu außerpaarlicher Vaterschaft führt. Ob solche Weibchen einfach nicht fruchtbar sind oder ob sie mit einem besonderen Mechanismus eine erfolgreiche Befruchtung verhindern, ist nicht geklärt; etwas anderes aber ist klar: Werden die Weibchen allein gelassen, gestatten sie, dass fremde Männchen sie besteigen und dabei ihre charakteristischen lauten Kopulationsrufe ausstoßen.[7]

Dass diese Vögel beim Sex laut sind, ist entscheidend. Wenn das Männchen des Paares solche Rufe hört, kehrt es schnell zurück, um den Eindringling zu vertreiben. Anschließend kopuliert es sofort mit seiner Partnerin und versucht, das Konkurrenzsperma durch sein eigenes zu verdrängen. Wenn das Weibchen also den Mann dahin holen will, wo er hingehört, ist es die beste Methode, ihm damit zu drohen, dass ein anderer Mann seinen Platz einnehmen könnte. Das ist natürlich ein Drama, aber nichts spricht für Täuschung. Anscheinend *will* sie ja sogar, dass er weiß, was sie im Schilde führt, damit er nach Hause ins gemachte Bett kommt.

Der Konflikt um die außerpaarliche Kopulation der Dohlen führt uns zu einer Verhaltensweise, die bei Vögeln wie auch bei Säugetieren nur allzu verbreitet ist: die *Partnerbewachung*. Dabei bemüht sich ein Individuum des Paares, und zwar ausnahmslos das Männchen, jeden Kontakt zwischen seiner Partnerin und Angehörigen des anderen Geschlechts zu verhindern. Wenn ein in einer Paarbeziehung lebendes Dohlenmännchen in der Nähe seines Nestes Kopulationsrufe hört, eilt es sofort nach Hause und vertreibt den Eindringling. Bei Dohlen und anderen Vogelarten haben Forschende eine recht starke Korrelation zwischen der Gefahr der außerpaarlichen Kopulation und der Zeit festgestellt, die mit der Bewachung der Partnerinnen verbracht wird.

Die Dohlen sind wieder einmal ein gutes Beispiel dafür, dass die Realität immer komplizierter wird, je genauer man hinsieht. Dohlen galten lange als eine der monogamsten Vogelarten: Ihre Paarbindungen halten fast immer bis an ihr Lebensende. Später stellte sich durch Genanalysen heraus, dass außerpaarliche Vaterschaft nur selten vorkommt, und deshalb nahm man an, dass die Vögel auch sexuell monogam seien. Aber aus der oben erwähnten 2020 erschienenen Studie wissen wir nun, dass Dohlen durchaus in einem beträchtlichen Umfang außerpaarlich kopulieren; das führt nur aus nicht ganz geklärten Gründen nicht zur Vaterschaft. Anscheinend reicht schon die Bedrohung durch außerpaarliche Vaterschaft aus, damit das Männchen aufmerksam wird und zurückkehrt, um seine Partnerin zu überwachen. Wir müssen also noch eine weitere Form der Monogamie in Betracht ziehen: die *genetische Monogamie*. Dohlen sind nicht nur ökonomisch, sondern auch genetisch monogam, nicht aber sexuell. (Wie gesagt: Monogamie ist eine komplizierte Angelegenheit!)

Sehen wir uns nun einmal die Monogamie bei Säugetieren an. Wie bei den Vögeln, so spiegeln die Sozialbeziehungen auch bei ihnen das ökologische Umfeld der Spezies wider. Wenn monogame Zweierbeziehungen für die Aufzucht der Nachkommen sinnvoll sind, sind sie monogam. Wenn nicht, dann nicht.

Säugetierfamilien

Das Sexualverhalten von Vögeln ist zwar interessant und aufschlussreich, aber die Säugetiere übertreffen, was die schiere Vielfalt und

Wandelbarkeit von Fortpflanzung und sexuellen Beziehungen angeht, jede andere Tiergruppe und vielleicht alle anderen zusammen.[8] Es gibt monogame Säugetierarten, aber auch polyandrische, polygyne, allein lebende und kooperative (Gruppen aus mehreren Männchen und/oder mehreren Weibchen, zwischen denen soziale Bindungen bestehen, aber keine Paarbindungen).[9] Innerhalb dieser Kategorien gibt es wiederum viele Abwandlungen und Ausnahmen. Fast scheint es, als hätte jede Säugetierspezies ihren eigenen Sexual- und Elternbeziehungstyp.

Dass Säugetiere in ihren sozialen Beziehungen eine so verblüffende Vielfalt und Komplexität an den Tag legen, hat zwei Hauptgründe. Erstens besagen phylogenetische Analysen, dass die ersten Säugetiere allein lebten.[10] Wir können uns das, wenn es um Sozialverhalten geht, als eine Art »unbeschriebenes Blatt« vorstellen. Da noch keine verfestigten sozialen Verhaltensweisen vorhanden waren, konnten sich aus dem ursprünglichen »leeren« Zustand unzählige Sozialstrukturen entwickeln, und deren weitere Evolution war geprägt von den Umgebungen und dem Überlebensdruck, denen die verschiedenen neuen Arten ausgesetzt waren. Unter den Wirbeltieren sind die Säugetiere in den Prinzipien ihrer Sozialbeziehungen ungeheuer flexibel, und das dürfte auch der Grund dafür sein, warum sie eine so beherrschende Stellung erlangt haben. Geselligkeit bringt eine Fülle von Vorteilen mit sich, insbesondere wenn sie flexibel ist und sich anpassen kann.

Paarungssystem	Definition	Beispiele bei Säugetieren
Promiskuität	Keine soziale Bindung zwischen Partnern	Die Mehrzahl der Säugetiere
Allein lebend	Wenig oder keine soziale Bindung zwischen ausgewachsenen Individuen	Orang-Utan, Tasmanischer Teufel
Saisonale Monogamie	Enge Paarbindung im Jahreszyklus	Bisamratte, Biber, Polarfuchs

Lebenslange Monogamie	Dauerhafte Paarbindung	Präriewühlmaus
Harem (Polygynie)	Ein sozial dominantes Männchen paart sich mit mehreren Weibchen	Löwe, Rothirsch, Gorilla
Polygynie mit Ressourcen-verteidigung	Ein dominantes Männchen paart sich mit mehreren Weibchen und schränkt den Zugang zu Nahrungsressourcen entsprechend ein	Uganda-Grasantilope
Lek-Paarung	Männchen sammeln sich in Gruppen, locken Weibchen an und konkurrieren untereinander (meist durch Imponiergehabe)	Manche Walrosse, Robben und Seelöwen, Hammerkopf-Flughunde
Polyandrie	Ein dominantes Weibchen paart sich mit mehreren Männchen	Marmosetten, Sattelrückentamarine (beide aus der Krallenaffen-Familie)

Paarungssysteme bei Säugetieren[11]

Im Schatten hatten die Säugetiere schon lange vorher existiert, aber vor 65 Millionen Jahren erlebte ihre Vielfalt eine explosionsartige Zunahme. Nachdem die Dinosaurier – die fast 200 Millionen Jahre lang Land und Meer beherrscht hatten – ausgestorben waren, öffneten sich auf der ganzen Welt neue ökologische Nischen, und die zuvor unbedeutenden Säugetiere suchten sich schnell ihre Plätze. Dabei entwickelten sie sich auseinander, und es entstanden die Hauptgruppen, die wir heute kennen, wie Nager, Fleischfresser, Huftiere, Meeressäuger (Wale und Delfine), Dickhäuter (Elefanten und ihre Verwandten), Hasenartige (Kaninchen und Hasen) und natürlich die Primaten. Jede dieser Gruppen bildete ihre eigene, einzigartige Lebensweise und die Sozialstrukturen aus, mit denen sie sich im Leben zurechtfindet. Weitere Diversität kam innerhalb der einzelnen Gruppen auf.

Der zweite Grund, warum die Säugetiere in ihren Sozialstrukturen eine so interessante Vielfalt an den Tag legen, hat mit ihrer einzigartigen Fortpflanzungsphysiologie zu tun, etwa der Embryonalentwicklung im Körperinneren. Mit Ausnahme des Nachwuchses der Kloakentiere oder Monotremata (Schnabeltiere und Ameisenigel) entwickeln sich Säugetierembryonen im Körper (oder in einem Beutel) der Mutter. Das erfordert eine äußerst unterschiedliche Beteiligung von Vater und Mutter. Säugetiermütter haben buchstäblich keine andere Wahl, als eine gewaltige Menge an Ressourcen in ihre Nachkommen zu investieren; für die Väter gilt das aber nicht. Natürlich sind die Väter mancher Arten vernarrt in ihre Kinder, zeigen Aufmerksamkeit und kümmern sich ebenso viel wie die Mütter, in manchen Fällen sogar noch mehr. Die Väter vieler anderer Säugetierarten sind dagegen völlige Versager. Die Mehrheit steht irgendwo dazwischen.

Trotz der einzelgängerischen Lebensweise ihrer Vorfahren haben die meisten heutigen Säugetiere interessanterweise hochentwickelte, vielfältige Sozialbeziehungen. Es beginnt mit der intimsten Beziehung in der gesamten Tierwelt: dem Stillen. Wenn wir nicht so daran gewöhnt wären, würde die Vorstellung, dass ein Tier mit seinem eigenen Körper Nahrung produzieren kann, wie Zauberei oder Science-Fiction wirken! Aber genau das tun Säugetiermütter; und ein solches Ausmaß an Brutpflege hat im gesamten übrigen Tierreich nicht seinesgleichen.

In ihrer Mehrzahl sind Säugetiere promiskuitiv,* das heißt, sie bilden keinerlei Paarbindungen aus. Was dabei wichtig ist: Das bedeutet nicht, dass sie keine sozialen Bindungen und Zugehörigkeitsgefühle hätten; es heißt nur, dass es zwischen Brutpaaren keine be-

* Das Wort »promiskuitiv« kann auch die außerpaarliche Kopulation bezeichnen, das heißt soziale Monogamie ohne sexuelle Monogamie. Eine 2018 erschienene Studie berichtete, der Begriff werde in der wissenschaftlichen Literatur sehr uneinheitlich verwendet. Außerdem schleppt er viel Ballast aus der Kultur der Menschen mit sich herum. Wie man beispielsweise in einer anderen Studie feststellte, kennzeichnen Forschende das gleiche Verhalten bei Weibchen signifikant häufiger als »promiskuitiv« als bei Männchen. Schockierend.

sondere Form der Bindung gibt. Wanderratten (*Rattus norvegicus*) zum Beispiel, die häufigste Rattenplage in nordamerikanischen Städten, leben in großen, eng miteinander verknüpften sozialen Gruppen. Es gibt eine Dominanzhierarchie und ausgeprägtes Sozialverhalten wie das »Grooming«, also gegenseitige Körperpflege, und das Teilen von Nahrung. In Laborexperimenten hat sich sogar herausgestellt, dass diese übel beleumundete Spezies Mitgefühl empfindet und eindrucksvolle Formen von Altruismus an den Tag legt. Ratten haben eine individuelle Persönlichkeit, bilden stabile Freundschaften und nehmen große Mühen auf sich, um einem Freund in der Not zu helfen, selbst wenn es für den Helfer mit Kosten verbunden ist.

Wenn es aber um die Paarung geht, dann gibt es keine Zweierbeziehungen. Die meisten Freundschaften bestehen zwar zwischen zwei Männchen oder zwei Weibchen, beim Sex herrscht jedoch völlige Freiheit. Jeder kann sich mit jedem paaren, allerdings sind die Weibchen wie bei vielen Säugetieren unter Umständen wählerisch. Da Ratten sehr fortpflanzungsfreudig sind und häufig in der Nähe der sozialen Gruppe bleiben, in die sie hineingeboren wurden, ist Inzucht für ihre genetische Fitness eine ständige Gefahr. Deshalb ist es nicht verwunderlich, dass es für Rattenweibchen eines der attraktivsten Merkmale darstellt, wenn ein Männchen neu ist. Der neue Bursche ist höchst begehrenswert, denn wie immer ist genetische Vielfalt ein wichtiges Ziel der Fortpflanzung. In diesem Zusammenhang wären Paarbindungen also ein Hindernis für die evolutionäre Fitness eines Individuums, und deshalb ist es plausibel, dass sich die Evolution der Ratten von ihnen wegbewegt hat.

Das andere Extrem sind die Präriewühlmäuse (*Microtus ochrogaster*), die sich zumindest bei oberflächlichem Hinsehen nicht allzu sehr von Ratten unterscheiden. Und doch sind sie ganz anders. Es ist die monogamste Säugetierspezies, die wir kennen: Präriewühlmäuse fühlen sich dem Partner oder der Partnerin deutlich stärker verbunden als allen anderen in der Gruppe.[12] Ihre Monogamie ist so stark, dass sie zu Modellorganismen für die Erforschung dieser Lebensweise geworden sind; im nächsten Abschnitt werde ich versuchen, die Ergebnisse jahrzehntelanger Forschung an den Präriewühlmäusen zusammenzufassen.

Seltsamerweise lassen die meisten engen Verwandten der Präriewühlmäuse keinerlei Paarbindung erkennen, von starker Monogamie ganz zu schweigen. Insgesamt gibt es 155 Arten von Wühlmäusen, die zu 19 Gattungen gehören, aber nur eine Handvoll davon ist monogam, und diese sind willkürlich auf die Familie der Wühlmäuse verteilt. Am engsten mit der Gruppe verwandt sind Bisamratten und Lemminge. Bisamratten sind innerhalb einer Brutsaison sexuell und sozial monogam. Die vielen Lemmingarten dagegen zeigen ein breites Spektrum verschiedener Paarungstypen – von den monogamen Steppenlemmingen bis zu den sehr promiskuitiven Berglemmingen. Und Braune Lemminge sind Einzelgänger!

In den vielgestaltigen Paarungssystemen der Wühlmäuse und Lemminge spiegelt sich die größere Formendiversität der Paarbindungen bei den Säugetieren wider. Säugetiere haben etwas Besonderes an sich, das Vielfalt hervorbringt, wenn es um Paarbindungen und andere Sozialbeziehungen geht, und was dieses »Besondere« ist, habe ich bereits angedeutet: die Schwangerschaft. Der einzigartige Evolutionsdruck, dem die Säugetiere ausgesetzt waren, hat zur Entwicklung einzigartiger Sozialstrukturen geführt. Wenn wir uns mit unserer eigenen Beziehung zur Monogamie beschäftigen, lohnt es sich, diese Vielfalt ein wenig genauer zu betrachten.

Dass Präriewühlmäuse so häufig als Inbegriff der Monogamie genannt werden, liegt unter anderem daran, dass Monogamie bei Säugetieren ziemlich selten ist. Der neuesten Übersichtsuntersuchung zufolge bilden 226 Säugetierarten mindestens für eine Paarungssaison monogame Paare. Das sind rund 4,5 Prozent aller Säugetiere, das heißt, gut 95 Prozent der gesamten Klasse sind überhaupt nicht monogam – das genaue Gegenteil der Situation bei Vögeln, bei denen 90 Prozent jahreszeitlich oder ständig monogam sind. Von diesen 4,5 Prozent sind ungefähr zwei Drittel während mehr als einer Brutsaison monogam, und damit sind wir bei der häufig genannten Zahl von 3 Prozent für den Anteil der Säugetierarten, die lebenslange Paarbindungen eingehen. Interessant ist dabei, dass die monogamen Arten sich nicht in einer Gruppe enger Verwandter häufen, sondern sich breit über weitläufig verwandte Säugetiergruppen verteilen.

Bisamratten (*Ondatra zibethicus*) gehen, wie bereits erwähnt, saisonale Paarbindungen ein, die denen von Zugvögeln ähneln.[13] Die vorwiegend im Wasser lebenden Nagetiere stecken im Frühjahr ihre Reviere ab, verteidigen sie und konkurrieren um Partnerinnen, wobei die Kämpfe zu zahlreichen Verletzungen und manchmal sogar zum Tode führen. Hat sich ein eng gebundenes Brutpaar gebildet, bauen die beiden in gemeinsamer Arbeit ein raffiniertes »Haus« am Ufer eines Flusses, Baches oder Sees, wobei der Eingang unter Wasser liegt. Die Familie teilt während der Saison, in der die Jungen geboren und großgezogen werden, ihr Zuhause und kooperiert, um es zu schützen und instandzuhalten. Das Brutpaar ist produktiv: Es bringt jedes Jahr zwei oder drei Würfe mit bis zu 20 Nachkommen hervor. Wenn der Winter hereinbricht, löst die Familie sich auf, und jeder geht seiner Wege. Dies ist ein klassisches Beispiel für saisonale Monogamie bei Säugetieren.

Monogamie und Promiskuität sind aber nicht die einzigen Optionen. Die gewaltigen afrikanischen Löwen (*Panthera leo*) bedienen sich eines polygynen Paarungssystems, das unter dem Namen »Harem« bekannt ist.[14] Ein Harem besteht aus wenigen dominanten Männchen, die mit meist bis zu zwölf Partnerinnen und Jungtieren eine eng verbundene soziale Gruppe bilden, das *Rudel*. Löwenrudel sind faszinierend, aber auch mit vielen falschen Vorstellungen verbunden. So sind die Löwenmännchen meist diejenigen, die wir am meisten fürchten, doch in Wirklichkeit gehen diese kraftvollen Tiere kaum auf die Jagd. Dies erledigen im Rudel nahezu ausschließlich die Weibchen, und die Beute, die sie mitbringen, wird mit den Männchen, den Jungtieren und den »Schwesterehefrauen« geteilt. Zwischen den Weibchen besteht zwar immer eine gewisse Konkurrenz und ein

Wettbewerb innerhalb der Dominanzhierarchie, meist kooperieren die Weibchen aber, und die Männchen paaren sich mit allen mehr oder weniger gleich häufig.

Die Schwesterehefrauen sind nahezu immer genetisch miteinander verwandt, sogar oft ganz buchstäblich Schwestern.[15] Die Nachkommen sind demnach Cousins, Cousinen oder Halbgeschwister, denn sie stammen alle von denselben Männchen ab. Interessanterweise tragen die Weibchen kooperativ zur Versorgung aller Nachkommen bei. Eine solche *alloparentale Pflege* beobachtet man nur bei rund 3 Prozent der Säugetierarten, und zwar vorwiegend bei Primaten; außerhalb der Gruppe der Säugetiere ist sie praktisch unbekannt.[16] Dass wir der alloparentalen Pflege bei Löwenrudeln begegnen, erscheint aber angesichts der Tatsache, dass alle Weibchen und Nachkommen miteinander verwandt sind, plausibel. Innerhalb eines Rudels beschützen und füttern die Löwenweibchen alle Jungtiere, säugen sie sogar, unabhängig davon, wer die Eltern sind.[17] Bei manchen Arten gibt es eine gewisse Bevorzugung der eigenen genetischen Nachkommen, doch diese Bevorzugung ist unterschiedlich stark und hängt auch davon ab, wie eng die Schwesterehefrauen verwandt sind. Bei Pottwalen zum Beispiel werden die Jungen anderer Mütter fast nie gesäugt, und die Mütter liefern in der Regel nur Nahrung für ihre eigenen älteren Kinder, aber sie wechseln sich als »Babysitter« ab – das heißt, sie beschützen alle Jungtiere vor Gefahren, während einige Mütter in großer Wassertiefe auf die Jagd gehen.[18]

Wenn die Löwenweibchen sowohl die Jagd als auch die Aufzucht der Jungen übernehmen, was bleibt dann eigentlich für die Löwenmännchen zu tun? Die Antwort: nicht viel. Sie sind tatsächlich die Faulenzer der Katzenfamilie und verbringen ihre Zeit zum größten Teil – manchmal mehr als 20 Stunden am Tag – mit Schlafen. Damit stellt sich die Frage: Warum sind sie so kräftig gebaut? Löwenmännchen sind rund 50 Prozent größer als die Weibchen, aber sie nutzen ihre Kraft nur selten dazu, Beute zu machen. Die Männchen sind vielmehr vor allem aus einem Grund so groß und stark: weil sie gegeneinander kämpfen.

Männer sind auf das Leben mit einem Harem häufig neidisch; bei genauerem Hinsehen zeigt sich jedoch, dass es damit nicht allzu weit her ist. Als Alphamännchen eines Rudels bekommt man natürlich den größten Teil der Nahrung geliefert und muss kaum etwas anderes tun, als zu schlafen und Sex zu haben, aber das ist mit gewaltigen Kosten verbunden. Hin und wieder muss man mit einem anderen Männchen einen Kampf auf Leben und Tod ausfechten, und irgendwann verliert auch der Stärkste gegen einen Herausforderer. Durch ein anderes Männchen ein gewaltsames Ende zu nehmen, ist die häufigste Todesursache der Löwen.

Wenn die Löwenjungen entwöhnt werden, heranwachsen und sich zu Jugendlichen entwickeln, sind die Männchen unter ihnen in einer heiklen Lage. Sie werden vom beschützten Kind eines Männchens zum potenziellen Herausforderer. Dann müssen sie das Rudel verlassen, entweder aus freier Entscheidung oder weil sie vom Vater vertrieben werden. Und da dies geschieht, bevor sie so stark sind, dass sie ein anderes Männchen angreifen könnten, beginnt für sie eine einsame Phase, in der sie weiterwachsen und sich auf den Tag hin entwickeln, an dem sie ein anderes Männchen (in der Regel nicht den eigenen Vater) herausfordern werden. Die meisten scheitern. Wegen der Harem-Lebensweise zieht die Mehrheit der Männchen den Kürzeren, und letztlich sterben sie als frustrierte Junggesellen. Für die meisten Männchen ist es kein angenehmes Leben, und selbst wenn sie Erfolg haben, müssen sie immer auf der Hut sein.*

* Wie in Kapitel 2 erwähnt, tolerieren die dominanten Männchen einiger Löwen-Unterarten andere Männchen als Helfer. Solche Betamännchen ordnen sich dem Alphatier unter und helfen ihm, Herausforderer abzuwehren. Im Gegenzug erhalten sie einen kleinen Anteil an der Vaterschaft. In manchen Löwenpopulationen werden die Rudel sogar durch ein Bündnis von bis zu vier Männchen beherrscht. Derartige Partnerschaften und Koalitionen sind insbesondere dann nützlich, wenn ein kürzlich geschlechtsreif

Aus den gleichen Gründen tötet ein jüngeres, kräftigeres Männchen, das ein anderes verdrängt hat, gleich zu Beginn alle Jungtiere im Rudel. Damit verhindert es, dass die Weibchen in seinem neuen Harem Zeit und Energie auf die Nachkommen eines anderen Männchens verwenden, und gleichzeitig setzt bei ihnen der Östrus, also die Brunst, ein, sodass es sie alle befruchten kann. Der Löwe ist ein majestätisches Tier, aber er ist auch brutal, und das Gleiche gilt für die Lebensweise mit einem Harem.

Die Gründe, warum Löwen solche engen sozialen Bindungen zwischen Zuchtpaaren eingehen, während Ratten es nicht tun, stehen völlig im Einklang mit ihrer jeweiligen Sozialökologie. Ratten vermehren sich sehr schnell, benötigen nur ein geringes elterliches Engagement und sind stark durch Inzucht gefährdet. Deshalb wäre eine enge soziale Bindung an einen Partner kaum mit Nutzen verbunden. Paarbindungen und die mit ihnen einhergehende eifersüchtige Partnerbewachung würden die langfristigen evolutionären Erfolgsaussichten der Ratten sogar vermindern, weil sie die Chance verpassen würden, die genetische Vielfalt ihrer Nachkommen zu stärken. Hier herrscht demnach ein Selektionsdruck *weg* von der Paarbindung. Bei Löwen dagegen sind die Generationszeiten wesentlich länger; die Fortpflanzung ist also ein langsamer, stetiger Prozess, der von den Eltern einen großen Aufwand erfordert. Jungtiere werden mindestens sechs Monate lang gesäugt und sind erst nach drei Jahren geschlechtsreif. Durch promiskuitive Paarung würden zwar zahlreiche Jungtiere entstehen, aber die hätten wahrscheinlich keinen Erfolg. Durch das eng verknüpfte Rudel mit einem hohen Maß an genetischer Verwandtschaft können ein Löwe und eine kleine Gruppe von Weibchen ihre Energie bündeln und gemeinsam jedem Jungtier eine große Chance

gewordenes Männchen darauf hofft, das Rudel zu übernehmen, aber auch hier kann es sich auf nichts verlassen. Dass die in einer Koalition verbundenen Männchen sich gegeneinander wenden, ist nicht ungewöhnlich. Im großen Rahmen des Evolutionserfolges dreht sich alles um die Vaterschaft.

verschaffen, bis zur Geschlechtsreife zu überleben. Die sexuellen Beziehungen von Ratten und Löwen sind jeweils an die Art und Weise angepasst, wie die Spezies ihren langfristigen Erfolg sichern.

In Kapitel 2, im Abschnitt über die Kampfläufer, haben wir zum ersten Mal das System der *Lek-Paarung* kennengelernt. Leks oder Balzplätze sind bei Vögeln nichts Ungewöhnliches, bei Säugetieren aber sehr selten.[19] Tatsächlich betreiben nur drei weitläufig verwandte Säugetiergruppen die Lek-Paarung: einige Robbenarten (Walrosse, echte Robben und Seelöwen), drei Antilopenarten sowie eine Art von Fledermäusen, der Hammerkopf-Flughund. Auf einem Balzplatz versammelt sich eine Gruppe von Männchen, die zunächst gemeinsam Weibchen anlocken und nach deren Ankunft um ihre Aufmerksamkeit konkurrieren. Der Wettbewerb hat in der Regel nicht die Form von Kämpfen, sondern äußert sich in verschiedenen Arten des Balzverhaltens.

Ein besonders interessantes gemischtes Lek-System findet man bei Kalifornischen Seelöwen (*Zalophus californianus*): Sie sammeln sich in großen, nach Geschlechtern getrennten Kolonien.[20] Innerhalb dieser Gruppen konkurrieren die Männchen mit einem Balzverhalten, das eine Mischung aus Imponiergehabe und Revierverteidigung ist. Die Männchen »kämpfen« untereinander innerhalb der Kolonie um Reviere, allerdings mit wenigen direkten Zusammenstößen. Vielmehr führen sie Balzrituale auf, die sich vorwiegend nicht an die Weibchen, sondern an ihre Geschlechtsgenossen richten. Zu diesen Ritualen gehören Lautäußerungen, Tänze, Posen, Kopfstöße, Angriffe und – ja – auch Begattungsversuche. Der Wettbewerb kann sich über mehrere Wochen hinziehen und nimmt ihre Zeit und Energie vollkommen in Anspruch.[21] Während dieser Zeit fressen die Seelöwen nicht einmal, sondern greifen auf ihre beträchtlichen Fettpolster zurück. Revierverteidigung ist vor allem eine Frage der Einschüchterung, und den größten Anteil an der Vaterschaft verschaffen sie sich mit Durchhaltevermögen. Größere Seelöwen schneiden in der Konkurrenz besser ab als kleinere, aber nicht wegen ihrer größeren Kraft, sondern weil sie länger ohne Nahrung auskommen. Fett zu sein, ist wichtiger, als kräftig zu sein, und wer das größte Stehvermögen hat, kann in einem einzigen Jahr vier oder fünf Junge zeugen.

Die Seelöwenweibchen versammeln sich ebenfalls, und bevor sie anfangen, sich mit den Männchen zu paaren, begatten sie sich über längere Zeit gegenseitig.[22] Da sexuelle Aktivität bei manchen Säugetieren eine Voraussetzung für den Eisprung ist, trägt die rein weibliche Begattung möglicherweise dazu bei, die Weibchen in den fruchtbaren Zustand zu versetzen, während sie sich darauf vorbereiten, die Männchen am Spaß teilhaben zu lassen. Oder die Weibchen »üben« ihre sexuelle Betätigung erst einmal untereinander, bevor die Paarung beginnt. Vielleicht sind die Begattungsversuche auch eine Art Dominanzwettbewerb, ein Schmieden von Bündnissen oder die Herstellung einer anderen Sozialstruktur mithilfe der sexuellen Betätigung. Welchem ultimaten Zweck die Begattung der Weibchen untereinander dient und ob es überhaupt einen solchen Zweck gibt, wissen wir nicht; aus Sicht der Seelöwen ist es vermutlich einfach so, dass sie Spaß am Sex haben.

Ein männlicher Seelöwe paart sich mit so vielen Weibchen wie möglich, doch die Weibchen sind wählerischer: Sie beobachten eine Zeit lang den Wettbewerb zwischen den Männchen, bevor sie ihnen Zugang gewähren.[23] Dabei entscheiden sich die Weibchen in der Regel für Männchen, die die größten und begehrenswertesten Reviere beherrschen. Ein wichtiges Kriterium ist beispielsweise der direkte Zugang zum Wasser, denn Seelöwenmännchen fressen zwar während der Paarungssaison nicht, sie müssen aber häufig trinken. Im Wasser lebende Tiere sind an Wassermangel nicht angepasst und dehydrieren schnell; deshalb sind Männchen, die sich das größte Revier mit gutem Zugang zum Wasser gesichert haben, bei den Weibchen am besten angesehen.

Dass das Revier für die Partnerwahl der Seelöwenweibchen eine so große Rolle spielt, mag seltsam erscheinen, denn abgesehen von der Paarungssaison sind die Reviere nutzlos. Höchstwahrscheinlich dienen sie als Ersatzkriterium für einen allgemein guten Gesundheitszustand und für Kraft. Ein Männchen, das seine Geschlechtsgenossen in einem begehrten Revier übertrumpfen und überdauern kann, während es gleichzeitig wochenlang ohne Nahrung auskommt, muss groß und gesund sein, und das spricht insgesamt für gute Gene. Die Weibchen müssen also nicht die Männchen selbst betrachten und herauszufinden versuchen, welches unter ihnen das stärkste und gesündeste ist, sondern sie können einfach die jeweiligen Reviere überprüfen und die Qualität eines Männchens anhand der Qualität seines Reviers beurteilen. Das Ganze ist ein ziemlich gutes System.

Stellvertretende Kriterien zur Beurteilung der Qualität von Männchen finden wir auch in vielen anderen Paarungssystemen; sie sind ein sehr verbreiteter Aspekt der sexuellen Selektion, wie sie bei Säugetieren – und manchmal auch bei Vögeln – verwirklicht wird. Die riesigen Schwanzfedern eines Pfaus sind beispielsweise ausschließlich ein Produkt der sexuellen Selektion und dienen als stellvertretendes Kriterium zur Beurteilung der »Qualität« eines Männchens. Zum Überleben trägt die Schleppe nichts bei; eigentlich ist es sogar hinderlich, dieses enorme Ding herumzuschleppen. Welchem Zweck dient es also? Es soll die Pfauenweibchen beeindrucken. Aber *warum* sind sie beeindruckt? Aus ihrer Sicht ist das proximate Motiv einfach die Attraktivität. Pfauenhennen fühlen sich zu langen, schönen Schwanzfedern hingezogen. Das ultimate Motiv jedoch, die evolutionäre Begründung, ist eine andere: Die Schleppe zeigt stellvertretend Gesundheit und Kraft an. Um mit diesem gewaltigen, am Hinterteil angebrachten Ballast zu überleben, muss ein Pfauenhahn wirklich stark und gesund sein. In der biologischen Fachsprache spricht man auch vom »Handicap-Prinzip«.

Das Gleiche gilt für das Geweih der meisten Hirscharten und ihrer Verwandten. Manche nutzen es, um gegeneinander zu kämpfen, andere ausschließlich zum Imponieren, aber das Prinzip ist dasselbe:

Das Geweih dient nicht zur Verteidigung, zur Jagd oder einem anderen Zweck, der mit dem Überleben zu tun hat; es ist ausschließlich dazu da, sich entweder durch Entscheidungen der Weibchen oder durch unmittelbaren Kampf den Zugang zum anderen Geschlecht zu verschaffen. Das riesige Geweih ist eine gewaltige Belastung, ganz zu schweigen von dem Aufwand für seine Produktion, und genau deshalb erfüllt es seinen Zweck. Nur ein starker, robuster Hirsch kann mit einem solchen Hindernis fast das ganze Jahr überleben. Da wir solche Systeme der stellvertretenden Qualitätsmerkmale bei vielen verschiedenen Tierarten beobachten, muss ihr Nutzen gegenüber den Kosten überwiegen. Tatsächlich verhindert die enorme Kraft der natürlichen Selektion, die auf die Gene solcher Tiere wirkt, dass sich schädliche Mutationen in der Population ausbreiten. Da das Genmaterial bei der sexuellen Fortpflanzung neu gemischt wird, verbessert die auf Männchen wirkende Selektionskraft die genetische Qualität der gesamten Spezies, Männchen und Weibchen. Auch das ist kein schlechtes System.

Säugetiere, Mamas und Monogamie

Wie versprochen, möchte ich jetzt noch einmal auf die bewundernswerte Präriewühlmaus (*Microtus ochrogaster*) zurückkommen. An diesen Tieren, dem Musterbeispiel für die Monogamie von Säugetieren, hat man eingehend erforscht, welche Hormone und Nervenschaltkreise hinter der Zuneigung und sozialen Bindung von Säugetieren einschließlich des Menschen stehen. Dabei hat sich herausgestellt, dass die einzigartige Fortpflanzungsweise der Säugetiere mit Schwangerschaft, Geburt lebender Kinder und Säugen die evolutionäre Wurzel aller sozialen Bindungen ist, darunter insbesondere auch die zwischen Sexualpartnern. Das Haupthormon für Geburtswehen *und* Milchproduktion erleichtert nämlich auch die soziale Bindung zwischen Säugetieren. Dieses Hormon, das *Oxytocin*, ist ein wirksamer

Neuromodulator und zusammen mit einem eng verwandten Gehirnhormon, dem *Vasopressin*, der Schlüssel zur Monogamie.

Wenn ein Weibchen vor Kurzem ein Junges zur Welt gebracht hat, wird in seinem Gehirn Oxytocin ausgeschüttet, sobald es Saugbewegungen an seinen Zitzen spürt. Das Hormon sorgt dann dafür, dass die Brustdrüsen Milch abgeben. Dies ist aber nicht der einzige Reiz, der die Oxytocinausschüttung anregen kann. Auch wenn eine frischgebackene Mutter ihr Baby weinen hört, wird unter Umständen der Milchspendereflex in Gang gesetzt. Dieser Auslöser ist so empfindlich, dass stillende Frauen häufig schon Milch abgeben, wenn sie *irgendein* Baby weinen hören. Meine Mutter erzählt, in der Zeit, als ich noch ein Säugling war, habe sie einmal aus dem Lebensmittelladen laufen müssen, weil das Schreien eines Babys in der Nähe auf ihrer Bluse sichtbare feuchte Flecken verursacht habe. (Entschuldige, Mama, dass ich dich einmal mehr in einem Buch in Verlegenheit bringe.)

Neben der Milchausscheidung ist das Oxytocin auch für das Zusammengehörigkeitsgefühl verantwortlich, das Säugetiere füreinander empfinden. Das ist sicher kein Zufall. Die liebevolle, schützende Zuneigung, die eine Säugetiermutter ihrem Kind entgegenbringt, ist auf die kraftvolle Wirkung des Oxytocins auf ihren Gefühlszustand zurückzuführen. Die erfindungsreiche Evolution nutzte das gleiche Hormon sowohl für das Säugen als auch für die Verbundenheit zwischen Mutter und Kind. Und nachdem dieses Oxytocin-Bindungssystem bei den ersten Säugetieren vorhanden war, konnte die Evolution es auch für andere Formen der Zuneigung nutzen, von denen Säugetiere profitieren, darunter die Bindung, die Eltern bei paarbildenden Arten füreinander empfinden. Kurz gesagt, ist Oxytocin als Bindungshormon bekannt und spielt als solches für die Monogamie eine entscheidende Rolle.

Bei Präriewühlmäusen kann man die Vorliebe für den Partner oder die Partnerin leicht messen und beeinflussen.[24] Bei sexueller Aktivität werden Oxytocin und Vasopressin ausgeschüttet und fördern gemeinsam die Bindung und Zuneigung zwischen den Partnern. Jedes Mal, wenn ein Paar sich sexuell betätigt, wird die Zuneigung durch die Ausschüttung der beiden Hormone gestärkt. Den Zusammenhang zwischen Oxytocin/Vasopressin und Monogamie hat man auch bei anderen Säugetieren beobachtet, die Paarbindungen eingehen, so bei Krallenaffen, Springaffen, Menschen und anderen Primaten.

Die Wirkung des Oxytocins konnte man in einigen interessanten Experimenten nachweisen. Blockiert man beispielsweise die Oxytocin- oder Vasopressinproduktion, »vergessen« die Präriewühlmäuse vorübergehend die Vorliebe für den Partner oder die Partnerin und werden sowohl sozial als auch sexuell promiskuitiv. Stellt man die Behandlung aber ein, kehren die Hormone zurück, und die Wühlmäuse wenden sich wieder ihrer Beziehung zu. Verabreicht man ihnen umgekehrt zusätzliches Oxytocin und Vasopressin, binden sich die Wühlmäuse noch stärker an den Partner beziehungsweise die Partnerin und stellen alle Kontakte mit unbekannten Angehörigen des anderen Geschlechts ein.[25]

Das gleiche Phänomen gibt es auch bei Menschen. Man kann Oxytocin mit einem Nasenspray verabreichen, und das gibt Forschenden die Möglichkeit, seine Wirkung auf die Paarbindungen von Menschen zu untersuchen. Wenn man Männern, die in einer Paarbeziehung leben, eine Oxytocindosis verabreicht, halten sie in der Regel in einem gesellschaftlichen Umfeld mehr Abstand zu fremden Frauen als sonst, während man diesen Effekt bei ungebundenen Männern *nicht* beobachtet. Das zusätzliche Oxytocin stärkt also die monogame Bindung und die Abwehr potenzieller Eindringlinge.

Dies führte dazu, dass man mit Oxytocin im Bereich der Eheberatung experimentierte, aber die Versuche wurden schnell wieder eingestellt, als einige andere Wirkungen des Hormons auf den Menschen ihr hässliches Haupt erhoben. Wenn Männer eine zusätzliche Oxytocindosis erhalten, fühlen sie sich vielleicht tatsächlich stärker an ihre Partnerin gebunden, doch sie neigen auch eher zur Identifikation mit einer Gruppe (das heißt zu Rassismus und Fremdenfeindlichkeit) und sehen sich vom Verlust der Bindung bedroht (Eifersucht), was manchmal so weit geht, dass sie gewaltsam gegen die Partnerin oder vermeintliche Bedrohungen vorgehen.[26,27] Oxytocin hat zwar eine eindrucksvolle Wirkung, aber Eheprobleme lassen sich damit nicht ohne Weiteres beheben.

Zwei Präriewühlmäuse in einer Paarbindung

Oxytocin ist bei Säugetieren der Schlüssel nicht nur für sexuelle Beziehungen, sondern für alle Formen der sozialen Bindung. Wolfsrudel zum Beispiel sind eng verbundene soziale Gruppen, und Oxytocin sorgt für das entsprechende Zusammengehörigkeitsgefühl.[28] In den meisten Fällen besteht ein Wolfsrudel aus einem Elternpaar und seinen Nachkommen. Dieses Zuchtpaar betätigt sich natürlich sexuell, und das begünstigt ihre Bindung, aber Inzucht kommt bei Wölfen nicht häufig vor; das heißt, Wolfseltern kopulieren nicht mit ihren Kindern, und auch Geschwister begatten sich nicht untereinander.

Offensichtlich tragen also andere Aspekte ihrer engen Verbindung – vermutlich der liebevolle Körperkontakt – zur Ausschüttung von Oxytocin bei, was ihre sozialen Bindungen stärkt.* [29]

Interessanterweise haben wir von den Wölfen auch gelernt, welche anderen Hormone an Zuneigung und sozialen Bindungen mitwirken.[30] Insbesondere entdeckte man, was geschieht, wenn ein Mitglied vom Rudel getrennt wird: Dann heulen die verbliebenen Rudelmitglieder, um dem verlorenen Wolf den Rückweg zu weisen. Dabei heulen diejenigen, die mit dem verirrten Wolf am engsten verbunden sind, stärker als die anderen – ein Verhalten, das offenbar von dem Hormon Cortisol verursacht wird.[31] Cortisol ist das wichtigste Langzeit-Stresshormon (während bei kurzfristigem Stress Adrenalin und andere eine Rolle spielen) und wird in Zeiten sozialer Belastungen ausgeschüttet. Wenn wir die Person vermissen, mit der wir liiert sind, steigt der Cortisolspiegel an, und wir tun alles, was in unserer Macht steht, um sie zurückzuholen.

Nebenbei bemerkt, sind Wolfsrudel auch ein gutes Beispiel dafür, welchen Nutzen ein Sozialleben gegenüber der Einsamkeit hat. Da Wölfe manchmal als Rudel auf die Jagd gehen, glaubte man lange, der kooperative Beutefang sei der wichtigste Nutzeffekt ihrer engen sozialen Bindung. Große, gemeinsam jagende Rudel bringen Tiere wie Bisons und Elche erfolgreicher zur Strecke, so der Gedanke. Er erwies sich aber als falsch. Immer wieder beobachtet man, dass Zuchtpaare und sogar einsame Wölfe selbst bei großen Beutetieren eine höhere Erfolgsquote haben als jagende Rudel. Wenn also die Koope-

* Tatsächlich gibt es die Hypothese, dass Oxytocin für die Domestizierung von Wölfen, die später zu Hunden wurden, eine Schlüsselrolle gespielt habe. Als Begleiter des Menschen bilden Hunde als Einzige eine enge soziale Bindung an Angehörige einer anderen Spezies (nämlich Menschen) aus, und diese Bindung wird teilweise durch Oxytocin vermittelt. Möglicherweise waren die Wolfsrudel wegen ihrer durch Oxytocin vermittelten sozialen Bindungen auf einzigartige Weise dazu geeignet, sich zu Gefährten des Menschen zu entwickeln.

ration bei der Jagd nicht der Lohn für das Rudelverhalten ist, wozu ist es dann gut? Die Antwort: für das Teilen von Nahrung. Wenn Wölfe bei der Jagd oder Nahrungssuche Erfolg hatten, teilen sie mit den anderen Mitgliedern des Rudels, und das auch dann, wenn sie mit einigen davon nicht verwandt sein sollten. Da Wölfe sehr großen Tieren nachstellen, hat das Leben im Rudel zur Folge, dass nur ein Wolf erfolgreich sein muss, damit alle genug zu fressen haben. In diesem Zusammenhang liegt der Wert des Soziallebens also nicht in Kooperation oder Arbeitsteilung, sondern im Teilen von Ressourcen.

Aber zurück zu den Wühlmäusen und Oxytocin: Seit man entdeckt hat, dass Oxytocin bei diesen Nagern der wichtigste Vermittler der Paarbindung ist, werden sie immer als Vorbild für Monogamie und Ehe genannt. Noch 2014 veröffentlichte das *Smithsonian Magazine* einen Bericht über Wühlmäuse unter dem Titel »Was können wir von Nagern darüber lernen, warum Menschen lieben?«.[32] Diese Frage beschäftigte lange auch Dr. Sue Carter, die weltweit führende Expertin für die Monogamie bei Wühlmäusen, die ich zuvor bereits als Autorin von »The Monogamy Paradox« erwähnt habe. Sie war auch die Hauptautorin der ersten Studien über Monogamie bei Wühlmäusen, und in späteren Studien wies Carter die Funktion von Oxytocin und Vasopressin nach. Insgesamt hat ihre Arbeit an Wühlmäusen eindeutige Unterschiede zwischen sozialer und sexueller Monogamie nachgewiesen, doch sie werden in der Presseberichterstattung über ihre Forschung häufig übersehen.[33]

Schon 1990 unterschied Carter in ihrer Studie über das Verhalten von Wühlmäusen zwischen sexuellen und sozialen Vorlieben. In der allerersten Studie wurde die sexuelle Promiskuität der Wühlmäuse mit DNA-Fingerabdrücken nachgewiesen: Die Weibchen brachten häufig Würfe mit gemischter Vaterschaft zur Welt. Das zeigen die Daten des veröffentlichten Fachartikels sehr deutlich. Und doch sahen die meisten Menschen einschließlich der Fachleute nur, was sie sehen wollten.

Noch schlimmer ist: Während Carter und andere sich bemühen, die Dinge ins rechte Licht zu rücken, wird die grundlegende Realität der Monogamie von Präriewühlmäusen einfach beiseitegeschoben. Der beliebteste Kommentar zu einem kürzlich erschienenen Bericht über die Wühlmäuse lautete: »Also sind sie eigentlich nicht monogam, lol.« *Doch, das sind sie!* Präriewühlmäuse lassen eine starke soziale Monogamie erkennen. Sie bilden lebenslange, in der Regel heterosexuelle Zweierbeziehungen und bevorzugen auch deutlich ihren Partner beziehungsweise ihre Partnerin beim Spielen, beim Teilen der Nahrung, beim Grooming und bei anderen liebevollen Kontakten. Und was am wichtigsten ist: Sie betätigen sich gemeinsam als Eltern! Beide Seiten eines Paares tragen in großem Umfang zur Brutpflege »ihrer« Jungen bei, auch wenn manche von diesen nicht die genetischen Nachkommen des männlichen Partners sind. Für die Monogamie der Wühlmäuse ist entscheidend, wie viel Zeit sie als Freunde, Verbündete, Eltern und Sexualpartner miteinander verbringen, aber nicht, mit wem sie sonst noch Sex betreiben oder auch nicht.

Könnte man das Gleiche nicht auch über die Ehe der Menschen sagen? Warum ist von den vielen verschiedenen Arten, wie verheiratete Paare ihr gemeinsames Leben genießen, die Ausschließlichkeit einer Verhaltensweise – Sex – offensichtlich wichtiger als alles andere zusammen? (Ich schweife ab.)

Das Interessanteste an der Erforschung der Monogamie von Wühlmäusen ist wieder einmal der vielschichtige Einfluss der Neurohormone auf das Verhalten. Beim Sex werden Oxytocin und Vasopressin ausgeschüttet, und das trägt dazu bei, die Paarbindung zu schaffen und zu stärken. Aber wenn Wühlmäuse promiskuitiv sind, wenn es um Sex geht, stellt sich die Frage: Wie entstehen die gezielten Paarbindungen? Oxytocin und Vasopressin allein reichen dafür offensichtlich nicht aus, und die Paarbindung ist kompliziert. Wie Professorin Carter und andere entdeckt haben, spielen auch viele weitere Neurohormone eine Rolle, darunter Dopamin, Östrogene, Androgene und Cortisol.

In einem besonders dramatischen Experiment konnten Forschende sogar die Männchen einer nichtmonogamen Wühlmausspezies in monogame Männchen verwandeln. Dazu veränderte man einfach die Expression eines einzigen Gens: des Gens für den Vasopressinrezeptor.[34] Interessanterweise übt Vasopressin seine Monogamie fördernde Wirkung über den Dopamin-Belohnungsweg des Gehirns aus. Mit anderen Worten: Soziale Monogamie wird zumindest teilweise durch die gleiche Empfindung von »Vergnügen« vorangetrieben, die wir auch erleben, wenn wir Hunger oder Durst befriedigen, Sex haben oder Kokain konsumieren. Für Arten, die über die entsprechenden neuronalen Schaltkreise verfügen, fühlt sich monogame Paarbindung sehr gut an. In einem gewissen Sinn funktioniert der »Trieb« zur Paarbindung also ähnlich wie der Fress- und Sexualtrieb. Die unmittelbare Belohnung für Monogamie ist Vergnügen. Im ultimaten Sinn besteht die Belohnung im Fortpflanzungserfolg.

Dieser Befund trägt auch zur Erklärung dafür bei, warum sich Monogamie in der Evolution von Säugetieren offensichtlich so einfach entwickeln kann: Die Gehirnschaltkreise sind schon da. Erforderlich ist nur noch, dass ein oder zwei Schalter umgelegt werden.

Affenbande

Die Primaten, also die Säugetierordnung, zu der auch die Menschen gehören, weisen mehr monogame Arten auf als jede andere Ordnung – sie machen rund 15 Prozent aus. Die ersten Primaten entstanden ungefähr am Ende des Dinosaurierzeitalters, und später entwickelten sie sich auseinander und bildeten vier Hauptgruppen: die Halbaffen (Lemuren, Buschbabys usw.), die Altweltaffen (Paviane, Makaken und andere, die in Afrika und Asien zu Hause sind), die Neuweltaffen (verschiedene Affen in Mittel- und Südamerika) und die Menschenaffen. Die meisten Primaten leben im Wald und vorwiegend auf den Bäumen, wobei sie ihren opponierbaren Daumen nutzen, um geschickt nach Ästen zu greifen. Bekannt sind sie auch für ihr relativ großes Gehirn, ihr gutes Sehvermögen, das Farbensehen und komplexe Sozialsysteme. Bevor wir uns unserer eigenen Gruppe, den Menschenaffen, zuwenden, lohnt es sich, einige andere Affenarten genauer zu erkunden.

Die Roten Springaffen (*Plecturocebus cupreus*) werden häufig als die Primatenart bezeichnet, deren Familienstruktur der unseren am ähnlichsten ist. Ein Männchen und ein Weibchen bilden mit ihren Kindern eine Gruppe oder Kernfamilie, zu der gelegentlich auch eine dritte Generation gehören kann. Dass diese Affen starke heterosexuelle Paarbindungen ausbilden und während des ganzen Lebens zusammenbleiben, weiß man schon lange, aber 2020 entdeckte man, dass sie auch genetisch monogam sind.[35] Diese Affen haben also die besondere Eigenschaft, dass sie als achte bisher entdeckte Säugetierart echte sexuelle Monogamie aufweisen. Das sind 8 von mehr als 5000 Arten oder 0,0015 Prozent.

Bei Roten Springaffen gibt es so gut wie keinen Geschlechtsdimorphismus: Männchen und Weibchen sehen gleich aus und verhalten sich sehr ähnlich. Sie agieren partnerschaftlich und teilen sich die Pflichten der Kinderversorgung so weit wie möglich. Während die Weibchen die Jungen säugen, sind vorwiegend die Väter damit beschäftigt, die Kinder herumzutragen, bevor sie laufen können. Ebenso kümmern sie sich gleichberechtigt um die Nahrungsbeschaffung und die Verteidigung von Revier und Familie. Es besteht eine sehr enge Paarbindung, und die Partner wirken in Abwesenheit des jeweils anderen bekümmert. Beide Geschlechter sind besitzergreifend und zeigen gegenüber anderen ausgewachsenen Artgenossen eine ausgeprägte Partnerbewachung. Mit anderen Worten: Sie sind extrem eifersüchtig. Unmittelbar nachdem man entdeckt hatte, dass sie sexuell monogam sind, rückten sie in den Mittelpunkt von Forschungsarbeiten zur Neurobiologie der Eifersucht, denn Monogamie und Eifersucht gehen Hand in Hand.[36,37]

In derselben Studie, mit der die sexuelle Monogamie bei Roten

Springaffen nachgewiesen wurde, zeigte sich auch ein Hauptgrund, warum die sexuelle Monogamie für sie praktikabel ist: Paare sind keine engen Verwandten, das heißt, diese Spezies verfügt bereits über ein System, mit dem Inzucht – die größte Gefahr, die durch Promiskuität abgewendet werden soll – verhindert wird. Männliche wie weibliche Springaffen verlassen instinktiv ihr Heimatrevier, wenn sie geschlechtsreif werden. Diese »natale Abwanderung«, wie man sie nennt, wird von beiden Geschlechtern vollzogen, und da die Springaffenbestände groß genug sind, reicht sie offensichtlich aus, damit eine genetisch robuste Population erhalten bleibt. Dies ist ein weiteres Beispiel dafür, wie Männchen und Weibchen der Spezies auf die gleichen Verhaltensweisen programmiert sind.

Die Gleichberechtigung von Männchen und Weibchen scheint im Rezept für Monogamie eine entscheidende Zutat zu sein. Von den acht sexuell monogamen Säugetierarten, die man bisher entdeckt hat, sind drei Primatenspezies. Alle drei – der Azara-Nachtaffe, der Müller-Gibbon und der Rote Springaffe – zeigen praktisch keinen Geschlechtsdimorphismus: Männchen und Weibchen sind äußerlich nicht zu unterscheiden, verhalten sich ähnlich und tragen im gleichen Maße zur Versorgung der Nachkommen bei.[38] Sehr häufig kommt das nicht vor. Die Männchen und Weibchen der meisten Primatenarten haben unterschiedliche Kennzeichen oder sind unterschiedlich groß. Gorillamännchen sind beispielsweise fast doppelt so groß wie die Weibchen. Auch die Verhaltensweisen der Geschlechter sind häufig unterschiedlich und tragen der Realität mit Schwangerschaft, Säugen und der langen Entwicklungszeit des Primatennachwuchses Rechnung. Dass die drei Primatenspezies nicht nur sexuell monogam, sondern auch geschlechtsmonomorph sind, kann kaum Zufall sein. Viele Primatenarten sind monomorph, aber sexuell nicht monogam – dies allein reicht also offensichtlich nicht aus, doch es könnte ein notwendiger Ausgangspunkt für die Entwicklung der sexuellen Monogamie sein. Das ist auch plausibel, denn Monogamie wirkt unter den Geschlechtern als eine Art Gleichmacher.

Das Cover meines Buches Not So Different
zeigt eine »Familie« von Berberaffen

Wenden wir uns nun einer Affenspezies zu, die ich so schätze, dass ich sie auf dem Cover meines ersten Buches, *Not So Different: Finding Human Nature in Animals,* abgebildet habe. An faszinierenden Tatsachen, die Berberaffen (*Macaca sylvanus*) zu etwas Einzigartigem machen, besteht kein Mangel.[39] Sie sind aus der phylogenetischen Wurzel der Makaken hervorgegangen, das heißt, sie stellen den ältesten Zweig im Stammbaum aller 23 Makakenarten dar. Als einzige dieser Arten sind sie außerhalb Asiens zu Hause, und als einzige Primaten mit Ausnahme des Menschen leben sie nördlich der Sahara. Außerdem sind diese erfinderischen mittelgroßen Affen die einzigen nichtmenschlichen Primaten, die in der jüngeren Vergangenheit erfolgreich Europa besiedelt haben: Als blinde Passagiere kamen sie auf Schiffen von Marokko nach Gibraltar und bilden dort heute eine stabile Population von mehr als 300 Individuen.

Was für das vorliegende Buch von Bedeutung ist: Berberaffen sind unter den Primaten mit ihrem System der verteilten alloparentalen

Pflege einzigartig.[40] Was das bedeutet, habe ich bereits im Zusammenhang mit Löwen erwähnt: Die Tiere einer Gruppe tragen gemeinsam und ungeachtet der Elternschaft zur Versorgung der Nachkommen bei. Die Löwenweibchen eines Rudels sorgen für sämtliche Jungtiere und säugen sie sogar. Berberaffen gehen noch einen Schritt weiter: Männchen und Weibchen beteiligen sich gleichermaßen an der Versorgung aller Jungen. Die Männchen tragen ständig Säuglinge herum, lausen sie, spielen mit ihnen und helfen ihnen beim Fressen, nachdem sie entwöhnt sind.[41] Selbst die gleichberechtigten Bonobos, von denen im nächsten Abschnitt die Rede sein wird, zeigen kein solches Maß an aufgeteilter Brutpflege.

Die Gruppen der Berberaffen sind matriarchal organisiert: Über die Dominanz bestimmt die Verwandtschaft mit dem ranghöchsten Weibchen.[42] Die Männchen schließen Bündnisse oder Freundschaften und werden häufig zu sozialen Interaktionen aufgefordert, indem ein Männchen einem anderen einen Säugling übergibt, für den es sorgen soll![43] Während des Östrus sind sie zwar häufiger sexuell aktiv, doch die Weibchen haben das ganze Jahr über Spaß am Sex sowohl mit Männchen als auch mit Weibchen. Die Männchen dieser sehr sexuellen Spezies sind ebenfalls höchst promiskuitiv und bisexuell, aber die Erlaubnis zu heterosexuellem Sex (Partnerwahl) geht von den Weibchen aus und entspricht meist der Dominanzhierarchie, das heißt, die Weibchen bevorzugen Männchen mit hoher sozialer Stellung.[44] Da sich so viel Sex abspielt, ist die Vaterschaft völlig ungewiss. Und die Mütter bevorzugen ihre eigenen genetischen Nachkommen nur geringfügig.

Die aufgeteilte alloparentale Pflege der Berberaffen ist wahrlich eindrucksvoll und kommt auch unerwartet. Wenn bei Säugetieren die Vaterschaft nicht klar ist, beobachtet man im Allgemeinen nicht mehr, sondern *weniger* elterliches Engagement. Wenn ein Säugetier nicht weiß, welches Kind das eigene ist, macht es sich in der Regel nicht die Mühe, in irgendeinen Nachkommen zu investieren. Bei den Berberaffen scheint es jedoch umgekehrt zu sein. Da jedes Kind das eigene sein könnte, kümmern sie sich um alle. Darüber hinaus scheint die gemeinsame Brutpflege der soziale Kitt zu sein, der die Gruppe zusammenhält. Könnte es sich dabei um eine Folge der matriarchalischen Struktur handeln? Möglicherweise ist sie ein Faktor, der dazu beiträgt oder sogar notwendig ist, doch sie reicht allein eindeutig nicht aus, denn es gibt auch andere matriarchalische Tierarten, und diese Besonderheit findet man nur bei den Berberaffen.

Zwar gibt es keine festen Paarbindungen unter den Berberaffen, sie zeigen aber eine starke soziale Bindung und Zuneigung. Dabei können Partner, insbesondere Männchen, kurzfristig Zweierverbindungen bilden, während sie gemeinsam für die Jungen sorgen wie kleine Familien auf Zeit, die sich zu dem Zweck bilden, die Kinder großzuziehen.[45] Deshalb habe ich das Foto auf das Cover meines Buches gesetzt. Was wie eine traditionelle Familie aus Mutter, Vater und Baby aussieht, ist in Wirklichkeit ein Männerpaar, das für ein Kind sorgt, obwohl dieses mit ziemlicher Sicherheit kein genetischer Nachkomme eines der beiden ist. Da mein Mann und ich derzeit zwei Kinder großziehen, die nicht unsere genetischen Abkömmlinge sind, sprach dieses Foto mich so stark an, dass ich es auch in Form eines Tattoos auf meinem Schulterblatt verewigt habe.

Wegen der Gleichberechtigung, des hohen Engagements von Vätern und der matriarchalischen Struktur ist man versucht, auch bei Berberaffen wie bei den Roten Springaffen nur einen geringen oder gar keinen Geschlechtsdimorphismus zu erwarten, aber damit hätten wir unrecht. Der Grund: Geschlechtsmonomorphismus steht offenbar im Zusammenhang mit der Monogamie, und die Berberaffen sind alles andere als monogam. Sie bilden keine Paare, und jeder verkehrt sexuell mit jedem.[46] Was den Dimorphismus angeht, so sind Männchen um ungefähr 15 Prozent größer als die Weibchen, und die Weibchen zeigen Genitalschwellungen, an denen sie leicht zu erkennen sind. Sie verhalten sich auch anders, bilden getrenntgeschlechtliche Bündnisse und eine Hierarchie unter weiblicher Leitung zur sozialen Körperpflege und zum Teilen der Nahrung. Um die jüngsten Säuglinge kümmern sich Weibchen, aber sobald die Jungen entwöhnt werden und mehr körperliche Fähigkeiten erwerben, übernehmen die Männchen den größten Teil der Elternpflichten.

Die Springaffen mit ihrem völlig fehlenden Geschlechtsdimorphismus und der starken Monogamie stehen scheinbar am ganz anderen Ende des Spektrums, da die Berberaffen geschlechtsdimorph sind und keine Monogamie erkennen lassen, und doch haben die beiden Arten einige Dinge gemeinsam, durch die sie sich von den meisten anderen Primaten unterscheiden. Erstens investieren die Eltern beider Arten stark in die Nachkommen.* Und zweitens legen sowohl die Springaffen- als auch die Berberaffenweibchen ein hohes Maß an Partnerwahl und genereller Selbstständigkeit an den Tag. Die Männchen vieler Säugetierarten sind dominant, aggressiv, brutal, sexuell bestimmend und gewalttätig, und die Weibchen haben kaum eine andere Wahl, als es zu ertragen. Bei diesen beiden Affenarten jedoch sind die Weibchen in vollem Umfang ermächtigt.

Auch auf die Gefahr hin, zu romantisieren: Bei Roten Springaffen und Berberaffen herrscht Gendergleichberechtigung, und die sozialen Gruppen leben in relativer Harmonie. Bei den Gruppen der Springaffen handelt es sich um Kernfamilien, bei den Berberaffen dagegen um große gemischte Familien, aber in beiden Fällen agieren die Mitglieder kooperativ, und sexuelle Konflikte gibt es kaum. Dies zeigt, dass viele Wege zu einem friedlichen Dasein führen können und dass man sowohl durch Monogamie als auch durch Promiskuität dorthin gelangen kann. Der gemeinsame Aspekt ist, zumindest bei diesen

* Bei mehr als 85 Prozent der Primaten und 90 bis 95 Prozent aller Säugetiere lassen die Väter nur wenig oder gar keine Fürsorge für die Nachkommen erkennen. Wegen der inneren Schwangerschaft sind die Weibchen dazu prädestiniert, in der Elternschaft über den Tisch gezogen zu werden. Die Männchen können einfach ihren Samen abgeben, sich davonmachen und den Weibchen den Löwenanteil – oder besser gesagt: den *Löwinnenanteil* – der Arbeit überlassen.

beiden Primatenarten, die Ermächtigung der Weibchen.* Wo Männchen das Sagen haben, wie in einem Harem, kann das Leben recht ruppig sein – und zwar insbesondere für die Männchen! Haben Weibchen dagegen die Vorherrschaft, sind anscheinend Harmonie und Gleichberechtigung die natürlichen Folgen.** Darüber sollten wir nachdenken.

Affenartig

Sehen wir uns nun einmal unsere eigene Spezies näher an. Die Menschen gehören zu den Menschenaffen, einer Gruppe schwanzloser Primaten. Unsere engsten heute noch lebenden Verwandten sind die beiden Schimpansen-Schwesterarten, der Gemeine Schimpanse und der Zwergschimpanse, auch »Bonobo« genannt. Am zweitnächsten mit uns verwandt sind die Gorillas. Alle drei Spezies, Schimpansen, Gorillas und Menschen, bezeichnet man als »afrikanische Menschenaffen«, denn sie haben die gesamten oder fast die gesamten letzten 10 Millionen Jahre ihrer Evolutionsgeschichte auf diesem Kontinent verbracht. Vergrößern wir den Abstand, so folgt als nächster Verwandter der Orang-Utan. All diese Arten nennt man auch »Große Menschenaffen«, denn sie sind größer als die Gibbons (die »Kleinen Menschenaffen«). Orang-Utans und Gibbons haben die gesamten oder fast die gesamten letzten 10 Millionen Jahre in Asien gelebt und heißen deshalb »asiatische Menschenaffen«.

* Diese Tatsache sollten wir im Hinterkopf haben, wenn ich in Kapitel 7 matriarchalische menschliche Gesellschaften erörtere.

** Eine wichtige Ausnahme sind die Hyänen: Sie sind ebenfalls matriarchal organisiert, bei ihnen herrschen aber auch heftige Konkurrenz, feindselige Dominanz und gewalttätige Konflikte. Hyänen haben einen so hohen Testosteronspiegel im Blut, dass selbst der weibliche Körper deutliche männliche Merkmale zeigt. In einem gewissen Sinn sind sie die Ausnahme, die die Regel bestätigt.

Wenn wir mehr über den natürlichen Zustand der menschlichen Sexualität und der sexuellen Beziehungen herausfinden wollen, ist es sinnvoll, uns auf unsere engsten Verwandten zu konzentrieren, das heißt auf die, mit denen wir den längsten Stammbaum teilen. Der gemeinsame Vorfahre von Schimpansen und uns Menschen lebte vor rund 6 Millionen Jahren. Den gemeinsamen Vorfahren von Schimpansen, Gorillas und uns können wir vor rund 10 Millionen Jahren ansiedeln, und der gemeinsame Vorfahre aller großen Menschenaffen lebte ganz grob vor 12 Millionen Jahren. Weiter werden wir nicht in die Vergangenheit vordringen, denn wie wir in Kürze sehen werden, findet sich schon in dieser relativ jungen Geschichte ein erstaunliches Spektrum der sexuellen Vielfalt.

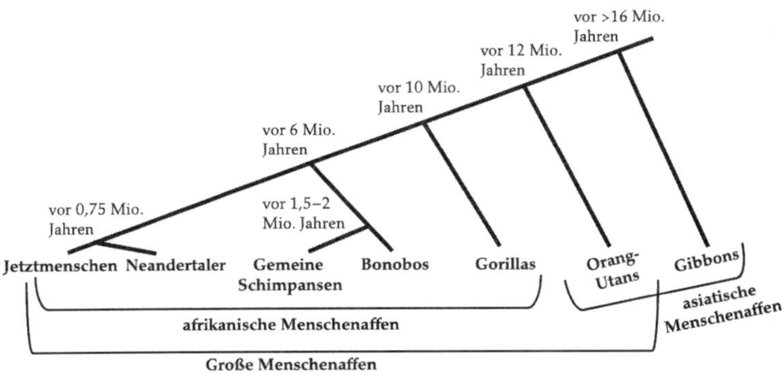

Evolutionäre Verwandtschaftsbeziehungen zwischen heutigen Menschenaffen

Beginnen wir mit den Orang-Utans, den am weitläufigsten mit uns verwandten Großen Menschenaffen.[47] Es gibt zwei Arten von ihnen:*

* Eine winzige isolierte Population von Orang-Utans im Norden Sumatras, die zuvor als Unterart galt, wurde kürzlich als dritte Spezies namens »Tapanuli-Orang-Utan« (*Pongo tapanuliensis*) neu eingestuft. Man stützte sich dabei auf Genomanalysen, in denen sich der genetische Abstand von den beiden anderen Populationen gezeigt hatte. Sie stoßen lautere Rufe in höherer Tonlage aus, im Sexualverhalten gibt es aber keine größeren Unterschiede.

Die eine (*Pongo pygmaeus*) ist auf Borneo heimisch, die andere (*Pongo abelii*) auf Sumatra. Orang-Utans sind unter allen Menschenaffen die ausgeprägtesten Einzelgänger. Ausgewachsene Männchen leben fast vollständig allein. Wenn sie ins Erwachsenenalter kommen, ziehen sie sich zurück und streifen eine Zeit lang kontaktlos herum, bis sie ihre volle Größe und Kraft erreicht haben. Orang-Utan-Männchen sind revierbewusst und richten sich ein Heimatgebiet ein, das ausschließlich sie beherrschen, wobei es häufig zu Auseinandersetzungen kommt, wenn sie nach dem größten, beneidenswertesten Gebiet streben, das sie verteidigen können. Oft fordern sie sich gegenseitig heraus, denn die meisten Männchen stecken sich keine neuen Reviere ab, sondern übernehmen das Territorium von anderen Männchen. Soziale Bindungen irgendeiner Art bilden ausgewachsene männliche Orang-Utans allem Anschein nach überhaupt nicht aus.

Die Orang-Utan-Weibchen sind ein wenig sozialer. Sie begründen ebenfalls ein Heimatgebiet, gehen aber mit Nachbarweibchen freundlich um und nehmen in der Regel auch Überschneidungen der Territorien hin. Die Weibchen entfernen sich im Allgemeinen nicht weit von dem Gebiet, in dem sie geboren wurden, das heißt, benachbarte Weibchen sind häufig Schwestern oder anderweitige nahe Verwandte. Da die Weibchen nicht wandern, ist es wichtig, dass die Männchen dies tun und somit Inzucht verhindern.

Wenn die Paarungszeit naht, bemühen sich die Männchen, Weibchen während des Eisprungs anzulocken; dazu nutzen sie eine Kombination aus physischer Zurschaustellung – lange Haare und Backenwülste – und Lautäußerungen. Oft versuchen Männchen auch, die Kopulation zu erzwingen, wenn sie einem Weibchen begegnen, ganz gleich, ob dieses fruchtbar ist oder nicht. Wenn die Weibchen keinen Eisprung haben, wehren sie die Kopulation in der Regel nicht ab. Da sie wahrscheinlich ohnehin nicht schwanger werden, ist es nicht notwendig, wählerisch zu sein, und vermutlich lohnt es sich einfach nicht, sich kämpferisch zu widersetzen. Während des Östrus sind die Weibchen dagegen viel wählerischer, und die Männchen müssen sie jagen, unterwerfen und einen beträchtlichen Widerstand überwinden, um mit ihnen zu kopulieren. Dass fruchtbare Weibchen auf diese Weise Gegenwehr leisten, ist vermutlich eine Art Qualitätskontrolle, die nur gesunde, kräftige, virile Männchen bestehen können.

Wenn es einem männlichen Orang-Utan gelungen ist, ein fruchtbares Weibchen gefügig zu machen, kopuliert er mehrere Wochen lang mehrmals, fast ständig, mit ihr, bis er sicher ist, dass er sie geschwängert hat. In dieser Zeit beobachtet und beschränkt er eifersüchtig jede ihrer Bewegungen, während er kaum frisst oder schläft. Er betreibt also eine extreme Form der Partnerbewachung. Als Nächstes geschieht etwas noch Schlimmeres: Sobald es sicher ist, dass das Weibchen schwanger ist, läuft das Männchen weg und kommt nie mehr wieder. Männliche Orang-Utans sind echte Rabenväter: Sie drängen sich dem Weibchen auf, bewachen die Partnerin, um ihre Vaterschaft zu schützen, und verlassen dann das schwangere Weibchen, um sich ein anderes zu suchen.

Da es bei Orang-Utans keine Paarbildung und nur schwache soziale Bindungen gibt, können wir von ihnen, was das Sexualverhalten von Menschen angeht, kaum etwas lernen. Ich halte es trotzdem für lohnend, über sie zu berichten, und sei es auch nur, um deutlich zu machen, welche unterschiedlichen sozialen Verhaltensweisen sich im Lauf der Evolution entwickeln können, sodass diese Menschenaffen nun vollkommen andere sexuelle Beziehungen eingehen als all ihre engen Verwandten.

Wie bereits in Kapitel 2 erwähnt, unterscheidet sich das Sexualverhalten von Gorillas* auffällig von dem der Orang-Utans, aber

* Früher glaubte man, es gebe nur eine Spezies von Gorillas mit drei lokalen Varianten als Unterarten. Mittlerweile hat man sie als zwei Arten (*Gorilla gorilla* und *Gorilla beringei*) mit jeweils zwei Unterarten neu klassifiziert. Die Arten sind geografisch getrennt, ihr Sozialverhalten ist aber so ähnlich, dass sie hier der Einfachheit halber wie eine Spezies erörtert werden können.

einige Parallelen, insbesondere das tyrannische Wesen der ausgewachsenen Männchen, sind erwähnenswert.[48] Gorillas bauen sich einen Harem auf,* in der Regel mit einem dominierenden Männchen (dem Silberrücken) und mehreren Weibchen. Wie bei den Löwen beteiligen sich die Männchen weniger am Sozialleben der Gruppe; stattdessen bilden die Weibchen eine Dominanzhierarchie mit einem Alphaweibchen, das in vielerlei Hinsicht die soziale Anführerin der Gruppe ist. Es hält die anderen auf Linie, löst Konflikte und steuert den sozialen Zugang zum Silberrücken. Der hat zwar uneingeschränkten *sexuellen* Zugriff auf alle Weibchen, diese aber rangeln in der Gruppe um soziale Positionen, die mit Vorrang beim Fressen und anderen Privilegien verbunden sind.

Anders als bei Löwen sind nicht alle Weibchen in einem Gorilla-Harem miteinander verwandt, in den meisten Harems gibt es allerdings einige Schwestern. Sie sind einander noch näher und nutzen die Geschwisterbündnisse, um in der Gruppe eine bessere Position zu erlangen. In einem Harem herrschen viel Rivalität und Taktik, aber die soziale Bindung zwischen seinen Mitgliedern ist eng. Anders als bei Orang-Utans sind auch die Männchen Teil dieser sozialen Bindung und entwickeln eine starke Zuneigung zu ihren Ehefrauen und Kindern. So führt beispielsweise der plötzliche Tod eines Gruppenmitglieds zu Aufruhr und sichtbarem Schmerz bei den Überlebenden, einschließlich des Silberrückens, der in Trauer und schließlich eine soziale Neustrukturierung mündet. Der soziale Zusammenhalt unter Gorillas ist groß, insbesondere in den Paarbeziehungen zwischen dem Silberrücken und den Weibchen. Sie behandeln sich gegenseitig mit Fürsorge, Mitgefühl und Zuneigung.

* Die Ausnahme von dieser Regel ist eine Population von Berggorillas im Virunga-Nationalpark, die bereits im letzten Abschnitt von Kapitel 2 beschrieben wurde: Sie hat die Harem-Lebensweise aufgegeben und lebt seit nunmehr 30 Jahren in großen Gruppen aus vielen Männchen und Weibchen zusammen.

Für männliche Gorillas ist die Harem-Lebensweise viel anstrengender als für die Weibchen. Wenn ein junges Männchen sich der Geschlechtsreife nähert, wird es zu einer Bedrohung für seinen Vater, den Silberrücken. Das ist eine erhebliche Umstellung, denn Gorillas sind gerade gegenüber ihren Söhnen liebevolle Väter. Auch die Mütter sind ziemlich chauvinistisch: Wenn es um das Teilen der Nahrung, das Grooming und andere soziale Privilegien geht, bevorzugen sie die Söhne gegenüber den Töchtern. Das ist leichter hinzunehmen, wenn wir daran denken, dass die Weibchen einen recht sicheren Weg zum Erfolg und ein angenehmeres Leben haben als die Männchen. Diese müssen wie männliche Löwen die Gruppe verlassen und eine Einzelgängerphase durchmachen, bis sie zu voller Größe herangewachsen sind; anschließend müssen sie versuchen, eine Gruppe zu übernehmen, indem sie entweder einen eingesessenen Silberrücken herausfordern oder jüngere ausgewachsene Weibchen heranziehen und mit ihnen eine neue Gruppe bilden.

Wenn ein jüngeres, kräftigeres Männchen am Ende den Silberrücken ablöst, was in den meisten Harems geschieht, werden alle jungen Gorillas von dem neuen Silberrücken ermordet. Daraufhin werden die Weibchen fruchtbar, und ihr mütterliches Engagement gilt dann seinen Kindern und nicht den Nachkommen des früheren Alphamännchens. Das ist auch der Grund, warum junge Männchen niemals ihren eigenen Vater herausfordern. Ihre Gene haben durch die Geschwister und Halbgeschwister bereits Erfolg, und alle Jungen zu töten, wäre aus Sicht der Evolution selbstzerstörerisch.

Insgesamt sind Gorillas zwar nicht monogam, sie entwickeln aber starke soziale Bindungen und Zuneigung, betreiben alloparentale Pflege, und in der Gruppe herrschen Kooperation und Zusammengehörigkeitsgefühl. Von den gelegentlichen (und sehr dramatischen) tödlichen Auseinandersetzungen zwischen Männchen abgesehen, sind Streitigkeiten selten.

Es bleibt in der Familie

Jetzt wenden wir unsere Aufmerksamkeit unseren engsten lebenden Verwandten zu: den Schimpansen. Das Glück wollte es, dass es zwei eng verwandte Schimpansen-Schwesterarten gibt: den Gemeinen Schimpansen (*Pan troglodytes*) und den Zwergschimpansen oder Bonobo (*Pan paniscus*). Von »Glück« spreche ich, weil die beiden Spezies eng verwandt und in den meisten Aspekten sehr ähnlich sind, sich aber *deutlich* unterscheiden, wenn es um genderspezifisches Verhalten geht; damit liefern sie uns viel Aufschlussreiches im Hinblick auf die sexuellen Verhaltensweisen unserer Menschenaffenverwandten.[49]

Zwar sind beide Schimpansenarten stark durch Wilderei und Lebensraumzerstörung gefährdet, doch die Gemeinen Schimpansen sind weitaus zahlreicher und weiter verbreitet als die Bonobos: Deren Verbreitungsgebiet beschränkt sich auf eine kleine Region in der Demokratischen Republik Kongo. Nach heutiger Kenntnis haben sich die beiden Spezies vor weniger als 2 Millionen Jahren auseinanderentwickelt, als der Kongo entstand. Da Schimpansen nicht gut schwimmen können, teilte der Fluss die ursprüngliche Affenpopulation auf. Die Gruppe, die südlich des Flusses isoliert war, wurde zu den heutigen Bonobos; im Norden war der größere Teil der Population stärker über Zentralafrika verbreitet – aus ihm entstanden die Gemeinen Schimpansen.

Kommen wir zuerst zu den Ähnlichkeiten. Beide Arten leben in einem höchst sozialen, höchst komplexen und höchst dynamischen Umfeld. Beide bilden umfangreiche Gemeinschaften oder Großgruppen von 100 bis 150 Individuen, die sich im Alltagsleben aber häufig in viele Kleingruppen aufteilen. Solche Kleingruppen bestehen in der Regel aus weniger als zehn Individuen; dabei kann es sich ausschließlich um Männchen, ausschließlich um Weibchen und ihre Nachkommen, um gemischte Gruppen aus ausgewachsenen Tieren oder auch um eine kleine Familie, eine Mutter und ihren Kindern, handeln. Die Schimpansen leben in einer sogenannten *Fission-Fusion*-Gesellschaft (»Trennen und Zusammenkommen«), denn ihre Mitglieder können zwischen den verschiedenen Kleingruppen wechseln, und die Gruppen können sich auch spontan bilden oder auflösen. Manche Bündnisse entstehen kurzfristig und nur zu einem bestimmten Zweck, beispielsweise um gemeinsam auf die Jagd zu gehen; andere bleiben monatelang bestehen, etwa wenn ein Weibchen mit einem Säugling und anderen von ihm abhängigen Kindern zusammen ist. Die Großgruppen sind gesellig und kontaktfreudig, aber gegenüber Außenstehenden aus anderen Horden aggressiv. Gewalttätige Konflikte zwischen solchen Gruppen sind nicht selten, und Gemeine Schimpansen organisieren bekanntermaßen sogar mörderische Überfälle auf andere.

Was das Sozialverhalten angeht, sind die Ähnlichkeiten zwischen den beiden Arten jedoch zu Ende. Gemeine Schimpansen sind patriarchalisch und verfügen über eine sehr strenge, lineare Dominanzhierarchie.[50] Unter Männchen wie unter Weibchen gibt es eine Rangordnung, und alle Männchen sind dominant gegenüber allen Weibchen. Hergestellt und aufrechterhalten wird die Dominanzordnung durch Aggression, insbesondere zwischen den Männchen. Die bevorzugte Methode sind dabei Drohungen und Imponiergehabe, aber auch Kämpfe sind nichts Ungewöhnliches und können manchmal tödlich enden. Männchen sind gerade gegenüber den männlichen Mitgliedern anderer Gruppen feindselig – diese werden gewöhnlich schon bei Sichtkontakt angegriffen. Wenn ein dominantes Männchen allein oder mit anderen von der Nahrungssuche zurückkehrt, besteht seine erste Maßnahme darin, alle anderen daran zu erinnern, dass es der Chef ist.

Darüber hinaus sind Gemeine Schimpansen höchst revierbewusst: Jede Großgruppe unterhält und verteidigt ein ausgedehntes Verbreitungsgebiet voller Früchte, Samen, Blattknospen und anderer bevorzugter Nahrungsmittel. An den Reviergrenzen patrouillieren kleinere Gruppen hochrangiger Männchen; die Hauptgegner sind Schimpansen aus Konkurrenzgruppen. Diese Patrouillen jagen gelegentlich auch kleine Nagetiere und Kleinaffen, sodass die Ernährung der Schimpansen neben den Pflanzen, von denen sie vorwiegend leben, auch ein gewisses Maß an Fleisch und Insekten umfasst. Männchen verlassen die Gruppe, in der sie geboren wurden, nicht, sondern konkurrieren um die Rangfolge, und zwar entweder durch direkte Kämpfe oder indem sie vorübergehende Bündnisse mit anderen Männchen bilden. Deshalb sind die männlichen Mitglieder einer Großgruppe fast immer enge Verwandte. Das erleichtert zwar das Knüpfen von Allianzen, diese sind aber auch wechselhaft und zweckgebunden; die Männchen sind ausbeuterisch und manipulativ, und Aggression zwischen ihnen, Kämpfe und sogar tödliche Gewalt gehören zur Schimpansengesellschaft dazu.[51]

Weibliche Gemeine Schimpansen dagegen verlassen nach Erreichen der Geschlechtsreife fast immer die Gruppe, in der sie geboren wurden, und schließen sich einer anderen Gemeinschaft an. Das begünstigt die genetische Vielfalt und vermindert die Inzucht, was für die Schimpansengesellschaften wichtig ist, da die Männchen nicht wandern. Schließt sich ein Weibchen einer anderen Großgruppe an, bleibt es in der Regel auf Dauer dort; gelegentlich kehrt es aber auch zu der Gruppe seiner Geburt zurück, nachdem es schwanger geworden ist. Beide Verhaltensweisen dienen dem gleichen Zweck: Zwischen den Gemeinschaften werden Gene ausgetauscht, und der Genpool wird bereichert.

Die Fälle, in denen Weibchen zu ihrer Geburtsgruppe zurückkehren, nachdem sie von fremden Männchen schwanger geworden sind, werfen eine interessante Frage auf: Woher kommen dann väterlicher Einsatz und Schutz? Droht dem vaterlosen Kind ein Infantizid wie einem jungen Gorilla? Die Antwort: Schimpansenväter beteiligen sich ohnehin nicht an der Kinderfürsorge, das heißt, die väterliche Investition ist irrelevant; gelegentlich kommt es zwar zum Mord an Jungtieren, in der Regel sind die Nachkommen fremder Väter aber nicht stärker gefährdet. Das liegt daran, dass Schimpansen sehr promiskuitiv sind, sodass keiner von ihnen *jemals* weiß, wer wessen Vater ist.

Wenn ein Schimpansenweibchen brünstig ist, füllen sich die Genitalien mit Blut und zeigen die Fruchtbarkeit an. Das Weibchen verfolgt dann eine promiskuitive Paarungsstrategie, indem es mit mehreren Männchen verkehrt, und dabei hat es verschiedene Optionen. Manchmal kontrolliert das dominante Männchen einer Gruppe den Zugang zu fruchtbaren Weibchen, verschafft sich selbst den größten Teil davon und eröffnet auch seinen Verbündeten begrenzte Möglichkeiten. Bei anderen Gelegenheiten geben sich ein Männchen und ein Weibchen abseits vom Rest der Gemeinschaft einer privaten Partnerwerbung hin. Oder aber ein Weibchen geht zu einer anderen Gruppe, paart sich dort mit allen Männchen, die es findet, und kehrt dann zurück. In den meisten Fällen paaren sich die Weibchen mit so vielen Männchen, dass die Vaterschaft – offensichtlich gezielt – fraglich bleibt.

Das alles hat zur Folge, dass die Fortpflanzungsstrategie männlicher Schimpansen darin besteht, mit möglichst vielen fruchtbaren Weibchen so viele Male wie möglich sexuell zu verkehren und darauf zu hoffen, dass das eigene Sperma das der anderen verdrängt und überwiegt. Diese sogenannte Spermienkonkurrenz führte zur Entwicklung ungewöhnlich schneller und zahlreicher Samenzellen, eines üppigen Ejakulats und anstößig großer Hoden. In Bezug auf ihre gesamte Körpergröße sind Schimpansen um 10 bis 20 Prozent kleiner als Menschen, aber ihre Hoden sind im Durchschnitt *dreimal größer*. Das zeigt, welch starker Selektionsdruck von der Spermienkonkurrenz ausgeht. Tatsächlich ist es ein allgemeiner Trend, den man bei Vögeln und Säugetieren, darunter insbesondere die Primaten, beobachtet: Wenn die Weibchen promiskuitiv sind, haben die Männchen große Eier.[52]

Das andere Extrem sind übrigens die Gorillas. Ihre Polygynie gestattet den Weibchen keine Promiskuität, und die Spermienkonkurrenz ist nicht der Rede wert. Entsprechend haben die Männchen winzige Hoden (und einen noch kleineren Penis).* Wo Menschen in diesem Schema stehen, ist seit Jahrzehnten umstritten. Einerseits sind unsere Hoden (im Verhältnis zum Körpergewicht) erheblich größer als die der polygynen Gorillas, andererseits sind sie aber viel kleiner als die der promiskuitiven Schimpansen. Das brachte die Argumente in der Diskussion, ob Monogamie der natürliche Zustand der Menschen ist, auf beiden Seiten durcheinander.

Da bei den Schimpansen niemand weiß, welche Nachkommen von welchem Vater abstammen, gibt es bei ihnen auch keine unmittelbare väterliche Investition. Schimpansenmännchen bieten aber allgemein Schutz und Nahrungsversorgung für sämtliche Jungtiere in ihrer Gruppe. Sie wissen vielleicht nicht, welches Kind – wenn überhaupt – »ihres« ist, aber sie verhalten sich so, als würden sie anerkennen, dass alle oder zumindest die meisten Kinder ihre Verwandten sind: Nichten und Neffen, Cousins und Cousinen, Halbgeschwister und so weiter. Wenn ein Weibchen von einem Fremden geschwängert wird und zur eigenen Geburtsgruppe zurückkehrt, ist es selbst wahrscheinlich mit den Männchen in der Gruppe verwandt. Und wenn sich ein Weibchen einer anderen Gruppe anschließt, ist es vielleicht nicht mit den Männchen verwandt, seine Kinder werden es aber sehr wohl sein. Durch Promiskuität entsteht ein System der verteilten Vaterschaft, das grob der Dominanzhierarchie folgt. Die erfolgreichsten Männchen sind Väter der meisten Nachkommen, aber alle kümmern sich bis zu einem gewissen Grade um die Jungtiere.**

* Aus diesem Grund hält man die in Kapitel 2 beschriebenen Gorillagruppen mit vielen Männchen für eine neue und seltene gesellschaftliche Organisationsform. Man würde vorhersagen, dass die dadurch entstehende Promiskuität der Weibchen zur Ausbildung größerer Hoden führt, aber seltsamerweise betreiben die Weibchen in den Gruppen mit vielen Männchen offenbar deutlich seltener Sex als in einem Harem.

** Auch in diesem Punkt sind die Menschen eine bunte Mischung. Menschenväter bevorzugen in der Regel wie Gorillas ihre eigenen biologischen Kinder und neigen zur Partnerbewachung (Eifersucht). Aber wie Schimpansen

Anders sieht die Sache für die Weibchen aus. Sie wissen, wer ihre Kinder sind, gehen enge Bindungen zu ihnen ein, und die jungen Schimpansen sind völlig von ihren Müttern abhängig. Diese müssen sie während der ersten sechs Monate herumtragen; danach werden sie für weitere 18 Monate huckepack genommen, bevor sie im Alter von ungefähr zwei Jahren endlich in der Lage sind, allein herumzulaufen. Während der ersten beiden Jahre sind Mutter und Kind in ständigem Körperkontakt, und die Kinder werden erst mit fünf Jahren völlig entwöhnt. Mit zehn Jahren beginnen die jungen Schimpansen, sich selbstständig zwischen den Gruppen hin und her zu bewegen und unabhängig zu werden. Ja, Schimpansenmütter sorgen volle zehn Jahre lang pflichtbewusst für ihre Nachkommen, säugen und füttern sie und bringen ihnen bei, wie man Nester baut, Nahrung findet, mit anderen Schimpansen spielt und die vielen sonstigen Dinge tut, die Schimpansen wissen müssen. Nur gelegentlich helfen dabei mal andere Männchen und Weibchen.

Damit soll gesagt werden, dass Schimpansen trotz fehlender Paarbindungen eindeutig starke soziale und familiäre Strukturen ausbilden. Neben der beispiellosen Verbundenheit zwischen Mutter und Nachkommen zeigen Schimpansen Anhänglichkeit gegenüber ihren Geschwistern und anderen Gruppenmitgliedern. Auch quer durch die Dominanzhierarchie bestehen soziale Bindungen, und fast alle empfinden ein gewisses Maß an Zugehörigkeitsgefühl zu den höchstrangigen Männchen und Weibchen. Schimpansen betrauern den Verlust ihres Anhangs ganz ähnlich wie wir: Jane Goodall berichtet von einem Schimpansen, der buchstäblich an der Trauer nach dem Tod seiner Mutter starb. Soziale Bindungen werden durch das Grooming (das Heraussuchen von Läusen und Insekten aus dem Fell des an-

leben auch die Menschen immer in Gruppen mit vielen Männern, zwischen denen auch starke soziale Bindungen bestehen, und da der Eisprung bei Menschen nicht offen sichtbar ist, kann man sich der Vaterschaft nicht sicher sein.

deren) gestärkt, aber auch durch Spiel, gemeinsames Fressen und andere freundschaftliche Kontakte.

Das alles deutet darauf hin, dass das Oxytocin-Bindungssystem bei dieser Spezies enorm ausgeprägt ist, auch wenn es anscheinend nicht durch sexuelle Aktivität angeregt wird.[53] Uns mag das seltsam erscheinen, es ist aber angesichts der Struktur der Schimpansengesellschaft vollkommen plausibel. Die Bindungen, die für Überleben und Erfolg eine große Bedeutung haben, sind tatsächlich stark. Die Paarbindung zwischen Sexualpartnern dagegen – mit anderen Worten: die Monogamie – nützt nicht allen und fehlt deshalb. Im Gegensatz dazu bilden die Gorillas enge Bindungen zwischen Sexualpartnern aus, obwohl sie polygyn sind. Der Silberrücken ist ebenso eng an die Weibchen gebunden wie sie an ihn. Wie alle Eltern bestätigen werden, die mehr als ein Kind haben, können Paarbindungen auch dann sehr stark sein, wenn kein Verhältnis von eins zu eins besteht.

Es mag überraschend erscheinen, aber die Primatenspezies, die sich vom Gemeinen Schimpansen in ihrem sozialen und sexuellen Verhalten am deutlichsten unterscheidet, ist auch sein engster Verwandter: der Bonobo. Die beiden Schwesterspezies haben mehr als 99 Prozent ihrer DNA-Sequenzen gemeinsam und gleichen sich in Bezug auf Ernährung, natürliche Lebensdauer, Physiologie, Gesundheit und anderem nahezu völlig. Und doch haben sich im Lauf ihrer Evolution radikal unterschiedliche, fast diametral entgegengesetzte Sozialstrukturen entwickelt. Während Schimpansen aggressiv und herrschsüchtig sind, sind Bonobos freundlich und gesellig. Während Schimpansen männlich dominiert und hierarchisch organisiert sind, herrschen bei Bonobos Matriarchat und Gleichberechtigung. Während Schimpansen revierbewusst sind und ihr Heimatgebiet energisch und häufig sogar mit tödlichen Auswirkungen verteidigen, sind Bonobos eher Nomaden, und Begegnungen mit Fremden führen nur selten zu Konflikten.

Aber nirgendwo sind die Unterschiede zwischen Schimpansen und Bonobos so krass wie im Sexualverhalten.[54] Bonobos sind die frivolsten Tiere, die jemals beschrieben wurden. Sex dient bei ihnen zur Begrüßung, Bindung, Konfliktlösung, Versöhnung, als Ausdruck von Erregung, zur Erleichterung der Nahrungsverteilung oder einfach nur zum Vergnügen. Bonobos betätigen sich ständig sexuell und lassen keine Abneigung gegen Geschlecht, Alter oder Verwandtschaftsbeziehungen erkennen (mit Ausnahme von Müttern und ihren ausgewachsenen Söhnen). Sex zwischen Erwachsenen und Kindern, ja selbst mit Säuglingen, kommt häufig vor, in der Regel schließt er aber keine Penetration ein, und die Initiative zum Sexualkontakt geht von Kindern ebenso oft aus wie von Erwachsenen.

Ein gutes Beispiel für die Unterschiedlichkeit beider Arten ist ihr Verhalten, wenn sie auf eine reichhaltige Nahrungsquelle stoßen.[55] Handelt es sich um Gemeine Schimpansen, richtet sich der Zugang zum Futter nach dem Dominanzstatus, und der wird durch aggressive Gebärden oder wenn nötig Kämpfe durchgesetzt. Finden Bonobos reichhaltige Nahrung, feiern sie eine hektische Orgie. Man nimmt an, dass die sexuelle Betätigung in der Gruppe Spannungen abbaut, die wilde Erregung dämpft und dafür sorgt, dass die Nahrung harmonisch geteilt wird.

Auch hinsichtlich ihrer Sexualpraktiken sind Bonobos sehr kreativ.[56] Sie praktizieren Zungenküsse, Oralsex und gegenseitige Masturbation, und als einzige Primaten außer den Menschen haben sie Geschlechtsverkehr mit einander zugewandten Gesichtern. Der Sex zwischen Männchen umfasst Fellatio, Analverkehr, Frottage und Penisfechten; weibliche Paare betreiben Cunnilingus, stimulieren sich manuell und reiben ihre Genitalien aneinander, wie es schon in Kapitel 3 beschrieben wurde. Bonoboweibchen werden viel häufiger brünstig als Gemeine Schimpansen; die Geburtenrate, die Schwangerschaftsdauer und der Zeitraum zwischen den Schwangerschaften sind aber ähnlich.

Während Gemeine Schimpansen im Patriarchat leben, gilt die Gesellschaft der Bonobos als matriarchalisch, denn die beherrschende Stellung hat immer ein Alphaweibchen inne. Dominanz wird allerdings nicht durch Kämpfe oder Aggression erreicht, sondern durch Alter, den Aufbau von Bündnissen und sexuelle Betätigung. Bonoboweibchen können sich gewissermaßen »nach oben schlafen«, und Männchen erlangen eine hohe Stellung durch ihre Zugehörigkeit zu hochrangigen Weibchen, insbesondere ihren Müttern.[57] Insgesamt jedoch ist die Dominanzhierarchie schwach, und meist wird allen sexueller Zugang gewährt. Wie bei den Gemeinen Schimpansen herrscht zwischen Mutter und Nachkommen eine besonders enge Bindung; dennoch beschützen und versorgen alle Mitglieder einer Bonobogruppe die Jungtiere in gemeinsamer Arbeit.

Bonobos haben nicht nur jeden Tag mehrmals Sex, sondern sie verbringen auch viel Zeit mit Spielen – selbst als Erwachsene. Unter den Jungtieren baut gemeinsames Spiel Vertrauen und soziale Bindungen auf, und ausgewachsene Weibchen zeigen eine starke Vorliebe für Männchen, mit denen sie als Kinder häufig gespielt haben. Während sich bei Gemeinen Schimpansen die dominanten Männchen mit Aggression den sexuellen Zugang zu Weibchen verschaffen und ihn aufrechterhalten, empfinden Bonoboweibchen männliche Aggression prinzipiell als abtörnend. Die beste Strategie auf dem Weg zu einer erfolgreichen Paarung mit dem höchstrangigen Weibchen besteht für ein Männchen – insbesondere wenn es noch jung ist – darin, das Vertrauen dieses Weibchens oder das seiner Freundinnen zu gewinnen. Im Sozialleben der Bonobos geht nichts ohne Freundschaften und Bündnisse.

Wie sich im Lauf der Evolution dieser beiden Arten ein so unterschiedliches Sozialverhalten entwickeln konnte, obwohl sie genetisch fast nicht zu unterscheiden sind und nahezu in den gleichen Lebensräumen ihre Heimat haben, ist etwas rätselhaft. Der am ehesten anerkannten Theorie zufolge erfreute sich die winzige Population, die südlich des Kongos gestrandet war, eines nahezu unbegrenzten Zugangs zur Lieblingsnahrung mit reifen Früchten, jungen Blättern, Insekten und so weiter; deshalb konkurrierten die einzelnen Gruppen nicht um Nahrung, und es bestand keine Notwendigkeit, ein

Heimatrevier zu begründen und zu verteidigen. Revierbewusstsein und Aggression gegenüber Außenstehenden boten keinen Nutzen und verschwanden allmählich. Außerdem war die Population im Süden anfangs klein, und wegen der geringen Geburtenrate und der langen Generationszeit von Menschenaffen blieb das auch so. Da Nahrung und Platz ausreichend zur Verfügung standen und es somit kaum Konkurrenz um Ressourcen oder Partner gab, konnte sich ein harmonisches, auf Gleichberechtigung gegründetes, sexverrücktes soziales Umfeld ausbilden.

Viele Spekulationen ranken sich um die Frage, was wir aus dem Verhalten unserer beiden so unterschiedlichen engsten Verwandten lernen können und welche Lektionen – wenn überhaupt – sich auf unser eigenes Verhalten anwenden lassen.[58] Bis vor Kurzem waren die meisten Forschenden der Fachbereiche Anthropologie und Evolutionspsychologie bemüht, Vergleiche zwischen Menschen und Gemeinen Schimpansen anzustellen, nicht aber zwischen Menschen und Bonobos.

Louis Leakey, einer der einflussreichsten Paläoanthropologen, gelangte zu dem Schluss, man könne die Evolution des menschlichen Verhaltens am besten verstehen, wenn man verstehe, wie sich Menschenaffen verhalten. Er suchte drei handverlesene Wissenschaftlerinnen aus, die Orang-Utans, Gorillas und Gemeine Schimpansen studieren sollten. Die drei Frauen – Biruté Mary Galdikas, Dian Fossey und Jane Goodall – wurden als »Leakeys Engel« bekannt und schufen mit ihren Pionierarbeiten die Grundlagen nicht nur für unsere Kenntnisse über das Verhalten der Menschenaffen, sondern auch für die Erforschung dieser Affen im Freiland. Bevor sie mit ihrer Arbeit begannen, wusste man fast nichts über das Verhalten der Menschenaffen, und ihre Methoden ließen das moderne Fachgebiet der westlichen Primatenforschung entstehen.* Die Bonobos wur-

* Von »westlicher« Primatenforschung sprechen wir, weil japanische Wissenschaftler zu jener Zeit bereits seit Jahrzehnten das Sozialverhalten von

den jedoch nicht in die bahnbrechenden Bemühungen von »Leakeys Engeln« miteinbezogen und deshalb über Jahrzehnte ignoriert.

Da die Gemeinen Schimpansen im Mittelpunkt standen, hielt man die männliche Dominanz für einen natürlichen, erwartbaren Teil des menschlichen Wesens. Die vorwiegend männlichen Wissenschaftler, die sich während der letzten beiden Jahrhunderte in der Tierwelt umsahen, waren nur allzu erpicht darauf, eine Bestätigung für die männliche Dominanz in der Gesellschaft der Menschen zu finden, und das auch und insbesondere in der Wissenschaft. Die Gemeinschaften der Gemeinen Schimpansen lieferten diese Bestätigung trotz Goodalls ständigen Bemühungen, auf die entscheidende Rolle der Weibchen bei der Strukturierung ihrer Gesellschaft aufmerksam zu machen. Die männliche Dominanz lässt sich bei den Gemeinen Schimpansen nicht schönreden, und erreicht wird sie durch Kraft, Drohungen und erforderlichenfalls durch Kämpfe. Hier gibt es sicherlich Parallelen zu verschiedenen Aspekten der menschlichen Gesellschaften auf der ganzen Welt.

Aber wie steht es mit den Bonobos? Mit ihnen sind wir ebenso eng verwandt wie mit den Gemeinen Schimpansen. Beide sind Schwesterspezies, und beide stehen als unsere Vettern auf dem gleichen Zweig des Evolutionsstammbaums. Während manche Wissenschaftler und Kommentatoren im Verhalten der Gemeinen Schimpansen Parallelen zur Gesellschaft der Menschen erkennen, gibt es ebenso starke Parallelen zu den Bonobos.

Unter anderem sind sowohl Menschen als auch Bonobos verrückt nach Sex. Gäbe es die Bonobos nicht, wären die Menschen mit Ab-

Kleinaffen in ihrem natürlichen Umfeld erforschten. Diese methodische Tradition ist so weit entwickelt, dass die »japanische Primatenforschung« als Wissenschaftsdisziplin mit eigener Geschichte, Methodik und Wissensbasis gilt. Derzeit sind westliche und japanische Primatenforscher damit beschäftigt, die Kenntnisse ihrer beiden Fachgebiete zusammenzuführen und sie gleichzeitig als eigenständige, einander ergänzende Traditionen aufrechtzuerhalten.

stand die sexbesessenste Primatenspezies. Zwar zeigen die Weibchen beider Schimpansenarten ihre Fruchtbarkeit mit geschwollenen Genitalien an, Gemeine Schimpansen konzentrieren ihre sexuelle Aktivität aber auf die fruchtbare Phase. Bonobos betätigen sich immer im gleichen Maße sexuell – ob sie nun einen Eisprung haben oder nicht. Menschenfrauen haben ebenfalls Sex während ihres gesamten Menstruationszyklus und auch wenn sie bereits schwanger sind oder stillen. Beim Menschen ist der Eisprung sogar *verborgen*, das heißt, niemand weiß, wer wann fruchtbar ist, und das dient etwa der Förderung einer konstanten, häufigen sexuellen Aktivität, was die Paarbindung verstärkt.

Außerdem sind Bonobos und Menschen die einzigen Primaten, die sich beim Sex die Gesichter zuwenden und viel Zeit auf sexuelle Praktiken verwenden, die nicht zu einer Befruchtung führen können, darunter Oral- und Analsex, Küssen, manuelle Stimulation, gegenseitige Masturbation und so weiter. Und wo wir schon gerade von mit Sex verbrachter Zeit reden: Eine Kopulation dauert bei Gemeinen Schimpansen im Durchschnitt *sieben Sekunden*. Menschen und Bonobos dagegen nehmen sich um des reinen Vergnügens willen Zeit für lange Sexualakte.

Die Parallelen zwischen Menschen und Bonobos gehen aber auch über den sexuellen Bereich hinaus. Zwar ist die Gesellschaft der Menschen oft von Gewalt und dem Recht des Stärkeren geprägt, doch unsere Spezies ist ebenso durch friedliche Konfliktlösung gekennzeichnet. Die Wahrscheinlichkeit, dass ein Gemeiner Schimpanse im Zuge einer gewalttätigen Auseinandersetzung mit einem Artgenossen stirbt, ist ungefähr hundertmal größer als bei Bonobos oder Menschen.[59] Und obwohl die Menschen wie die Gemeinen Schimpansen revierbewusst sind, werden Grenzen selbst in traditionellen Gesellschaften von Jägern und Sammlern häufig nicht durch bewaffnete Konflikte gezogen und aufrechterhalten, sondern durch Abkommen und gegenseitigen Aggressionsverzicht.

Sogar in der Art, wie verschiedene Gesellschaften miteinander umgehen, ähneln sich Menschen und Bonobos. Zwei Gemeine Schimpansen, die sich nicht kennen – das heißt, die aus unterschiedlichen Großgruppen stammen –, werden schon aggressiv, wenn sie sich nur sehen. Fremde werden immer mit Misstrauen betrachtet, und man begegnet ihnen mit der Androhung tödlicher Gewalt. Bei Menschen ist das aber nicht der Fall, oder? Mein Freund Mark Moffett, ein weltweit führender Experte für Tiergesellschaften, nennt als Beispiel einen Menschen, der lässig in ein Café schlendert, wo er von völlig Fremden umgeben ist.[60] Würde sich eine solche Szene unter Schimpansen abspielen, würde der Neuankömmling das Café nicht unversehrt verlassen. Vermutlich würde er es sogar überhaupt nicht mehr verlassen. In unserer menschlichen Gesellschaft dagegen sind wir trotz Fremdenfeindlichkeit und Rassismus im Allgemeinen tolerant gegenüber Fremden, von denen keine Bedrohung ausgeht. Auch hier spiegelt sich die Einstellung der Bonobos gegenüber Fremden wider: Sie sind vielleicht argwöhnisch, greifen aber nicht zu Gewalt. Um die Spannung abzubauen, haben sie mit dem Fremden einfach Sex. Wer darin keinen Anklang an eine Strategie der Menschen erkennt, hat noch nie längere Zeit in Hotelbars verbracht.

Meiner persönlichen Ansicht nach können wir wahre Lehren über das Wesen des Menschen weniger daraus ziehen, dass wir herausfinden, welche Schimpansenart am ehesten unser Spiegelbild ist, sondern vielmehr aus dem interessanten Kontrast zwischen den beiden Schimpansenarten selbst. Wir sind von den Schimpansen durch mindestens 6 Millionen Jahre eigenständiger Evolutionsgeschichte getrennt; zwischen den beiden Schimpansenspezies liegen dagegen nur rund 1,5 Millionen Jahre. Offensichtlich reichte diese Zeit aus, damit alle drei Arten ihren einzigartigen Umgang mit Sex und Gesellschaft entwickeln konnten.

Das mag sich nach einer sehr langen Zeit anhören, aber vor 1,5 Millionen Jahren hatte sich der *Homo erectus* bereits über den Nahen Osten bis nach Südostasien verbreitet. Wenig später erschien der *Homo sapiens* auf der Bildfläche. Im Großen und Ganzen war es also keine lange Zeit. Dass sich die beiden Schimpansenspezies in ihrem soziosexuellen Verhalten in so kurzer Zeit so krass auseinanderentwickeln konnten, ist ein Beleg dafür, wie schnell und einfach sich derartige Verhaltensweisen formen lassen. In der Art, wie und zu welchen Zwecken Menschenaffen ihren sexuellen Aktivitäten nachgehen, steckt eine gewisse Flexibilität. Manch einer hat vielleicht schon genug davon, dass ich immer wieder das gleiche Lied singe, aber es scheint, als wäre die Sexualität ein Aspekt unseres Wesens, der sich besonders für Vielfalt, Flexibilität und Experimente eignet.

Wenn wir die sexuellen Ähnlichkeiten zu unseren engsten Verwandten betrachten, stehen wir allerdings vor einem Rätsel: Es betrifft unser Verhältnis zur Monogamie. Beide Schimpansenarten sind weder sozial noch sexuell auch nur im Geringsten monogam. Sie bilden mit ihren Sexualpartnern und -partnerinnen keinerlei Paarbindung, während Menschen das ganz eindeutig tun. Durch sexuelle Betätigung wird unser Oxytocin-/Vasopressin-Bindungssystem auf einzigartige Weise aktiviert. Das eindringliche Gefühl der »Verliebtheit« ist für bestehende oder potenzielle Sexualpartner reserviert. In dieser Hinsicht unterscheiden wir uns von beiden Schimpansenarten und ähneln stärker den Gorillas, die zwar polygyn sind, aber starke Zuneigung zu ihren Sexualpartnerinnen mitsamt allen damit verbundenen Gefühlen ausbilden, darunter Sehnsucht, Eifersucht und tiefe Trauer, wenn eine Beziehung zerbricht.

Man sollte festhalten, dass das Oxytocin-Bindungssystem auch bei beiden Schimpansenspezies vorhanden und deutlich ausgeprägt ist. Sie gehen sowohl Mutter-Kind-Bindungen als auch dauerhafte, tiefgreifende soziale Bindungen – Freundschaften – ein. Das Bindungssystem wird nur nicht durch Sex aktiviert. Die verschiedenen Menschenaffenarten einschließlich unserer selbst bilden also starke familiäre und soziale Zusammengehörigkeitsgefühle aus; allerdings werden sie auf unterschiedliche Weise aktiviert – mal durch Sex und mal anders.

Die Forschung ist auf zwei genetische Ähnlichkeiten von Menschen und Bonobos gestoßen, die zwar nicht unmittelbar mit Monogamie zu tun haben, aber vielleicht eine gemeinsame Basis für die Unterschiede in Bezug auf die Liebe-statt-Krieg-Haltung bilden, die zwischen uns und den Gemeinen Schimpansen bestehen. Erstens besitzen Schimpansen eine geringfügig andere Version des Gens für den Oxytocinrezeptor, durch die dieser weniger empfindlich auf das Hormon reagiert. Faszinierenderweise findet man auch bei einer kleinen Minderheit von Menschen eine geringfügig unterschiedliche Variante in dem gleichen Gen, die den Rezeptor ebenfalls weniger empfindlich macht, und Menschen, die diese Variante tragen, zeigen (nach meiner Einschätzung wie die Gemeinen Schimpansen) Defizite an Empathie und Sozialverhalten. Zweitens stellte sich 2014 heraus, dass Gemeine Schimpansen zudem geringfügig andere Versionen des Vasopressinrezeptors aufweisen als Menschen und Bonobos.[61] Auch hier gibt es unter den Menschen Varianten dieses Gens, die mit dem Ausmaß der sozialen Bindungen in Zusammenhang stehen. Solche Korrelationen sind zwar bei Weitem kein unmittelbarer Beweis, sie legen aber die Vermutung nahe, dass der Schlüssel zur Evolution des einzigartigen Sozialverhaltens von Menschen, Gemeinen Schimpansen und Bonobos in Nervenschaltkreisen liegt, an denen Oxytocin und Vasopressin beteiligt sind.

Welche Erkenntnisse können wir nun aus unserem Überblick über die Monogamie im Tierreich gewinnen? Erstens haben wir bestätigt, dass soziale und sexuelle Monogamie vollkommen verschiedene Dinge sind und dass soziale Monogamie nicht automatisch sexuelle Monogamie mit sich bringt. Zweitens müssen wir eingestehen, dass sexuelle Monogamie bei Säugetieren äußerst selten ist; wird sie beobachtet, ist sie gewöhnlich nur vorübergehender Natur, und bei Menschenaffen findet man sie überhaupt nicht. Drittens wissen wir, dass Zusammengehörigkeitsgefühle und Paarbindung unter Sexualpartnern bei Säugetieren höchst unterschiedlich ausgeprägt sind und dass jede Spezies, bei der es sie überhaupt gibt, sie individuell handhabt. Und viertens kommt Paarbindung bei Menschenaffen durchaus vor, doch sie ist nicht allgemein verbreitet, und wenn man sie feststellt, ist sie nicht eins zu eins mit sexueller Monogamie verbunden.

Mit anderen Worten: Jede Spezies – und auch jede einzelne Population innerhalb der Spezies – unterhält unterschiedliche sexuelle Beziehungen, und zwar jeweils auf eine Weise, die für das soziale Umfeld, in dem sie lebt, am sinnvollsten ist. Das auffällig hohe Maß an sexueller Vielfalt selbst unter engen Verwandten deutet darauf hin, dass solche Verhaltensweisen wegen der Unbestimmtheit des Sexualtriebes und der Wandelbarkeit von Zugehörigkeit und Bindung äußerst flexibel sind. Aufgrund dieser Diversität fällt es schwer, allgemeine Rückschlüsse auf den Sex zu ziehen – mit einer Ausnahme: Sexuelle Monogamie ist äußerst selten.

Kapitel 5

Sexuelle Tiere

Der Gedanke, Sexualität habe ausschließlich den Zweck, Nachkommen hervorzubringen, ist eine der am weitesten verbreiteten falschen Vorstellungen in der gesamten Biologie, aber er ist natürlich verständlich. Die Entstehung neuen Lebens ist eindeutig eine bedeutsame Folge der Sexualität, und dieses Resultat lässt sich auf keinem anderen Weg herbeiführen (abgesehen von dem der assistierten Reproduktionstechnologie). Es ist auch der *ursprüngliche* Zweck der Sexualität – der Grund, warum sie sich überhaupt evolutionär entwickelt hat, und der Zweck, den die Sexualfunktion von Tieren mit der anderer Organismen wie Pflanzen, Pilze und Mikroorganismen gemeinsam hat. Eine Hauptfunktion der Sexualität besteht also tatsächlich darin, genetisch einzigartige Babys zu erzeugen, aber das ist nur der Anfang. Die Tiere haben aus diesem intimen Akt noch viel mehr gemacht.

Das eigentlich Geniale am Sex ist, dass er sich so gut anfühlt. Tiere haben einen Sexualtrieb, einen instinktiven Drang, sich sexuell zu betätigen, wenn sie von etwas Bestimmtem angezogen werden. Der Appetit auf Sex verstärkt sich ganz von selbst, weil sexuelle Aktivität das Belohnungszentrum im Gehirn anregt. Wenn wir unseren Drang nach Sexualität befriedigen, haben wir eine Empfindung, die wir als »Lust« bezeichnen. Lust ist eine jener wahrhaft genialen Erfindungen der Evolution, denn sie kann als Antrieb für die verschiedensten Verhaltensweisen dienen.[1]

Das Belohnungszentrum wird nicht nur aktiviert, wenn wir sexuell aktiv sind, sondern jedes Mal, wenn wir einen Appetit oder Trieb befriedigen. Wenn wir dehydriert oder erhitzt sind, regt es unser Belohnungszentrum an, wenn wir ein Glas kaltes Wasser trinken. Wenn wir etwas Köstliches essen (oder überhaupt etwas essen, wenn der Hunger groß genug ist), erleben wir Vergnügen. Es fühlt sich *so gut* an, an einer juckenden Stelle zu kratzen. Der Nervenkitzel, den wir bei Extremsport oder Videospielen empfinden; das angenehme Gefühl, uns hinzulegen, wenn wir müde sind; eine Umarmung, wenn wir uns einsam fühlen; selbst eine kühle Brise an einem heißen Tag – das alles stimuliert die Belohnungsschaltkreise in unserem Gehirn, und die Empfindung lehrt uns genau, wie wir diese verschiedenen Triebe und Instinkte befriedigen können.

Im Rahmen unserer Thematik müssen wir nicht alles erörtern, was über die Entstehung von Lust und Belohnung in unserem Gehirn bekannt ist. Es genügt der Hinweis, dass es sehr kompliziert ist und dass dabei viele Gehirnareale und Nervenbahnen zusammenwirken. Zwei Neurotransmitter, die für alle Formen von Lust und Vergnügen eine Rolle spielen, sind *Dopamin* und *Serotonin*. Dopamin wirkt in kürzeren Zeiträumen und Serotonin in längeren, aber gemeinsam schaffen sie das Gefühl von Vergnügen und Wohlbefinden. An den verschiedenen Spielarten des Vergnügens sind weitere Neurotransmitter, Nervenschaltkreise und Gehirnareale beteiligt, aber Dopamin und Serotonin sind in allen Fällen von zentraler Bedeutung. Tatsächlich entfalten Drogen wie Kokain und Opiate ihre Suchtwirkung, weil sie unmittelbar die Nervenbahnen ansprechen, die in unserem Belohnungszentrum auf Dopamin reagieren. Deshalb können wir nicht nur von Drogen abhängig werden, sondern auch von Verhaltensweisen wie Zocken, Stehlen, Trainieren, Essen – und natürlich von Sex.

Neben Dopamin und Serotonin sind am sexuellen Vergnügen etwa Acetylcholin, Adrenalin, Noradrenalin, Oxytocin, Vasopressin und andere Neuropeptide beteiligt; außerdem werden viele Areale im gesamten Gehirn aktiviert.[2] Da zur Erforschung dieses Teils unserer biologischen Eigenschaften wegen kultureller Tabus kaum Mittel bereitgestellt wurden, wissen wir über das sexuelle Vergnügen nicht so viel wie über Hunger, Durst oder auch Drogensucht. Eines aber ist klar: So rätselhaft und überirdisch sich sexuelles Vergnügen auch anfühlen mag, es ist die Folge von Nervenimpulsen und chemischen Reaktionen in unserem Gehirn.

In ihrer unendlichen Weisheit hat die Natur Sexualität mit Vergnügen verknüpft, um uns dazu zu bringen, dieses Verhalten anzustreben, ganz ähnlich wie Hunger uns dazu antreibt, Nahrung zu suchen und zu verzehren. In welcher Tierpopulation diese Verknüpfung auch zum ersten Mal entstanden sein mag, das Erlebnis der Lust trieb sie an, Sex zu haben und sich erfolgreich fortzupflanzen, was ihr im großen Wettbewerb der natürlichen Selektion einen Vorteil verschaffte und den Evolutionskreislauf fortsetzte. Verhaltensweisen, die zum Erfolg führen, werden weitergegeben, und solche, die diese Wirkung nicht haben, verschwinden. Nachdem Sex und Vergnügen verknüpft waren, setzte der auftretende Erfolg einen Zyklus in Gang, der die Verbindung verstärkte, aber auch Gelegenheiten für Neuerungen schuf. Da sich Sex gut anfühlt, werden Tiere danach streben, viel davon zu bekommen. Diejenigen, die es tun, haben mehr Nachwuchs. Diese Nachkommen erleben wiederum sexuelles Vergnügen und so weiter.

Das Streben nach Sex muss jedoch im Gleichgewicht mit den vielen anderen Zwängen stehen, denen Tiere in freier Wildbahn ausgesetzt sind. Betrachten wir einmal eine Population von Tieren, die sich bereits gemäß den Gegebenheiten ihrer Umwelt (Verfügbarkeit von Nahrung, Platz, anderem Material und Ressourcen) schnellstmöglich fortpflanzen. Sich noch stärker sexuell zu betätigen, würde nicht helfen, denn die Produktion von noch mehr Nachkommen, die einfach untereinander in Konkurrenz treten würden, ließe die Population nicht anwachsen. Dennoch *könnte* mehr sexuelle Betätigung einem Tier einen Vorteil gegenüber einem anderen verschaffen. Wenn die sexuell aktiveren Tiere in der nächsten Generation mehr Nachkommen haben, lenkt dies die Spezies in Richtung verstärkter sexueller Aktivität (denken wir an die Bonobos). Alle übrigen Bedürfnisse der Tiere lenken sie aber in die andere Richtung. Ist ein Tier zu häufig auf Sex anstelle von Nahrung aus, verhungert es vielleicht, oder es ist so stark unterernährt, dass es weniger gut Sexualpartner anlocken kann. Zwischen den verschiedenen Bedürfnissen und Zwängen stellt sich irgendwann eine Art Gleichgewicht ein, bei dem der Sexualtrieb mit allen anderen Trieben in Konkurrenz steht, etwa mit dem Ruhebedürfnis und bei sozialen Arten dem Bedarf an Verbündeten. Man kann nicht ständig nur Sex haben.

Ebenso sollte es uns nicht überraschen, dass Sex in Tiergesellschaften viele verschiedene Funktionen erfüllt. Unter Evolutionsgesichtspunkten unterscheidet sich Verhalten nicht übermäßig stark von Anatomie. Es ist genetisch beeinflusst, nimmt aber einer Umwelt entsprechend Gestalt an und unterliegt den gleichen Evolutionskräften, also zufälliger Variation, gefolgt von natürlicher Selektion und so weiter. Und wie die Anatomie, die ursprünglich mit einer bestimmten Funktion entstanden ist und sich später in Richtung einer anderen weiterentwickeln kann, so können sich auch Verhaltensweisen ändern. Wie Federn, die ursprünglich als Kälteschutz dienten und später unentbehrlich für das Fliegen wurden, so entstand auch die Sexualität zunächst, um Samen- und Eizellen zusammenzuführen, kann aber mittlerweile auch zur Stärkung von Paarbindungen genutzt werden. Diese »Zweckentfremdung«, die sogenannte Exaptation, ist in der Evolutionsbiologie ein wichtiges Thema. Von Molekülen über Organe bis zu Verhaltensweisen stößt das Leben ständig auf kreative neue Verwendungsmöglichkeiten für Altes.

Was wird also vermutlich geschehen, wenn sexuelle Aktivität für das Tier mit zusätzlichem Nutzen verbunden ist? Sie wird dann ebenfalls begünstigt, denn die Evolution belohnt den Erfolg. Betrachten wir zunächst einmal ein Beispiel, das nichts mit Sex zu tun hat. Oft kann man beobachten, wie junge Katzen (wilde wie auch Hauskatzen) spielerisch »Jagd« auf kleine Insekten und sogar auf unbelebte Gegenstände machen. Es handelt sich eindeutig um Instinktverhalten, aber was hat die Katze davon? Warum ist dieser Instinkt im Lauf der Evolution entstanden? Die Antwort lautet: Spielerische Jagd ist für junge Katzen eine großartige Methode, um ihren Körper für Dinge zu präparieren und zu trainieren, für die sie ihn später nutzen werden. Sie verfeinern die motorische Kontrolle, entwickeln die Koordination zwischen Tatzen und Augen, üben das Anschleichen an Beute und so weiter. Die spielerische Jagd der jungen Katzen macht sie im ausgewachsenen Alter zu besseren Jägern, und entsprechend wird dieses Verhalten durch den erhöhten Erfolg derer belohnt, die den betreffenden Trieb verspüren. Spielerische Jagd ist gut für junge Katzen. Als man in der Biologie erkannte, wie viele indirekte Nutzeffekte das Spiel hat, verstand man auch besser, warum Säugetiere so gern spielen, obwohl es ihnen, oberflächlich betrachtet, für Überleben oder Fortpflanzung scheinbar keinen Vorteil verschafft.

Dieselbe Betrachtungsweise hilft uns auch zu verstehen, warum Sexualität neben der Fortpflanzung noch viele weitere Funktionen hat. Wenn ein Tier aus Sex einen Vorteil zieht, beispielsweise ein gesünderes Herz-Kreislauf-System, eine höhere Spermienanzahl oder eine bessere soziale Stellung, wird der Drang, nach Sex zu streben, durch den Erfolg dieses Tieres, Nachkommen zu hinterlassen, weiter gestärkt. Während das proximate Motiv für Sex einfach das Streben nach dem Vergnügen ist, das sich bei der Befriedigung eines Dranges einstellt, sind die ultimaten evolutionären Zwecke der Sexualität zahlreich und interessant.

Die meisten dieser Zwecke sind, wie wir noch sehen werden, sozialer Natur – das heißt, sie haben damit zu tun, wie Tiere mit ihren Artgenossen interagieren. Das ist auch sinnvoll, denn Sex ist (abgesehen von der Masturbation) schon an sich eine soziale Betätigung. Bei Tieren, die im ausgewachsenen Zustand vorwiegend allein leben, würde man nicht erwarten, dass Sexualität neben der Fortpflanzung viele weitere Zwecke erfüllt. Und im Wesentlichen beobachten wir genau das. Da männliche Orang-Utans ohnehin Einzelgänger sind, interessieren sie sich praktisch ausschließlich für Sex mit fruchtbaren Weibchen. An sexuellen Aktivitäten mit anderen Männchen oder mit Weibchen, die nicht brünstig sind, lassen sie wenig Interesse erkennen. Ihr unsoziales Wesen beschränkt das Erleben der Sexualität auf die Fortpflanzung. Die meisten Säugetiere sind aber sehr sozial und deshalb von potenziellen Sexualpartnern oder -partnerinnen umgeben, wodurch sie viele Gelegenheiten haben, mit Sex ihre Ziele zu verfolgen.

Wichtig ist: Da Sex neben der Fortpflanzung auch andere Funktionen hat, wäre eine rein heterosexuelle Orientierung hinderlich. Wenn sich viele oder die meisten Ziele sexueller Betätigung durch Sex mit irgendeinem Mitglied der Population erreichen lassen, wäre eine Weigerung, mit der Hälfte der Population Sex zu haben, für den Erfolg des Tieres schädlich. Streng heterosexuelle Tiere würden gegenüber denen, die breiter aufgestellt sind, ins Hintertreffen geraten. Allerdings hätte dieser Logik zufolge auch eine Abneigung gegen Sex mit dem anderen Geschlecht ihren Preis. Deshalb sieht es so aus, als würde sexuelle Anziehung in einem flexiblen Spektrum der Pansexualität den Tieren am meisten nützen, und genau das beobachten wir in den meisten Fällen. Je sozialer ein Tier ist, desto breiter gefächert ist die sexuelle Attraktion. Je ungeselliger ein Tier ist, desto heterosexueller ist es auch, denn dann liegt der Schwerpunkt seines Sexuallebens ausschließlich auf der Fortpflanzung.

Wenn wir die verschiedenen Funktionen und Nutzeffekte der Sexualität betrachten, die nicht der Fortpflanzung dienen, sollten wir daran denken, dass nur wenige von ihnen ausschließlich auf männlich-weibliche Kombinationen zutreffen.

Das älteste Gewerbe

Im Rahmen jeder Diskussion über Sex, der nicht der Fortpflanzung dient, muss auch die Prostitution erwähnt werden. Bei Tieren, gerade auch bei Menschen, ist die Stärke des Sexualtriebes eine Belastung, die andere Mitglieder der Population ausnutzen können. Die meisten Tiere nehmen große Anstrengungen auf sich, um ihren Appetit auf Sex zu befriedigen; andere Tiere dagegen sind »wählerischer«, können sich zurücklehnen und in Ruhe entscheiden, wem sie sexuellen Zugang gewähren und zu welchem Preis. Menschen tun natürlich das Gleiche. Schließlich *sind* wir Tiere, insbesondere wenn es um Sex geht.

Ja, es gibt einige Tiere, die mit Sex Geschäfte machen, und das hat eine lange Geschichte. Bei vielen Insekten, Spinnen und sogar manchen Fischen und Vögeln müssen sich die Männchen den sexuellen Zugang »erkaufen«, indem sie *Hochzeitsgeschenke* anbieten.[3] Diese haben in den meisten Fällen die Form von Nahrung, weshalb wir auch vom »Balzfüttern« sprechen. Männlichen Jagdspinnen (*Pisauridae*) zum Beispiel wird nur dann sexueller Zugang gewährt, wenn sie mit einem Beutegeschenk zum Weibchen kommen: einem in Seide eingehüllten Insekt. (Sie wickeln es also sogar in Geschenkpapier!) Während das Weibchen eifrig damit beschäftigt ist, sein Geschenk zu fressen, führt das Männchen sein Paarungsorgan ein und gibt den Samen ab. Bei Insekten und Spinnen kommt das Balzfüttern in vielen Variationen vor, und man kennt sogar Fälle, in denen Tiere »betrügen«, indem sie wertlose Geschenke abliefern.[4]

Die Männchen mancher Insekten, Spinnen, Amphibien und Kopffüßer (wie Tintenfische) stellen das Futter, das sie den Weibchen anbieten, sogar selbst her. Einige synthetisieren es mit ihrem Mund – um genau zu sein: mit den Speicheldrüsen –, andere erzeugen es mit den Genitalien in Form eines Päckchens für die Samenabgabe, der *Spermatophore*. Wenn das Weibchen mit der Spermatophore auch »gefüttert« wird, nennt man sie »Spermatophylax«. Solche Hochzeitsgeschenke können enorme Ausmaße haben. Bei ein paar Schmetterlings- und Mottenarten wiegen sie bis zu 10 Prozent der Körpermasse des Männchens! Aus Sicht des Weibchens ist das ein großartiges Geschäft. Es erhält eine üppige Mahlzeit, von der es leben kann, während es seine Eier vorbereitet. Außerdem ist dies ein sehr zuverlässiges System, um sich der Qualität des Männchens zu vergewissern, denn solche großen Geschenke zu erzeugen, stellt eine erhebliche Belastung dar. Die Männchen profitieren dennoch ebenfalls von dem System: Indem sie das Weibchen großzügig füttern, sorgen sie für den Erfolg ihrer Nachkommen.

Auch manche Vogelarten betreiben Balzfütterung. Der Raubwürger (*Lanius excubitor*) ist ein Sperlingsvogel, der Nagetiere, Wühlmäuse, Spitzmäuse, Frösche und auch Kleinvögel jagt. Seine Partnerwerbung ist entscheidend dadurch geprägt, dass die Männchen frische Nahrung liefern. Die Weibchen wählen die Männchen zum Teil danach aus, wie eindrucksvoll das Angebot ist; das ist nicht nur wirtschaftlich höchst sinnvoll, sondern auch im Hinblick auf die Evolution. Erfolge bei der Jagd auf kalorienreiche Nahrung sind einer der erwähnten stellvertretenden Indikatoren für die Qualität eines Männchens. Tatsächlich dürfte die Qualitätsbeurteilung der wichtigste ultimate Zweck – die evolutionäre Kraft – des Hochzeitsgeschenks sein. An der Güte des Geschenks lässt sich auch der Wert des Männchens genau messen. Interessanterweise bieten Raubwürgermännchen solche Hochzeitsgeschenke auch bei außerpaarlicher Kopulation an, was darauf hindeutet, dass die Qualitätsbeurteilung wichtiger ist als die Funktion für Balz und Paarbindung.[5]

Nicht immer sind es die Männchen, die einen Preis für den sexuellen Zugang bezahlen müssen. Bei Zeuswanzen (*Phoreticovelia disparata*) sind die Weibchen doppelt so groß wie die Männchen. Wenn die Zeit der Paarung gekommen ist, setzt sich das Männchen bis zu eine Woche lang auf den Rücken der weiblichen Wanze, und sie füttert den Partner mit einer wachsartigen Ausscheidung, während er seinen Samen zur Abgabe vorbereitet.[6] Es mag so scheinen, als wären diese Männchen buchstäblich Trittbrettfahrer, in Wirklichkeit sind die Weibchen aber das wählerische Geschlecht: Bevor sie zu ihrem Hochzeitsritt aufbrechen, kämpfen die Männchen gegeneinander und drangsalieren jene Weibchen körperlich, die noch keine Paarbindung eingegangen sind. Die Konkurrenz unter den Männchen ist wie üblich brutal, und die Wachsmahlzeit ist ein Teil des Preises, um den die Männchen kämpfen. Auch die Weibchen profitieren davon, denn bevor es einen Partner auswählt, verwendet das Weibchen viel Zeit und Energie darauf, potenzielle Verehrer abzuwehren.

Bei den Hochzeitsgeschenken handelt es sich jedoch nicht immer um Nahrung. Die Spermatophore des Bärenspinners *Utetheisa ornatrix*, einer Schmetterlingsart, enthält eine giftige Alkaloidverbindung, die der Verteidigung gegen natürliche Feinde dient.[7] Diese Verbindung kommt gewöhnlich in Pflanzen vor und soll verhindern, dass sie abgefressen werden. Bei den Bärenspinnern erfüllt sie im Wesentlichen die gleiche Funktion; dabei haben sie selbst Abwehrmechanismen entwickelt, mit denen sie die Substanz gefahrlos in ihren eigenen Zellen speichern können. Die Verbindung schmeckt intensiv bitter, sodass die Insekten für natürliche Feinde ungenießbar werden.

Interessanterweise konkurrieren weibliche Bärenspinner untereinander, um möglichst viele Partner anzulocken. Erfolgreiche Weibchen sind polyandrisch: Sie paaren sich mit mehreren Männchen und lassen es dann die verschiedenen Samenzellen in ihren Fortpflanzungsorganen untereinander ausfechten. Bevor es aber zur Befruchtung kommt, kopuliert das Weibchen mit den Männchen und nimmt deren Spermatophoren in Empfang. Die Alkaloidverbindung bedeckt anschließend den Körper des Weibchens, schützt es vor natürlichen Feinden und – noch wichtiger – gelangt auch in großem Umfang in seine Eizellen. Entsprechend sind sowohl die Eizellen als auch die aus ihnen entstehenden Larven vollgestopft mit den ungenießbaren Chemikalien.

Ein Paarungssystem mit Polyandrie und direkter Konkurrenz zwischen Weibchen ist bei Insekten ungewöhnlich, angesichts der einzigartigen Verteidigungsstrategie der Bärenspinner aber auch sinnvoll. Sie schützen sich und insbesondere ihre Eier und Larven mit einer giftigen Substanz. Wenn ein Bärenspinnerweibchen die Spermatophoren zahlreicher Männchen einsammelt, kann es so viel von dem Giftstoff anhäufen, dass seine Eier und Larven in den nachfolgenden Wochen, wenn sie am stärksten gefährdet sind, geschützt werden. Dies dient den Evolutionsinteressen der Bärenspinnerweibchen und denen ihrer Partner. Außerdem sorgt die entstandene Spermienkonkurrenz als Selektionskraft für gute männliche Gene. Ein gesundes Männchen bringt eine große Zahl robuster Samenzellen hervor; ein minderwertiges Männchen dagegen hat eher Mühe damit. Was oberflächlich wie eine Bezahlung für den Zugang zur Fortpflanzung aussieht, ist also in Wirklichkeit eine sehr gezielte, schlaue Reproduktionsstrategie, an der beide Geschlechter mitwirken.

Hochzeitsgeschenke und Balzfütterung sind unter Evolutionsgesichtspunkten relativ einfach zu verstehen; sie verleihen der Paarung zwar etwas Geschäftliches, aber wie Prostitution wirken sie eigentlich nicht, denn der Handel ist unmittelbar an die Befruchtung gebunden, und die ist definitiv nicht das gängige Ziel von Sexarbeit. Deshalb ist es jetzt an der Zeit, über Pinguine zu reden.

Adeliepinguine (*Pygoscelis adeliae*), die am weitesten verbreitete Pinguinart, kommen an der gesamten Küste der Antarktis und auf den nahe gelegenen Inseln vor. Wie bei Vögeln üblich, sind Adeliepinguine recht sexuell orientiert: Sie kopulieren den ganzen Tag über, und das an jedem Tag mit jedem bereitwilligen Partner, den sie finden, sowie mit jedem unwilligen Artgenossen, den sie überwältigen können. Tatsächlich galt die erste wissenschaftliche Veröffentlichung, in der ihre sexuellen Eskapaden detailliert beschrieben wurden, in der viktorianischen Zeit als zu unanständig, weshalb ihre Publikation abgelehnt wurde. Stattdessen verbreiteten sich die schlüpfrigen Details über Sodomie, also Homosexualität, erzwungene Kopulation mit Jungvögeln und sogar Nekrophilie diskret in der vornehmen Gemeinde der Londoner Naturforscher. George Murray Levick, der Wissenschaftler, der sie als Erster beobachtete, war so lächerlich prüde, dass er einen Teil seiner Expeditionsnotizen auf Griechisch verfasste, damit sie nur von »gebildeten Gentlemen« gelesen werden konnten und nicht versehentlich die Unschuld argloser Leser verdarben.[8] Heute wissen wir natürlich, dass diese Pinguine im Vergleich zu anderen Wildtieren kaum aus der Reihe tanzen.

Ein Adeliepinguin sitzt auf einem Nest aus Steinen

Trotz der vielen Techtelmechtel bilden Adeliepinguine enge Paarbindungen, und die Paare pflegen ihre Nester pflichtbewusst und gleichberechtigt. Sie sind also (wie die Mehrzahl der Vogelarten) ökonomisch monogam, aber sexuell promiskuitiv, und sie leben auch in sehr sozialen Gruppen. Außerdem bezahlen sie manchmal für Sex.

Da in der Antarktis die Pflanzen fehlen, mit denen Vögel in der Regel ihre Nester bauen, benutzen diese Pinguine Steine. Wenn es um die Eignung als Nestbaumaterial geht, sind natürlich nicht alle Steine gleich. Sind sie zu glatt, rollen sie häufig davon, zu scharfkantig, dann tut es weh, wenn man darauf sitzt, zu dick, eignen sie sich nicht gut zum Aufstapeln und so weiter. Dies führte entlang der Antarktisküste zu einem regelrechten Markt für Neststeine, und man kann beobachten, dass viele partnerlose junge Männchen Steine horten, um sie einzutauschen.

Wichtig ist dabei, dass diese Männchen, die keine Partnerin haben, gerade erst geschlechtsreif werden; manche von ihnen sind noch nicht fruchtbar. Da die Populationsgröße schwankt und die Steine gelegentlich durch starken Wind verstreut werden, können diese Brocken durchaus begehrt sein. Und da die jungen Männchen selbst noch nicht mit Nestbau beschäftigt sind, betätigen sie sich ausschließlich als Warenhändler. Was wollen sie nun im Allgemeinen für die Steine haben? Sex. Unter Adeliepinguinen gibt es einen florierenden Sexmarkt, bei dem Neststeine als Währung dienen.[9] Es wurde sogar berichtet, dass ein junges Männchen nach einem besonders befriedigenden Akt einen zusätzlichen Stein abgebe. Ein Trinkgeld, wie es scheint.

Geschäfte mit Sex hat man auch bei Primaten beobachtet. Sowohl bei Japanmakaken (*Macaca fuscata*) als auch bei Javaneraffen (*Macaca fascicularis*) fiel auf, dass Männchen das gegenseitige Lausen als Gegenleistung für sexuellen Zugang eintauschen.[10,11] Das Beispiel ist ein wenig zweifelhaft, denn die Körperpflege ist bei diesen Arten, wie überhaupt bei den meisten Primaten, ohnehin ein wichtiges Sozial- und Werbungsverhalten. Handelt es sich also eher um ein Vorspiel, wenn ein Männchen das Fell eines Weibchens vor dem Sex putzt? Oder ist es ein Geschäft? Vielleicht kommen uns hier – wie bei allen Themen in diesem Buch – wieder Worte und Kategorien in die Quere. Graben wir also ein wenig tiefer.

Ginge es um eine liebevolle Begegnung zwischen Menschen, wären nur die wenigsten so zynisch, Küsse oder eine sinnliche Massage als »Bezahlung« für sexuelle Bereitschaft zu bezeichnen. Man spricht vielmehr von einem »Vorspiel«, und es geht darum, Vertrauen, Erregung, Intimität und so weiter aufzubauen. Wenn wir aber berücksichtigen, was früher am Abend geboten wird – ein schickes Abendessen, Blumen, Schmuck oder andere teure Geschenke –, würden viele tatsächlich von dem »Preis« sprechen, den Männer bezahlen, um die Beziehung (oder auch nur das Date) so weit voranzutreiben, dass Sex stattfinden kann. *Bezahlen* sie damit für Sex? Eigentlich nicht; ich habe allerdings nicht als Erster den Verdacht, dass Männer häufig Geld aufwenden in der Hoffnung, dass es ihnen sexuelle Gelegenheiten verschaffen wird.

Dass zwischen der normalen Partnerwerbung und professioneller Sexarbeit ein Unterschied besteht, ist klar – aber nur, weil die geschäftliche Natur in dem einen Fall offensichtlich ist. Zwischen den beiden Extremen liegen viele versteckte Andeutungen, Grauzonen und Dinge, die ungesagt bleiben. Wenn ein Mann eine Frau in einer Bar zu einem Getränk einlädt, erwartet er vielleicht nicht bewusst Geschlechtsverkehr als Gegenleistung, doch wenn wir ehrlich sind, müssen wir zugeben: Der Mann hofft darauf, damit einen ersten Schritt getan zu haben, um irgendwann in Zukunft dieses Ziel zu erreichen. Diese Möglichkeit ist das Hauptmotiv hinter seinen Handlungen, selbst wenn der Mann weiß, dass solche ersten Schritte ihn in den meisten Fällen nicht so weit bringen. Zwischen dem Umwerben und dem Bezahlen für Sex liegt ein breites Spektrum von Verhaltensweisen, Erwartungen und – offen gesagt – Gedankenspielen.

Wie also steht es mit den Japanmakaken? Ist das Grooming nur ein Vorspiel? Nun, ein Vorspiel besteht im Allgemeinen aus körperlichen Ausdrucksformen der romantischen Zuneigung als solcher, das heißt, sie dienen keinem anderen Zweck als der Romantik. Für die Körperpflege gilt das nicht. Mit dem Durchkämmen des Fells werden parasitische Läuse und andere Schädlinge entfernt; es fördert demnach die Gesundheit und das Wohlbefinden der Makaken und baut zusätzlich soziale Bindungen auf. Außerdem sind Handlungen, die zum Vorspiel gehören, sehr spezifisch für sexuelle Begegnungen, nicht aber für andere Formen der körperlichen Zuwendung. So gibt es beispielsweise viele Arten des Küssens, und unsere Eltern küssen wir ganz anders als unseren Liebespartner oder unsere Partnerin (jedenfalls hoffe ich das). Makaken lausen nicht nur ihre Sexualpartner, sondern auch Familienangehörige und andere aus der sozialen Gruppe.[12] Das Grooming ist also kein Vorspiel. Es ist eine unentbehrliche Gefälligkeit und nicht auf den romantischen Zusammenhang beschränkt.

Aber ist »Sex gegen Fremdputzen« ein Geschäft? Wenn viele Weibchen zur Verfügung stehen, verwenden die männlichen Makaken viel weniger Zeit darauf, sie vor dem Sex zu lausen; hat ein Männchen dagegen nur sehr begrenzten Zugang zu Weibchen, muss er sich für das Grooming deutlich mehr Zeit nehmen, bevor ein Weibchen zum Sex bereit ist.[13] Ökonomisch ausgedrückt entspricht das dem Gesetz von Angebot und Nachfrage. Vorspiel und Werbeverhalten werden kaum durch Marktkräfte beeinflusst, der Wert von Waren und Dienstleistungen aber sehr wohl. Mit der Körperpflege als Währung heißt das: Wenn Sex leicht verfügbar ist, ist er auch billig. Ist er jedoch nur schwer zu erreichen, ist er teuer. Das hört sich für mich ganz sicher nach einem Geschäft an.

Soziale Körperpflege bei Japanmakaken

Männliche Gemeine Schimpansen bieten den Weibchen bekanntermaßen manchmal Fleisch als Gegenleistung für sexuellen Zugang an.[14] Auch das ist ein wenig unbestimmt und unterstreicht, wie schwierig es ist, das Umwerben vom Handel zu unterscheiden. Fleisch steht nicht häufig auf dem Speisezettel von Schimpansen, aber wenn es verfügbar ist, wird es sehr geschätzt. Die Männchen gehen oft gruppenweise auf die Jagd, und innerhalb einer solchen Gruppe wird erwartet, dass die Beute geteilt wird. Die Männchen teilen auch mit anderen Männchen, um Bündnisse aufzubauen und den eigenen sozialen Rang zu steigern. Wenn es allerdings um sexuell empfängliche Weibchen geht, ist der Austausch von Fleisch sehr eng an den sexuellen Zugang gebunden. Das sieht stark nach einem Geschäft aus – es gibt jedoch eine Schwierigkeit: Männchen teilen Fleisch ebenfalls mit Weibchen, die nicht empfänglich sind.[15]

Wenn das Geschenk den Zweck hat, die Einwilligung zum Sex zu gewinnen, warum macht man sich dann die Mühe und gibt es Weibchen, die weder fruchtbar sind noch Lust haben? Da die Hierarchie von Männchen dominiert wird, sind weibliche Freunde auch nicht sonderlich hilfreich. Bei manchen anderen Arten könnte man sagen, die Männchen seien einfach großzügig, aber Schimpansen sind ziemlich geizig; eine solche Großzügigkeit würde nicht zu ihnen passen. Was also ist da los? Die zynische Antwort lautet: Sie versuchen, die Gunst dieser Weibchen zu gewinnen, und haben die Hoffnung, dass es ihnen später, wenn die Weibchen tatsächlich sexuell empfänglich sind, bessere Chancen eröffnet. Ob zynisch oder nicht: Genau das hat man bei Beobachtungen festgestellt.[16] Männliche Schimpansen, die Fleisch mit nicht empfänglichen Weibchen teilen, erhalten mehr als doppelt so häufig sexuellen Zugang, wenn diese Weibchen in die nächste fruchtbare Phase eintreten. Der Effekt ist eins zu eins an die Beziehung gebunden und kein allgemeiner Trend, demzufolge großzügige Männchen generell häufiger sexuelle Chancen haben.

Aus meiner Sicht unterstreicht der indirekte Tausch von Fleisch gegen Sex, dass es sinnlos ist, gesellschaftliche Konstruktionen der Menschen wie die Prostitution auf das Verhalten von Tieren anzuwenden. Man kann es aber auch andersherum betrachten: Liefert das Verhalten der Schimpansen Aufschlüsse über uns? Vielleicht »bezahlen« die Schimpansen genauso wenig für Sex wie ein Mensch, der sich den Ruf erwirbt, freundlich und großzügig zu sein, und dafür gelegentlich gesellschaftliche Belohnungen erhält. Vielleicht sehen wir das Ganze zu kopf- oder sexlastig. Vielleicht gibt es in der brutalen, von Männchen dominierten Schimpansengesellschaft auch Weibchen, die in aller Stille etwas zurückgeben und eine Vorliebe für freundlichere, sozialere Männchen zum Ausdruck bringen.

In der Regel halten wir die Instinkte und Verhaltensweisen von Tieren für relativ festgelegte Eigenschaften, aber in der Natur ist nichts unbeweglich, und Verhaltensweisen können sich ändern und weiterentwickeln. Denken wir noch einmal an die Berggorillas von Virunga aus Kapitel 2. Sie formten ihre gesamte Sozialstruktur im Laufe einer einzigen Generation vollständig um, und das kam sicher nicht aus dem Nichts. Offensichtlich waren Kräfte am Werk, die sich gegen die dominierende Ordnung richteten und die Gesellschaft in eine andere Richtung lenkten. Das Gleiche könnte auch für die Gemeinen Schimpansen gelten. Derzeit setzen sich noch aggressive, unsensible Männchen durch, aber es könnten auch schon unterschwellige Kräfte am Werk sein, vielleicht Überreste einer überholten Sozialdynamik oder neueres Rohmaterial für eine zukünftige gesellschaftliche Entwicklung. Besonders wahrscheinlich erscheint das, wenn man bedenkt, wie anders sich die Bonobos verhalten, obwohl sie so eng mit den Gemeinen Schimpansen verwandt sind. Unter der Oberfläche könnte es im Verhalten der Schimpansen eine Vielfalt geben, die für die Selektion bereitsteht, wenn die Verhältnisse sich ändern.

In mindestens einem Fall kaufte ein Affe Sex direkt mit Bargeld. Forschende der Yale University unter Leitung von Laurie Santos trainierten eine Gruppe von Haubenkapuzineraffen (*Cebus apella*) in Gefangenschaft darauf, im Rahmen eines Langzeitexperiments mit dem Spitznamen *Monkeynomics* (etwa »Affenwirtschaft«) Silbermünzen als Währung zu verwenden. Die Münzen dienten zum Kauf von Nahrung und Leckerbissen und werden in einer ganzen Reihe von Experimenten zur Klärung der Frage verwendet, wie Affen – und vielleicht auch Menschen – auf einem Markt Bewertungen anstellen und Entscheidungen treffen. Über die Erkenntnisse von Professorin Santos gäbe es vieles zu sagen, und ich kann allen nur empfehlen, ihre Arbeiten nachzulesen. Was für unser Thema wichtig ist: Es dauerte nicht lange, dann hatten die Affen gelernt, das Währungssystem zu nutzen, und man konnte beobachten, wie ein Affenmännchen ein Weibchen für Sex bezahlte. Das Weibchen, das sich nicht in der fruchtbaren Phase befand, drehte sich um und verwendete die Münze sofort, um sich einen Leckerbissen zu kaufen.[17] In diesem Vorgang kann man kaum etwas anderes als ein Geschäft mit Sex erkennen. Das älteste Gewerbe, in der Tat.

Wenn wir die geschäftliche Seite der Sexualität betrachten, springen unsere Gedanken sofort zur Sexarbeit, aber das ist nur die offensichtlichste, naheliegendste Form. Sexuellen Zugang gegen materielle Ressourcen einzutauschen, ist – und war während unserer gesamten Geschichte – in den Kulturkreisen der Menschen sehr verbreitet. Von dem Mann, der sich bei einem Date spendabel zeigt und hofft, seine Freundin endlich ins Bett zu bekommen, bis zu dem älteren Mann, der einen jüngeren Mann oder eine Frau finanziert, damit er oder sie mit ihm als »Urlaubsbegleitung« eine Reise antritt – immer bestehen unausgesprochene Erwartungen im Zusammenhang mit den Ausgaben, die ein Teil eines Paares tätigt, und der sexuellen Bereitschaft des anderen. Das gleiche Prinzip gilt für Sugardaddys und Sugarmommys.

Das alles wird in manchen Zusammenhängen zu Recht als »Schweinerei« (oder noch Schlimmeres) bezeichnet, in anderen geht es aber nur darum, dass sich ein erwachsener Mensch etwas Gewünschtes verschafft, indem er einem anderen Erwachsenen, der damit einverstanden ist, etwas gibt, was *dieser* sich wünscht. Wie bei dem Affen, der Sex wollte und bereit war, eine Münze dafür abzugeben, und der Partnerin, die auf die Münze aus war und »nachgab«, um sie zu bekommen, entsteht für niemanden ein Schaden, wenn die Beteiligten Bescheid wissen, sich freiwillig einverstanden erklären und sich jederzeit zurückziehen können. Wer das für schäbig hält, hat wirklich selbst ein Problem.

Es gibt aber auch subtilere Methoden. Da es sich bei der großen Mehrzahl aller, die psychologische Forschung betreiben, um Universitätsangehörige handelt, wurde der Sexmarkt auf Hochschulgeländen bis zum Erbrechen studiert, und es gibt darüber eine umfangreiche Literatur. Um es kurz zu machen: Rund 25 Prozent der jungen Männer und 15 Prozent der jungen Frauen räumen bereitwillig ein, dass sie schon versucht haben, mit Geschenken, Essenseinladungen, Gefälligkeiten, Nachhilfeunterricht und anderem sexuelle Gunst zu »kaufen«, ohne Interesse an einer Beziehung zu haben. Auch wenn es nicht ausgesprochen wird: Dieser Markt wird durchaus als ein solcher begriffen, denn die meisten Frauen können sich an einzelne Fälle erinnern, in denen sie das nette Auftreten von Männern als Versuch erkannten, mit ihnen ins Bett zu gehen. Was schockierend ist (oder vielleicht auch nicht): 25 Prozent der Frauen berichten, sie hätten sich mit dem Sex einverstanden erklärt, obwohl sie darin eine Gegenleistung für ein erhaltenes Geschenk oder eine Gefälligkeit sahen. Zumindest in manchen Fällen wird die geschäftliche Natur von Sex trotz des offenkundigen Tabus ganz offen praktiziert und toleriert.

Nebenbei bemerkt: Ein kleiner Anteil der Collegestudierenden – 5 Prozent der Männer und 9 Prozent der Frauen – berichtet auch über das umgekehrte Geschäft, nämlich dass sie versucht hätten, Sex im Austausch für etwas, was sie sich gewünscht hätten, *anzubieten*. Das sind zwar geringe Prozentsätze, sie deuten aber auf etwas hin, was zumindest einige junge Leute wahrnehmen: Sie können ihre sexuelle Attraktivität zur Ware machen, die ihren Bedürfnissen und Wünschen dient. Auch das mag ekelhaft erscheinen, aber das liegt an uns. Diejenigen, die weniger durch kulturelle Tabus rund um die Sexualität belastet sind, schulden uns keine Erklärung.

Mir geht es hier um die Erkenntnis, dass Sex, ob er nun der Fortpflanzung dient oder nicht, einen wirtschaftlichen und gesellschaftlichen Wert hat; man kann ihn im Rahmen von Geschäften anstreben und gewähren, und das steht im Einklang mit dem Tierverhalten aus Hunderten von Jahrmillionen.

Trickbetrüger

Dass auch andere Tiere Ressourcen gegen sexuelle Gunst eintauschen, mag keine Überraschung sein, aber überraschend finden wir es vielleicht, dass Tiere mithilfe von Sex betrügen und täuschen können. Wir erkennen, dass der Sexualtrieb wie der geschäftliche Austausch ausgenutzt und gegen uns verwendet werden kann. Gleichzeitig verfolgen die Tricks immer noch entweder direkt oder indirekt das Ziel der Fortpflanzung. Aber das gilt in einem gewissen Sinn für jedes Verhalten.

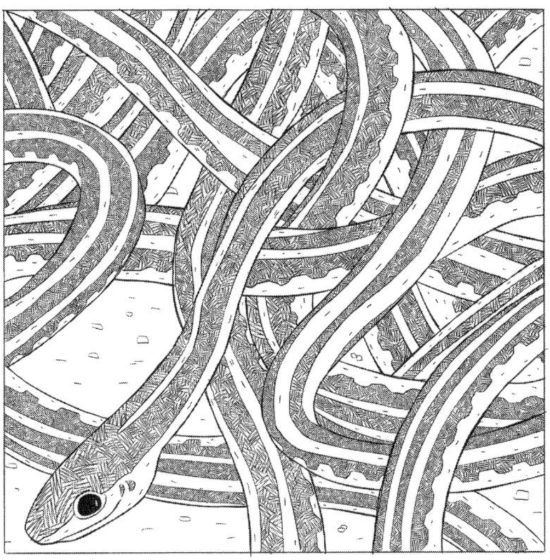

Eine Orgie verknäuelter Strumpfbandnattern

Strumpfbandnattern (*Thamnophis*) gehören in Nordamerika zu den am weitesten verbreiteten Schlangen. Ihr Fortpflanzungsverhalten wäre für den Wissenschaftler George Murray Levick, der als Erster über die sexbesessenen Adeliepinguine berichtete, und seinesgleichen recht schockierend gewesen. Strumpfbandnattern veranstalten Orgien! (Ich hoffe doch sehr, dass die Herpetologen, die diese Tatsache entdeckten, ihre Forschungsnotizen auf Griechisch verfasst haben!) Bei solchen Orgien spielt sich eine Menge ab, also nehmen wir uns dafür Zeit.

Wie viele Säugetiere und Reptilien in nördlichen Klimazonen, so halten auch Strumpfbandnattern eine Winterruhe und machen im Frühling eine echte »Paarungssaison« durch, in der Kopulation und Befruchtung stattfinden.* Wenn die Schlangen aus der Winterruhe kommen, ist die Paarung buchstäblich der erste Programmpunkt. Sie kriechen aus ihren unterirdischen Behausungen, beteiligen sich sofort an der nächsten sexuellen Ekstase und bilden einen *Paarungsball*, eine verworrene Masse von Schlangen, die ihre Genitalien aneinanderreiben.

Schlangen sind *exotherm* – der wissenschaftliche Begriff für Kaltblüter –, das heißt, sie erzeugen kaum eigene Körperwärme und erhalten auch keine unveränderliche Körpertemperatur aufrecht. Wärme beziehen sie vielmehr vorwiegend aus der Umgebung, und ihre Temperatur schwankt je nach der Außentemperatur und dem Ausmaß ihrer eigenen Aktivität. Wenn wir sehen, wie ein Reptil in der Sonne liegt, können wir sicher sein, dass das Tier sich aufwärmen will, um aktiver werden zu können. Kaltblütige Tiere erzeugen zwar wie Warmblüter mit ihrem Stoffwechsel eine gewisse Körperwärme, aber die ist viel geringer, weil ihr Stoffwechsel weitaus langsamer verläuft. Das ist der Grund, warum Krokodile zwar zu beeindruckender explosionsartiger Schnelligkeit in der Lage sind, aber auch sehr schnell müde werden.

* Die Weibchen kopulieren allerdings während des ganzen Jahres und bewahren den Samen, den sie im Herbst erhalten, manchmal bis zum Frühjahr auf, um ihn dann zu verwenden.

Nach Ansicht der Fachleute ist die Kaltblütigkeit der wichtigste Grund, warum Strumpfbandnattern unmittelbar nach der Winterruhe an Orgien teilnehmen. Die Masse aus ekstatischen Schlangen schafft ein abgegrenztes Wärmereservoir. Die durch ihre Stoffwechselaktivität entstehende Wärme verbleibt im Inneren der hektischen Menge und wird nicht an die Umwelt abgegeben. Während sie es treiben, bewahren sie also Wärme. Und wer befindet sich im Mittelpunkt der Paarungsbälle? Die Weibchen.

Aus nicht ganz geklärten Gründen sind männliche Strumpfbandnattern zahlreicher als die Weibchen. Auf ein Weibchen kommen fünf bis zehn Männchen. Die Weibchen sind viel länger, dicker und langsamer, die Männchen sind dagegen schlank und schnell. Die Männchen verwenden viel Zeit darauf, den Weibchen nachzujagen, und deshalb hat die Evolution die Schnellen begünstigt, während die Weibchen Energie sparen müssen, um ihre Jungen auszutragen. Strumpfbandnattern produzieren zwar Eier, legen sie aber nicht ab. Vielmehr sind sie lebendgebärend oder *vivipar*, das heißt, sie brüten die Eier im Körperinneren aus, bis die Jungen schlüpfen, und bringen dann lebende kleine Schlangen zur Welt.

Der Paarungsball besteht im Frühjahr aus einem oder zwei Weibchen, die von mindestens zehn Männchen umgeben sind. Es ist eine Orgie, aber auch eine Herrenüberschussparty, und die Männchen konkurrieren dabei energisch um den Zugang zur *Kloake*, der Geschlechtsöffnung der Weibchen. Die schnellsten und besten Ringkämpfer sichern sich den größten Teil der Vaterschaft. Auch hier ist die Konkurrenz ein Qualitätskontrollsystem in Bezug auf die Männchen, und die Weibchen können Samen von zahlreichen Männchen aufnehmen, womit die genetische Ausstattung ihrer Nachkommen vielfältiger wird.

Die Männchen kommen früher aus der Winterruhe als die Weibchen und nutzen die Zeit, um sich aus inneren und äußeren Quellen aufzuwärmen, sodass sie bereitstehen und die Weibchen umschwärmen können, sobald diese aus dem Bau kriechen. Die Männchen erkennen die Weibchen anhand eines von diesen abgegebenen spezifisch weiblichen Pheromons, also einer Art Parfüm, wenn man so will. Während die paarungswilligen Männchen sich untereinander im Wesentlichen ignorieren, wenn sie an die Luft kommen, stürzen sie sich auf die erste parfümierte Schlange, die sie finden; dabei hoffen sie darauf, in die Mitte des Paarungsballs zu gelangen und sich so die beste Chance auf viele Nachkommen zu sichern.

An dieser Stelle kommt die Täuschung ins Spiel: Wie man festgestellt hat, sind manche Männchen in der Lage, das weibliche Pheromon abzugeben.[18] Wenn sie aus der Winterruhe kommen und nach Parfüm duften, werden andere Männchen in der Umgebung getäuscht, umschwärmen die weiblich riechenden Geschlechtsgenossen und versuchen, sich mit ihnen zu paaren. Natürlich kann ein Männchen nicht durch ein anderes Männchen befruchtet werden – welchen Nutzen bringt also ein solches Verhalten?

Sind es einfach schwule Crossdresser-Schlangen, die arglose Männchen aus Spaß zum Sex verführen? Vielleicht. Sinnvoller ist aber eine andere Erklärung: Danach führen diese Männchen ihre Geschlechtsgenossen mit Sex hinters Licht und verschaffen sich so einen Konkurrenzvorteil. Wenn eine männliche Schlange Parfüm trägt und nach der Winterruhe auf andere Schlangen trifft, bedeutet das automatisch, dass dieses Männchen spät zur Party kommt und die Verspätung aufholen muss. Unmittelbar nach der Winterruhe sind Schlangen kalt und träge; damit ergeht es ihnen in der Konkurrenz des Paarungsballs schlecht, und sie sind auch durch natürliche Feinde gefährdet. (Im Frühjahr sind langsame Strumpfbandnattern beispielsweise eine Lieblingsmahlzeit der Krähen.) Mit dem Parfüm veranlassen solche Männchen ihre Geschlechtsgenossen also dazu, sie zu umschwärmen, womit sie vor natürlichen Feinden geschützt sind und sich schneller aufwärmen können. Schon nach wenigen Minuten ist das Spiel aus, aber bis dahin sind die parfümierten Männchen bereit für die hitzige Konkurrenz in der Orgie mit einem echten Weibchen. Sie *stehlen* buchstäblich die Körperwärme der anderen.

Zudem verbrauchen die getäuschten Männchen kostbare Energie und müssen sie nachladen, denn exotherme Lebewesen können anstrengende Aktivität nicht lange durchhalten. Die Schlangen, die Weibchen nachahmen, stechen die anderen aus und verschaffen sich damit eine Zeit lang einen Konkurrenzvorteil.

Das funktioniert. Wie man festgestellt hat, zeugen die Männchen, die weibliche Pheromone abgeben, bei der Paarung mehr Nachkommen.[19] Wenn sie aufgewärmt und paarungsbereit sind, stellen sie die Parfumabgabe ein und den Weibchen nach. Das ist eine erfolgreiche alternative Paarungsstrategie. In Kapitel 2 habe ich gegenüber anderen Beispielen für sogenannte Weibchenmimikry meine Skepsis zum Ausdruck gebracht. Im Fall der Strumpfbandnattern jedoch ist Täuschung durch Crossdressing die einfachste Erklärung, die sich mit den Befunden vereinbaren lässt. Der entscheidende Unterschied besteht zumindest in meinen Augen darin, dass die Männchen auf dieselbe Schlange unterschiedlich reagieren, je nachdem, ob sie das Parfum produziert oder nicht. Tut das Männchen es, stellen sie ihm nach und betreiben Sex mit ihm; wenn nicht, dann nicht. Wenn ein Männchen die Weibchen nachahmt, macht es seine Rivalen müde und stiehlt ihnen Körperwärme; anschließend nutzt es den Vorteil, legt die Verkleidung ab und geht auf die Weibchen los.

Da das Crossdressing eine vorübergehende Angelegenheit ist, würde ich es nicht als eigenes Gender bezeichnen, aber es ist eindeutig wieder einmal ein Beispiel dafür, auf welch kreative Weise Tiere mit Geschlecht und Gender spielen können, um aus der Masse herauszustechen. Man hat sogar die molekularen Einzelheiten des Crossdressing aufgeklärt. Es wird von einem Hormon vermittelt, von dem die meisten vermutlich schon einmal gehört haben: Östrogen.[20] Und dass nur eine Minderheit der Schlangen diese Strategie verfolgt, ist einer der Gründe, warum sie erfolgreich ist. Würden alle Schlangen es so machen, wäre das ganze Paarungssystem am Ende. Wenn es aber nur einige Schlangen tun, kommen sie damit durch. Wichtig ist dabei die Feststellung, dass es im Rahmen der Konkurrenz nach wie vor eine gute Strategie ist, ein starkes, schnelles Männchen zu sein. Solche Schlangen schneiden im Paarungsball in jedem Fall gut ab. Letztlich herrscht also in der Population der Strumpfbandnattern ein Gleichgewicht zwischen den unterschiedlichen Typen der genderabhängigen Paarungsstrategien. Das sollte uns mittlerweile vertraut vorkommen.

Wo wir schon bei Tieren sind, die sich schwul verhalten, um sich Vorteile gegenüber anderen Männchen zu sichern, sollten wir auch über den Rotbraunen Reismehlkäfer (*Tribolium castaneum*) reden. Ja, das sind die Insekten, die häufig Mehl und andere trockene Lebensmittel befallen und deren Larven wie Mehlwürmer aussehen. Wie die Bettwanzen, die wir in Kapitel 3 kennengelernt haben, betreiben auch die Männchen dieser Insekten untereinander Paarungsakte, aber anders als bei den Bettwanzen ist die Kopulation bei ihnen nicht mit Verletzungen verbunden. Männchen und Weibchen sehen sehr unterschiedlich aus, deshalb darf man daran zweifeln, dass die Männchen einfach verwirrt sind. Sie begatten andere Männchen absichtlich, und das tatsächlich aus einem sehr raffinierten Grund.

Wie die meisten Gliederfüßer, so haben auch Reismehlkäfer keine äußeren Geschlechtsorgane. Vielmehr besitzen beide Geschlechter wie die meisten Vögel und Reptilien einen Fortpflanzungstrakt, und die Männchen besamen die Weibchen, indem sie die Genitalöffnungen nebeneinanderlegen und die Samenflüssigkeit in die Geschlechtsorgane des Weibchens einspritzen. Die Paarungsstrategie ist promiskuitiv. Die Weibchen paaren sich mit vielen Männchen, was in ihrem Fortpflanzungstrakt zur Spermienkonkurrenz führt. Von dieser Mehrfachpaarung profitieren die Weibchen, weil sie damit ihren Genbestand diversifizieren, und durch die so entstehende Konkurrenz zwischen den Männchen werden gute Gene selektiert. Für Männchen ist es ebenfalls die beste Strategie, sich mit so vielen Weibchen wie möglich zu paaren und dabei tunlichst andere Männchen aus dem Weg zu räumen.

Manche männlichen Reismehlkäfer treiben die Dinge noch einen

Schritt weiter: Sie begatten andere Männchen und geben dabei ihren Samen ab. Das scheint zunächst der Intuition zu widersprechen, denn dabei wird Sperma dort verschwendet, wo keine Befruchtung möglich ist, und auch Zeit und Energie werden vergeudet, während andere Männchen die in der Nähe befindlichen Weibchen erreichen können. Wie sich aber herausgestellt hat, werden weder Sperma noch Energie verschwendet. Hat ein Männchen den Samen eines anderen Männchens in seinen Fortpflanzungsorganen, kann dieser dort mehrere Tage lang überleben. Trifft es dann auf ein Weibchen und begattet es, gibt das Männchen nicht nur seinen eigenen Samen ab, sondern auch den des Männchens, das sich zuvor mit ihm gepaart hat.[21] Wenn ein Männchen also mehrere Geschlechtsgenossen begattet, macht es sie zu ahnungslosen Spermalieferanten und kann auf diese Weise sogar Weibchen befruchten, denen es *nie persönlich begegnet* ist.

Auch in diesem Fall stärkt gleichgeschlechtliche Sexualität die biologische Fitness; er ist aber zudem ein Beispiel dafür, wie Sex zu Täuschung und Kampf verwendet werden kann. Diese besondere Strategie, den Fortpflanzungstrakt anderer Männchen als Transportmittel zur Ablieferung des eigenen Samens zu nutzen, steht Säugetieren natürlich nicht zur Verfügung, denn schließlich kann ein Penis normalerweise nicht in andere Penisse eindringen (obwohl ich sicher bin, dass hier die *Rule 34* gilt). Bei nahezu allen Vögeln, Reptilien und Amphibien dagegen, aber auch bei der Mehrzahl der Fische sehen die Genitalöffnungen von Männchen und Weibchen sehr ähnlich aus. Bei Fischen spricht man von der »Geschlechtspapille«, bei Vögeln und Reptilien heißt sie »Kloake« und ist eine gemeinsame Öffnung für Harn-, Verdauungs- und Fortpflanzungsorgane. Nach meiner Vermutung könnte man den indirekten Samentransfer durch Begattung zwischen Männchen, wie wir ihn von den Reismehlkäfern kennen, auch bei einigen dieser anderen Tiere beobachten. Das wurde bisher nicht dokumentiert, aber man hat das Thema auch noch nicht studiert. In der Wissenschaft findet man nur, was man sucht.

Make love, not war

Nachdem wir uns mit den geschäftlichen und betrügerischen Aspekten der Sexualität beschäftigt haben, brauchen wir einen guten Zwischengang, der uns daran erinnert, dass nicht alle Tiere Betrüger und Schwindler sind. Manche sind keine Kämpfer, sondern Liebhaber. Viele Tiere nutzen Sexualität auf genau die gleiche Weise wie wir: Zwei oder mehr Individuen kommen näher zusammen. Wenn wir uns mit dieser Funktion der Sexualität befassen, müssen wir uns auf Vögel und Säugetiere beschränken, denn nur in diesen Gruppen beobachten wir das auf Neurohormonen basierende System der Zuneigung, das durch sexuelle Aktivität (von der wir wissen) aktiviert wird.

Wichtig ist dabei, dass sich Sex als Mittel zur Stärkung sozialer Zugehörigkeitsgefühle nicht auf Paarbindungen beschränkt und sogar von Arten genutzt wird, die überhaupt keine Paarbindungen aufweisen. Ein Beispiel sind die Bonobos. Sie bilden zum Zweck der Fortpflanzung keine Eins-zu-eins-Paarbeziehungen, pflegen aber sehr engen Kontakt zu Freunden und Verbündeten, und unter Familienmitgliedern (mit Ausnahme von Müttern und ausgewachsenen Söhnen) werden diese Bindungen auch durch Sex gestärkt. Manche Biologinnen und Biologen halten die Sozialstruktur der Bonobos angesichts dieser ungezügelten Sexualität für eine Art Zufall, aber ob Zufall oder nicht, sie sind unsere engsten Verwandten, und 98,5 Prozent unserer codierenden DNA-Sequenzen sind identisch. So leicht können wir sie nicht abschreiben.

In den Gesellschaften der Menschen beschränkt sich diese spezielle Funktion von Sex derzeit vorwiegend auf Liebesbeziehungen, ob sie nun langfristig angelegt sind oder nicht, sexuell exklusiv oder nicht und so weiter. So hat beispielsweise die Mehrzahl der Ehepaare, die in offenen Beziehungen leben, rund um den außerehelichen Sex feste Regeln, mit denen die Zusammengehörigkeitsgefühle, die zwischen Sexualpartnern entstehen können, verhindert oder abgemildert werden sollen. (Dies ist ein Unterschied zur Polyamorie, in der solche Bindungen zugelassen sind.) Dass Swinger und Anhänger anderer Formen der »offenen Ehe« die Neigung anerkennen, dass regelmäßige Sexualpartner eine starke emotionale Bindung ausbilden können, spricht für ein intuitives Wissen der Menschen: Sex führt insbesondere dann, wenn er häufiger praktiziert wird, zu gefühlsmäßiger Nähe. Nachdem wir uns im vorangegangenen Kapitel mit sozialer Monogamie und Paarbindung beschäftigt haben, können wir uns jetzt auf die Frage konzentrieren, wie Sexualität dazu dienen kann, soziale Bindungen innerhalb größerer Tiergesellschaften zu schmieden.

In Kapitel 4 war von den Löwen die Rede, deren Rudel aus einem oder wenigen Männchen und einem Harem aus einigen Weibchen bestehen. Gruppen aus mehreren männlichen Tieren werden als »Koalitionen« bezeichnet; sie entstehen in einer Kombination aus Konkurrenz und Kooperation. Innerhalb der großen Löwenpopulation machen einzelne Rudel Phasen der Stabilität durch, die durch *Fission-Fusion*-Ereignisse, also durch Trennungen und Vereinigungen, unterbrochen werden. Männliche Löwen fordern einander regelmäßig heraus und kämpfen; sie bilden aber auch Teams, die zusammenarbeiten, um ein Rudel zu dominieren und andere Gruppen von Männchen abzuwehren.[22] Die Mitglieder einer solchen Koalition kooperieren, doch zwischen ihnen bestehen auch Spannungen, denn das Privileg der Vaterschaft richtet sich nach der Rangfolge. Junge Wadenbeißer sind erpicht darauf, die Leiter emporzuklettern, und die alternden Alphatiere klammern sich an ihre Position, solange es ihnen möglich ist.

Während der stabilen Phasen jedoch leben die Männchen einer Koalition relativ harmonisch zusammen und bauen untereinander Vertrauen und Zugehörigkeitsgefühle auf.[23] Und wie erfolgt der Vertrauensaufbau? Man ahnt es schon: durch Sex. Die Löwenmännchen in einer Koalition haben ständig Sex miteinander, und das sogar öfter als mit den Weibchen, obwohl alle nach Vaterschaftsrechten streben. Wahrscheinlich lautet die Erklärung: Die Weibchen sind für Sex viel weniger empfänglich als die Männchen. Da diese fast immer »in Stimmung« sind, haben sie für ihre Erregung ein einfaches Ventil: andere Männchen. Wie üblich wurde dies in der Wissenschaft jahrzehntelang übersehen, weil man das Verhalten entweder als Herausforderung der Dominanz oder als spielerischen Ringkampf interpretierte. Tatsächlich läuft so etwas vermutlich ebenfalls ab, aber wenn man bedenkt, dass zu den »Ringkämpfen« auch anale Penetration und Orgasmen gehören, kann man mit Sicherheit davon ausgehen, dass es sich um Sex handelt. Die Männchen in einer Koalition sind eng miteinander verbundene Sozialpartner und lassen die gleichen Anzeichen von Zuneigung und gegenseitiger Fürsorge erkennen, wie einzelne dominante Löwenmännchen (und die Gorilla-Silberrücken) sie den Weibchen in ihrem Harem zuteilwerden lassen.

Zwei Löwenmännchen in liebevollem Kontakt

Für die meisten Löwenmännchen ist das Koalitionssystem ein echter Gewinn, denn wenn jeweils nur ein Männchen geduldet wird, geht die Mehrzahl leer aus.[24] Für das Alphamännchen sind Koalitionen eher ein zweischneidiges Schwert, denn es muss die Vaterschaft mit seinen Untergebenen teilen, damit sie sich nicht gegen es wenden. Gewissermaßen zum Ausgleich kann das Alphamännchen seine dominante Stellung im Allgemeinen mit einer Koalition länger behalten, als wenn es allein ist. Welches System den größeren Erfolg verspricht, hängt von der Sichtweise ab. Was für das Alphamännchen gut ist, muss nicht immer für die anderen Männchen gut sein. Dass verschiedene Löwengesellschaften das Spannungsverhältnis unterschiedlich bewältigen, spricht für eine Flexibilität im Sexualleben dieser Tiere. Sind die Koalitionen männlicher, durch Sex miteinander verbundener Löwen von irgendeiner Bedeutung für die Praxis der Menschen?

Im antiken Griechenland war Homosexualität keineswegs tabu, und dass Sex im militärischen Umfeld zum Schmieden enger Beziehungen dienen konnte, war allgemein anerkannt.[25] Die durch Sex gestärkten Verbindungen zwischen militärischen Partnern werden in verschiedenen antiken Texten beschrieben, etwa in den Schriften von Sokrates und Aristoteles. Platon lobt die Praxis in seinem *Gastmahl* und schreibt: »… so feige ist kein Mensch, den Eros selbst nicht begeistern sollte zur Tapferkeit, so daß er dem gleichkommt, der der Mutigste von Natur ist …«[26] Das war nicht unumstritten: Insbesondere der Feldherr und Schriftsteller Xenophon stand der Praxis kritisch gegenüber, lehnte aber die Homosexualität als solche nicht ab. Er fand es vielmehr ungehörig, die Schönheit und Macht der Sexualität für einen profanen militärischen Zweck auszunutzen. Außerdem missbilligte er die Einstufung in militärische Ränge auf einer anderen Grundlage als der Begabung.

Die »Heilige Schar« von Theben, eine Einheit griechischer Elitesoldaten, bestand ausschließlich aus männlichen Liebespaaren. Dieser Streitmacht wird das Verdienst zugeschrieben, im 4. Jahrhundert v. u. Z. das Blatt gegen die spartanische Vorherrschaft in Griechenland gewendet zu haben, bevor sie schließlich von dem makedonischen König Philipp II. besiegt wurde. Nach der Niederlage der »Heiligen Schar« wurde die Praxis nicht mehr aufgegriffen, aber später erkannte Alexander der Große, der Sohn Philipps II., den Wert der persönlichen Verbundenheit unter Soldaten und setzte sich für ihre Stärkung ein. Auch Alexander hatte natürlich männliche und weibliche Geliebte, und er erkannte, dass seine Soldaten leidenschaftlicher und konzentrierter kämpften, wenn das Leben ihrer Geliebten ebenfalls auf dem Spiel stand.

Bindungen zwischen männlichen Individuen durch soziale Interaktionen einschließlich Sex werden auch bei manchen Tieren beobachtet – als erfolgreiche, auf Kooperation gegründete Fortpflanzungsstrategie. Die Männchen vieler – vielleicht der meisten – Säugetiere sind keine Freunde, sondern Rivalen. Bei Walrossen, Hirschen und zahlreichen anderen stehen die Männchen im ständigen Wettbewerb und sehen sich gegenseitig ausschließlich als Bedrohung. Bei sehr sozial geprägten Arten jedoch, darunter viele Primaten, hat sich eine Strategie der engen Zusammengehörigkeit und Kooperation entwickelt, mit der es allen oder den meisten Männchen besser ergeht, als wenn sie um Dominanz und exklusive Paarungsgelegenheiten kämpfen würden. In freier Wildbahn lassen sich die Vorteile der verschiedenen sozialen Strategien nur schwer messen und vergleichen, denn allgemein verhält sich jede Spezies auf ganz eigene Weise; Vergleiche mit anderen Arten sind schwierig, weil sich neben den Interaktionen der Männchen auch viele weitere Variablen unterscheiden. Dennoch konnte man 2014 durch die Erforschung der sozialen Beziehungen zwischen männlichen Guinea-Pavianen wichtige Erkenntnisse gewinnen.

Guinea-Paviane eignen sich hervorragend dafür, Fragen im Zusammenhang mit der Bindung zu beantworten, denn sie haben eine gemischte Sozialstruktur, in der unterschiedliche kleinere Gruppen eine größere Gemeinschaft bilden. Darunter sind Gruppen, in denen ein Männchen einen Harem hat, Gruppen mit vielen Männchen und vielen Weibchen sowie einsame männliche »Junggesellen«, meist

Jungtiere, die ihren Platz noch nicht gefunden haben. Wie nicht anders zu erwarten, legen Männchen, die in gemischtgeschlechtlichen Gruppen leben, untereinander weniger Aggression an den Tag und zeigen häufiger soziale Zugehörigkeitsgefühle mit Grooming, dem Teilen von Nahrung und Sex. Doch die Forschenden gelangten auch zu einem erstaunlichen Ergebnis: Wenn ein Pavianmännchen älter, kräftiger und dominanter wird, richtet es seine sozialen Bindungen stärker auf die Weibchen aus und gibt sich alle Mühe, einen eigenen Harem zu begründen.[27] Zwar erreicht nur ein kleiner Teil der Männchen dieses Ziel, aber dafür erfreuen sich die Haremsbesitzer des größten Fortpflanzungserfolges.

Für einen männlichen Guinea-Pavian ist das Leben also ein Spiel, bei dem er die soziale Leiter nach oben klettert und darauf hofft, die Spitzenposition als alleiniger männlicher Anführer eines Harems zu erreichen. Die Leiter, die er erklimmen muss, besteht allerdings aus Zusammengehörigkeitsgefühlen und der Kooperation mit anderen Männchen, die auch gelegentliche Kämpfe gegen andere Männerbündnisse beinhaltet. Die Junggesellen, die sich noch nicht anderen Männchen angeschlossen haben, weisen eine wesentlich höhere Sterblichkeitsrate auf. Andererseits erhalten Männchen, die sich mit Geschlechtsgenossen zusammentun, aber einen niedrigen Rang bekleiden, weniger Zugang zu den Weibchen. Die Auswahl durch die Weibchen bestimmt bei den Pavianen entscheidend über den Fortpflanzungserfolg der Männchen, und die Weibchen wählen in der Regel die höchstrangigen Männchen, die beliebt sind und von anderen Männchen respektiert werden.

Die beste Strategie besteht darin, freundlich, gesellig und gegenüber anderen Männchen großzügig zu sein, denn damit erwirbt man sich den Respekt von Männchen wie auch von Weibchen. Der Schlüssel zu den freundlichen Zugehörigkeitsgefühlen der Männchen ist – man hätte es wieder vermuten können – die friedensstiftende Wirkung von Sex. Sex bildet eine Form des sozialen Kitts, der Männchen zusammenhält, Aggressionen vermindert und soziales Verhalten wie das Teilen von Nahrung und das Lausen begünstigt. Männchen, die in diesem sozialen Umfeld gute Leistungen erbringen, werden am häufigsten Väter.

Noch ein anderer Aspekt der Lebensweise von Guinea-Pavianen ist erwähnenswert: ihre Diversität.[28] Zwar gibt es einen eindeutigen Weg zum *größten* Fortpflanzungserfolg, aber die Affen können auf vielfältige Weise leben und gedeihen. An beiden Enden des sozialen Spektrums stehen einsame Männchen, doch es gibt auch freundliche und dominantere/aggressivere Männchen. Und die Weibchen sind die sozialen Regisseure des ganzen Theaters; sie zeigen eine Mischung aus Kooperation und Bindung sowie Konkurrenz in einer Dominanzhierarchie – insbesondere innerhalb eines Harems. So entsteht ein vielseitiges soziales Umfeld, das sich in unterschiedliche Richtungen weiterentwickeln kann, wenn sich die Bedingungen ändern.

Den Jürgen würgen

Ich weiß nicht, warum, aber die meisten Menschen sind wirklich erstaunt, wenn sie erfahren, dass Tiere masturbieren. Eigentlich sollte uns das nicht überraschen, denn in unserer Kultur sind wir endlich so weit, offen zuzugeben, dass nahezu alle Menschen es tun, und jeder Hundebesitzer hat sicher schon einmal bemerkt, dass sie es ebenfalls tun – warum also wundern wir uns darüber, dass es die meisten anderen Tiere genauso machen? Nach meiner persönlichen Vermutung lassen sich Menschen durch die Masturbation von Tieren verwirren, weil sie einfach nicht glauben, dass Tiere etwas nur zum Spaß und ohne einen »höheren« Zweck tun. Damit verstehen sie in zweierlei Weise nicht, worum es geht.

Erstens zeigen Tiere durchaus Verhaltensweisen, die zumindest bei oberflächlicher Betrachtung lediglich dem Vergnügen dienen. Warum? Weil Verhaltensweisen oft mehr sind, als sie auf den ersten

Blick zu sein scheinen. Ja, Tiere spielen, weil sie gern Spaß haben. Aber spielerisches Verhalten hat auch mehrere andere Funktionen und ist in verschiedener Hinsicht gut für das Tier. Spielen hat einen sozialen Nutzen, es hat einen psychologischen und neurologischen Nutzen, einen Nutzen für Herz und Kreislauf, einen Nutzen für die Hormone (Stressabbau), einen Nutzen für die motorische Kontrolle und Koordination und vieles mehr. Wir spielen, weil es Spaß macht, aber die Evolution hat Spiel und Vergnügen verknüpft, weil es für uns auf ganz klare, gezielte Weise nützlich ist.

Und zweitens dient Masturbation genau wie das Spielen zumindest manchmal auch unmittelbar anderen Zwecken. Tieren müssen diese zusätzlichen Zwecke und Nutzeffekte nicht bewusst sein und sind es eigentlich nie (jedenfalls soweit wir das beurteilen können). Sie wissen nur, dass es sich gut anfühlt. Im Rahmen unseres Themas möchte ich deshalb zunächst zur Unterhaltung einige Tatsachen und Geschichten über die Masturbation von Tieren erzählen; anschließend können wir der Frage nachgehen, welchen Nutzen sie möglicherweise bringt und ob manche dieser Zwecke auch auf Menschen zutreffen.

Für Videos von masturbierenden Tieren ist YouTube eine wahre Schatzkiste – oder ein Horrorkabinett. Schon mit wenigen Suchbegriffen findet man ein Video von einem Waschbär, der sich selbst berührt, von unzähligen Affen, die es tun, und von Hunden, die jeden Gegenstand bespringen, den man sich vorstellen kann. Man findet auch Tiere, die sich oral verwöhnen oder verschiedene Gerätschaften verwenden. Es gibt eine Stute, die sich an einem Zaunpfahl stimuliert, einen Schimpansen, der einen Frosch an seinem Penis reibt, einen Flussdelfin, der einen toten Fisch penetriert, und sogar eine junge Schildkröte, die es mit einem Schuh treibt. Alle diese Bilder haben wir jetzt im Kopf. Bitte sehr.

Die Masturbation bei Tieren ist auch Gegenstand wissenschaftlicher Untersuchungen.[29] Zu den Arten, deren Verhalten sorgfältig beobachtet, beschrieben und zum Gegenstand von Spekulationen gemacht wurde, gehören Pferde, Katzen, Esel, Löwen, Kängurus, Kühe, Walrosse, Bären und sogar Stachelschweine (aua!). Karibus und Antilopen verschaffen sich sexuelle Befriedigung, indem sie mit dem Geweih gegen harte Gegenstände anrennen. Orang-Utans verwenden bekanntermaßen Objekte – oder sollte ich sagen: Spielzeuge – wie saftige Früchte und anderes als Hilfsmittel für die Masturbation, und von Makaken weiß man, dass sie nachgemachte Phallusse verwenden.[30] Manche Tiere, beispielsweise Hunde und Pferde, gelangen durch Masturbation nur selten zum Orgasmus, andere dagegen, wie Schimpansen und Kühe, fast immer.

Warum masturbieren alle diese Säugetiere? Nun, warum nicht? Nicht alle Verhaltensweisen müssen mit einem großartigen evolutionären Zweck verknüpft sein. Warum können so viele Menschen nicht aufhören, an den Fingernägeln zu kauen? Wer weiß? Vielleicht gibt es nicht für alle Verhaltensweisen, die wir verblüffend finden, eine umfassende oder befriedigende Erklärung. Die Antwort könnte ganz einfach sein: Tiere masturbieren, weil es sich gut anfühlt, und es ist eine unvermeidliche Folge der Verknüpfung von sexuellen Aktivitäten mit den Lustzentren des Gehirns. Möglicherweise ist Masturbation einfach eine unvermeidliche, harmlose Eigenheit der tierischen Sexualität.

Dennoch wurden auch Vermutungen über Nutzeffekte der Masturbation angestellt. Für die Männchen von Arten, bei denen Spermienkonkurrenz herrscht, gibt es einen eindeutigen Nutzen: Frisches Sperma funktioniert offenbar besser.[31] Deshalb könnte das »Durchspülen der Rohrleitungen« tatsächlich die Qualität der Samenzellen und der Samenflüssigkeit, von der sie aktiviert werden, verbessern. Spermienkonkurrenz kommt bei Arten vor, deren Weibchen sich mit vielen Männchen paaren. In den Fortpflanzungsorganen des Weibchens müssen die Samenzellen im Verhältnis zu ihrer eigenen Größe eine sehr weite Strecke schwimmen. Es ist, als würde ein Mensch ungefähr 30 Kilometer weit nonstop mit hoher Geschwindigkeit laufen; tatsächlich ist der Weg aber noch länger, denn sie schwimmen nicht in gerader Linie direkt auf die Eizelle zu. Samenzellen irren ziellos umher und schwimmen auf Korkenzieherbahnen in immer größeren Kreisen im Uhrzeigersinn.* Dabei gelangen nur die wenigsten Spermien überhaupt in die Nähe ihres Ziels.

Angesichts derart langer Wege (und der schlechten Zielgenauigkeit) liegt der Schlüssel zu einer erfolgreichen Befruchtung darin, *eine Menge* Sperma abzugeben. Beim Menschen enthält ein durchschnittliches Ejakulat *mehrere Hundert Millionen* Samenzellen. Das ist viel, aber es ist nichts im Vergleich zur Menge manch anderer Tiere, darunter unsere engsten Verwandten, die beiden Schimpansenarten. Da Schimpansenweibchen sich mit einer so hohen Anzahl von Männchen paaren, herrscht bei diesen Menschenaffen eine intensive Spermienkonkurrenz. Deshalb sind die Hoden von Schimpansen sehr groß, und ihr Ejakulat ist voluminös. Masturbation ist ebenfalls nützlich, denn durch sie werden alte, defekte Samenzellen und auch abgestandene Samenflüssigkeit beseitigt. Damit kann das nächste Ejakulat frisch und temporeich sein. Tatsächlich werden Samenzellen zusammen mit Hemmstoffen gespeichert, durch die sie inaktiv bleiben, und je länger sie eingelagert sind, desto träger sind sie nach der Freisetzung. Bei Menschen und Rhesusaffen konnte man beispielsweise nachweisen, dass regelmäßiges Masturbieren die Spermienqualität verbessert.[32]

Für Weibchen kann die Masturbation für eine gesunde Fortpflanzung manchmal sogar *unentbehrlich* sein.[33] Bei einigen Säugetieren gibt es die *induzierte Ovulation*, das heißt, die Eizellen werden nicht, wie etwa im Menstruationszyklus der Menschen, in regelmäßigen Abständen freigesetzt, sondern sie verlassen den Eierstock nur dann, wenn das Weibchen durch sexuelle Aktivität stimuliert wird. Beson-

* Als die französische Übersetzung meines Buches *Human Errors* bei mir eintraf, stellte ich zu meiner Überraschung fest, dass man dem Buch, angeregt durch diese Tatsache, den Titel *Spermien biegen nur rechts ab* gegeben hatte.

ders nützlich ist das für Arten, deren Populationsdichte gering ist. Wenn der Eisprung kommt und geht, ohne dass ein Männchen in der Nähe ist, ist er vergeudet. Andererseits können reife Eizellen für kurze Zeit im Eierstock verbleiben, aber wenn sie nicht irgendwann freigesetzt werden, können sie sich zu einer schmerzhaften Zyste entwickeln. Die induzierte Ovulation findet man beispielsweise bei Hauskatzen, und jeder Besitzer einer nicht operierten weiblichen Katze hat wahrscheinlich schon einmal beobachtet, welche Schmerzen sie bekommt, wenn sie heiß ist und nicht sexuell aktiv wird. Was soll sie tun, wenn keine Männchen in der Nähe sind und ihr beispringen können? (Nun, wenn man möchte, kann man ihr helfen, indem man ein kleines Gerät kauft. Es sieht aus wie ein Wattestäbchen. Viel Spaß damit. Ansonsten ist es am menschlichsten, die Katze sterilisieren zu lassen.)

Da ist es kein Wunder, dass viele Katzen und andere Tiere mit induzierter Ovulation die Masturbation zur Linderung der Bauchschmerzen entdeckt haben. Weitere Arten, die einen solchen Eisprung erleben, sind Frettchen, Kaninchen, Kamele, Lamas, Bären und Vielfraße. Bei manchen von ihnen, so bei Schwarzbären, reicht manuelle Stimulation nicht aus. Damit ein Weibchen einen Eisprung hat, muss ein Bärenmännchen physisch anwesend sein und mitwirken. Noch schlechter haben es die Koalas: Sie brauchen ein Männchen, die Stimulation der Genitalien und ausgestoßenes Sperma im Vaginalkanal – nur dann findet der Eisprung statt. Bei den meisten anderen Arten reicht die Masturbation, um den Eisprung zu induzieren. Festhalten sollte man auch, dass die Stimulation selbst bei Arten, bei denen sie für den Eisprung nicht *notwendig* ist, dazu beitragen kann, ihn auszulösen. Bei Menschen zum Beispiel beschleunigt ein zeitlich gut abgestimmter Orgasmus an den Tagen rund um den Eisprung die Hormonveränderungen, die zum Eisprung führen. Masturbation hat also einen Nutzen – sowohl für die Männchen (Spermienqualität) als auch für die Weibchen (induzierte Ovulation).

Auch eine andere mutmaßliche Funktion der Masturbation für männliche und weibliche Tiere wurde genannt: die Übung des Paarungsverhaltens für ihr weiteres Leben, ganz ähnlich wie Hundewelpen, die spielerisch kämpfen und damit das Agieren in Dominanzkonflikten erlernen, an denen sie sich als ausgewachsene Hunde beteiligen werden. Wie gesagt: Sex dient nicht nur der Fortpflanzung, und wenn ein Tier das Sexualverhalten übt (um später gute Leistungen zu erbringen), könnte es ihm in allen Aspekten nützen, von denen in diesem Buch immer wieder die Rede ist. Wenn junge Tiere die Besteigungs- und Stoßbewegungen trainieren, entwickeln sich die erforderlichen Muskeln, und motorische Steuerung und Koordination verbessern sich. Unmittelbare Belege, wonach dies hilfreich ist, gibt es nicht, denn ein Experiment durchzuführen, mit dem man diese Hypothese testen könnte, ist sehr schwierig.* Eine andere Funktion der Masturbation kann man aber durchaus messen.

Professorin Jane Waterman veröffentlichte 2010 eine umfassende Untersuchung über das Masturbationsverhalten afrikanischer Kap-Borstenhörnchen.[34] Bevor wir uns die Gründe ansehen, warum sich diese Spezies so häufig selbst befriedigt, lohnt es sich meiner Ansicht nach, in einem bis zwei Absätzen ihre Masturbationsgewohnheiten zu betrachten, denn die räumen mit einigen Mythen auf, die das Thema immer noch umgeben. Waterman untersuchte 20 männliche Borstenhörnchen, und *alle* masturbierten regelmäßig. Interessanterweise taten sie es *öfter*, wenn die Weibchen fruchtbar waren. Zu dieser Zeit sind die Borstenhörnchen auch sexuell am aktivsten. Während der Paarungssaison, in der Sex am häufigsten möglich ist, masturbieren

* Selbst in einem nichtsexuellen Umfeld ist es schwierig, die Theorie vom Spielen als Üben wissenschaftlich zu überprüfen, denn man kann einem Tier unmöglich das Spielerlebnis vorenthalten (um zu überprüfen, ob es später ein bestimmtes Verhalten weniger gut beherrscht), ohne ihm auch andere Dinge wegzunehmen, die bekanntermaßen wichtig sind, wie soziale Interaktion und körperliche Aktivität. Deshalb sprechen sich Tierverhaltensforscher nur unter Vorbehalt für die Theorie vom Spielen als Übung aus.

die Männchen demnach am meisten. Außerdem neigten die beobachteten Borstenhörnchen dazu, *nach* dem Sex zu masturbieren. Das ist ebenfalls erstaunlich, denn oft herrscht die Ansicht, männliche Wesen würden masturbieren, wenn sie *keinen* Sex bekommen. Und wie Waterman außerdem feststellte, masturbierten die dominanten Männchen *häufiger* – auch das ein Befund, der den üblichen Erwartungen der Menschen widerspricht.

Bei den Borstenhörnchen ist Masturbation also keineswegs eine Beschäftigung frustrierter Männchen, die keine Sexualpartnerin auftreiben können, sondern eine Begleitung zum Sex. Je mehr ein Männchen davon hat, desto mehr masturbiert es. Das veranlasste Waterman zu der Hypothese, dass Masturbation, zumindest bei den Männchen dieser Spezies, eine Form der Hygiene ist, mit der die Genitalien gereinigt werden, um die Verbreitung sexuell übertragbarer Infektionen (*sexually transmitted infections*/STIs) zu verhindern. Ach ja, noch ein weiteres Indiz, das dafür spricht: In allen 105 Fällen, in denen Professorin Waterman die Masturbation dokumentieren konnte, benutzten die Hörnchen zur Befriedigung den Mund und schluckten das eigene Ejakulat. Speichel enthält viele bakterienhemmende Bestandteile und ist damit ein gutes Reinigungsmittel. Außerdem sind diese Borstenhörnchen an die Wüste angepasst, und damit steht auch das Konsumieren des bei der Masturbation entstehenden Ejakulats im Einklang: Unnötiger Wasserverlust wird vermieden.

Wenn ihm danach ist, paart sich ein typisches Afrikanisches Borstenhörnchenweibchen an einem Nachmittag in einer Sex-Tollerei mit bis zu zehn Männchen. Eine unangenehme STI würde sich somit sehr schnell in der Population ausbreiten, bevor das Immunsystem der Tiere sie aufhalten könnte. Angesichts ihrer kurzen Lebensdauer sind STIs zwar selten tödlich, auf die Fruchtbarkeit können sie aber verheerende Auswirkungen haben. Wenn die Borstenhörnchen ihre Genitalien innen und außen mit bakterienhemmendem Speichel reinigen, schützen sie wahrscheinlich sich selbst, die Partnerinnen sowie die ganze Gemeinschaft. Diese Funktion der Masturbation wäre eine

Erklärung dafür, warum sie in der Regel nach dem Sex stattfindet, während der Paarungszeit häufiger ausgeübt wird und am häufigsten von den Männchen, die sich auch am stärksten sexuell betätigen. Eine ähnliche Funktion der Masturbation vermuten Fachleute heute auch bei mehreren anderen Tierarten.

All die vielfältigen Zwecke und Nutzeffekte der Masturbation könnten auf uns Menschen ebenfalls zutreffen oder auch nicht, aber das spielt eigentlich keine Rolle. Jede Spezies kann daraus ihren eigenen oder auch gar keinen Nutzen ziehen. Außerdem sollte ich einräumen, dass man Masturbation nicht bei *allen* Säugetierarten beobachtet hat und bei manchen auch nur selten. Wenn keiner der genannten Nutzeffekte gegeben ist und die Spezies von vornherein nicht sexuell orientiert ist, könnte Masturbation tatsächlich unüblich sein. Wichtig ist aber, was die Forschung an Menschen überdeutlich gemacht hat: Masturbation ist nicht nur normal, sondern für die psychosexuelle Entwicklung von Vorteil. Wenn unser Körper heranreift, machen wir uns durch Masturbation mit den neuen Funktionen unseres erwachsenen Organismus bekannt. Auf diese Weise entdecken wir, was uns hinsichtlich Erregung und körperlicher Berührung Spaß macht. Es ist ein bedeutender Teil unserer sexuellen Entfaltung und ein Thema, über das wir offener reden sollten.

Masturbation hat sich auch für die mentale Gesundheit, den Stressabbau und selbst für die Gesundheit des Herz-Kreislauf-Systems sowie das körperliche Wohlbefinden als nützlich erwiesen. Man konnte sogar zeigen, dass sie das Immunsystem stärkt, wahrscheinlich weil bei sexueller Aktivität Endorphine und andere neurochemische Substanzen ausgeschüttet werden. Selbstbefriedigung kann dazu beitragen, dass wir uns entspannen, besser schlafen, uns konzentrieren und unser sexuelles Interesse und unsere Libido stärken. Männer, die unter vorzeitigem Samenerguss leiden, können durch Masturbation wieder mehr Kontrolle gewinnen; und für Männer, die mit erektiler Dysfunktion zu kämpfen haben, ist Solosex fast immer ein wichtiger Teil der Genesung. Bei Frauen hilft Masturbation gegen Menstruationsschmerzen. Bei Männern und Frauen stärkt sie die sexuelle Leistungsfähigkeit und die Freude am Sex, aber auch das Körperbild und das sexuelle Selbstbewusstsein. Masturbation ist für uns in vielfacher Hinsicht gut, und deshalb ist es nicht verwunderlich, dass wir aufgrund unserer Evolution Spaß daran haben.

Alles dreht sich um Sex, nur nicht der Sex*

Es gibt ein Zitat, das häufig Oscar Wilde zugeschrieben wird: »Alles in der Welt dreht sich um Sex, nur nicht der Sex. Der dreht sich um Macht.« So hat Wilde es mit ziemlicher Sicherheit nicht gesagt, denn das Wort »Sex« für »Geschlechtsverkehr« kam erst Jahrzehnte nach seinem Tod in Gebrauch. Dennoch ist es eine tiefgreifende Erkenntnis, und die meisten Psychologinnen und Psychologen werden bestätigen, dass dahinter eine komplexe Wahrheit steckt.

Vieles von dem, was Tiere tun, dreht sich um Sex. Er nimmt einen großen Teil ihrer Zeit in Anspruch, wenn man bedenkt, wie sehr sie sich plagen, um Sex zu bekommen, wie viel Zeit sie auf seine Ausführung verwenden, mit welchen Mühen sie ihn erfolgreich machen und so weiter. Ein Beispiel ist der Rotlachs: Er schwimmt Hunderte von Kilometern (stromaufwärts!), um einmal zu laichen und dann zu sterben. Fische erfreuen sich noch nicht einmal einer interaktiven Sexualität wie wir – sie geben einfach Samen- und Eizellen ab, das ist alles. Und doch nehmen sie dafür gewaltige Anstrengungen auf sich. Oder betrachten wir die raffinierte Färbung eines Goldfasans – der ganze Glitzer und Glimmer dient nur dazu, eine Partnerin zu bekommen.

* Dieser Abschnitt ist – leicht verändert und mit freundlicher Genehmigung von Columbia University Press – dem 5. Kapitel meines Buchs *Not So Different: Finding Human Nature in Animals* entnommen.

Säugetiere haben mehr Spaß am Sex, und verständlicherweise verwenden wir noch mehr Zeit darauf, es zu tun oder zu versuchen. Dieses Kapitel ist zwar den vielen Funktionen der sexuellen Aktivität gewidmet, die nicht direkt und auf der Stelle zu einer Befruchtung führen; wichtig ist aber die Feststellung, dass diese Verhaltensweisen indirekt dennoch auf Fortpflanzung abzielen, da *alles* Verhalten von Tieren darauf ausgerichtet ist, die Vermehrung voranzutreiben. Fortpflanzung ist das ultimate Ziel im Leben aller Tiere.

Selbst sexuelle Aktivität, die nicht mit der Reproduktion verknüpft zu sein scheint, könnte es in Wirklichkeit wenigstens teilweise doch sein. Zunächst einmal dient Sex nämlich dazu, Beziehungen und Bündnisse aufzubauen und sich einen Platz in der Machtstruktur der Gruppe zu sichern. Sex dient dazu, Dominanz herzustellen und auszuüben. Sex dient dazu, Konkurrenten hinters Licht zu führen, abzulenken und zu ermüden. Sex dient dazu, Meinungsverschiedenheiten beizulegen und den Gruppenzusammenhalt aufrechtzuerhalten. Sex dient dazu, Paarbindungen zu stärken und ein gutes Familienleben für die Aufzucht von Nachkommen zu fördern. All das hat, wenn auch nur indirekt, Auswirkungen auf die Aussichten eines Tieres, sich erfolgreich fortzupflanzen.

Wenn wir alles als »Sex« bezeichnen, was im Zusammenhang mit Paarung, Fortpflanzung und Brutpflege steht, dann stimmt es: So ziemlich alles, was ein Tier tut, dreht sich um Sex. Mit dieser erweiterten »Sex«-Definition haben die »Puristen« vielleicht mehr recht, als wir ursprünglich angenommen hatten. Zu Beginn dieses Kapitels war davon die Rede, dass es beim Sex um viel mehr geht als nur darum, Nachwuchs zu erzeugen. Damit meinte ich, dass es beim Sex um mehr geht als um die *Befruchtung*. Wenn wir Paarbindung, Gruppenzusammenhalt und Harmonie, soziale Hierarchie oder einfach nur den Spaß betrachten, dann sind Nutzen und Zweck von Sex darauf ausgerichtet, die Zukunft der Spezies zu sichern. Alles ist miteinander verflochten und lässt sich nicht ohne Weiteres trennen. Wenn es um Tiere in freier Wildbahn geht, dreht sich tatsächlich alles um Sex.

Damit stellt sich die Frage: Sind Menschen anders? Wie gesagt: Ich spreche nicht nur von der Empfängnis, und ich spreche auch nicht nur vom Sexualakt selbst. Viele von uns können den Dreh- und Angelpunkt eines großen Teils ihres Lebens damit zusammenfassen, dass sie sich für einen potenziellen Partner oder eine potenzielle Partnerin (etwa in körperlicher, finanzieller und gesellschaftlicher Hinsicht) attraktiv machen wollen, dass sie einen solchen Partner suchen und auswählen, die Ressourcen und Strukturen eines Heims für die Familie aufbauen, Kinder haben, diese Kinder versorgen, sie auf ihren eigenen Erfolg in dem Kreislauf vorbereiten, sich dann von der eigenen Familiengründung zurückziehen und Ressourcen in den Erfolg der Kindeskinder stecken und so weiter. Das alles mögen nicht unsere bewussten Motive sein. Triebe und Wünsche wirken oft im Unterbewusstsein.

Damit will ich nicht sagen, dass wir nicht nebenher auch noch andere Dinge tun, aber die wichtigsten Ereignisse und Aspekte unseres Lebens umfassen unsere Versuche, so gut wie möglich zur nächsten Generation unserer Spezies beizutragen. Manche von uns können das besser als andere. Manche klinken sich vollkommen aus. Und doch leben wir alle in dieser Herde zusammen. Um ein Kind großzuziehen, braucht man ein Dorf, und ob es uns gefällt oder nicht, wir alle sind Teil des Dorfes.

Kapitel 6

Familiäre Werte

Der derzeitige Trend unter jungen Leuten, auf monogame, heterosexuelle Zweisamkeit zugunsten unkonkreter definierter und weniger eingeschränkter Beziehungen zu verzichten, ist in den Augen vieler eine Abkehr vom natürlichen Zustand der Liebesverhältnisse zwischen Menschen. In meiner Sicht ist es in Wirklichkeit eine *Rückkehr* zu einem natürlicheren Zustand. Um das zu begründen, habe ich einen Blick auf den Ursprung der sexuellen Fortpflanzung vor einer Milliarde Jahren geworfen und dann die Evolution der Tiere, des Soziallebens und der Brutpflege betrachtet. Damit wollte ich darauf hinweisen, dass das immer wiederkehrende Thema im Zusammenhang mit Sex, Gender und Sexualität – ja eigentlich das Thema des Lebens als Ganzes – die kreative Diversität ist. Wir Menschen sind ein Produkt dieser vergangenen Milliarde Jahren, warum also sollten wir etwas anderes als eine wunderbare Vielfalt erwarten, wenn es um Sex und Gender geht?

Trotz alledem lässt sich nicht leugnen, dass in den meisten Kulturkreisen rund um die Welt die heterosexuelle Monogamie vorherrscht. Können wir daran ablesen, dass sich während der letzten Jahrmillionen die Monogamie und strenge Heterosexualität zum biologischen Naturzustand der Menschen entwickelt haben? Genau das wollen die Konservativen in der Gesellschaft uns glauben machen: dass nur Heterosexualität der Natur des Menschen entspreche und dass die dauerhafte monogame Ehe nicht nur der richtige Weg sei, um eine Familie zu gründen, sondern auch die fundamentale

Institution, auf der eine Gesellschaft aufbaue. Für viele Menschen, die solche Ansichten haben, ist unsere Beschreibung von Sex und Gender bei anderen Tieren bedeutungslos, weil sie ohnehin nicht an die Evolution glauben. Die Menschen seien anders erschaffen worden, und das war es dann. Diese angeblichen »Naturgesetze« wurden an uns weitergegeben, als wären sie festgelegte universelle Konstanten wie die Lichtgeschwindigkeit im Vakuum oder die thermische Zustandsgleichung idealer Gase.

Wir anderen jedoch, die wir die überwältigenden Belege für eine gemeinsame Abstammung anerkennen, müssen uns fragen: Wie gelangten die Menschen am Ende zu einem so eingeschränkten Umgang mit Sex und Gender im Vergleich zu anderen Tieren – einschließlich und vor allem unseren engsten Verwandten? Schließlich ist jeder und jede von uns das biologische Produkt zweier Menschen, die Sex miteinander hatten, die wiederum das Produkt zweier Menschen waren, die Sex miteinander hatten, und so weiter, über die unzähligen Zeitalter mit sexuellen Lebewesen hinweg, die getan haben, was sexuelle Lebewesen halt tun. Wenn Monogamie und strenge Heterosexualität keine biologische Zwangsläufigkeit sind, wie haben sie dann ihre dominierende Stellung erlangt?

Um die Frage nach dem *Wie* zu beantworten, müssen wir zuerst das *Wann* betrachten und daraus Anhaltspunkte über das *Warum* ableiten. Wie wir in Kürze erfahren werden, war die Verengung der sexuellen Beziehungen unter Menschen eine Entwicklung, die später einsetzte, als die meisten Menschen glauben.[1] Der Wandel fand erst statt, als die Menschheitsgeschichte sich in Richtung zentralisierter Gesellschaften entwickelte, wodurch Macht und Ressourcen gesichert und kulturelle Vielfalt zerstört wurden. Selbst in Weltregionen, in denen eine Nationalstaat-Zivilisation ihre tiefsten Wurzeln hat (China, der Nahe Osten, Ägypten, das mediterrane Europa und das Indus-Tal), reden wir nur über wenige Jahrtausende und damit einen viel zu geringen Zeitraum, als dass sie ein Produkt biologischer Evolution sein könnte. Im Rest der Welt ist die Geschichte einer zentralisierten staatlichen Bürokratie sogar noch jünger. Vor dem Aufstieg der Kolonialreiche mit ihren autoritären Regierungen und der kulturellen Dampfwalze, die sie stets begleitet, war eine andere Lebensweise verbreitet. Oder eigentlich sollte ich sagen: andere Lebens*weisen*. Im Einklang mit den großen Traditionen unserer Säugetierverwandten erkundeten vielfältige Menschengruppen unzählige Wege, um als sexuelle Geschöpfe mit starken sozialen Bindungen zu überleben und zu gedeihen. Wie sich herausstellt, sind die Konstrukte der Menschen im Zusammenhang mit Sex und Ehe nicht in Stein – oder in DNA – gemeißelt, sondern hätten in den Kulturen der Menschen durchaus ganz anders gestaltet werden können.

Und tatsächlich waren sie mal anders.[2] So allgemein verbreitet sie heute auch zu sein scheint: Die beschränkte Auffassung von der Ehe als Arrangement zwischen einem Mann und einer Frau, die in großen Teilen der Welt während der letzten Jahrhunderte dominant war, ist eine relativ neue gesellschaftliche Entwicklung, die, um vollkommen ehrlich zu sein, vorwiegend mit Gewalt durchgesetzt wurde. Bevor die monogame heterosexuelle Ehe ihre Vorherrschaft erlangte, gab es in verschiedenen Kulturen der Welt andersartige Beziehungen – nahezu jede Form von Verbindung, die man sich vorstellen kann –, und das auch in Europa, dem kulturellen Kern dessen, was wir heute als »Westen« bezeichnen.

Damit will ich nicht sagen, dass die heterosexuelle Zweierbeziehung als solche eine Anomalie oder eine kürzlich entstandene Neuerung ist. So ist es natürlich nicht. Heterosexuelle Paare haben sich seit undenklichen Zeiten heterosexuell verbunden. Neu und seltsam ist aber der Gedanke, dies sei die *einzige* Form einer Liebes- oder Familienbeziehung, für die sich Menschen eignen. Während der 1990er- und frühen 2000er-Jahre, als die Konflikte um die Ehe tobten, lautete der Lieblingskehrreim der Konservativen: Die Ehe besteht zwischen einem Mann und einer Frau. Die angemessene Antwort auf diese Behauptung lautet: Ja, aber nur weil wir gesagt haben, es *müsse* so sein.

Es stimmt, dass die Mehrheit der Bevölkerung cisgeschlechtlich ist und die Mehrzahl der Männer sich sexuell zu Frauen hingezogen fühlt und umgekehrt. Es stimmt auch, dass diese sexuelle Anziehung ihre Triebkraft vorwiegend aus angeborenen biologischen Eigenschaften bezieht. Aber von dort zur dauerhaften monogamen Ehe ist es ein großer Sprung. Und ein weiterer großer Sprung ist es bis zu der Behauptung, dies sei der *einzige* Weg, den wir alle einschlagen könnten. Keiner dieser Gedankensprünge wird durch biologische Befunde gestützt. Sie sind ausschließlich Produkte der *kulturellen*, nicht aber der biologischen Evolution.

Natürlich sind kulturelle Kräfte nicht zwangsläufig etwas Schlechtes, und die Ehe als solche ist nicht falsch. Wir konstruieren viele Dinge, die nicht in unseren Genen codiert sind und an denen festzuhalten sich dennoch lohnt. Dabei fallen einem sofort Geld, Gesetze und Literatur ein. Aber da die Themen Sex und Ehe mit Konflikten belastet sind, ist es sinnvoll, ihre Naturgeschichte genauer unter die Lupe zu nehmen. Das wollen wir hier tun. Wie wir in Kapitel 4 erfahren haben, ist die soziale oder ökonomische Monogamie bei Tieren etwas völlig anderes als die sexuelle Monogamie, die äußerst selten vorkommt. Die Menschen dagegen versuchen, beides in einem einzigen Konzept namens »Ehe« zusammenzuführen und diese dann für dauerhaft und heilig zu erklären. Wenn wir aber das kulturelle Drumherum weglassen und uns nur auf die Beziehung selbst konzentrieren, stellen wir fest, dass wir Menschen uns, was die Suche nach Sexualpartnern und den Aufbau familiärer Bindungen angeht, nicht sonderlich stark von unseren tierischen Vettern unterscheiden.

Wenn wir die Kulturkreise der Menschen zu verschiedenen Zeiten und an verschiedenen Orten betrachten, finden wir viele Spielarten der monogamen Beziehung, aber auch Kulturen, in denen fast keine Spur einer für uns erkennbaren Monogamie oder auch nur einer Zweierbeziehung anzutreffen ist. In der heutigen Welt sind Abwandlungen der traditionellen Monogamie ebenso auf dem Vormarsch wie der völlige Verzicht auf die Zweierbeziehung. Im Gegensatz zu den üblichen reaktionären Behauptungen sind solche Variationen weder neu noch Ausnahmeerscheinungen. Sie stehen im Einklang mit einer langen Geschichte des Experimentierens, der Flexibilität und der Vielfalt, was die Beziehungen unserer Vorfahren anbelangt. Sehen wir uns die Sache einmal genauer an.

Auf der Suche nach Liebe

Da wir mit den anderen afrikanischen Menschenaffen – generell mit anderen Primaten und Säugetieren – gemeinsame Vorfahren haben, steht außer Frage, dass die meisten Vertreter in der langen Linie unserer fernen Urahnen keine monogamen Heterosexuellen waren. Es ist einfach unter Primaten keine verbreitete Lebensweise. Die jüngeren Vorfahren der heutigen Menschen jedoch, das heißt diejenigen, die wir benennen oder uns vorstellen können, waren tatsächlich mehrheitlich monogame Heterosexuelle, oder zumindest wurde es von ihnen erwartet. Wann trat diese Verschiebung ein? Geht die Monogamie auf den Ursprung und die Evolution unserer Spezies vor einigen Hunderttausend Jahren in den Graslandschaften Afrikas zurück? Oder ist sie ein neueres Phänomen? Diese Frage lässt sich leichter beantworten, als man vielleicht glaubt, denn auch wenn die moderne Kultur durch eine globalisierte Zivilisation beherrscht wird, haben sich in verschiedenen Teilen der Welt noch Reste einer älteren Lebensweise erhalten. Und diese zeigen nahezu ausnahmslos eben nicht die eingeschränkte Sexualität, die mit der modernen Zeit und der Industrialisierung einhergeht.

Die Geschichtsschreibung reicht nur ungefähr 5000 Jahre zurück und ist zum größten Teil unglaublich unvollständig; unsere Spezies gibt es aber mehr oder weniger in ihrer heutigen biologischen Form schon seit ungefähr 200 000 Jahren. Fast während dieser ganzen Zeit lebten die Menschen in kleinen Gruppen von weniger als 250

Personen. Deren Lebensweise wird manchmal als »Jagen und Sammeln« bezeichnet und ist stark nomadisch geprägt. Dauerhafte Siedlungen bauten die Menschen erst, nachdem die Landwirtschaft erfunden war, ein Ereignis, das sich vor rund 10 000 bis 15 000 Jahren in mindestens sieben verschiedenen Regionen auf der Welt nahezu gleichzeitig abspielte. Die Landwirtschaft – Nutzpflanzenanbau und Viehhaltung – führte zu einer fundamentalen Umwälzung der Lebensweise unserer Spezies: Aus den kleinen, herumstreifenden Gruppen von Jägern und Sammlern wurden geschäftige Dörfer und Städte voller Menschen. Diese Verschiebung fand aber vor so kurzer Zeit statt, dass sie auf unsere biologische Natur – auf die Evolution unserer Gene und unseres Gehirns – so gut wie keine Auswirkungen hatte. Wir haben das Gehirn und den Körper der Jäger und Sammler, die 95 Prozent unserer Menschenvorfahren ausmachten.

Eine kurze Abschweifung: Das Leben der Jäger und Sammler, und damit das Leben unserer prähistorischen Vorfahren, wird häufig missverstanden und falsch dargestellt.[3] In unserer üblichen chauvinistischen Art hatten wir angenommen, dass das Leben vor Beginn der Zivilisation »hässlich, brutal und kurz« und der Mensch an sich in der Regel hungrig, kränklich und verängstigt gewesen sei.* Heute weisen alle Befunde auf das genaue Gegenteil hin. Bevor die Landwirtschaft erfunden wurde, war die Anhäufung materieller Ressourcen einfach kein wichtiges Ziel, und die Menschen waren weder an Land noch an Gegenstände gebunden.[4] Sie sammelten Lebensmittel nicht wegen des Profits, sondern zum Lebensunterhalt, und das tägliche Leben war weitaus weniger anstrengend als die Plackerei der 40-Stunden-Woche, die wir heute kennen.

* Diese Vorstellung vom Leben der Menschen vor Beginn der Zivilisation fand ihren berühmtesten Ausdruck im *Leviathan*, dem Hauptwerk von Thomas Hobbes: Er vertrat die Ansicht, Staat und zivilisierte Gesellschaft seien notwendig, um die schlimmsten Instinkte der menschlichen Natur im Zaum zu halten.

In den kleinen Gruppen waren Infektionskrankheiten eine seltene Unannehmlichkeit. Die Ernährung war nahezu vollständig auf die Bedürfnisse unseres Körpers abgestimmt (vielmehr hatte sich unsere Physis sehr gut entsprechend der gesammelten Nahrung entwickelt), das heißt, Herz-Kreislauf- und Stoffwechselstörungen wie Fettleibigkeit, Herzkrankheiten und Typ-2-Diabetes waren gänzlich unbekannt. Das Leben verlief viel entspannter und lässiger, war pulsierend und voller sozialer Interaktionen, und man verwendete mehr Zeit auf Vergnügen und Tratsch als auf die harte Überlebensarbeit. Ach ja, und die Jäger und Sammler hatten auch (und haben noch heute) viel Sex.[5]

Mit der unaufhaltsamen Ausbreitung der landwirtschaftlichen Lebensweise und der Neigung von Zivilisationen, andere Kulturen im Zuge ihrer Ausdehnung unwiederbringlich gleichzuschalten, wurde die Lebensweise der Jäger und Sammler – die in einem gewissen Sinn der natürliche Zustand unserer Spezies war – auf der Erde nahezu ausgelöscht. Aber nicht ganz. Ungefähr 30 vollständig ausgeprägte Gesellschaften, die sich über alle bewohnten Kontinente verteilen, leben noch heute auf jeweils einzigartige Weise als Jäger und Sammler. Solche Gesellschaften führen zwar ein traditionelles Leben, doch sie werden auch von der industrialisierten Welt um sie herum beeinflusst. In unterschiedlichem Ausmaß haben sie sich moderne Werkzeuge, Kleidung und Überlebensmethoden zu eigen gemacht. Allerdings sollten wir uns nicht täuschen: Nach wie vor pflegen einige Millionen Menschen in irgendeiner Form die Lebensweise als Jäger und Sammler.

Zudem gibt es zwischen 100 und 200 winzige sogenannte unkontaktierte Völker, die insgesamt ungefähr 10 000 Menschen umfassen. Diese Stämme leben *ausschließlich* als Jäger und Sammler und sind von der modernen Zeit vollkommen unberührt. Die meisten isolierten Völker findet man im Amazonasbecken, weitere leben in anderen Teilen Südamerikas, auf der riesigen, undurchdringlichen Insel Neuguinea, eines in Indonesien und zwei auf der Inselkette der

Andamanen vor der Küste Indiens. Diese Völker hatten und haben nur sehr begrenzten Kontakt mit Außenstehenden, und ihr Leben kommt dem »Naturzustand« näher als das aller anderen Menschen auf der Erde.

Bei den 30 größeren Gesellschaften von Jägern und Sammlern sowie den mehr als 100 unkontaktierten Völkern findet man viele verschiedene Formen von Ehe und Familie – in der anthropologischen Literatur heißen sie »Paarungssysteme« –, aber nahezu keine davon entspricht dem derzeit beherrschenden Modell einer dauerhaften, sexuell exklusiven, heterosexuellen Ehe. Wie wir noch genauer erfahren werden, gibt es beinah ebenso viele Paarungssysteme wie Gesellschaften, was die Schlussfolgerung nahelegt, dass jede Gesellschaft Sex, Ehe und Familienleben auf ihre eigene Weise handhabt. Zwar gibt es einige Gemeinsamkeiten, aber sexuelle Monogamie gehört nicht dazu. Das wird bei einem schnellen Blick auf ein paar dieser Gruppen deutlich.

Die Nukak sind ein winziges indigenes Volk von Jägern und Sammlern, das im Amazonasregenwald in Kolumbien lebt.[6] Sie sind Nomaden und verbringen nur selten mehr als drei Nächte an einem Ort. Ihr Paarungssystem enthält etwas, das wir als »Ehe« bezeichnen würden, mit Kennenlernen, Werbung und sogar der Notwendigkeit, dass die betreffenden Familien zustimmen. Die Ehe ist aber polygyn: Wenn Männer es wünschen, können sie sich zwei Ehefrauen nehmen, gelegentlich auch drei oder vier. Hinzu kommt eine weitere Besonderheit: Wenn eine verheiratete Frau schwanger ist (und die Eheschließung geht immer der Schwangerschaft voraus), wird ihr vorübergehend erlaubt – sie wird sogar ermutigt –, mit anderen Männern Sex zu haben, allerdings nur mit Verwandten ihres Ehemannes.

Die vorübergehende Polyandrie hat ihre Ursache in der Überzeugung, dass sie dem Wachstum und der Gesundheit des heranwachsenden Babys dient. Je mehr Samen eingepflanzt werden, desto gesünder und kräftiger wird das Kind sein. Entsprechend geht man davon aus, dass die Vaterschaft gleichermaßen unter allen Männern, die dazu beigetragen haben, verteilt ist. In der Gesellschaft der Nukak hat jedes Kind viele Väter. Dieses System der aufgeteilten Vaterschaft knüpft enge Bindungen in der Familie des Kindsvaters. Außerdem stellt es sicher, dass zahlreiche Männer in das Gedeihen aller Kinder investieren. Aus der vorübergehenden Polyandrie und der ehelichen Polygynie ergibt sich ein komplexes Geflecht familiärer Beziehungen. Dies begünstigt ein umfassendes Gefühl der Zugehörigkeit und des sozialen Zusammenhalts. Auch wenn die Eltern das Sagen haben, wird das Kind vom ganzen Dorf großgezogen.

Eine der größten Gruppen indigener Jäger und Sammler in der nicht weit entfernten Grenzregion von Venezuela und Brasilien stellen die Yanomami dar, ein lockerer Zusammenschluss von etwa 35 000 Personen, die sich auf rund 250 Dörfer verteilen.[7] Die Yanomami sind zwar kein unkontaktiertes Volk, sie pflegen aber eine traditionelle Lebensweise als Jäger und Sammler, die nur geringfügig von Außenstehenden beeinflusst wird. Jedes Dorf wird als Großfamilie tätig, einschließlich gemeinsamer Kinderversorgung sowie gegenseitiger Hilfe und Unterstützung. Das Familienleben ist durch ein gemischtes und im Wesentlichen unstrukturiertes System von monogamen und mehrfachen Ehen gekennzeichnet, wobei sowohl polygyne als auch polyandrische Beziehungen vorkommen. Selbst innerhalb dieser einzelnen Gesellschaft beobachten wir also eine erstaunliche Vielfalt der Paarungssysteme, die ohne Voreingenommenheit nebeneinander existieren.

Im Amazonasgebiet Brasiliens lebt ein weiteres faszinierendes Volk, die Pirahã.[8] Über die einzigartigen Merkmale ihrer Kultur, Sprache und Gesellschaft gäbe es viel zu sagen, und aus anthropologischer Sicht dürften sie von allen traditionellen Völkern das berühmteste sein. Ihre Sprache ist unglaublich simpel. Sie ist stimmhaft, umfasst keine wichtigen Konsonanten und nur wenige Vokale und kann nicht nur gesprochen, sondern auch einfach gesummt oder gepfiffen werden. Offenbar haben sie keine Wörter für Zahlen, Farben und noch nicht einmal für Verwandte außer den Eltern und Geschwistern, und ebenso wenig Religiosität, Aberglauben oder einen Glauben an Übernatürliches. Die Pirahã glauben wohl nur das, was sie mit eigenen Augen sehen und mit eigenen Ohren hören können. Und was (zumindest für uns) noch seltsamer ist: Sie sprechen weder über die Vergangenheit noch über die Zukunft und scheinen nicht einmal daran zu denken. Vielmehr leben sie ausschließlich in der Gegenwart und sind vollkommen desinteressiert an allem, was nicht Teil ihrer täglichen Arbeit zum Lebensunterhalt, der Erholung oder des gesellschaftlichen Miteinanders ist.

Darüber hinaus haben die Pirahã eine vollkommen gleichberechtigte Sozialstruktur: Jemand anderem zu sagen, was er oder sie tun oder lassen soll, ist absolut tabu. Es gibt keine Anführer oder Ältesten; kein Geld; sie haben keine Besitztümer außer einfachen Werkzeugen, Lebensmitteln, Kleidungsstücken und etwas schlichtem Schmuck; sie bauen nur sehr simple Hütten. Und was man vielleicht schon ahnt: Was Sex angeht, haben die Pirahã absolut keine Hemmungen. Es gibt nichts Eheähnliches und kein Wort für »Keuschheit« (nicht einmal eine Vorstellung davon). Sexuelle Beziehungen werden unter den Angehörigen einer Gemeinschaft freimütig geteilt – ohne Regeln oder Grenzen rund um Gender, Alter (nach der Pubertät) oder auch nur Verwandtschaft. Wenn eine Person die Annäherungsversuche einer anderen ablehnt, lässt sie sich manchmal mit einem Angebot in Form von Lebensmitteln, Werkzeugen oder Schmuck umstimmen. Ein besonders begehrenswerter oder geschickter Sexualpartner kann damit sogar seinen Lebensunterhalt verdienen.

Wenn wir uns Asien zuwenden, finden wir die verschiedensten Sitten und Normen, und manche davon erscheinen für empfindsame westliche Gemüter bizarr oder geradezu schockierend. Beim Volk der Kreung im Nordosten Kambodschas zum Beispiel wird es heranwachsenden Mädchen nicht nur gestattet, sich Zeit zu nehmen und romantische und sexuelle Beziehungen mit vielen jungen Männern auszuprobieren, bevor sie sich in feste Hände begeben, sondern sie werden sogar dazu *aufgefordert*.[9] Wenn ein Mädchen bei den Kreung erwachsen wird, bauen seine Eltern ihm eine kleine Hütte, die ausschließlich für Verabredungen genutzt wird. Es ist keine Wohnung – die junge Frau lebt bei den Eltern, bis sie heiratet –, sondern eher eine Art »Liebesnest«, in dem sie mit ihren Liebhabern die Privatsphäre genießen kann. Im Laufe mehrerer Jahre trifft sie auf viele Männer, oftmals auch gleichzeitig, bevor sie sich für »den Richtigen« entscheidet.

Das ist nicht nur eine Form der sexuellen Befreiung, sondern auch eine Ermächtigung der Frauen, ja sogar ein Privileg. Junge Kreung-Männer bekommen keine eigene Liebeshütte, und die Entscheidung, wann und wen man heiratet, liegt ausnahmslos bei den Frauen. Unverheiratete Männer sind ständig bemüht, Frauen zu umwerben und zu beeindrucken, damit sie ausgewählt werden, und die Konkurrenz sich überschneidender Brautwerbung kann jahrelang bestehen. Solche Männer müssen sich große Mühe geben, cool und beherrscht zu wirken, denn Verzweiflung gilt in der Kultur der Kreung eindeutig als unattraktiv. Für die Frauen des Volkes sind sexuelle Befriedigung und Verträglichkeit wichtig, und die Früchte einer vollständigen Ermächtigung junger Frauen, die in Bezug auf Liebe, Sexualität und Ehe ihre eigenen Entscheidungen treffen, sprechen für sich: Sowohl Vergewaltigungen als auch Scheidungen sind äußerst selten, nahezu völlig unbekannt.

Die Bewohner der Trobriand-Inseln, einer Inselgruppe vor der Küste Neuguineas, haben den Sex völlig von der Ehe geschieden, wenn man mir das Wortspiel verzeiht.[10] Dieses Volk ist berühmt für seine frühzeitige Sexualität. Kinder fangen schon vor der Pubertät, im Alter von sechs oder sieben Jahren, an, untereinander mit Sex zu experimentieren. Die Initiative dazu geht sowohl von Jungen als auch von Mädchen aus, und die sexuellen Beziehungen sind fließend und vorübergehend. Sex ist nicht mit Tabus verbunden, wird offen praktiziert, und Eltern ermutigen ihre kleinen Kinder mit Worten, so früh wie möglich sexuell aktiv zu werden.

Die Tabus, die wir in den meisten Kulturen im Zusammenhang mit Sex finden, sind bei den Menschen auf den Trobriand-Inseln stattdessen mit dem Essen verbunden. Gegessen wird in der Regel zu Hause und stets allein, und anderen, die möglicherweise anwesend sind, wendet man dabei den Rücken zu. Vor anderen zu essen, gilt als sehr unhöflich, und beim Essen gesehen zu werden, wird als peinlich empfunden.

Wenn die Zeit gekommen ist, einen Partner oder eine Partnerin auszusuchen, entspricht das Werberitual auf den Trobriand-Inseln im Wesentlichen dem Üblichen. Paare verbringen Zeit miteinander, unterhalten und vergnügen sich; natürlich haben sie Sex und verbringen die Nacht zusammen. Wenn eine Frau ihr Interesse an einer Ehe signalisieren will, bleibt sie auch nach Sonnenaufgang im Haus des Mannes, anstatt vor dem Frühstück nach Hause zu eilen, wie es in der Regel erwartet wird. Akzeptiert die Mutter des jungen Mannes die Brautwahl ihres Sohnes, bringt sie beiden das zubereitete Frühstück, und – *hoppla!* – sie essen zusammen. Die gemeinsame Mahlzeit besiegelt den Vollzug der Ehe, und das verheiratete Paar nimmt ungefähr ein Jahr lang die Mahlzeiten gemeinsam ein. Nach dieser Zeit wird die Ehe entweder aufgelöst oder für dauerhaft erklärt, aber in beiden Fällen essen die Eheleute von nun an wieder getrennt.

Da Sex so freizügig betrieben wird und Yamswurzeln, die empfängnisverhütende Eigenschaften haben und die Fruchtbarkeit vermindern können, auf den Trobriand-Inseln einen wichtigen Nahrungsbestandteil darstellen, wurde in dieser Kultur nie der Kausalzusammenhang zwischen Sex und Schwangerschaft hergestellt.[11] Vielmehr herrscht die Ansicht, Frauen würden durch die Tätigkeit eines heiligen Geistes schwanger. Ehen werden zwar geschlossen, damit innerhalb der Familieneinheit Kameradschaft besteht und Kinder großgezogen werden können, die Vaterschaft des Ehemannes ist aber alles andere als gesichert. Die Menschen auf den Trobriand-Inseln kennen nicht einmal den Begriff der Vaterschaft; stattdessen betreffen Vorstellungen von Abstammung und Vorfahren ausschließlich die mütterliche Linie. Es gibt also ein System der aufgeteilten Vaterschaft und der alloparentalen Pflege.

Wo wir schon bei Neuguinea sind: Die große Insel ist in anthropologischer Hinsicht eine der interessantesten Umgebungen der Welt. Sie ist seit mindestens 50 000 Jahren bewohnt; bevölkert wurde sie anfangs von den gleichen Migranten, die auch zu den indigenen Völkern Australiens wurden, denn die Insel bildete zu jener Zeit noch mit dem Kontinent eine große zusammenhängende Landmasse. Das gebirgige, dicht bewaldete und nahezu undurchdringliche Terrain Neuguineas unterteilte seine Ureinwohner in unzählige getrennte Bevölkerungsgruppen. Die Insel ist die Heimat von mehr als 1000 Sprachen: Die meisten sind untereinander unverständlich, und manche werden nur von einer geringen Zahl Einheimischer als Muttersprache gesprochen. Ein bemerkenswertes Beispiel für kulturelle Ausbreitung und Auseinanderentwicklung stellen Hunderte von ethnischen Gruppen dar, von denen jede ihre eigenen kulturellen Gebräuche hat. Der anthropologische Reichtum Neuguineas schwächte sich jedoch allmählich ab, als im 19. Jahrhundert mit den britischen Entdeckern auch die Industrialisierung begann.

Angesichts der unglaublichen kulturellen Diversität fällt es schwer, die sexuellen Praktiken in Neuguinea zusammenzufassen; hier möge der Hinweis genügen, dass die sexuell exklusive Ehe selten ist. In vielen Völkern besteht aber eine Asymmetrie: Von den Frauen wird erwartet, dass sie treu sind, von den Männern aber nicht. Im Allgemeinen findet sich ein verbreitetes Prinzip der Genderungleichheit und des Patriarchats, das wahrscheinlich auf die auf der Insel vorherrschenden ausgesprochen kriegerischen Kulturen zurückgeht. Wegen der harten Lebensbedingungen stehen die meisten Völker anderen Völkern feindselig gegenüber und streiten sich aggressiv um besonders begehrenswerte Landflächen. Bevor die Feindseligkeiten von europäischen Siedlern zwangsweise beendet wurden, hatten sich viele Völker Neuguineas in einem ständigen Kriegszustand mit ihren Nachbarn befunden, und ein solches kulturelles Umfeld ist immer mit einer aggressiven Dominanz der Männer verbunden.

Eine der eigenartigsten Praktiken in Neuguinea findet sich beim Volk der Simbari – auch »Sambia« genannt –, das in der Provinz Eastern Highlands zu Hause ist.[12] Wie in den meisten Kulturkreisen, so gibt es auch bei den Simbari einen Mannbarkeitsritus für pubertierende Jungen, aber hier dauert er Jahre und ähnelt eher einem kulturellen Bootcamp. Ungefähr mit neun Jahren werden kleine Jungen den Müttern weggenommen, um dann mehrere Jahre ausschließlich in Gesellschaft von Männern zu verbringen; dabei lernen sie, wie Simbari-Männer zu leben und sich wie sie zu verhalten. Bei den Simbari gelten strenge Geschlechterrollen, und die Erwachsenen leben vorwiegend nach Geschlechtern getrennt. Wenn die kleinen Jungen erstmals in das Männerlager kommen, werden sie einem Aderlass unterzogen, womit angeblich die Gegenwart der Mutter aus ihrem Körper entfernt werden soll. Als Nächstes vollziehen sie Oralverkehr an den erwachsenen Männern des Volkes, wobei sie über Monate oder Jahre immer wieder das Sperma schlucken. Die Simbari glauben nämlich, dass Jungen nicht mit Samenflüssigkeit geboren werden, sondern sie von anderen Männern aufnehmen müssen. Anschließend bringt man ihnen bei, wie man mit Frauen Sex hat, wobei sie vor allem aneinander üben.

Nach einigen Jahren heiratet ein junger Simbari-Mann eine junge Frau, die von den Anführern des Stammes für ihn ausgesucht wurde. Die strenge Geschlechtertrennung bleibt aber auch während der Ehe bestehen; Männer kommen mit Frauen nur für Sex und Fortpflanzung zusammen. Darüber hinaus haben erwachsene Männer und Frauen kaum Kontakt, sodass die Männer in der Regel heterosexuellen Verkehr nur mit ihren Ehefrauen haben. Untereinander haben die meisten erwachsenen Männer keinen Sex. Die sexuelle Befriedigung ergibt sich vielmehr aus der ständigen Versorgung mit Fellatio, die durch alle kleinen Jungen im richtigen Alter gewährleistet wird.

Auf den Cookinseln mitten im Südpazifik finden wir das polynesische Volk der Mangaia, das von dem Anthropologen Donald Marshall als »sexuell aktivste dokumentierte Kultur« beschrieben wurde; hier sind die meisten Personen durchschnittlich mehr als einmal pro Tag sexuell aktiv, und das mit zahlreichen Partnern und Partnerinnen.[13] Kinder beiderlei Geschlechts lernen mit acht oder neun Jahren zu masturbieren, und als Teenager sind sie sexuell äußerst umtriebig. Wie wichtig Sex in dieser Kultur ist, zeigt sich, wenn ein Junge 13 Jahre alt wird: Dann nimmt er an einem Initiationsritus teil, in dessen Verlauf er mit älteren Frauen aus dem Volk Sex hat. Durch diesen Aspekt des Ritus soll ein junger Mann unter anderem lernen, sich beim Sex richtig zu verhalten, und es soll gewährleistet werden, dass die Frau ebenso viel Befriedigung erfährt wie er.

Wir könnten jetzt weiter über eine Gesellschaft nach der anderen berichten; stattdessen können wir aber auch gleich zur Schlussfolgerung übergehen: Die Vorstellung, die monogame, auf Dauer angelegte heterosexuelle Ehe sei für Menschen eine Art allgemeingültiges Prinzip, ist sagenhaft falsch.[14] Ich habe hier nur einen kleinen Ausschnitt präsentiert, ein paar vereinzelte Beispiele, die ich eigentümlich und aufschlussreich finde. Kulturen und Gesellschaften auf der ganzen Welt lassen ein höchst vielgestaltiges Spektrum von Paarungsstrategien und sexuellen Beziehungen erkennen. Einen »natürlichen Zustand« gibt es nicht. Offensichtlich handhabt jede Kultur die Dinge auf ihre eigene Weise. Wer mir nicht glaubt, sollte die eine oder andere Quelle im Literaturverzeichnis am Ende dieses Buches studieren; für den Anfang empfehle ich *Sex – Die wahre Geschichte*. Darin sind viele der von mir eben aufgeführten Beispiele mit mehr Einzelheiten erläutert. Man findet dort zahlreiche Beispiele aus heutigen und früheren Kulturen der ganzen Welt, die »es« ganz individuell praktizieren beziehungsweise praktiziert haben.[15,16]

Was können wir also daraus lernen, dass die menschlichen Gesellschaften auf so unterschiedliche Weise an ihre sexuellen Beziehungen und die Fortpflanzung herangehen? Einige Trends kristallisieren sich eindeutig heraus, und einer davon lautet, dass das lokale ökologische Umfeld eine große Bedeutung hat. Insbesondere wenn Ressourcen knapp sind oder sich leicht monopolisieren lassen, ist die gesellschaftliche Kontrolle über die Sexualität oft ausgeprägter. Sind Ressourcen dagegen im Überfluss vorhanden und für alle verfügbar, gedeihen Freiheit und Vielfalt.

Im Himalaja oder in der Sahara zum Beispiel steht das Überleben der Bevölkerung wegen des unwirtlichen Klimas ständig auf Messers Schneide. Entsprechend beobachten wir dort rund um Sex und Reproduktion stärkere kulturelle Einschränkungen, denn jeder Einzelne will seine kostbare Investition in die Fortpflanzung in einer unbarmherzigen Umwelt schützen. Im üppigen tropischen Umfeld des Amazonasbeckens oder der Inseln Polynesiens dagegen ist die Bevölkerung im Allgemeinen ungezwungener und toleranter hinsichtlich des Fortpflanzungsverhaltens der anderen. Wo Nahrung, Wasser und Schutz vor schlechtem Wetter und natürlichen Feinden im Überfluss verfügbar sind, stehen die Individuen einander weniger unversöhnlich gegenüber, und die Folge sind sexuelle Toleranz und Vielfalt. Knappe Ressourcen machen das Überleben stattdessen zu einem Nullsummenspiel, das Konkurrenz, Rivalität sowie Manipulations- und Kontrollversuche anstachelt. Das ist die Gesetzmäßigkeit, die ich erkenne.

Damit sind wir wieder bei der Frage, die wir am Anfang des Kapitels gestellt haben: Wie erlangte die sexuell exklusive heterosexuelle Ehe ihre dominierende Stellung? Es bleibt der offenkundige Widerspruch, dass die Erfindung der Landwirtschaft die Zunahme der gesellschaftlichen Kontrolle über die Sexualität in Gang gesetzt hat. Aber das Agrarwesen führte doch zu Überfluss und zur Anhäufung von Reichtum – sollte es damit nicht auch zu florierender Freiheit und Vielfalt geführt haben? Wenn reichliche Ressourcen den Nährboden für Toleranz und individuelle Selbstbestimmung bilden, warum bewirkten dann Landwirtschaft und Zivilisation an allen Stellen, an denen sie eingeführt wurden, das genaue Gegenteil?

Die Antwort lautet: wegen der Macht. Lebensmittel auf pflanzlicher und tierischer Basis, Kleidung und andere Materialien, die durch die Landwirtschaft in großen Mengen produziert werden, *gehören jemandem*. Man kann sie nicht ungehindert der Umwelt entnehmen, sondern sie werden durch gezielte Anstrengungen von Menschen geschaffen, und die kann man organisieren, kontrollieren und monopolisieren. Einzelne konnten plötzlich *Land besitzen* – was für Jäger und Sammler unvorstellbar war – und es nutzen, um reich zu werden. Und genau das geschah.

Als die Jäger und Sammler zu Bauern wurden, entwickelte sich ein ungleicher Wohlstand. Zum ersten Mal gab es Besitzende und Habenichtse, und die relativ flache, gleichartige Gesellschaftsstruktur machte einem hierarchischen System Platz – mit einer Machtkonzentration in den Händen sehr weniger Personen. Schnell wurde die Erhaltung von Reichtum und Macht zum beherrschenden Lebensziel. Und siehe da, schon kam es zur Durchsetzung von »Ordnung« und gesellschaftlicher Kontrolle. Das ist nicht zwangsläufig mit einem Übergang zur Monogamie verbunden. In den Agrargesellschaften der vormodernen Zeit war Polygynie sogar weiter verbreitet als Monogamie. Das Prinzip ist aber das gleiche: Die Konzentration von Macht und Einfluss setzte der Ära, in der es jeder Person freistand, zu tun, was sie wollte, ein Ende.

Am meisten litten unter dem Vormarsch der industrialisierten Schichtengesellschaft offenbar die Frauen. In einem Artikel über die Yanomami, das zuvor bereits erwähnte Volk von Jägern und Sammlern im Amazonasgebiet, schrieben die Anthropologinnen Sharon Tiffany und Kathleen Adams, man solle sich eine Gesellschaft vorstellen, in der jede dritte Frau vergewaltigt werde, und zwar in der Regel von einem Mann, den sie kenne, in der ein Drittel aller Frauen während der Schwangerschaft geschlagen werde und mindestens 20 Prozent der erwachsenen Frauen sexuellen Missbrauch und Übergriffe erlebt hätten.[17] Damit meinten sie nicht die Yanomami. Die Zahlen stammen von der American Medical Association und beschreiben die Lage der Frauen in den Vereinigten Staaten von Amerika. Die Gesellschaft der Yanomami würde einen so entsetzlichen Zustand niemals hinnehmen.

Doch eine andere, einfachere Lektion aus dem Ganzen ist die gleiche, die in jedem Kapitel unserer Untersuchung ans Licht kommt: Alles, aber auch wirklich alles, was wir in der Natur erforschen, erweist sich als vielfältiger und komplexer, je näher wir hinsehen. Denn die Natur ist eine ständig arbeitende Maschine zur Erzeugung von Diversität, und das spiegelt sich auch in der Naturgeschichte der Sexualität wider.

(Vor-)Moderne Liebe

Das Zeitalter der Landwirtschaft und die Organisation der Menschengruppen in größeren und kleineren Städten brachten ganz neue Formen der Wechselbeziehungen zwischen den Menschen mit sich. Was man zuvor durch Tratsch, Reputation und Zwang bewerkstelligt hatte, wurde jetzt durch Gesetze, starke Männer und tödliche Gewalt erledigt. Die Reichen und Mächtigen setzten eine strenge Gesellschaftsordnung durch, die dazu dienen sollte, ihnen Kontrolle und Vorherrschaft zu sichern. Wie Wolken aus Staub und Gestein zu Sternen und Planeten verschmolzen, so kondensierte auch eine reiche Landschaft aus Lebensweisen, Kulturen, Sprachen und Sitten und floss in die Hochkulturen der Stadtstaaten ein, die sich ihrerseits zu Nationen und schließlich zu Großreichen zusammenschlossen. Auf diesem Weg in die Zivilisation ging ein großer Teil der Vielfalt verloren, insbesondere der sexuellen Diversität.

Aber selbst an den kargen Überresten und Artefakten, die uns aus der Antike geblieben sind, ist eindeutig abzulesen, dass die sexuelle Vielfalt zunächst erhalten blieb und zumindest zu bestimmten Zeiten aufblühte.

Der älteste bekannte Beleg für ein gleichgeschlechtliches Paar stammt aus dem antiken Ägypten.[18] Chnumhotep und Nianchchnum, zwei männliche Bedienstete des Pharaos, wurden vor mehr als 4500 Jahren gemeinsam bestattet. Das Grab liegt, nicht weit von Gizeh entfernt, auf dem Herrscherfriedhof jener Zeit – ein Anzeichen dafür, dass sie am Königshof hervorgehobene Posten bekleideten. Welche Stellung sie in der Hierarchie innehatten, ist nicht ganz klar: Verschiedene Texte und Übersetzungen deuten darauf hin, dass sie entweder Handpfleger oder Friseure (natürlich waren sie das) oder Leiter der königlichen Garderobe waren, und in einem Text wird ihre Stellung am häufigsten mit dem Wort »Vertraute« übersetzt, vermutlich des Pharaos. Dass bevorzugte Bedienstete und Berater in der königlichen Nekropole von Sakkara eigene Gräber erhielten, war im alten Ägypten zwar durchaus nicht allgemein üblich, aber auch nicht ungewöhnlich.

Auffällig ist allerdings an dem Grab von Chnumhotep und Nianchchnum, dass die beiden Geliebten gemeinsam bestattet wurden – und sie wurden auch eindeutig als Paar dargestellt, das Händchen hielt, sich küsste und sich umarmte –, obwohl beide auch Ehefrauen und Kinder hatten, die sie nicht in ihre letzte Ruhestätte begleiteten. Wie es der großen Tradition der wissenschaftlichen Leugnung sexueller Vielfalt entspricht, stellten verschiedene Forschende sie als Brüder, Zwillinge, enge Freunde und – kein Witz – Zimmergenossen dar.

Dabei sprechen überwältigende Belege dafür, dass sie Liebhaber waren. Die Wände in den verschiedenen Räumen und Durchgängen des kleinen, aber kunstvoll gestalteten Grabmals sind mit erstaunlichen Fresken verziert, und in Richtung der inneren Grabkammer, in der einst die Sarkophage lagen, werden die Darstellungen der beiden Männer immer intimer. (Die Sarkophage selbst und alle Grabbeigaben wurden irgendwann im Verlauf der letzten 45 Jahrhunderte gestohlen.) In den äußeren Gängen sind die Männer mit ihren Familien abgebildet, wie sie gemeinsam bei königlichen Banketten sitzen und so weiter. Dringt man dann ins Innere des Grabes vor, sieht man die Männer zusammen, ohne ihre Familien, und sie verrichten gemeinsam eine Reihe pompöser oder auch alltäglicher Tätigkeiten, vom Fischfang und Sport bis hin zu einer Ehrung im Rahmen einer königlichen Zeremonie, die mit Statuen voller royaler Insignien und Auszeichnungen nachgebildet wurde. Nichts an den Darstellungen der beiden Männer steht im Einklang mit dem, was bei Abbildungen von Geschwistern, engen Freunden, Verbündeten oder *Zimmergenossen* im alten Ägypten üblich war. In der ganzen Nekropole von Sakkara sind dies die einzigen Abbildungen von zwei Männern, die sich küssen.

Gleichgeschlechtliche Paare kommen in ägyptischen Kulturdenkmälern einige Male vor, aber eine Interpretation der Texte wird dadurch erschwert, dass die alten Ägypter den Geschlechtsverkehr in der Regel mit Euphemismen oder blumiger Sprache umschrieben.[19] Pharao Pepi II. hatte beispielsweise einen Lieblingsoffizier, den er mitten in der Nacht besuchte, um mit ihm »zu tun, was er wünschte«.[20] In allen anderen Zusammenhängen bedeutet diese Formulierung vermutlich, dass sie Geschlechtsverkehr hatten, aber die Gelehrten boten natürlich andere Erklärungen an, zum Beispiel die, es handele sich um eine metaphorische Anspielung auf epische Gedichte und Geschichten. Seltsamerweise wurde die »wirkliche Bedeutung« jedoch nie infrage gestellt, wenn es um heterosexuelle Betätigung ging.

Traditionell wird in der Wissenschaft behauptet, das Fehlen queerer Liebesgeschichten oder eindeutiger Berichte über gleichgeschlechtliche Ehen in der Mythologie oder in epischen Gedichten sei ein Beleg dafür, dass sexuelle Vielfalt im alten Ägypten nicht geduldet worden sei. Aber das Fehlen von Belegen ist nicht das Gleiche wie ein Beleg für das Fehlen. Auch die Ehe selbst war damals etwas anderes und wurde bis zur Epoche des Neuen Reiches meist von Familien arrangiert, weil man damit einen gewissen Status erlangen oder aufrechterhalten wollte und weil Zusammenhalt und Wohlergehen in der Gemeinschaft begünstigt werden sollten. Aber wo wir schon über das Fehlen von Belegen sprechen: In den vielen Gesetzen und Verhaltenskodizes finden wir keinerlei Vorschriften, die sich *gegen* gleichgeschlechtliche Sexualität richten. Wir finden überhaupt keine sexuellen Tabus, mit Ausnahme der Vergewaltigung. Wenn homosexuelles Verhalten geächtet oder als Tabu betrachtet worden wäre, würde sich das in den Gesetzbüchern zeigen – so wie in den heiligen Schriften des Judentums, die teilweise zur gleichen Zeit entstanden sind wie vieles, was aus der ägyptischen Antike überliefert ist.

Und wo wir gerade von den Hebräern sprechen: Im Talmud und ähnlichen jüdischen Texten finden sich Anspielungen auf die liberalen sexuellen Einstellungen im alten Ägypten. Darin werden die Ägypter wegen vieler Sexualpraktiken geschmäht, darunter die Polyandrie, bei der eine Frau mehrere Ehemänner hat, und die lesbische Liebe, die der Thora-Gelehrte Maimonides im 12. Jahrhundert abschätzig als »ägyptische Akte« bezeichnete.[21] Aufschlussreich ist, dass die Polyandrie von einer Gesellschaft als Abscheulichkeit betrachtet wurde, die – ihren eigenen Texten zufolge – einst von einem König mit 700 Ehefrauen und 300 Konkubinen regiert worden war. Anscheinend war die Mehrfachehe nur dann empörend, wenn Frauen sie praktizierten, was aber durchaus im Einklang mit der patriarchalischen (und, wenn wir ehrlich sind, frauenfeindlichen) Färbung der jüdisch-christlich-islamischen Moral und Kultur steht.

Wichtig ist die Erkenntnis, dass die eingeengte Sexualmoral im alten Israel im Gegensatz zu den Gebräuchen praktisch aller Nachbarvölker stand. Laut dem Alten Testament teilten die Ägypter ihre gottlose Einstellung zur Sexualität mit den Kanaanitern, Babyloniern, Philistern, Phöniziern, Ammonitern und anderen. Natürlich können wir einen Teil davon auf die allgemeinen Empfindlichkeiten zurückführen, die konkurrierende Gesellschaften untereinander kultivieren, und auch auf das Bestreben, Ressentiments gegenüber den Feinden zu schüren, aber die Schriften dieser Gesellschaften selbst bestätigen im Großen und Ganzen, dass im Grunde sämtliche Nachbarn eine entspanntere, tolerantere Auffassung von der Sexualität hatten als die Israeliten.

Wie wir beispielsweise wissen, war Untreue im alten Ägypten zwar ein Skandal, doch vorehelicher Sex war nicht mit einem Tabu belegt. Solange sie unverheiratet waren, hatten sowohl Frauen als auch Männer untereinander so viel Sex, wie sie wollten. Genauso war es in Babylon, und außerdem kennen wir konkrete Belege dafür, dass auch schwuler Sex in der babylonischen Kultur absolut vertretbar war: Der *Almanach der Beschwörungen*, ein Text aus dem antiken Mesopotamien, enthält Segenssprüche für verschiedengeschlechtliche und gleichgeschlechtliche Beziehungen. Ein Skandal war eine gleichgeschlechtliche Partnerschaft nur dann, wenn die beiden Liebhaber unterschiedliche gesellschaftliche Ränge bekleideten, aber das Gleiche galt auch für heterosexuelle Partnerschaften – ein Thema, das uns in der Antike überall begegnet. Welches Geschlecht die Person hatte, mit der man sich sexuell vergnügte, schien niemanden zu interessieren; ein echtes Ärgernis war es aber, wenn man mit jemandem schlief, der oder die höher oder tiefer gestellt war als man selbst. Ich würde sagen: An dieser Front hat sich im Laufe der letzten 3000 Jahre nicht viel verändert.

Dagegen war die Ehe im alten Ägypten ausschließlich mit der Fortpflanzung verknüpft und damit eine heterosexuelle Angelegenheit. Doch nach allem, was wir wissen, diente sie dem Zweck der Familiengründung – außerhalb davon unterlag die sexuelle Betätigung keinen Beschränkungen. Dieses allgemeine Prinzip galt in der Region zu jener Zeit für die meisten Gesellschaften. Es ist interessant, sich auszumalen, wie anders die Geschichte abgelaufen wäre, wenn sich die Sexualmoral aus Babylon, Kanaan oder Ägypten in der abendländischen Kultur durchgesetzt hätte und nicht die stark einschränkenden sexuellen Tabus der frühen europäischen Christen, die dem Sex gegenüber noch negativer eingestellt waren, als sie es von den Israeliten gelernt hatten.

Über die gleichgeschlechtlichen Sitten des alten Griechenland wurde bereits so viel geschrieben, dass ich hier nicht viele Worte darüber verlieren muss. Vielmehr möge der Hinweis reichen, dass die sexuellen Normen in der Regel stark an bestimmte Zeiten und Orte gebunden waren, während sie anderswo seltsam oder problematisch erschienen. Wenn es um die griechische Antike geht, ist das noch eine Untertreibung, denn die Praxis, die ich jetzt erörtern werde, offiziell »Päderastie« genannt, ist die dauerhafte sexuelle Beziehung zwischen einem Mann mittleren Alters und einem heranwachsenden Knaben.[22] Bei der Vorstellung dreht sich uns heute unser moderner Magen um, die Praxis war aber im antiken Griechenland zu manchen Zeiten nicht nur verbreitet, sondern eigentlich sogar *überall gang und gäbe*. Und sie war auch nicht auf Athen beschränkt, sie war in der gesamten hellenischen Welt üblich, von Sparta im Süden bis nach Troja im Osten. Vertraute Gestalten wie Sokrates und Platon betrieben sie wahrscheinlich sowohl als Jungen als auch im höheren Alter, und sporadisch blieb sie über viele Jahrhunderte, ja möglicherweise sogar über bis zu tausend Jahre erhalten.[23]

Wichtig ist es auch, zwischen Pädophilie und der antiken griechischen Päderastie zu unterscheiden. Pädophilie ist definitionsgemäß die Verlockung durch Kinder *vor* der Pubertät; die päderastische Praxis im alten Griechenland begann dagegen erst mit der Pubertät der Knaben. Das mag sich nach einem geringfügigen Unterschied anhören, aber man muss bedenken, dass Kinder in jenen Epochen bereits in viel jüngeren Jahren als reif und zustimmungsfähig betrachtet wurden. Ehen wurden oft schon für unter Zehnjährige arrangiert, und junge Frauen bekamen häufig bereits mitten im Teenageralter Kinder. In der Bibelforschung ist man sich einig, dass Maria Jesus mit 13 oder 14 Jahren zur Welt brachte – und zu der Zeit war sie bereits verlobt. Außerdem wurde die päderastische Beziehung nicht zwangsläufig sofort sexuell vollzogen. Vergewaltigung, auch und insbesondere von Kindern, war im alten Griechenland gesetzlich verboten.

In der päderastischen Beziehung ging es um viel mehr als nur um Sex. Es war eine Beziehung zwischen Mentor und Schüler, und die Anleitung umfasste alle Dinge im Leben, die man in der Schule nicht lernt. Sie war ein wichtiger Schritt des Erwachsenwerdens, ein Meilenstein, mit dem in den meisten Kulturen ganz besondere Rituale verbunden sind, und kennzeichnete die Abkehr eines jungen Mannes von der Fürsorge und dem Schutz seiner Herkunftsfamilie sowie seinen Eintritt in die Welt der Männer. Zu der päderastischen »Ausbildung« gehörten auch sexuelle Dinge, damit der junge Mann vorbereitet war und später seiner Frau ein guter Ehemann sein konnte. Das Ganze entsprach nicht dem, was wir gewöhnlich unter »Homosexualität« verstehen.

Nur zur Klarstellung: Mein Versuch, diese Praxis in ihrem vollständigen gesellschaftlichen und historischen Zusammenhang zu verstehen und zu erklären, darf nicht als moralische Zustimmung interpretiert werden. Wie bei Vergewaltigung, Sklaverei und Völkermord bestimmen weder die Legalität noch die weite Verbreitung einer Tätigkeit darüber, ob sie moralisch ist.

Wenn wir weiterhin nach Westen blicken, so übernahmen die Römer eine Menge von den Griechen, fügten ihren sexuellen Gebräuchen jedoch auch eine charakteristisch römische Note hinzu. Zum Beispiel gehörten Selbstbeherrschung und Disziplin in der römischen Gesellschaft zu den höchsten Tugenden, und das erstreckte sich auch auf Sex und sexuelles Vergnügen. Die römische Kultur war zwar nicht weniger sexualisiert als die griechische, aber sexuellen Gelüsten nachzugeben, galt häufig als Zeichen moralischer Schwäche. Im Bereich des Erlaubten wurde Sex insbesondere in der heidnischen Zeit begeistert zelebriert, denn Fruchtbarkeit und Fortpflanzung betrachtete man als unentbehrliche Voraussetzungen für das Aufblühen der römischen Zivilisation.

Obwohl schon die Griechen die Ehe von zwei Personen als Neuerung eingeführt hatten, waren es die Römer, die sie zu dem Fundament der Gesellschaft machten, das wir heute kennen.[24] Das von weniger »zivilisierten« Gesellschaften umgebene antike Rom war in seinem Festhalten an der monogamen Ehe einzigartig. Der heilige Augustinus, der seine Werke im 5. Jahrhundert u. Z. verfasste, bezeichnete die Monogamie als »römische Sitte«, durch die sich das Imperium von den benachbarten Ländern in Europa, Nordafrika und dem Nahen Osten unterschied – dort war Polygynie die Norm. Das ist auch plausibel, denn in der klassischen Antike ging es bei der Ehe hauptsächlich darum, Status, Besitz und Macht für die Familie – das *Haus* – zu erwerben und zu sichern. Die Römer erfanden den Begriff der »legitimen« Kinder, um eine ordnungsgemäße Vererbung von Eigentum und Titeln zu erleichtern. Die romantische Form der Ehe – die Liebesheirat, wie wir sie heute kennen – erlebte ihre Blütezeit in Europa erst mehr als tausend Jahre nach dem Zusammenbruch Roms.

Man sollte allerdings bedenken, dass Monogamie und eheliche Treue für die Römer nicht das Gleiche bedeuteten wie für uns heute. Es war eine wirtschaftliche und gesellschaftliche, aber keine sexuelle Monogamie. Die Ehe galt nicht als Voraussetzung für Sex, und Sex war – zumindest für Männer – weder offiziell noch inoffiziell auf die Ehe beschränkt. Es gab eine Fülle von Prostituierten und Konkubinen; sie waren gesetzlich zugelassen, und sie aufzusuchen, war für verheiratete Männer kein Tabu. Unverheiratet zusammenzuleben, war allerdings verboten. Ebenso war es einem Mann verboten, mit der »Frau eines anderen Mannes«, wie die Römer verheiratete Frauen nannten, sexuell zu verkehren. Dieser männerzentrierte Blick auf Frauen und Ehe unterstreicht, dass Eigentum und Legitimität in einem umfassenderen Sinn die entscheidenden Aspekte der ehelichen Gemeinschaft waren.

Männliche Homosexualität war ebenfalls ein fester Bestandteil der römischen Gesellschaft und wird auf Tausenden von erhaltenen Kunstgegenständen, von eindrucksvollen Fresken bis zu gewöhnlicher Haushaltskeramik, in allen Einzelheiten dargestellt. Von Kaisern bis zu gewöhnlichen Bürgern war Sex zwischen Männern, soweit wir wissen, während der gesamten Zeit der römischen Republik und auch in der Anfangszeit des Kaiserreiches bis zum Aufkommen des Christentums kein Tabu.* Die Eskapaden des Kaisers Caligula wurden

* Vorwiegend unter konservativen Christen hat sich eine seltsame Legende herausgebildet, die besagt, dass Homosexualität irgendwie mitverantwortlich für den Zusammenbruch Roms gewesen sei. Diese angebliche Tatsache

legendär, aber auch mehrere weitere Kaiser verkehrten bekanntermaßen – zumindest gelegentlich – ganz offen mit Männern, unter ihnen Nero, Julius Cäsar und Augustus. Von Kaiser Galba nimmt man an, dass er ausschließlich homosexuell war.

Aber auch wenn schwuler Sex zulässig war, hatten die Römer einige sexuelle Komplexe. Es war eine unterdrückende, patriarchalische Gesellschaft, das heißt, Rechte und Staatsbürgerschaft standen nur Männern zu. Und während es vollkommen akzeptabel war und sogar erwartet wurde, dass ein römischer Bürger sexuell sowohl mit Männern als auch mit Frauen verkehrte, galt dies nur für die Rolle des Penetrierenden. Die römische Gesellschaft hielt sich selbst für eine Gemeinschaft von Eroberern, und das spiegelte sich auch in der Vorstellung von Männlichkeit wider. Die Penetration war gleichbedeutend mit einer sexuellen Eroberung, die empfangende Person dagegen, ob beim analen oder beim vaginalen Sex, galt als unterwürfig, und das ziemte sich für einen römischen Bürger nicht. Die einzigen Männer, mit denen ein Römer verkehren konnte (ohne seinen Partner zu schänden), waren daher Sklaven, Ausländer und Prostituierte.

wird zwar durch keinerlei Belege gestützt, aber von ansonsten gebildeten Personen oft wiederholt, etwa von Mike Johnson, dem derzeitigen republikanischen Sprecher des US-Repräsentantenhauses. Wie absurd diese Theorie ist, zeigt ein einfacher Blick auf die Zeittafel. Zwar ist unbestreitbar, dass im vorchristlichen Rom, was Religion und Kultur angeht, eine sehr viel weniger restriktive Sexualmoral herrschte als in der Zeit des Christentums, doch das Imperium erreichte den Höhepunkt von Macht, Einfluss und geografischer Ausbreitung um 117 u. Z., am Ende der Herrschaftszeit des Kaisers Trajan, als die christliche Kirche noch eine kleine Untergrundbewegung war. Das Weströmische Reich brach um das Jahr 475 u. Z. zusammen, weniger als 100 Jahre nachdem das Christentum mit dem Ersten Konzil von Konstantinopel und dem Edikt von Kaiser Theodosius (381 u. Z.) zur Staatsreligion erklärt worden war. Kurz gesagt, wuchs das Imperium in heidnischer Zeit heran und erreichte seine größte Blüte. Zum Niedergang und Sturz kam es, wenige Generationen nachdem das Reich christlich geworden war.

Auch das änderte sich offenbar im Laufe der Zeit, denn zahlreiche Kunstwerke, die man in den im Jahr 79 u. Z. verschütteten Städten Pompeji und Herculaneum gefunden hat, zeigen ganz ungezwungen die verschiedensten sexuellen Handlungen, darunter einen Dreier, bei dem ein Mann einen anderen Mann penetriert, der seinerseits eine Frau penetriert.[25] Im Übrigen stieß man in Pompeji auch auf eine der wenigen und daher kostbaren Darstellungen lesbischer Sexualität, die aus dem alten Rom stammen. Die weite Verbreitung und große Zahl der verschiedenen sexuellen Szenen, darunter Fellatio, Cunnilingus, Prostitution und sogar Orgien, die man in den Kunstwerken aus diesen beiden Städten entdeckt hat, sprechen für eine viel freiere, offene sexuelle Kultur, die erst später in der römischen und italienischen Kultur unter dem Einfluss des Christentums aggressiv unterdrückt und ausgelöscht wurde.[26] Zwar war ein katastrophaler Vulkanausbruch notwendig, damit die Belege von der puritanischen Zerstörung verschont blieben, aber dafür wissen wir heute einiges über die vergleichsweise positive kulturelle Einstellung zur Sexualität im vorchristlichen Römischen Reich.*

Zusammenfassend kann man sagen: In den drei klassischen Kulturen, die die Grundlage der abendländischen Zivilisation bilden – Ägypten, Griechenland und Rom –, herrschten weniger sexuelle

* Auch fast 17 Jahrhunderte nach dem Ausbruch, als man die Überreste von Pompeji und Herculaneum wiederentdeckte, feierte die Unterdrückung der antiken römischen Sexualität noch fröhliche Urständ. Im Jahr 1819 stieß der künftige Franz I., König beider Sizilien, zusammen mit seiner Frau und seiner Tochter auf einem Rundgang durch das Archäologische Nationalmuseum in Neapel auf eine Ausstellung mit erotischen Kunstwerken und befahl, die obszönen Stücke wegzuschließen und den Zugang zu ihnen streng zu beschränken, damit das arglose Publikum nicht verdorben werde. In dem sogenannten Geheimen Kabinett von Neapel hielt man die meisten sexuellen Darstellungen unter Verschluss, und erst im Jahr 2000 wurde es auf Dauer wieder für die Öffentlichkeit zugänglich gemacht. Minderjährige müssen bis heute von einem Erziehungsberechtigten begleitet werden.

Einschränkungen und Unterdrückung als in unserer heutigen Zeit. Im Zusammenhang mit Homosexualität, vorehelicher Sexualität oder nichtpenetrativem Sex bestanden keine Tabus, und erst recht wurde nichts davon kriminalisiert. Solche Gesetze und Tabus kamen erst viel später. Zwar war Ehebruch mit einem Tabu belegt und hatte zu manchen Zeiten auch juristische Folgen, er war aber eng definiert als sexueller Verkehr zwischen einer verheirateten Frau und einem Mann, der nicht ihr Ehemann war. Aufschlussreich ist, dass wir diesem frauenfeindlichen Doppelmaßstab – offiziell wie inoffiziell – auf der ganzen Welt begegnen, aber immer in Abhängigkeit vom Konzept der *Legitimität*, wenn es um das Erbe geht.

Verheirateten Männern stand es immer frei, sexuell nach Belieben mit allen zu verkehren, wenn auch heimlich. Doch für verheiratete Frauen bestand diese Freiheit nicht, weil man fürchtete, dies könne zu einem Streitfall um die Vaterschaft führen. Das wichtigste Anliegen in der Ehe war weder Liebe noch Sex. Es war die Erbfolge.

Liebe am Lugu-See

Jetzt sind wir so weit, dass wir uns den Sexualpraktiken heutiger Menschen zuwenden können. Auch wenn der stetige Vormarsch von Machtfülle und organisierter Religion eine Menge sexuelle Vielfalt ausgemerzt hat, muss man sich nicht lange umsehen, um zu erkennen, dass die Diversität unter der Oberfläche köchelt und bereit ist, wieder aufzutauchen, sobald die Kultur es erlaubt.

Wenn es um sexuelle Befreiung geht, gibt es in unserer Zeit eine Gesellschaft, die in diesem Kapitel einen eigenen Abschnitt verdient: das Volk der Mosuo im Süden Chinas.[27] Von der chinesischen Regierung wird es zwar mit der ethnischen Minderheit der Naxi in einen Topf geworfen, die Mosuo sind aber ein Volk mit eigenständiger Kultur, das seit Jahrtausenden in einer kleinen Region rund um den Lugu-See lebt. Wegen der Touristenflut und der Belästigung durch ablehnend eingestellte Behörden ist die Zahl der Mosuo auf derzeit nur noch rund 40 000 geschrumpft. Dennoch konnten sie es in ihrer abgelegenen Gebirgsregion verhindern, völlig in den größeren Gesellschaften der Umgebung aufzugehen.

Westliche Anthropologen sind von den Mosuo fasziniert, seit europäische Kaufleute ihnen vor mehr als 750 Jahren auf der Seidenstraße zum ersten Mal begegneten. Marco Polo lernte die Volksgruppe gegen Ende des 13. Jahrhunderts kennen und war entsetzt über ihre sexuelle Zügellosigkeit:

> Sie halten es nicht für verwerflich, wenn ein Fremder – oder irgendein anderer Mann – mit ihren Ehefrauen, Töchtern, Schwestern und anderen Frauen in ihrem Heim seinen Mutwillen treibt. Sie halten es sogar für einen großen Nutzen und sagen, ihre Götter und Götzen seien ihnen günstig gesinnt und würden ihnen eheliche Güter in großer Fülle anbieten.[28]

Was er schrieb, stimmte zwar, aber Polo war der Erste in einer langen Reihe von Ausländern, die die Mosuo vollkommen missverstanden. Ihre Gesellschaft ist entspannt, friedlich und landwirtschaftlich geprägt; am schockierendsten ist, dass sie keinerlei sexuelle Tabus kennen. Es herrscht absolute sexuelle Selbstbestimmung, und das Einzige, was im Zusammenhang mit Sex als schändlich gilt, ist der Versuch, die Freiheit eines anderen einzuschränken. Sie praktizieren allerdings eine extreme Form der Diskretion: Gespräche über Sex und Liebe im *gezielten* Sinn sind verboten, denn die Mosuo schätzen ihre Privatsphäre ebenso wie ihre Freiheit. Diskussionen über Liebe und Sex im *Allgemeinen* sind dagegen durchaus üblich, und die Kinder wachsen nicht mit dem Gedanken auf, dass irgendetwas an der Sexualität schmutzig, schändlich oder unanständig sei.

Die Mosuo werden in der Regel als »matriarchal« bezeichnet, »gleichberechtigt« und »gendergleichwertig« sind aber vermutlich bessere Beschreibungen. Oder vielleicht stellen sie, wie es die Anthropologin Peggy Sanday formuliert, die Art von Gesellschaft dar, die entstehe, wenn man Frauen nicht über die Männer stelle, sondern ihnen Verantwortung übertrage, sodass die Geschlechter auf Augenhöhe seien.[29] In bestimmten Bereichen haben Frauen aber eindeutig eine Vorrangstellung. Beispielsweise werden die Familien der Mosuo als »matrilineal« bezeichnet, das heißt, die kulturelle und finanzielle Abstammungslinie verläuft über die Frauen, wodurch sie Häuser und Eigentum von ihren Eltern erben. Frauen übernehmen den Haushaltsvorstand und treffen alle geschäftlichen Entscheidungen. Politische Positionen dagegen werden in der Gemeinschaft häufig von Männern besetzt, aber diese Positionen bringen mehr Ansehen als Macht mit sich, denn eine zentralisierte Weisungsbefugnis gibt es in der Kultur der Mosuo kaum.

Die Mosuo-Frauen genießen völlige sexuelle Freiheit. Wenn sie erwachsen werden, erhalten sie im matriarchalen Haushalt ein eigenes Schlafzimmer, und dieses hat seine eigene Tür nach draußen, sodass die Privatsphäre der jungen Frau gewahrt werden kann. Liebesaffären finden nachts im Zimmer der Frau statt, und die Männer müssen vor Sonnenaufgang wieder gehen. Beziehungen können eine einzige Nacht oder ein ganzes Leben dauern, die meisten liegen irgendwo dazwischen. Da die Mosuo-Frauen in der Regel nicht mehrere Affären gleichzeitig unterhalten, kann man ihre Beziehungen zutreffend als »serielle Monogamie« bezeichnen, und deshalb sind in den meisten Fällen die Väter der Kinder bekannt. Aber wenn das nicht der Fall ist, spielt es kaum eine Rolle.

Kinder werden im mütterlichen Haushalt großgezogen und auch vorwiegend von der Mutter versorgt, allerdings unter Mithilfe von Onkeln, Tanten und allen anderen, die im Haus wohnen. Wenn der Vater bekannt ist, kann er sich dazu entschließen, sein Kind zu besuchen, aber nur nachts und im privaten Schlafzimmer der Mutter. Ist sie mittlerweile mit einem anderen liiert, ist dies nicht praktikabel, sodass sich die Beteiligung des Vaters auf Ferien und zeremonielle Gelegenheiten beschränkt. Das Mosuo-Wort für eine Liebesbeziehung – *axia* – wird in der Regel als »vorübergehende Ehe« übersetzt, aber die Mosuo lehnen den Begriff strikt ab, denn in ihrer Familienstruktur kommt die Ehe nicht vor. Sowohl Männer als auch Frauen bleiben in dem Haushalt, in dem sie geboren wurden, und dieser wird von Frauen unter Leitung der Matriarchin geführt. Möchte ein Vater seine Kinder mit Geschenken unterstützen, kann er das tun und sich damit einen guten Ruf erwerben, aber das ist auch alles. Das Kind bleibt immer Teil des matriarchalischen mütterlichen Haushaltes.

Da Frauen nicht nur sexuell vollständig befreit sind, sondern auch im Haushalt das Sagen haben, gelten die Männer der Mosuo nach unserem modernen, patriarchalischen Verständnis von Kräfteverhältnissen als unterwürfig. Man kann es aber auch anders und nach Art der Mosuo sehen: Danach spielen Männer und Frauen einfach unterschiedliche Rollen. Außerdem geht es den Männern in dem matriarchalischen System ziemlich gut. Sie haben einen wesentlich entspannteren Tagesablauf als die Frauen, und ihre Verantwortungsbereiche sind stärker eingeschränkt. Sie helfen bei der Versorgung der Kinder und der allgemeinen Haushaltsführung, und je besser sie das tun, desto stärker erfreuen sie sich der Gunst der Matriarchin, aber es hat auch keine unmittelbaren Folgen, wenn sie nur wenig beitragen. Es steht ihnen frei, beliebige *axia* anzustreben, ohne dass Engagement erwartet wird. Am Leben ihrer Kinder können sie teilhaben, wenn sie es wollen; dies erfreut die Mütter der Kinder, und sie steigern damit ihre eigene soziale Stellung. Aber anscheinend kümmert es niemanden, wenn sie keinen Finger krumm machen. Unter dem Strich können Männer im Wesentlichen tun, was sie wollen.

Dagegen tragen die Mosuo-Frauen die Last vieler kultureller Erwartungen. Zwar steht es ihnen frei, sich Geliebte und Privatsphäre zu suchen, aber das gilt nur nachts. Bis sie eigene Kinder haben, wird tagsüber von ihnen erwartet, dass sie auf Anweisung ihrer Mutter oder Großmutter Pflichten im Haushalt übernehmen. Ihr Tagesablauf besteht zum größten Teil aus Kochen, Putzen, Nähen und Einkaufen, außerdem arbeiten sie im Familienunternehmen, während es den Männern freisteht, herumzulungern, wenn sie es wollen. Und auch wenn es keine Ehe gibt, haben Mosuo-Frauen die Pflicht, Kinder zu bekommen und zum Wachstum der Familie beizutragen, und sie sind für ihre eigenen Kinder auch die wichtigsten Bezugspersonen.

Das mangelnde Interesse an der Vaterschaft steht offensichtlich auch im Zusammenhang mit einer sehr positiven Einstellung gegenüber der Adoption. In den meisten Kulturen, in denen es hochgeschätzt wird, wenn Frauen Kinder bekommen, leiden diejenigen, denen dies nicht möglich ist, unter schmerzlicher Schande und Stigmatisierung. Bei den Mosuo ist das nicht so. Wird eine Frau trotz mehrjähriger Versuche nicht schwanger, arrangiert ihre Matriarchin für sie die Adoption eines Kindes aus einer Nachbarfamilie. Die meisten adoptierten Kinder stammen aus Familien, die entweder so groß sind, dass sie ein weiteres Kind nicht versorgen können, oder sich auf die Auflösung vorbereiten, weil sie zu klein sind und ihren Lebensunterhalt nicht verdienen können (was mit der Schrumpfung der Bevölkerungsgruppe immer häufiger vorkommt). Ein Adoptivkind gilt sofort als vollwertiges Familienmitglied und wird ohne weitere Einschränkungen im Stammbaum aufgeführt. Die biologische Elternschaft spielt dabei keinerlei Rolle, sodass eine adoptierte Tochter die gleichen Chancen hat, die Matriarchin ihrer Familie zu werden, wie eine biologische Tochter. Da ich selbst Adoptivvater bin, fällt es mir nicht schwer, zu erkennen, dass ihre Kultur in diesem Aspekt eindeutig der unseren überlegen ist.

Kehren wir nun noch einmal zu dem Zitat von Marco Polo zurück. Daran fällt auf, dass die sexuelle Promiskuität nur ein Teil dessen ist, was ihn stört. Am empörendsten findet er, dass die Männer mit alledem einverstanden sind. In der ganzen Passage geht es eigentlich darum, was mit den Männern los ist. Sex mit einem Fremden wird als »seinen Mutwillen treiben« bezeichnet – *seinen* Mutwillen, also wie der Mann es will. Die Frauen werden etwa als »ihre« Schwestern und Töchter bezeichnet – das heißt die Schwestern und Töchter der Männer, als wären sie deren Eigentum. Fälschlich spricht er auch von »ihren Ehefrauen«, denn eine Gesellschaft, in der eine Frau nicht einem Mann gehört, war für Polo unvorstellbar. Ihm kam nie der Gedanke, dass Frauen in dieser Kultur das Sagen haben, die Haushaltsvorstände sein und mit Besuchern sexuell verkehren könnten, *weil sie es wollen* (keuch!). Wäre er in der Lage gewesen, seine Scheuklappen und seine Voreingenommenheit abzulegen, hätte er eine Gesellschaft gesehen, in der sowohl Männer als auch Frauen die Freiheit haben, sich so viel Sex zu verschaffen, wie sie wollen, mit wem auch immer, während sie dennoch starke Familien, gesellschaftlichen Zusammenhalt und eine lebensprühende Kultur besitzen.

Zusammenfassend kann man sagen: Die Matriarchinnen der Mosuo sitzen zwar im Haushalt an den Schalthebeln, darüber hinaus gibt es aber kaum zentralisierte Macht. Da die Männer in den meisten Kulturen daran gewöhnt sind, die Macht und die Privilegien ihrer höheren Stellung innezuhaben, empfinden sie die Ermächtigung der Frauen als Unterwürfigkeit der Männer. In Wirklichkeit jedoch tragen die Frauen bei den Mosuo die Bürde einer größeren Arbeitsbelastung und der gesellschaftlichen Erwartungen, was die Mutterschaft angeht, während es den Männern viel eher freisteht, ihre Tage und Nächte so zu verbringen, wie sie möchten.* Tatsächlich tragen bei den Mosuo viele Männer als fürsorgliche Onkel, Söhne und Brüder zum Haushalt bei; das Leben anderer kann man dagegen mit dem eines Zuchthengstes vergleichen, der häufig sexuell aktiv ist, ansonsten aber kaum etwas für die Gemeinschaft tut.[30] Die sexuelle Befrei-

* Das hört sich hoffentlich vertraut an. In Kapitel 4 habe ich zwei Affenarten beschrieben – die Roten Springaffen und die Berberaffen –, bei denen die matriarchalische Struktur nicht zu einer Dominanz der Weibchen über die Männchen führt, sondern zu *gleichen* Privilegien und *gleicher* Macht beider Geschlechter.

ung der Frauen gleicht der sexuellen Befreiung der Männer, und die Ermächtigung der Frauen im Haushalt nimmt den Männern einen Teil der belastenden Erwartungen ab. Die Feministinnen haben es uns schon immer gesagt: Feminismus ist auch für die Männer gut.

Die Lebensweise der Mosuo ist zwar »traditioneller« und weniger von Technik geprägt als unsere, doch sie sind keine Jäger und Sammler, sondern eine ganz und gar moderne Gesellschaft und stehen häufig in Kontakt mit ihren kulturell eher konventionellen Nachbarn. Nur durch gemeinsamen Widerstand in Verbindung mit der isolierten geografischen Lage konnten sie es vermeiden, in der umgebenden Gesellschaft aufzugehen, aber heute sind sie bestrebt, genau das zu tun. Wer wollte es ihnen vorwerfen? Was Liebe und Beziehungen, Gleichheit der Geschlechter und Familienzusammenhalt angeht, würden viele Menschen ihre Gesellschaft für ein Utopia halten, und genau so sehen die Mosuo sich auch selbst. Sie sind ein modernes Beispiel für einen entspannteren, natürlicheren Zustand von Liebe und Sexualität, und sie zeigen uns, dass es selbst in unserer globalisierten modernen Welt immer Nischen der Befreiung gegeben hat und gibt.

Meiner Brüder Hüter

Die Mosuo sind nicht die einzige moderne Gesellschaft, der es gelungen ist, sich ein (nicht-)traditionelles Familienleben zu bewahren. Hoch oben im Himalaja verteilen sich kleine Dörfer über die karge Gebirgslandschaft. Fruchtbares Land, das sich für den Getreideanbau eignet, steht nur in sehr begrenztem Umfang zur Verfügung, und das Gleiche gilt für die Bestände an wilden Tieren, die Nahrung und Kleidung liefern könnten. Aber Menschen finden immer einen Weg, um zu überleben, und gedeihen noch in den unwirtlichsten Gegenden. Seltsamerweise ist in vielen Dörfern und Kulturen in dieser Region die *fraternale Polyandrie* üblich, das heißt, eine Frau geht eine Ehe mit mehreren Männern ein, insbesondere mit Brüdern. Man geht davon aus, dass diese Praxis ihre Anregung aus der hinduistischen Legende über die Pandavas bezogen hat, fünf Brüder, Prinzen, die gemeinsam die Prinzessin Draupadi heirateten.

Polyandrie ist bei Menschen (und anderen Primaten) eines der seltensten Paarungssysteme; einer Schätzung zufolge ist sie in der Menschheitsgeschichte nur an vier Orten entstanden.* Und doch wird sie allein im Himalaja von *acht* verschiedenen Gesellschaften praktiziert.[31,32] Diese acht Gesellschaften gehören zu unterschiedlichen ethnischen Gruppen (Tibetaner, Han, Südasiaten), unterschiedlichen Nationalitäten (Inder, Nepalesen, Chinesen) und unterschiedlichen Religionen (verschiedene hinduistische und buddhistische Sekten). Dies deutet darauf hin, dass die Verbreitung der Praxis in dieser Region nicht einfach auf eine überkommene kulturelle Tradition zurückzuführen ist. Die acht Gesellschaften sind kulturell völlig verschieden, also müssen wir zu dem Schluss gelangen, dass die Polyandrie hier aus einem anderen Grund so gehäuft auftritt.

Das könnte ein sehr einfacher Grund sein: Im Himalaja ist die fraternale Polyandrie sinnvoll. In einem derart unwirtlichen Klima, in dem kaum Ackerland und nur wenige natürliche Ressourcen zur

* Diese Zählung bezieht sich nur auf die *strenge* Polyandrie – als alleinige oder vorherrschende Ehe- und Familienstruktur in der jeweiligen Gesellschaft. Wie wir in diesem Kapitel immer wieder erfahren haben, gibt es aber eine Fülle von Gesellschaften, in denen Frauen sich im Rahmen einer insgesamt weniger strengen Struktur mehr als einen Geliebten oder Ehemann nehmen *können*. Wichtiger ist, dass die Zählung auch die kulturelle Vielfalt innerhalb einer bestimmten geografischen Region übersieht. So werden beispielsweise die acht Gesellschaften, die im Himalaja die Polyandrie praktizieren, nur als ein Fall gezählt, aber ähnliche geografische Häufungen von Kulturen mit ähnlichen Ehepraktiken werden in der Regel nicht zusammengefasst, wenn es sich um Monogamie oder Polygynie handelt. Man hat fast den Eindruck, als gäbe es unter Anthropologen eine Art Voreingenommenheit, die dazu führt, dass die Polyandrie in den menschlichen Kulturen falsch gezählt wird. (Schockierend!)

Verfügung stehen, gibt es einfach nicht genug davon, als dass man es in jeder Generation unter einer großen Gruppe von Geschwistern aufteilen könnte. Stattdessen arrangieren die Eltern für ihren ältesten Sohn eine geeignete Ehe, wenn er erwachsen wird, und wenn seine jüngeren Brüder das entsprechende Alter erreichen, schließen sie sich der Ehe an. Diese Brüder erben dann gemeinsam alles, was die Familie an Land, Behausungen oder anderen Ressourcen angesammelt hat.

Die Brüder und ihre gemeinsame Ehefrau bilden eine große Familie und unterstützen sich gegenseitig. Die Männer teilen sich die Arbeit, darunter den größten Teil der Tätigkeiten im Haushalt, und geben ihre gesamten Einkünfte der Ehefrau, die sie verwaltet. Sie hat in einem solchen Haushalt im Wesentlichen das Sagen und übernimmt auch den größten Teil der unmittelbaren Kinderversorgung. Das System hat eine schöne Seite: Wenn ein Ehemann in jungen Jahren stirbt – was in dieser gefährlichen Region, in der es nahezu keine moderne Gesundheitsversorgung gibt, nicht selten passiert –, müssen seine Frau und ihre gemeinsamen Kinder nicht allein zurechtkommen. Mit mehreren Ehemännern besteht automatisch ein Überschuss und lebenslange finanzielle Sicherheit für alle Beteiligten. Und da die Brüder gemeinsam jeglichen Landbesitz, die Wohnstätte oder andere Ressourcen von der Mutter und den Vater-Onkeln erben, werden diese Dinge nicht bis zur Bedeutungslosigkeit aufgeteilt.

Da niemand Sicheres über die genetische Vaterschaft weiß, machen die Kinder solcher Familien zwischen ihren Vätern keinen Unterschied. Sie nennen alle »Papa«, und jede Vaterbeziehung hat ihren eigenen Charakter. Man spricht von »geteilter Vaterschaft«, und solange diese Gesellschaften nicht die modernen Erkenntnisse über sexuelle Fortpflanzung besaßen, glaubte man, die biologische Vaterschaft sei den Brüdern gemeinsam. Selbst heute wird der Frage, wer tatsächlich der genetische Vater ist, wenig Bedeutung beigemessen, und in den meisten Fällen wird die Vaterschaft nie sicher festgestellt.

Man kümmert sich einfach nicht um solche Dinge. Den größten Einfluss auf einen Sohn hat der Vater, der ihm die Fähigkeiten für den gewählten Beruf beibringt.

Mädchen dagegen werden vorwiegend von den Müttern versorgt, und die suchen für ihre Töchter ständig nach einer guten Ehe. Obwohl allein die Frauen in solchen Familien für das Geld verantwortlich sind, wird das Erbe an die Söhne weitergegeben, und deshalb ist es für die Mütter im Himalaja eines der wichtigsten Anliegen, für ihre Töchter eine gute Ehe zu arrangieren. Das mag uns nicht erstrebenswert erscheinen, in den kleinen Bergdörfern funktioniert es aber gut. Die Dorfbewohner selbst werden immer wieder von zugereisten Reportern und Anthropologen befragt und sind sich durchaus der Einzigartigkeit ihrer besonderen familiären Ordnung bewusst. Sie weisen aber stets schnell darauf hin, wie viele Vorteile ihr System hat und wie zufrieden sie damit sind.

Verborgen im gut Sichtbaren

Im Westen hat das beherrschende Narrativ über Sex und Ehe die Gesellschaft praktisch vollständig durchdrungen, aber im Schatten gab es immer abweichende Subkulturen. Von den Schwulenvierteln in New York und San Francisco – Village beziehungsweise Castro – bis zu den verschiedenen Utopistenkommunen des 19. und frühen 20. Jahrhunderts haben Menschen nach einer »alternativen Lebensweise« gesucht und sie in der Regel auch gefunden. Manchmal blieben solche Alternativen im Verborgenen, obwohl sie gut sichtbar waren.

Die Pioniere der Swinger-Lebensweise in den Vereinigten Staaten, die der Journalist Terry Gould in seinem Buch *The Lifestyle* erstmals in die öffentliche Wahrnehmung rückte, waren keine Geringeren als Soldaten der Vereinigten Staaten und ihre Ehefrauen.[33] Im Zweiten Weltkrieg entwickelte sich auf den Militärbasen unter verheirateten

Kampfpiloten eine Swinger-Subkultur. Vor Einsätzen und während der Pausen veranstalteten die Piloten auf den Stützpunkten Swingerpartys, die man als »Rituale« bezeichnen kann. Dabei hatten sie mit den Ehefrauen der anderen Sex. Die Praxis blieb gewissermaßen unter dem Radar, denn Ehebruch war zu jener Zeit beim US-Militär ein Entlassungsgrund. (Das ist er tatsächlich noch heute, doch die Regel wird nur selten durchgesetzt.) Gerüchte über die Vorgänge machten jahrzehntelang die Runde, erfassten aber das wahre Wesen des Phänomens nicht. Die Swingerpartys waren zwar zweifellos erotischer Natur, es ging dabei jedoch, zumindest laut den Angaben der Beteiligten, im Kern nicht um sexuelle Befriedigung. Der eigentliche Grund liefert für unsere Untersuchung der menschlichen Sexualität wesentlich größeren Aufschluss.

Kampfpiloten hatten im Zweiten Weltkrieg einen der gefährlichsten Berufe, die es gab: Der Anteil der Todesfälle lag nach Schätzungen bei bis zu 25 Prozent. Die stark von Konkurrenz geprägte Position und die extremen Anforderungen der Tätigkeit führten dazu, dass die Elite-Kampfpiloten engere soziale Bindungen entwickelten, als die meisten Zivilisten jemals erleben. Außerdem schuf das Wissen, dass viele von ihnen nicht aus dem Kriegseinsatz heimkehren würden, ein ganz besonderes Umfeld, in dem die Piloten vollstes Vertrauen ineinander setzten. Das gegenseitige Vertrauen und die Hilfsbereitschaft unter diesen Piloten erstreckte sich auch auf ihre Familien, zwischen denen der extreme Stress und das emotionale Trauma ihrer Situation ebenfalls besondere Bindungen entstehen ließen.

Diese Bande waren so stark, dass dazu auch die Verpflichtung gehörte, im Todesfall für die Familien der Hinterbliebenen zu sorgen. Wie sich in Gesprächen mit den Swingern herausstellte, war dies das Hauptmotiv für das Swingerritual, das sich in dem höchst gefährlichen Umfeld herausbildete. Es erinnert an die Praxis der griechischen Soldaten in der Antike, die Sex miteinander hatten, um Vertrauen und Zusammenhalt aufzubauen: Auch das gemeinsame sexuelle Erlebnis der Swingerpiloten aus dem Zweiten Weltkrieg unterstreicht, wie massiv sexuelle Aktivität in der Lage ist, soziale und emotionale Bindungen zu schaffen und zu stärken.

Offensichtlich hatte eine ausreichend große Zahl der Beteiligten an der sexuellen Aufgeschlossenheit so viel Spaß, dass sie den Brauch auch in den Jahren nach Kriegsende fortsetzten. Schnell breiteten sich Swingerpartys auf andere Militärstützpunkte und Waffengattungen aus. Zur Zeit des Koreakrieges gab es auf den meisten Stützpunkten eine florierende Swingerszene, und die verlagerte sich oft in die benachbarten Ortschaften, sodass zu der verschworenen Swingergemeinde nun auch Zivilisten gehörten. Offensichtlich musste man der eigenen Sterblichkeit ins Auge sehen, damit die Tabus rund um die sexuelle Monogamie aufgehoben wurden, aber nachdem sie einmal aufgehoben waren, blieb es auch so.

Heute findet man Swingerclubs in praktisch allen amerikanischen Großstädten, und die größten Metropolen haben ein breites Spektrum zu bieten, das den unterschiedlichsten Interessen und Umgangsformen gerecht wird.[34] In New York gibt es in jedem Stadtbezirk mehrere Swingerclubs. Manche davon bieten den Anblick und Eindruck von Nachtklubs mit Cocktailbar und Tanzfläche, aber auch mit langen Fluren voller Privatzimmer für intimere Begegnungen. Andere sind lockerer gestaltet und hell erleuchtet, was das Kennenlernen und Small Talk erleichtert. Wieder andere funktionieren wie Freizeitzentren und veranstalten gesellige Zusammenkünfte wie Spieleabende, Speed-dating und Malunterricht (wobei die Modelle in der Regel natürlich nackt sind). Jeder Club hat eine spezielle Atmosphäre und seine eigenen Veranstaltungen und Gepflogenheiten, und damit lockt jeder eine andere Untergruppe der Swingergemeinschaft an. In kleineren Ortschaften finden Swingerpartys gewöhnlich in Privathäusern statt, und die Gemeinschaft ist noch enger verschworen. In allen verschiedenen Swingerszenen herrscht die gemeinsame Regel, dass männliche Singles nicht zugelassen sind – den Grund dafür kann man sich leicht vorstellen.

Swingen ist – und war vermutlich immer – viel weiter verbreitet, als es sich die meisten Menschen vorstellen. Im Jahr 2018 bezeichneten sich 2,5 Prozent der US-Amerikaner und -Amerikanerinnen als Swinger, aber über diese Zahl ist noch einiges zu sagen.[35] Beispielsweise ist sie, seit es überhaupt Daten dazu gibt, relativ stabil. Der Begriff »Swinger« wird allerdings meist mit verheirateten heterosexuellen Paaren in Verbindung gebracht, das heißt, LGBTQ-Swinger und unverheiratete Personen nennen sich in der Regel nicht so. Und obwohl Nicht-Monogamie im gegenseitigen Einverständnis insgesamt einen Aufschwung erlebt und sich zunehmender Akzeptanz oder zumindest Duldung erfreut, ist die Swingergemeinde erstaunlicherweise recht beständig und diskret. Ich entnehme dem, dass verheiratete heterosexuelle Menschen faktisch den Weg zur einvernehmlichen Nicht-Monogamie geebnet haben, allerdings in aller Stille. Tatsächlich hat sich in Studien gezeigt, dass offene Beziehungen bei queeren Paaren nicht nur häufiger sind, sondern dass solche Paare dies gegenüber Freunden und Angehörigen auch weniger geheim halten; heterosexuelle Paare dagegen fürchten sich weitaus häufiger vor Stigmatisierung und Verurteilung, und deshalb behandeln sie ihre »Sexkapaden« als Privatsache. Jedem Tierchen sein Pläsierchen.

Die muslimische Welt gilt bei uns im Westen häufig als sexuell besonders konservativ, aber im sunnitischen Islam, dem größten Zweig der Religion, gibt es eine ganze Ehe-Kategorie, die es heterosexuellen Paaren ermöglicht, ohne die üblichen Fallstricke der Ehe sexuell miteinander zu verkehren.[36] Die sogenannte Misyar-Ehe ist vertraglich und religiös gültig, aber als vorübergehende Einrichtung angelegt und der dauerhaften, der Familiengründung dienenden Scharia-Ehe untergeordnet. Misyar-Ehen werden am häufigsten mit Muslimen in Verbindung gebracht, die aus beruflichen Gründen viel reisen und über längere Zeit von der Partnerin getrennt sind. Es wird sogar geduldet, dass eine solche »Zeitehe« vor der eigentlichen Partnerin geheim gehalten wird. Einen Vertrag über eine Misyar-Ehe kann man auch schließen, wenn eine Frau aus irgendeinem Grund im Haushalt ihrer Herkunft bleiben muss – beispielsweise um ältere oder gebrechliche Angehörige zu pflegen –, denn dann ist eine traditionelle Scharia-Ehe nicht möglich. Außerdem werden Misyar-Ehen schlicht aus dem Grund geführt, dass der Mann sich sexuelle Abwechslung wünscht, aber weder eine Sünde begehen noch eine Frau zur Sünde verleiten will.

Noch direkter ist der schiitische Islam. *Nikah mut'ah* heißt wörtlich übersetzt »Lustehe« und ist eine religiös, doch nicht juristisch sanktionierte Ehe, die sich auf einen vorher festgelegten Zeitraum beschränkt.[37] Die Beteiligten können alleinstehend oder bereits verheiratet sein, und fast keiner der anderen Fallstricke regulärer Ehen kommt darin vor. Die Mut'a-Ehe dient ausschließlich dazu, sexuelle Beziehungen zu ermöglichen, und die Vertragsdauer kann eine Sache von Minuten sein. Die Praxis soll von Mohammed selbst genehmigt worden sein, ist aber in der muslimischen Welt umstritten, weil es Versuche gab, mit ihr die Prostitution, die verboten ist, zu legitimieren. Wie aber viele islamische Gelehrte betonen, liegt der Unterschied zwischen der normalen Ehe und der Mut'a-Variante darin, dass die erste ausdrücklich der Fortpflanzung und der Gründung einer Familie dienen soll, während die zweite nur den Zweck des sexuellen Vergnügens hat. Die Anerkennung der Tatsache, dass es sich hier um zwei getrennte Ziele handelt, ist das erstaunliche Eingeständnis einer Realität, die den meisten christlichen Konfessionen entgangen ist.[38]

Wo wir schon bei frommen Muslimen und abenteuerlichen sexuellen Eskapaden sind: Auf der indonesischen Insel Java gibt es einen heiligen Berg namens Kemukus. Dort befindet sich der Schrein eines örtlichen Heiligen, der als Prinz seine königlichen Pflichten und Titel aufgab, um mit seiner Geliebten durchzubrennen. Nachdem die beiden gemeinsam weggelaufen waren, ließen sie sich der Legende zufolge auf dem Berg nieder, und seither wird in dem Schrein ihre gegenseitige Zuneigung geehrt, die den Sitten jener Zeit und den gesellschaftlichen Erwartungen an sie widersprach. Wenn man bedenkt, wie stark der gesellschaftliche Druck in Indonesien ist, sich entsprechend den Normen und Moralvorstellungen zu verhalten, erscheint die Erinnerung an die Auflehnung gegen eben jene Grundsätze ein wenig seltsam, aber auch hier geht es wohl genau darum.

Um die allen Widerständen trotzende Liebe zu feiern, veranstalten die Einheimischen alle 35 Tage ein besonderes Fest namens »Pon«, in dessen Verlauf die Feiernden im Freien mit völlig Fremden Sex haben.[39] Ja, mit Pon werden Sex und Erotik gefeiert, es ist aber auch ein muslimischer Gottesdienst mit Segen, Beschwörungen, Opfern und Morgengebeten. Bei Einbruch der Dunkelheit und dann noch einmal am Morgen legen die Teilnehmenden Blumen auf das Grab des Prinzen und baden in einem heiligen Bach. Manche Reisenden kommen mit ganz bestimmten nichtsexuellen Bittgebeten, die angeblich den Zweck der Pilgerreise darstellen – beispielsweise bittet man um die Heilung eines kranken Angehörigen, eine berufliche Beförderung, finanziellen Erfolg, ein Kind, das gesund zur Welt kommen soll, und so weiter. Manche Besucher sind auf Liebe aus. Und manche kommen offensichtlich nur wegen Sex.

Viele, wenn nicht sogar die meisten Beteiligten sind bereits verheiratet – für sie ist das Fest einfach eine sexuelle Angelegenheit. Andere hoffen auf sexuelle Erregung und Kompatibilität, die zu einer Beziehung heranreifen kann. Tatsächlich müssen die Teilnehmenden, um die größte Wirkung der Pilgerschaft und des Segens zu erzielen, zu sieben Festen hintereinander kommen und jedes Mal Sex mit demselben Partner haben. Das heißt, man muss in sieben Nächten Sex im Freien und in aller Öffentlichkeit praktizieren, wenn man darauf hoffen will, Gunst und Segen zu erlangen.

Wie nicht anders zu erwarten, hat sich zur Unterbringung der Pilger eine ganze Beherbergungsbranche entwickelt, und das Fest wurde um nichtsexuelle und sogar familienfreundliche Elemente erweitert. Wegen seiner wachsenden Beliebtheit und seiner anrüchigen Natur besteht zwischen den Veranstaltern des Fests und der örtlichen

Gemeinde Solo ein gespanntes Verhältnis. Der Tourismus hat dringend benötigte finanzielle Mittel zur Entwicklung einer zuvor abgelegenen, unterentwickelten Region gebracht, aber die Ausrichtung des Festes ist eine Beleidigung für die Empfindlichkeiten der meisten Muslime; Indonesien und insbesondere Java sind bekanntermaßen fromm und konservativ. Die meisten Versuche, das Fest zu verbieten oder einzuschränken, sind allerdings gescheitert, weil – nun ja – Geld die Welt regiert.

Dass es innerhalb einer Religion, die ansonsten die Keuschheit höher schätzt als nahezu alles andere, derart unterschiedliche Traditionen gibt, erscheint rätselhaft, aber wir können daran ablesen, dass unsere Glaubensvorstellungen und Überzeugungen häufig parallel zu dem sehr menschlichen Bedürfnis nach Sex und sexueller Abwechslung existieren.

Offene Geheimnisse

Eleanor Roosevelt war vermutlich die einflussreichste First Lady der US-Geschichte. Sie hatte die Position von 1933 bis zum Tod ihres Mannes 1945 inne und tat viel mehr, als nur Besteck auszusuchen und Cocktailpartys zu veranstalten. Sie trug dazu bei, die Politik zu gestalten, hielt Reden und veranstaltete Pressekonferenzen im Namen ihres Mannes und rückte viele Anliegen in den Mittelpunkt seiner Präsidentschaft. Sie unterstützte sehr freimütig die wachsende afroamerikanische Bürgerrechtsbewegung und setzte sich für die Förderung und den Schutz von Frauen in der Arbeitswelt ein. Gelegentlich widersprach sie sogar öffentlich ihrem Mann, meist war sie jedoch eine loyale, unermüdliche Fürsprecherin seiner Politik des New Deal. Nach dem Tod des Präsidenten spielte Eleanor Roosevelt während der restlichen 17 Jahre ihres Lebens eine aktive öffentliche Rolle und war unter anderem die erste US-Botschafterin bei den Vereinten Nationen, eine Position, die bis heute durch ihren bemerkenswerten Einfluss geprägt ist – ebenso wie die Rolle der First Lady.

Darüber hinaus war Roosevelt mit ziemlicher Sicherheit lesbisch oder bisexuell und hatte nach heutiger Kenntnis mehrere langjährige Affären sowohl mit Frauen als auch mit Männern. Eine davon ragt heraus und war für sie von besonderer Bedeutung. Lorena Hickok veröffentlichte als erste Frau unter ihrem eigenen Namen einen Artikel in der *New York Times* und war eine der ersten großen Journalistinnen der Vereinigten Staaten. Sie berichtete für Associated Press über das Ehepaar Roosevelt und wurde schließlich Eleanors Biografin. Hickok war zwar nur eine von Roosevelts vielen engen lesbischen Freundinnen, die beiden verbrachten aber viel Zeit zusammen und wurden zu so engen Vertrauten, dass Hickok am Ende gezwungen war, ihre Stellung bei AP zu beenden, weil sie in ihrer Berichterstattung über das Weiße Haus nicht mehr objektiv sein konnte.

Wenn die beiden nicht zusammen waren, schrieb Roosevelt trotz ihres vollen Terminkalenders nahezu täglich ausführliche Briefe an Hickok – oft Dutzende von Seiten lang.[40] Obwohl die schriftlichen Aufzeichnungen von Angehörigen, Biografen und Hickok selbst in großem Umfang »gesäubert« wurden, existieren insgesamt noch mehr als 3000 Briefe der beiden, die innige Zuneigung zueinander offenbaren und ausdrücklich die Sehnsucht nach körperlicher Zuwendung beschreiben. Bei der ersten Amtseinführung ihres Mannes trug Roosevelt einen Saphirring, den Hickok ihr geschenkt hatte, und im weiteren Verlauf des Tages gab sie der Journalistin in einer Damentoilette im Weißen Haus ihr erstes Interview als First Lady. Dass die beiden eine Liebesbeziehung führten, ist in Historiker-Kreisen nicht mehr ernsthaft umstritten, und es sieht so aus, als wäre der Präsident nicht nur über die Beziehung im Bilde gewesen, sondern hätte sie sogar unterstützt. (Auch er hatte viele längere Liebesaffären.) Auf dem Anwesen der Roosevelts in New Hyde Park hatte Eleanor ihr eigenes Häuschen, und dort hielt Hickok sich häufiger auf als alle anderen Gäste zusammen.

Die einflussreichste, fähigste und am meisten verehrte First Lady in der Geschichte der Vereinigten Staaten hatte also jahrelang eine außereheliche Beziehung. Und ihr Mann, vielleicht der größte US-Präsident des 20. Jahrhunderts, hatte absolut nichts dagegen.

Franklin und Eleanor Roosevelt waren ihrer Zeit um viele Jahrzehnte voraus und führten eine »moderne Ehe«, wie wir es heute nennen würden. Beide hatten Geliebte und verfügten in ihren Häusern und Anwesen über eigene Schlafzimmer – manchmal sogar vollkommen getrennte Wohnräume. Sie gestatteten sich gegenseitig ein privates Intimleben, das nicht den eifersüchtigen Launen oder Unsicherheiten des jeweils anderen ausgesetzt war. Und doch führten sie allen Berichten zufolge auch ein glückliches gemeinsames Leben. In zeitgenössischen Augenzeugenberichten wimmelt es nicht von Geschichten über laute Diskussionen oder kühle Gleichgültigkeit. Sie liebten einander.

Darüber hinaus waren Franklin und Eleanor auch hingebungsvolle Lebenspartner. Eleanor setzte sich für Frauenrechte und Gleichberechtigung ein, unterstützte aber auch energisch die politischen Ziele ihres Mannes und war im Wahlkampf seine wichtigste Stellvertreterin, insbesondere wenn er unter den kräftezehrenden Symptomen der Kinderlähmung litt. Sowohl als Gouverneur von New York als auch als Präsident hielt sich Franklin an Eleanor als seine vertraute Ratgeberin und fast Mitpräsidentin. Am Ende seines Lebens war Franklin gelegentlich über längere Zeit verwirrt oder sogar bewusstlos. Lange vor der Verabschiedung des 25. Verfassungszusatzes und mitten im Weltkrieg wurden in aller Stille verfassungsrechtliche Fragen darüber aufgeworfen, wer das Amt des Präsidenten ausüben solle, wenn er selbst dazu nicht fähig sei. Ob angemessen oder nicht: Eleanor füllte das Vakuum aus. Während solcher Episoden vermittelte sie seine Ziele und traf in seinem Namen Entscheidungen, und das Personal im Weißen Haus folgte ihrer Führung, wusste man doch, dass sie das absolute Vertrauen des Präsidenten genoss. Sie waren das Musterbeispiel eines Powerpaares.

Vielleicht der größte Beleg für ihre starke Partnerschaft war gerade die sexuelle Freiheit, die viele als »Untreue« etikettieren würden. Franklin hatte Affären mit seinen Sekretärinnen, und Eleanor hatte sowohl männliche als auch weibliche Geliebte, aber den Berichten ist zu entnehmen, dass die Ehe eine stabile, dauerhafte Partnerschaft blieb, obwohl Franklins Affären Eleanor anfangs nicht behagten. Vielleicht war ihre gemeinsame Beziehung kaum von Romantik oder Sexualität geprägt. Eleanor wurde von ihrer Tochter mit den Worten zitiert, sie habe den Sex mit Franklin nicht gemocht: Er sei »eine Tortur gewesen, die man ertragen musste«. Aber sie ertrug sie und bekam im Laufe von zehn Jahren sechs Kinder. Ob sich ihr Widerwille gegen ehelichen Sex gezielt auf Franklin oder auf Männer im Allgemeinen bezog, ist nicht klar, und wir werden es nie mit Sicherheit erfahren. Doch welche Rolle spielt die Qualität der Sexualität in einer Ehe nach 40 gemeinsamen Jahren – oder auch nur nach zehn Jahren?

Die Ehe der Roosevelts macht den Unterschied zwischen sexueller und sozialer Monogamie bei Menschen deutlich. Sie teilten das Bett mit anderen, blieben aber einander und dem Leben, dass sie sich gemeinsam aufgebaut hatten, verpflichtet. Sexuelle Treue ist keine Voraussetzung für eine engagierte, dauerhafte gesellschaftliche Monogamie. Ihr Erfolg als Einzelne war eng an ihren Erfolg als Paar geknüpft. Das Gleiche könnte auch für ihre genetische Hinterlassenschaft gelten, die sich bis heute vermehrt. Der Name Roosevelt verbindet sich immer noch mit Bewunderung und Prestige, und so war es auch schon, lange bevor Franklin und Eleanor den Bund fürs Leben schlossen. (Eleanor war tatsächlich eine entfernte Cousine von Franklin und musste deshalb bei der Eheschließung den Nachnamen nicht wechseln.) Beide zusammen waren mehr als die Summe der beiden Individuen. Partnerschaft, Zuneigung, Kameradschaft, gegenseitige Liebe und Unterstützung, gemeinsames elterliches Engagement: Das sind die wahren Merkmale der Monogamie bei unserer Spezies und die Schlüsselelemente einer starken Ehe.

Geheime Geheimnisse

Karl Koecher (ursprünglich Karel Köcher) wuchs in der ehemaligen Tschechoslowakei auf.[41] Der schwierige, narzisstische, größenwahnsinnige Mann gab seine gegen den Staat gerichteten Tätigkeiten irgendwann auf, wechselte die Seiten und trat in die Kommunistische Partei ein, weil er wissen wollte, ob er in ihr vorankommen konnte. Da er einen messerscharfen analytischen Verstand besaß und mehrere wichtige Sprachen beherrschte, wurde er vom tschechoslowakischen Geheimdienst angeworben, der zu jener Zeit im Wesentlichen den Sowjets unterstellt war. Karl und seine frisch angetraute Ehefrau Hana wurden dazu auserkoren, als Spione in die Vereinigten Staaten zu gehen. Zwei Jahre verwendeten sie darauf, ihre Hintergrundgeschichten als politische Dissidenten zu entwickeln, die vom kommunistischen Regime enttäuscht waren. Als der richtige Zeitpunkt gekommen war, flüchteten sie nach Österreich und wanderten schließlich in die Vereinigten Staaten aus. Sie ließen sich in New York im schicken Viertel Upper East Side nieder, waren Stammkunden im berühmten Nachtklub »Studio 54« und kletterten als Salonlöwen von Manhattan die gesellschaftliche Leiter nach oben. Ihre Aufgabe war es, die CIA zu infiltrieren – welche Methode sie dazu verwendeten, war »ihnen überlassen«.

Als Überläufer, der fließend Tschechisch, Russisch, Englisch und Französisch sprach, fand Karl schnell eine Stelle im öffentlichen Dienst, zunächst bei Radio Free Europe und später bei der CIA. Das Paar erwarb sich bei seinen Vorgesetzten ein zerbrechliches Vertrauen, denn die fragten sich immer, woher die beiden so viel Geld hatten. Karl und Hana arbeiteten als Ehepaarteam zusammen und wurden zu den tüchtigsten Doppelagenten in der Geschichte des Kalten Krieges. Sie erfüllten ihre Mission, infiltrierten erfolgreich die höchsten Führungsebenen der CIA und lieferten den tschechoslowakischen und sowjetischen Behörden unschätzbar wertvolle Informationen. Den Interessen der Vereinigten Staaten schadeten sie damit erheblich, aber um das Vertrauen zu bewahren, lieferten sie umgekehrt auch der CIA geheime Informationen. Irgendwann standen sie auf den Gehaltslisten des tschechoslowakischen Geheimdienstes, des KGB und der CIA.

Keiner ihrer Führungsoffiziere vertraute dem Ehepaar Koecher völlig, aber alle profitierten so regelmäßig von seiner Arbeit, dass das Paar bis Mitte der 1970er-Jahre auf den Gehaltslisten blieb. Dann begann das FBI, die beiden zu überwachen, wobei die Ermittlungen sich häufig mit der eigenen Überwachung der CIA überschnitten. Die Koechers besaßen verdächtig viel Geld, und niemand begriff vollständig, wie sie sich so leicht in den Kreisen der Elite bewegen konnten. Karls und Hanas Spezialität war die Beschaffung von *Kompromat* – der russische Slangausdruck bezeichnet peinliche private Informationen über Personen, die dadurch erpresst werden können. Zu diesem Zweck verbanden sie ihre beiden großen Leidenschaften: Spionage und Sex.

Die Praxis der »Sexpionage«, das Erlangen geheimer Informationen oder kompromittierenden Materials über Geheimagenten oder hochrangige Beamte mithilfe von Sex, ist so alt wie die Geschichte selbst. Aber die Koechers betrieben sie wohl erfolgreicher als alle anderen. Nachdem sie ihr Handwerk in New Yorker Sexclubs verfeinert hatten, verschafften sie sich Zugang zur Untergrund-Swingerszene in Washington, D. C., und knüpften dort kompromittierende Kontakte zu mehreren Beamten des Pentagon, zu Bürokraten der mittleren Regierungsebene und mehr als zehn hochrangigen CIA-Agenten. Hana schlief sogar mit einem US-Senator, Karl mit dessen Ehefrau.

Jonna Mendez, die frühere Leiterin der Verkleidung bei der CIA,* bezeichnete Karl und Hana Koecher als zwei der schlimmsten Spione der US-Geschichte. Das Duo war nur gegenüber sich selbst lo-

* Jonna Mendez ist auch die Ehefrau des verstorbenen CIA-Agenten Tony Mendez, der im Film *Argo* von Ben Affleck gespielt wird.

yal, und es gelang den Eheleuten, sich sowohl mit der CIA als auch mit dem KGB einzulassen, und das *zur gleichen Zeit*: Sie arbeiteten für beide, logen für beide und lieferten beiden während des gesamten Kalten Krieges Geheimdienstinformationen über den jeweils anderen. Und nicht nur das: Man versteckte sie nicht als Geheimagenten in einem baufälligen Unterschlupf. Stattdessen führten sie viele Jahre lang ein gemütliches Leben und erfreuten sich eines schicken Luxus, üppiger finanzieller Belohnungen und einer hohen gesellschaftlichen Stellung. Sie versteckten sich in aller Öffentlichkeit, und als wäre das nicht schon dreist genug, genossen sie auch noch eine Menge Sex mit wichtigen Personen sowie deren Partnern oder Partnerinnen.

Und alles wegen unserer zimperlichen Tabus im Zusammenhang mit Sex. Ja, sie waren sprachbegabt und sehr intelligent, aber etwas Besonderes waren Karl und Hana, weil sie aufgeschlossen für einvernehmliche Nicht-Monogamie waren – das heißt, sie gestatteten es sich gegenseitig, mit anderen Personen zu schlafen. (Dazu waren sie nicht nur bereit – wie sich herausgestellt hat, waren sie sogar erpicht darauf, aber das führt vom Thema weg.) Die geheime Subkultur der Swinger und ihr eigener sexueller Ruf innerhalb dieser Kultur öffneten ihnen viele Türen und verschafften ihnen Zugang zu mächtigen Menschen, die Geheimnisse hatten. Hana galt überall als auffallend schön, eine klassische blonde Granate mit leuchtend blauen Augen, langen Wimpern und einer wohlgestalteten Figur. Karl sah durchschnittlich aus, galt aber als eine Art sexueller Don Juan.

Die Fähigkeit der Koechers, mächtige Leute zu verführen und ins Bett zu locken, war recht beeindruckend. Menschen haben eine lustige Eigenschaft: Wenn die Kleidung fällt, werden die Lippen locker. Meist mussten die Koechers nicht groß sondieren oder viele Fragen stellen, bevor ihre Zielpersonen zu reden begannen. Schließlich nörgeln auch Geheimdienstmitarbeiter und US-Senatoren nach einem langen Tag gern über die Arbeit. Die Koechers stahlen keine Atomwaffencodes und keine strategischen Pläne, aber wertvolle Erkenntnisse lassen sich auch den unbestimmtesten Informationen entnehmen. Wenn man beispielsweise wusste, dass ein bestimmter CIA-Mitarbeiter die Stadt verlassen wollte, konnte der KGB daraus Rückschlüsse auf weitere Ereignisse ziehen. Es reicht schon, wenn man weiß, wer wem unterstellt ist, wer mit einem bestimmten Projekt betraut ist, wer über Sprach- und regionale Kenntnisse verfügt, wenn man Arbeitspläne, Drehkreuze oder auch Etatprioritäten kennt – all diese Dinge konnten bei den Bettgesprächen arglos herausrutschen und dem Feind wichtige Erkenntnisse liefern.

In den meisten Fällen bestand das noch größere Geheimnis einfach darin, dass die Zielperson überhaupt außerehelichen oder homosexuellen Verkehr hatte. Ein Senator oder Kabinettsbeamter brauchte kein Wort zu sagen – schon wenn er eine unerlaubte sexuelle Beziehung pflegte, kompromittierte er sich und war dadurch ein leichtes Opfer von Nötigung und Erpressung. Mit der Drohung, Hinweise auf »unmoralisches Verhalten« an die Presse durchzustechen, konnte der KGB eine Zielperson zu einem Aktivposten machen. Und wenn sich die Beziehung fortsetzte, wurde der Aktivposten regelmäßig dazu aufgefordert, mehr zu tun und mehr zu erzählen. Diese Spione wider Willen lebten in der ständigen Angst, ihre immer größeren Vergehen könnten aufgedeckt werden. Und alles wegen sexueller Tabus.

Stellen wir uns stattdessen einmal einen Senator vor, der offen homosexuell ist und es nicht nötig hat, zur Befriedigung seiner sexuellen Bedürfnisse heimliche Beziehungen einzugehen. Oder eine Geheimdienstmitarbeiterin, die zusammen mit ihrem Ehemann hin und wieder Spaß an Swingerpartys und Partnertausch hat, und zwar stets im gegenseitigen Einverständnis mit nüchternen Erwachsenen. Oder eine polyamouröse Kabinettsbeamtin, die Kinder mit ihrem ausgewählten *nesting partner* großzieht und daneben ohne Scham oder Geheimnistuerei weitere Liebesbeziehungen und vielleicht gelegentlich ein Sexdate hat. Wir sind schnell bereit, die unglückseligen Opfer von *Kompromat* zu beschuldigen, weil sie sich törichterweise erpressbar machen, aber gäbe es die sexuellen Tabus nicht, würde sich auch keine dieser Personen kompromittieren, indem sie einfach ihr Leben führt. Und skrupellose Opportunisten wie die Koechers hätten nichts gegen sie in der Hand. Tabus im Hinblick auf das, was erwachsene Menschen einvernehmlich im Bett miteinander tun, richten Schaden ohne Ende an. Und das vollkommen unnötig.

Dieser Schnelldurchgang durch die sexuelle Vielfalt der Menschen hat hoffentlich gezeigt, dass die derzeitigen gesellschaftlich-sexuellen Umwälzungen eigentlich nichts Neues oder Radikales sind. Wir sehen schlicht die Zuckungen einer höchst erregbaren Spezies, deren Sexualität nach jahrhundertelanger Unterdrückung plötzlich von den Fesseln befreit wird. Sexuelle Orientierung und Attraktion sind machtvolle Kräfte, die Menschen zueinanderziehen, und diese Kräfte können dazu führen, dass wir uns auf vielfältige Weise und zu vielfältigen Zwecken mit anderen Menschen verbinden. Wir sehen, dass es bei unserer sexuellen Aktivität wie bei den Tieren um viel mehr geht als darum, Kinder zu zeugen, auch wenn das zweifellos ebenfalls geschieht. Und es geht um viel mehr als nur darum, sich Lust und Vergnügen zu verschaffen, auch wenn das zweifellos ebenfalls vorkommt. Sex gehört zu den zentralsten und ältesten Verhaltensweisen der Menschen, und die Art, wie wir unsere Sexualität ausleben, hat ihre Ursachen teilweise in angeborenen biologischen Trieben, teilweise aber auch in der Kultur, in der diese Triebe ihre Form annehmen. In diesem Kapitel haben wir einen kleinen Ausschnitt der vielfältigen Ausprägungen von Sexualität an verschiedenen Orten und zu verschiedenen Zeiten betrachtet. Im letzten Kapitel unserer Reise werden wir den Kreis schließen und zu einigen der derzeitigen gesellschaftlichen Phänomene zurückkehren, die wir in der Einleitung erwähnt haben. Wenn es um diese verrückten »postmodernen« Ausdrucksformen von Geschlecht, Gender und Sexualität geht, ist alles Alte wieder neu.

Kapitel 7

Geschlecht und Gender: (nicht) binär

Von allen Themen, die in diesem Buch behandelt werden, scheinen Sichtbarkeit und Akzeptanz von Transpersonen die Allgemeinheit am stärksten zu beunruhigen. Selbst viele progressiv eingestellte Menschen, darunter manche Schwule und Lesben, haben den Eindruck, die Befreiungsbewegung von Transmenschen gehe »ein wenig zu weit« – und dass vielleicht nicht alle, die sich selbst als »trans« bezeichnen, es wirklich seien. Mir scheint, als ginge diese Unschlüssigkeit bei Progressiven zumindest teilweise auf das gleiche Missverständnis zurück, das auch die Triebkraft des sehr aktiven Widerstandes konservativer Reaktionäre ist: auf das Gefühl, Transgeschlechtlichkeit sei keine *biologische* Realität, sondern eher kultureller oder psychologischer Natur.

Dazu möchte ich zunächst einmal sagen, dass »biologisch« keinesfalls eine Maßgabe dafür sein sollte, dass wir etwas als real und stichhaltig betrachten. So ist etwa »Rasse« vorwiegend ein gesellschaftliches Konstrukt, das nahezu keine Grundlage in der Biologie hat, aber das heißt nicht, dass es keine reale Identität und keine charakteristische gelebte Erfahrung mit gesellschaftlichen, finanziellen, psychologischen und juristischen Folgen gäbe. Das Gleiche gilt für Reichtum, Drogen- oder Verhaltenssucht, Posttraumatische Belastungsstörung und die Frage, ob man als attraktiv gilt (oder nicht). Alle diese Dinge könnten zwar eine biologische Komponente haben, es sind aber vorwiegend psychosoziale Zustände; zu leugnen, dass es sie gibt, nur weil sie sich nicht ausschließlich auf die Biologie zurückführen lassen, ist ebenso absurd wie schädlich.

Varianten von Geschlecht und Gender dagegen sind eindeutig biologischer Natur. Man denke nur an die kooperierenden Sonnenbarsche, die stummen Grillen, die unauffällig gefärbten Trauerschnäpper oder die männlichen Strumpfbandnattern mit weiblichen Pheromonen – oder an Donna, den asexuellen Schimpansen, und an die Gorillamännchen, die ihre Harem-Lebensweise hinter sich gelassen haben. Alle diese Tiere passen nicht in die übliche Schablone des erwartbaren Verhaltens von Männchen oder Weibchen, und doch existieren sie und führen ihr eigenes Leben. Ihre Verhaltensweisen sind biologisch; es ist unsere *Erwartungshaltung*, die kulturell und psychologisch geprägt ist. Inwieweit kümmert sich Donna wohl um unsere Erwartungen hinsichtlich ihres gendergerechten Verhaltens? Transgeschlechtliche Menschen stehen in einer sehr langen Tradition der Gendervielfalt bei sozialen Tieren.

Natürlich bildet die Genderdiversität bei Menschen keine vollkommene Parallele zu dem, was man bei anderen Tieren beobachtet, aber auch die Beispiele aus dem Tierreich, die wir untersucht haben, gleichen einander nicht, und das sollten wir auch nicht erwarten. Jede Spezies hat ihre eigene Art, Dinge zu bewerkstelligen – und eigentlich *alles* zu tun. Gibbons und Orang-Utans sind asiatische Menschenaffen, aber ihr Umgang mit Sex, Gender und Fortpflanzungsverhalten könnte unterschiedlicher nicht sein, und genau darum geht es in diesem Buch. Es handelt nicht nur davon, dass es Geschlechter- und Gendervielfalt bei allen Arten gibt. Alle Arten haben auch *ihre eigene* Form dieser Vielfalt.

Darüber hinaus gibt es einen weiteren großen Stolperstein für die Akzeptanz von Transmenschen: Die meisten cisgeschlechtlichen Menschen, auch solche, die sich als »Verbündete« bezeichnen würden, sind der Ansicht, eine Transperson sollte sich vollständig mit dem Gegenteil des Genders identifizieren, das ihr bei der Geburt zugeordnet wurde; demnach sollte sie sich restlos alle äußeren Zeichen des neuen Genders zu eigen machen – Frisur, Kleidung, Schmuck, Make-up (oder sein Fehlen), Verhaltensweisen, Stimmlage und so weiter. Mit anderen Worten: Solche Menschen sollten sich darum bemühen, so weit wie möglich »überzuwechseln«, und nachdem der Übergang abgeschlossen ist, sollten sie einfach das neue Gender *sein* und weiterleben, als wären sie keine Transmenschen mehr, weil das Problem dann gelöst ist. Alles, was nicht an diesen Zustand heranreicht, verursacht bei vielen ungute Gefühle.

Aber die meisten Transmenschen sind so nicht. Wie viele andere in der queeren Gemeinde, so sind auch die meisten von ihnen eher gewillt, Gendernormen *infrage zu stellen,* statt sich ihnen unterzuordnen. Viele wollen nicht so tun, als wären sie cisgeschlechtlich – sie wollen authentisch sie selbst sein, indem sie Genderbeschränkungen und -grenzen völlig hinter sich lassen und ihre Männlichkeit und/oder Weiblichkeit auf kreative Weise entfalten. Doch gerade diese Abkehr von den genderspezifischen Erwartungen der Gesellschaft ist so empörend. Es ist, als wollten wir Transmenschen sagen: »Na gut, du bist ein Mädchen oder du bist ein Junge – also was denn nun?« Wir bevorzugen unumstößliche, klar abgegrenzte Kategorien. Aber im Kern lehrt uns die Transgeschlechtlichkeit, dass die Kategorien *eben nicht* streng definiert oder von Dauer sind. Menschen können an den Rändern, in der Mitte oder in ihrer eigenen Sphäre leben.

Beobachten wir nicht genau das auch bei anderen Tieren? Der kooperierende Sonnenbarsch baut im Gegensatz zu den meisten anderen Männchen kein Nest, aber er verhält sich auch nicht wie ein Weibchen. Manche männlichen Lachse werden nicht groß und kämpfen nicht mit anderen Männchen, aber sie ahmen auch *nicht im Geringsten* die Weibchen nach. Kampfläufer-Satellitenmännchen sehen gerade so weiblich aus, dass sie der Aggression durch andere Männchen entgehen, aber sie verhalten sich nicht wie Weibchen und tun sich auch nicht mit ihnen zusammen. Die »hassenden« männlichen Rohrweihen weisen eine Mischung aus körperlichen Merkmalen von Männchen und Weibchen auf, aber sie konkurrieren nicht mit den Männchen um Reviere, kooperieren jedoch mit den Weibchen und vertreiben Nesträuber. Donna ist eine Art androgynes Weibchen, das sich in vielerlei Weise typisch männlich verhält, aber sie zeigt keinerlei Interesse an Sex mit Männchen *oder* Weibchen.

Wenn Tiere mit Gender experimentieren, beobachten wir nicht, dass ein Angehöriger eines Geschlechts sich bemüht, als das andere Geschlecht durchzugehen; die Individuen machen sich vielmehr eine atypische Kombination männlicher wie weiblicher körperlicher Eigenschaften und Verhaltensmerkmale zu eigen und finden damit in der Population ihren Platz. Aus meiner Sicht stimmt dies weitgehend mit dem überein, was ich bei Transmenschen feststelle. Sie versuchen nicht immer, in einem Geschlecht »aufzugehen«, sondern einen eigenen Raum abzustecken.

Transitive Eigenschaften

Aufgefallen ist mir auch, dass mit der Zahl der Menschen, die sich als transgender bezeichnen, auch die Skepsis zugenommen hat.[1] Vermutlich aus Mitleid, das sich als Sympathie ausgibt, sind viele von uns bereit, hier und da einen Transmenschen zu dulden, solange es nur vereinzelte, sanfte, isolierte Personen sind. Wird die Gemeinschaft aber zu groß oder zu aufdringlich, hören wir Dinge wie: »Woher kommen diese ganzen Transmenschen? Als ich klein war, gab es nicht annähernd so viele!«

Manche Menschen halten die Transgeschlechtlichkeit für etwas völlig Neues, Anormales; andere haben kein Problem damit, Transmenschen zu unterstützen, solange sie selten und still sind. Aber wir können es nicht ertragen, dass sie unsere geliebten Gendernormen und -erwartungen durcheinanderbringen. Und was noch schlimmer ist: Viele Reaktionäre bemühen den Begriff »soziale Ansteckung« und meinen damit die Zunahme der Zahl von Kindern, die sich als »trans« bezeichnen. Dahinter steckt der Gedanke: Wenn Transgeschlechtlichkeit als cool und schick gilt, kann sie sich ausbreiten wie eine Infektion.

Das ist eine seltsame Haltung, wo doch völlig klar ist, dass ein Kind, das sich als trans empfindet, in der Schule gehänselt, von seiner Familie abgelehnt und von der Kirche oder anderen sozialen Gruppen stigmatisiert wird. Die meisten Teenager wollen einfach dazugehören! Das Ganze wirft aber nach meiner Auffassung eine noch grundsätzlichere Frage auf: Woher wollen wir wissen, wie groß der transgeschlechtliche Bevölkerungsanteil tatsächlich ist, wenn wir die Menschen nicht – frei von gesellschaftlichem Anpassungsdruck – für sich selbst entscheiden lassen?

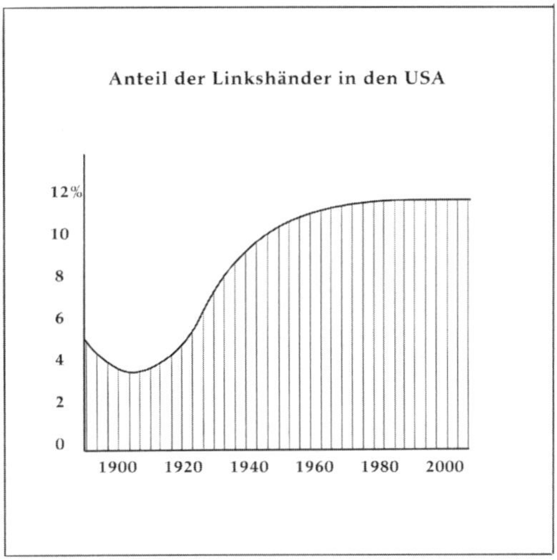

Veränderlicher Anteil der Linkshänder in den Vereinigten Staaten im zeitlichen Verlauf

Zum Vergleich gibt es eine Parallele. Vor 1950 bezeichnete sich nur eine verschwindend geringe Zahl von Menschen als schwul. Als aber die Homosexuellenbewegung mehr Zulauf bekam und die verkappten Schwulen zum Coming-out ermutigte, wuchs die Zahl derer, die nach eigenen Angaben schwul waren, in den 1980er- und 1990er-Jahren stark an. Die veränderte gesellschaftliche Anerkennung *machte* die Menschen nicht schwul, sondern ermöglichte es ihnen nur, offen zu zeigen, wer sie waren, und ein authentisches Leben zu führen. Seither haben die Zahlen ein bestimmtes Niveau erreicht, und seit 20 Jahren liegt der Anteil der Bevölkerung, der sich als homo- oder bisexuell bezeichnet, konstant bei 6 bis 8 Prozent.[2]

Das Beispiel gefällt nicht? Ich habe noch ein anderes: Zu Beginn des 20. Jahrhunderts bezeichneten sich nur rund 3 Prozent der US-Bevölkerung als Linkshänder. Seit 1910 stieg die Zahl stetig an, und 1960 erreichte sie schließlich einen Wert von rund 12 Prozent, der bis heute gleich geblieben ist. Wollten sich die Menschen einfach der Konvention widersetzen und besonders cool wirken? Zu glauben, Linkshändigkeit sei ansteckend, wäre absurd – was also sollen wir von dem Trend halten?

Die Antwort liegt in diesem Fall auf der Hand: Bis zum 20. Jahrhundert wurde Linkshändigkeit nicht geduldet. Kinder wurden sowohl zu Hause als auch in der Schule *gezwungen*, ihre rechte Hand zu benutzen, und das oft mit Strafmaßnahmen, zu denen auch körperliche Züchtigung gehörte. Zu Beginn des 20. Jahrhunderts wuchs in der Gesellschaft die Erkenntnis, wie absurd dies war, und allmählich wurden Kinder nicht mehr gezwungen, die Rechtshändigkeit zu entwickeln, wenn die linke Hand eindeutig die dominierende war. Man nahm einige einfache Anpassungen vor und konstruierte beispielsweise Scheren und Schreibtische für Linkshänder; entsprechend wuchs der Anteil der Linkshänder, bis er in der Bevölkerung seinen »natürlichen Wert« von ungefähr 12 Prozent erreicht hatte.[3] Nachdem Abwehrhaltung und Stigma beseitigt waren, zeigte sich die dahinterstehende biologische Realität.

In der Genderforschung herrscht die Ansicht, dass das Gleiche sich derzeit mit den Transmenschen in der Bevölkerung abspiele. Jahrhundertelang herrschten so starke Widerstände und Stigmata, dass die äußere Entfaltung einer inneren Transgender-Identität praktisch verboten war. Und jetzt, wo Transmenschen in Teilen ihres sozialen Umfeldes eine Chance auf Anerkennung oder zumindest Toleranz haben, kann ihre Identität zutage treten. Wenn sich der Trend einpendelt, können wir uns ein Bild davon machen, wie hoch der »natürliche Anteil« von Transmenschen in der Gesamtbevölkerung ist.[4]

Im vorangegangenen Kapitel konnte ich auf die Antike zurückgreifen, um Beispiele für Homosexualität und Nicht-Monogamie zu nennen. In Bezug auf die Transgeschlechtlichkeit ist es nicht so einfach, aber in anderen Kulturen und Zeiten finden wir eine Fülle von Beispielen dafür, dass Genderrollen und Normen nicht so streng waren wie die Genderzweiteilung, die wir in großen Teilen der modernen Gesellschaft finden; wenn diese Zweiteilung nicht künstlich geschaffen oder erzwungen wird, bilden die Menschen von Natur aus ein Spektrum. Schätzungen zufolge war beispielsweise bei mehr als 130 anerkannten Stämmen und Nationen der amerikanischen Ureinwohner eine weiter gefasste, flexiblere Vorstellung vom Gender die Norm, und es war allgemein anerkannt, dass nicht alle sich fein säuberlich in die Kategorien von Männlich oder Weiblich einordnen lassen.[5,6] Im Jahr 1990 übernahmen viele *First Nations* den Begriff *two-spirit* als Sammelbezeichnung, um die Rolle zu beschreiben, die Transmenschen in ihrer gesellschaftlichen Tradition und ihren Zeremonien spielen – und immer gespielt haben. Bevor die europäischen Siedler durch den Kontinent walzten und überall Anpassung erzwangen, herrschten in den »majestätischen purpurroten Bergen«* Genderfreiheit und Wandelbarkeit.[7]

In der modernen Welt mangelt es an Fachausdrücken für Transmenschen. Deshalb ist es schwierig, sie in antiken, vormodernen und auch prähistorischen Zeiten zu erkennen. Genauso wie man in der Biologie die gleichgeschlechtliche Sexualität und außerpaarliche

* Die Formulierung (Original: »*purple mountain majesties*«) stammt aus der US-amerikanischen patriotischen Hymne »*America the Beautiful*«, deren Text von Katharine Lee Bates im Jahr 1895 geschrieben wurde. (Anm. d. Übers.)

Vaterschaft bei Tieren während all dieser Jahre übersah, so erkannte man auch in der Geschichtswissenschaft und der Archäologie nicht, was in antiken Texten und archäologischen Funden eindeutig zu sehen war. Erinnern wir uns noch einmal an Chnumhotep und Nianchchnum, die männlichen Geliebten aus dem alten Ägypten, die gemeinsam bestattet wurden, wobei Wandbilder und Schreine ihrer Partnerschaft gewidmet waren, die aber von den Ägyptologen des 20. Jahrhunderts als »Brüder« oder »Zimmergenossen« bezeichnet wurden. Wenn wir Belege interpretieren, fließt Voreingenommenheit in alle Aspekte ein, und wir finden nur, wonach wir suchen. So war *arsenokoites* über fast 2000 Jahre hinweg eines der wenigen Worte, die wir aus dem Altgriechischen für queere Menschen kannten – es bedeutet wörtlich »männliche Betten«, wird aber in der Regel mit »homosexuell« übersetzt. Die Griechen benutzten das Wort aber nie. Es hat seinen Ursprung etwa in einem Brief von Paulus an Timotheus und wird ausschließlich zur Verurteilung verwendet.

Seit der Mitte des 20. Jahrhunderts machte man wissenschaftliche Fortschritte bei der Aufklärung unserer schwulen und transgeschlechtlichen Vergangenheit. Queere Menschen und Geschichten waren im allseits Sichtbaren versteckt. Wir sahen sie nur deshalb nicht, weil niemand besondere Notiz von ihnen nahm. Der Historiker Joshua J. Mark erklärt:

> Unterscheidungen im Hinblick auf die sexuelle Identität und Verbote gleichgeschlechtlicher Beziehungen tauchen erst nach dem Aufstieg des Christentums auf, das Praktiken, die mit früheren religiösen Überzeugungen verbunden waren, ablehnte … In den antiken Sprachen gibt es nicht einmal Wörter, die sich mit den heutigen Begriffen »homosexuell« und »heterosexuell« übersetzen lassen – diese wurden erst 1869 u. Z. geprägt.[8]

Mit anderen Worten: Es gab keine Wörter für »schwul« oder »transgender«, und das aus den gleichen Gründen, aus denen es auch keine

Wörter für »hetero« oder »cisgender« gab. Solche Unterscheidungen waren zu jener Zeit nicht wichtig. Was die Sache noch erschwert: Sex galt in der Antike vorwiegend als Privatangelegenheit, die man ähnlich wie heute meist beschönigend umschrieb. Aber nur weil die Menschen höflich waren, heißt das nicht, dass sie etwas verbergen wollten. Mark fährt fort:

> Im alten Mesopotamien waren die Priester und Priesterinnen der beliebten Göttin Inanna (besser bekannt als Ischtar) bisexuell und transgender. Eine Eigenschaft der Göttin, die als besonders Ehrfurcht gebietend galt, war die Macht der Transformation, das heißt ihre Fähigkeit, Männer in Frauen und Frauen in Männer zu verwandeln. Ihr Vater, der Gott Enki, soll ein drittes Geschlecht geschaffen haben, »weder männlich noch weiblich«, das zu Inannas Dienern wurde, ihren Priestern. Was heute als »nicht binäres« Gender bezeichnet wird, war vor über 3000 Jahren als drittes, durch göttlichen Willen erschaffenes Geschlecht anerkannt.[9]

Wo wir schon beim Verstecken im gut Sichtbaren sind: Eine der ältesten und farbigsten Geschichten einer Transperson ist jene von Catalina de Erauso, einem als Frau geborenen spanischen Abenteurer: Nachdem dey* im 17. Jahrhundert dem Leben als Nonne entkommen war, prägten ständige Reisen, spannende Beschäftigungen und Konflikte de Erausos weiteres Leben.[10,11] Die Abenteuer begannen nach deren Flucht aus einem Konvent in der spanischen Stadt San Sebastián, wo dey erzogen worden war. In Jungenkleidung verbrachte dey zunächst unerkannt ein paar Monate bei entfernten Verwandten, wo dey Latein lernte, dann bestahl de Erauso die Angehörigen, floh nach

* Im Folgenden werden die geschlechtsneutralen Pronomen »dey«, »deren«, »denen« und »dey« für »er/sie«, »sein/ihr«, »ihm/ihr« und »ihn/sie« verwendet. (Anm. d. Übers.)

Valladolid und erhielt dort irgendwann eine Stellung als Page am Hof des Königs Philipp III. von Spanien. Irgendwann zog de Erauso nach Bilbao und saß für kurze Zeit im Gefängnis, weil dey einen halbwüchsigen Jungen nach einem Angriff verletzt hatte. Seit dem Verlassen des Klosters trat dey als Mann auf und nahm im Laufe der Jahre verschiedene Namen an: Pedro de Orive, Francisco de Loyola, Alonso Díaz Ramirez de Guzmán und schließlich Antonio de Erauso, als der dey in der Neuen Welt bekannt wurde.

Das männliche Erscheinungsbild unterschied sich offensichtlich so stark von dem früheren als Frau, dass dey nicht einmal von engen Angehörigen erkannt wurde, darunter eine Tante, für die dey eine Zeit lang arbeitete, frühere Kolleginnen aus dem Kloster, mit denen dey zur Messe ging, der Cousin der Mutter und sogar der eigene Vater, der nach de Erauso suchte und mit dem dey ein längeres Gespräch über seine »verlorene Tochter« führte. Im Jahr 1603 schließlich verließ dey Spanien in Richtung Amerika, wo weitere Abenteuer warteten.

In den spanischen Kolonien Südamerikas führten deren Reisen de Erauso ins heutige Panama, Venezuela, Ecuador, Peru, Argentinien, Mexiko und zu umfangreichen Militärfeldzügen in Chile. Dey raubte einen Onkel aus und brachte ihn um, zerschnitt einem Konkurrenten das Gesicht, verbüßte diverse Gefängnisstrafen, besaß mindestens drei afrikanische Sklaven und wurde unter den Einheimischen als Konquistador von äußerster Grausamkeit bekannt, da dey zur Eroberung und Unterwerfung der indigenen Völker im heutigen Chile beitrug. Mehrere Male wurde de Erauso wegen Vandalismus verurteilt, dey beteiligte sich an einigen Duellen, ermordete bei Raubzügen Reisende und tötete sogar den eigenen Bruder. Schließlich erhielt dey die längst überfällige Todesstrafe, aber da man sich an die Formalien hielt, gelang es denen, wieder freizukommen, indem ein anderer Gefangener bestochen wurde, um dey mit einer eidesstattlichen Erklärung zu entlasten. Neben der militärischen Karriere in Chile arbeitete dey während einiger ruhiger Phasen mit Kaufleuten und als Schmuggler von Weizen und anderen Produkten.

Obwohl de Erauso als Frau geboren und erzogen und schon in jungen Jahren in ein Kloster geschickt worden war, lebte dey ein entwurzeltes Betrügerleben als Mann. Dey trug kurze Haare, kleidete sich als Mann und hatte mehrere weibliche Geliebte. Die Offenbarung, in anatomischer Hinsicht eine Frau zu sein, nutzte dey nur als letzte Zuflucht, um der Justiz zu entgehen – eine Taktik, die in der Regel zu einer Gefangenschaft in einem Gotteshaus statt in einem Gefängnis führte, und von einem solchen Ort konnte man viel einfacher entkommen, was denen auch immer wieder gelang. Heute, vier Jahrhunderte später, wissen wir nicht genau, ob de Erauso eine lesbische Frau oder ein Transmann war oder sich als etwas anderes empfand. Bekannt ist nur, dass dey den größten Teil deren Lebens als Mann führte, obwohl dey als Mädchen geboren und aufgewachsen war. Dennoch war deren Körperbau den Berichten zufolge so männlich, dass dey kaum Schwierigkeiten hatte, als Mann durchzugehen.

Die Aufzeichnungen de Erausos gehören zu den ersten vollständigen Berichten über das Leben einer (möglichen) Transperson. Deren grausame, fremdartige Abenteuer erinnern uns daran, dass es Transmenschen immer gegeben hat und dass sie irgendwie ihren Weg inmitten der Bevölkerung gefunden haben. De Erausos Charakter und Temperament waren zwar auf monströse Weise böse, aber wie dey in diesem besonderen historischen Zusammenhang deren Gender zum Ausdruck brachte, ist, gelinde gesagt, faszinierend. Frauen verfügten in Spanien und Neuspanien zu jener Zeit über so gut wie keine Selbstständigkeit, Chancen oder soziale Mobilität. Als Mann dagegen ging de Erauso auf Tuchfühlung mit Bischöfen, Adligen, Generälen und Konquistadoren, und die Reisen führten sogar zu Begegnungen mit einem König und einem Papst. So einzigartig und entsetzlich die Geschichte von de Erauso auch ist, sie ist nur eine von Millionen Geschichten über Transmenschen, die in einer Kultur, die ihnen feindselig gegenübersteht, ihr Leben gestalten.

Ich erkenne eine direkte Parallele zwischen den vielfältigen Ausdrucksformen des Genders bei Menschen und der Genderdiversität bei anderen Tieren – von Sonnenbarschen bis zu Schimpansen. Da die Gesellschaft der Menschen so genderbetont ist, wird die Art der Entfaltung unserer Männlichkeit oder Weiblichkeit zum Schlüssel unserer Lebensführung. Denken wir nur einmal daran, wie wichtig unsere tägliche sexuelle Ausdrucksform ist. Fast alle unsere zwischenmenschlichen Kontakte werden durch unser Gender gefärbt, von den Erfahrungen am Arbeitsplatz über die Rollen und Erwartungen im häuslichen Leben bis zu der Art, wie wir im öffentlichen Nahverkehr behandelt werden. Als Mann aufzutreten, bedeutete für Catalina de Erauso ein völlig anderes Leben, als sich als Frau zu präsentieren.

Transgender zu sein, geht natürlich weit über eine strategische Außendarstellung hinaus. Wir reden hier nicht über männliche oder weibliche Mimikry. Allerdings sollte man bedenken, dass unsere Evolution und Anpassung in einer Welt stattgefunden haben, die ganz anders war als jene, in der wir heute leben. Kultur und Gesellschaft, die uns umgeben, sind nicht in unseren Genen codiert, sondern werden tatsächlich durch soziale Vererbung weitergegeben. Wie Geschlecht und Gender anfangs in unserem Körper und Geist Gestalt annehmen, wird zwar durchaus von unseren Genen bestimmt oder zumindest stark beeinflusst, das soziale Umfeld hat aber Auswirkungen darauf, wie sich die Gene letztlich entfalten. Am Beispiel der Berggorillas von Virunga haben wir erfahren, dass sich Gene nur unter dem Einfluss der Umwelt als Verhaltensweisen ausprägen. Verändert sich die Umwelt, verändern sich auch die Verhaltensweisen – innerhalb eines Spektrums, das durch die Genetik vorgegeben ist.

Alle Lebewesen einschließlich des Menschen sind Vielfalt-Erzeugungsmaschinen. Das gilt für Geschlecht und Gender vielleicht noch mehr als für alle anderen Aspekte unserer Physiologie. Warum sollte die Natur *nicht* mit unserer sexuellen Identität im Rahmen der normalen Tüftelprozesse herumspielen, die ein unverzichtbarer Teil der sexuellen Fortpflanzung sind? Biologische Vielfalt besteht aus zufälligen Variationen rund um ein zentrales Thema, vergleichbar mit den verstreuten Einschusslöchern eines Schrotgewehrs, das auf ein weit entferntes Ziel abgefeuert wurde. Der Schuss, der den Lauf verlässt, richtet sich vorwiegend auf das Ziel, aber er streut rund um einen Mittelpunkt und strebt immer weiter auseinander, je länger die Kugeln fliegen. Geschlecht und Gender sind vorwiegend auf das Ziel der Fortpflanzung ausgerichtet, aber sie finden ihren Ausdruck in der Bevölkerung in Form einer gestreuten Vielfalt wie ein Schrotschuss. Warum? Weil sich das Ziel in der Natur, anders als auf einem Schießstand, immer bewegt. Die Umwelt wandelt sich ständig.

Wenn es um Geschlecht und Gender geht, ist die »Umwelt«, von der ich hier spreche, häufig keine ökologische, sondern eine rein gesellschaftliche, und das gilt für Tiere ebenso wie für Menschen. Denken wir noch einmal daran, wie umfassend sich die soziale Umwelt der Berggorillas von Virunga in den letzten Jahrzehnten verändert hat. Und doch zögerten sie keinen Augenblick. Es gab im sozialen Geflecht keine zerstörerischen oder heiklen Umwälzungen. Da die Gorillas für die Genderausdrucksformen eine eingebaute Variation besaßen, konnten sie sich einfach anpassen, ohne darauf warten zu müssen, dass neue Mutationen auftauchen würden. Wegen dieser Flexibilität ging es ihnen gut.

Auch Catalina de Erauso hatte mit einem inneren Gefühl der Männlichkeit oder vielleicht der unbestimmten Geschlechtlichkeit die Möglichkeit, sich anzupassen. Die Gendervariation, mit der dey geboren wurde, war Teil deren Werkzeugarsenals zum Überleben und Gedeihen, und die Voraussetzungen, um dieses Potenzial zu aktivieren, waren gegeben. Was dabei wichtig ist: Hätte der Kunstgriff, im 17. Jahrhundert als Frau zu überleben, einfach darin bestanden, sich als Mann auszugeben, hätten Heerscharen von Frauen genau das getan. Bei de Erauso aber war es etwas anderes – eine innere Identität, die zur Triebkraft für eine äußere Entfaltung wurde und ein erfolgreiches Leben als Mann ermöglichte. Wir wissen, dass de Erauso nicht allein war: Die Historie ist voller ähnlicher Geschichten über Personen, die ein Gender annahmen, das nicht im Einklang mit dem anatomischen

Geschlecht bei der Geburt stand. Als soziales Konstrukt hat Gender die großartige Eigenschaft, dass es auf unzählige kreative Arten erschaffen werden kann. Genau darum geht es: Gender war nie eine biologische Zweiteilung.

Das (nicht) binäre Geschlecht

Nachdem der Gedanke, dass Gender ein breites Spektrum bildet, in der Gesellschaft Fuß gefasst hatte, wurde die Unterscheidung zwischen Gender und biologischem Geschlecht zunehmend zum Gegenstand von Kontroversen und Meinungsverschiedenheiten, und das auch bei jenen, die ansonsten nicht transphob oder reaktionär sind. Wegen der nur allzu menschlichen Neigung, Kategorien und Dichotomien zu bevorzugen, bedeutete die Aufgabe der Genderzweiteilung für viele eine umso engere Festlegung auf die Geschlechterzweiteilung.

Biologinnen und Biologen unterstützen und fördern solche Bestrebungen, wenn wir darauf beharren, dass Männchen Samenzellen und Weibchen Eizellen produzieren und sonst nichts. Dabei tappen wir in eine sprachliche und wissenschaftliche Falle, und das ist vollkommen unnötig. Aber wie alle Fallen, so ist auch die Geschlechterzweiteilung verlockend. Sie hat den Reiz der Klarheit und absoluten Sicherheit. Wenn ein Lebewesen – Mensch oder Tier – die Organe zur Produktion von Eizellen hat, ist es ein Weibchen. Hat es die Organe für die Herstellung von Samenzellen, ist es ein Männchen. Schön, ordentlich, klar. Keine Diskussionen, keine Kontroversen.

Ach, aber dann sind da noch die Hermaphroditen. Individuen, die – entweder gleichzeitig oder in unterschiedlichen Lebensstadien – sowohl Samen- als auch Eizellen produzieren, sind nicht nur verbreitet, sondern bei vielen Tierarten *die Norm*. Also gibt es bei Tieren mindestens *drei* Geschlechter, womit das Wort »binär« zumindest für viele Tiere von Anfang an falsch ist.

Das biologische Geschlecht kann und sollte jedoch darüber hinausgehen. Was meinen wir, wenn wir sagen, jemand sei ein Mann? Sprechen wir dann *wirklich* darüber, welche Keimzellen er in seinen Keimdrüsen herstellt? Wie oft ist das von Bedeutung? Ob wir nun über Toiletten oder Sportmannschaften sprechen, niemals interessieren wir uns dabei für Ei- oder Samenzellen. Wenn sich das Gender eines Menschen auf verinnerlichte Identitäten und äußere Ausdrucksformen bezieht, bezieht sich das biologische Geschlecht auf den *Körper*. Den *ganzen* Körper.

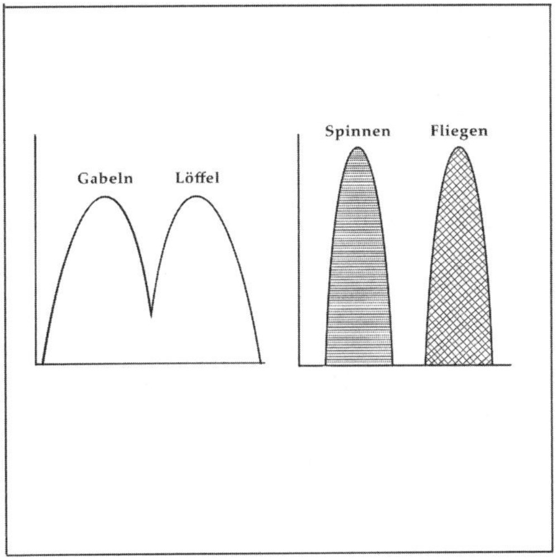

Bimodale versus binäre Verteilung

Das Geschlecht eines Körpers ist aus biologischer Sicht eine wichtige Angelegenheit. Es bestimmt über die Konzentration vieler Hormone und ihr zyklisches Auf und Ab, über die Krankheiten, die jemand mit größerer Wahrscheinlichkeit bekommt, über Geburtenkontrolle und Safer Sex – und selbst etwas so Gezieltes wie die Auswahl einer Krebstherapie kann durch das biologische Geschlecht beeinflusst werden. Nichts davon hat von sich aus irgendetwas mit Samen- oder

Eizellen zu tun. Das Hashimoto-Syndrom zum Beispiel, eine Autoimmunkrankheit, bei der die Schilddrüse angegriffen wird, kommt bei Frauen achtmal häufiger vor als bei Männern, Lupus erythematodes sogar neunmal. Männer dagegen haben mit größerer Wahrscheinlichkeit hohen Blutdruck, Herzinfarkte und Herzschwäche, aber auch Gicht und Hämochromatose (während Frauen oft am Gegenteil davon leiden, an der Anämie). Außerdem ist das Risiko bei Männern höher, suchtkrank zu werden und durch Selbstmord zu sterben. Wenn ein Arzt oder eine Ärztin die beste medizinische Versorgung festlegt und dabei das Geschlecht berücksichtigt, denkt er oder sie nicht nur an die Keimdrüsen, sondern an den ganzen Körper.

Wenn wir die Männlichkeit oder Weiblichkeit des ganzen Körpers betrachten, erkennen wir, wie unzureichend eine simple Zweiteilung ist.[12] Männer sind im Durchschnitt größer als Frauen, aber die Größenverteilungen überschneiden sich stark. Es gibt für Männer und Frauen stereotype Körperformen, aber wir alle kennen Menschen, die nicht gut in solche Schablonen passen. Ja, Frauen haben größere Brüste, die Milch produzieren können, aber ehrlich gesagt haben manche Männer die auch. Ja, Männer haben Bärte und behaarte Körper, aber bei vielen ist das nicht der Fall – andererseits weisen einige Frauen aus verschiedenen Gründen eine starke Körperbehaarung auf, und einer davon ist schlicht die natürliche Variation. Selbst wenn wir uns zur Anatomie der Geschlechtsorgane hinunterarbeiten – und darauf scheinen manche Menschen versessen zu sein –, gibt es weitaus mehr Abweichungen und Androgynie, als allgemein bekannt ist. Bei fast jedem Körpermaß, das man sich vorstellen kann, beobachten wir in der menschlichen Bevölkerung zwei Glockenkurven, die sich überschneiden. Die Geschlechtsunterschiede zwischen Menschen entsprechen nicht einer binären, sondern einer *bimodalen Verteilung*.

Und was noch wichtiger ist: Personen, die bei einem Maß nicht in das ihnen zugeordnete Lager passen, können dagegen bei den meisten anderen Maßen hervorragend passen. Jedes Individuum ist ein Mosaik.

Die bimodale Verteilung unserer Geschlechtsunterschiede geht auch über die äußere Anatomie hinaus. So gibt es beispielsweise einige wenige Gehirnregionen, die geschlechtsspezifische Unterschiede erkennen lassen; am besten beschrieben ist das *Corpus callosum* (CC), ein Nervenfaserbündel, das die rechte und die linke Gehirnhälfte verbindet, sodass sie kommunizieren können. Die Erforschung der Geschlechtsunterschiede im CC reicht mehr als 100 Jahre zurück und lieferte alle möglichen Ergebnisse – in vielen Studien wurden allerdings überhaupt keine Unterschiede gefunden.[13] Ein »definitives« Ergebnis lieferten die hochentwickelten Methoden der Magnetresonanztomografie (MRT), die Anfang der 1990er-Jahre heranreiften: Danach ist das mediansagittale Corpus callosum (eine der vier anatomischen Regionen des CC) bei Frauen im Durchschnitt (und nur, wenn man die Messung durch die gesamte Gehirngröße teilt) geringfügig dicker als bei Männern. Der Unterschied ist so wenig beeindruckend, dass ein Computeralgorithmus, der auf geschlechtsspezifische CC-Vermessungen trainiert war, das Geschlecht eines Gehirns nur in ungefähr 70 Prozent der Fälle richtig angeben konnte. Das ist nicht sehr viel besser als ein Münzwurf. Und hier handelt es sich um das Gehirnareal mit den *am besten dokumentierten Geschlechtsunterschieden.*

Geschlechtsspezifische Unterschiede hat man auch in anderen Bereichen des Gehirns gefunden, so im Hippocampus, in der Amygdala und dem in Kapitel 3 beschriebenen präoptischen Areal (POA) sowie in den Anteilen von grauer (Zellkörper) und weißer (Nervenverknüpfungen) Hirnsubstanz.[14] Manche davon sind zweideutig, das heißt, die Befunde verschiedener Studien stimmen nicht überein. Andere hängen offenbar vollständig davon ab, wie die Messungen im Einzelnen vorgenommen werden – verschiedene Methoden liefern höchst unterschiedliche Ergebnisse. Erschwert wird die ganze Diskussion aber durch die Tatsache, dass Größe und Form der einzelnen Gehirnareale sich im Laufe der Zeit verändern, je nachdem, wie die Regionen genutzt werden – ein Phänomen, das man *anatomische*

Plastizität nennt. Wenn jemand jeden Tag stundenlang ganz gezielte körperliche Tätigkeiten verrichtet, erweitern sich beispielsweise die zugehörigen räumlich-motorischen Assoziationsareale. In einer Welt, in der Männer und Frauen im Durchschnitt immer noch unterschiedliche Berufe und Aufgaben ausführen, müssen wir also durchaus damit rechnen, dass sich auch ihr Gehirn unterschiedlich entwickelt.

Und wie gesagt: Die Unterschiede im Gehirn sind »Durchschnittswerte«, und die Größenbereiche bei Männern und Frauen überschneiden sich, ebenso wie in Bezug auf Körpergröße und Gewicht, erheblich. Außerdem stimmen die Messwerte in einem Gehirnareal einer Person nicht immer geschlechtsspezifisch mit denen eines anderen Areals überein. Eine Person besitzt vielleicht ein charakteristisch weibliches Corpus callosum und einen typisch männlichen Hippocampus und so weiter. Wir beobachten also zwar in der Größe einiger Gehirnareale ein schwaches bimodales Spektrum der Geschlechtsunterschiede; betrachtet man aber ein einzelnes Gehirn als Ganzes, besteht selbst für geübte Neuroanatomie-Fachleute eine Chance von nicht mehr als 50 Prozent, das Geschlecht allein anhand der anatomischen Messwerte anzugeben. So etwas wie ein männliches Gehirn oder ein weibliches Gehirn gibt es nicht.[15]

Ähnliche Überschneidungen im bimodalen Spektrum von Männern und Frauen zeigen sich auch bei anderen Körperteilen, von der Größe des Herzens bis zu den Fettpolstern an den Hüften.[16] Manche davon unterscheiden sich je nach Geschlecht stärker als andere. So besteht beispielsweise in der Kraft des Oberkörpers ein weitaus größerer Geschlechtsdimorphismus als in der Kraft der unteren Körperhälfte. Ich bin jahrelang ins Fitnessstudio gegangen, aber eine enge Freundin übertraf mich im Kreuzheben, nachdem sie erst wenige Monate trainiert hatte. Heute stemmt sie 45 Kilo mehr als ich.

Was also den Körperbau von Männern und Frauen angeht, haben wir letztlich nur eine Reihe von Messwerten mit bimodaler Verteilung. Eine bimodale Verteilung ist aber nicht das Gleiche wie eine Binärverteilung, und das aus zwei wichtigen Gründen. Der erste wurde bereits erwähnt: Jeder von uns steht innerhalb der einzelnen Spektren verschiedener Messwerte an unterschiedlichen Stellen. So hat jemand vielleicht einen typisch männlichen Oberkörper, aber Hüften und Gesäß sind typisch weiblich geformt. Und zweitens übersieht man mit dem Festhalten an der Binärverteilung alle Daten, die zwischen den beiden Spitzenwerten liegen. Praktisch der einzige Messwert, bei dem keine bimodale, sondern eine binäre Geschlechterverteilung herrscht, ist die Produktion von Samen- und Eizellen, und deshalb ist er der letzte Strohhalm, an den sich jene klammern, die auf einer binären Verteilung der Geschlechter beharren. Wenn wir alles andere nicht zur Kenntnis nehmen, sollten wir diese binäre Verteilung nicht als »biologisches Geschlecht«, sondern als »Gametengeschlecht« bezeichnen, denn sie berücksichtigt ausschließlich die biologische Eigenschaft der Keimzellen.

Der wichtigste Grund, warum wir nicht nur die Keimdrüsen, sondern den ganzen Körper betrachten sollten, wenn wir über das biologische Geschlecht reden, ist meiner Ansicht nach die Tatsache, dass es intergeschlechtliche Personen gibt. Wenn wir am binären Geschlecht festhalten wollen, sind wir gezwungen, all die Menschen zu missachten, deren Körperbau von den typischen Erwartungen abweicht. Ich bin sicher nicht der Einzige, der erkennt, wie widersprüchlich und grausam eine solche Sichtweise ist. Wenn wir ausschließlich über Samen- und Eizellen reden, verleihen wir diesem einen Maßstab einen höheren Rang als allen anderen Aspekten des männlichen und weiblichen Körperbaus – Aspekten, die für uns in sämtlichen anderen Zusammenhängen von weitaus größerer Bedeutung sind. Warum tun wir das?

Intergeschlechtlichkeit

Bis zu 1,7 Prozent aller Menschen sind Schätzungen zufolge intergeschlechtlich.[17] Wenn man sich für die binäre Geschlechtereinteilung einsetzt, werden also *Abermillionen Menschen* ausgegrenzt und stigmatisiert, und das ausschließlich aus dem Grund, dass sie nicht unserem Wunsch nach sauberen Kategorien entsprechen. Zwar stimmt es, dass die große Mehrzahl aller Menschen die Chromosomenkombinationen XX oder XY besitzt und ihre Geschlechtsanatomie sich entsprechend entwickelt, es gibt aber ebenso Variationen in diesem Bereich. Das Thema ist belastet, weil intergeschlechtliche Menschen zu allen Zeiten ungeheuer unter den Reaktionen ihres Umfelds gelitten haben, die von grausamem Spott und Hohn auf der einen Seite bis hin zu wohlmeinenden, aber gefährlichen medizinischen Eingriffen auf der anderen reichten. Wir hängen so an der binären Geschlechterverteilung, dass wir Personen, die außerhalb dieser Einordnung stehen, als anormal betrachten und ihnen mit Entsetzen begegnen. Es ist eine Tragödie, die vollkommen unnötig ist. Um zu verstehen, warum das so ist, machen wir einen kleinen Crashkurs in menschlicher Embryologie.

Ein menschlicher Embryo hat *bipotente Gonaden*, also Keimdrüsen mit doppeltem Potenzial, die sich mit den richtigen Signalen zu Eierstöcken oder Hoden entwickeln können. Ebenso haben wir eine doppelte Ausstattung mit Leitungsbahnen – die einen können sich zu den typisch männlichen inneren Leitungen weiterentwickeln, die anderen zu den weiblichen Entsprechungen.* In den meisten Fällen entwickeln sich entweder die männlichen Gänge, und die weiblichen verschwinden, oder es läuft umgekehrt ab. Und schließlich weist der menschliche Embryo Hautfalten unmittelbar vor dem Darmausgang auf, aus denen sich entweder Penis und Hodensack oder Klitoris

* Als »männliche innere Anatomie« bezeichnet man die Samenbläschen, die Bulbourethraldrüsen (auch »Cowper-Drüsen« genannt) und den Samenleiter (*Vas deferens*). Sie entwickelt sich aus den Wolffschen Gängen (auch »Urnierengänge«). Zur »weiblichen inneren Anatomie« gehören die Gebärmutter (Uterus), der Gebärmutterhals (*Cervix*), die Eileiter und der obere Teil der Vagina (aber nicht die Vulva). Ihre Entwicklung beginnt bei den embryonalen Müller-Gängen.

und Vulva entwickeln können.* Insgesamt kann man sagen: In den ersten acht Wochen nach der Befruchtung besitzen alle Menschen eine nicht festgelegte Keimdrüse, männliche und weibliche innere Leitungsbahnen und außen zwittrige Hautfalten.

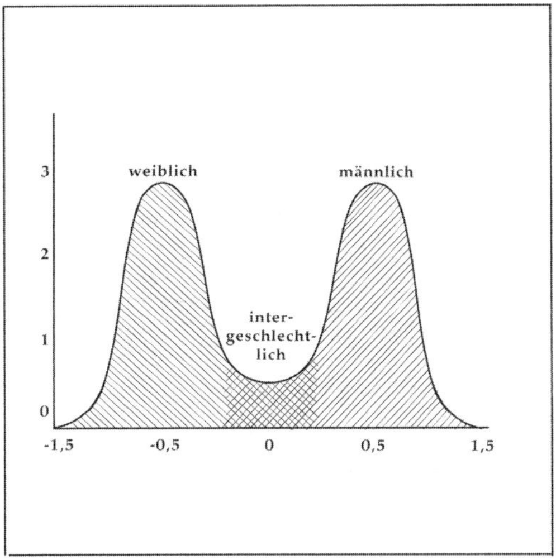

Die bimodale Verteilung der Geschlechtsentwicklung

Verfügt der Embryo über ein Y-Chromosom, setzt ein auf diesem Chromosom gelegenes Gen einen Prozess in Gang, der die bipotenten Keimdrüsen zu Hoden macht. Die entstehenden Hoden beginnen, männliche Hormone (Androgene) einschließlich des Testosterons zu produzieren; außerdem bilden sie ein weiteres Protein, das die Entwicklung der männlichen Leitungsbahnen auslöst und die Entwicklung von Uterus und Eileitern blockiert. Die Androgene »ver-

* Nebenbei bemerkt, ist der Darmausgang oder Anus die allererste anatomische Struktur, die bei einem menschlichen Embryo Gestalt annimmt. Jeder von uns ist zu Beginn seines Lebens nichts anderes als ein Arschloch. Und manch einer wächst offenbar nie darüber hinaus.

männlichen« auch die äußere Anatomie, sodass die Hautfalten Hodensack und Penis ausformen.

In einem Embryo ohne Y-Chromosom setzt ungefähr nach zehn Wochen die typisch weibliche Entwicklung ein. Aus den bipotenten Keimdrüsen entsteht automatisch der Eierstock. Ohne Hoden gibt es auch keine Androgene, deshalb verkümmern die männlichen inneren Leitungsbahnen, und die weiblichen entwickeln sich zu Eileitern, Uterus und dem oberen Teil der Vagina. Ähnlich die Hautfalten im Urogenitalbereich: Ohne Androgene bilden sie Schamlippen anstelle des Hodensacks aus, und die Spitze der Falten wird nicht zum Penis, sondern zur Klitoris. Meist sind das die Entfaltungsstadien männlicher und weiblicher Föten, aus denen dann kleine Jungen und Mädchen werden. Da dieser Ablauf am häufigsten vorkommt, sprechen wir von einer *typischen* Geschlechtsentwicklung; ungefähr 98 Prozent aller Menschen entwickeln sich auf einem dieser beiden Wege.

Aber wie immer gibt es auch Abweichungen, und deshalb kann ein Mensch auf vielfältige Weise intergeschlechtlich sein. In der Medizin werden solche Varianten als »sexuelle Entwicklungsstörungen« (*Disorders of sexual development*/DSD) bezeichnet. In ihrer großen Mehrzahl sind intergeschlechtliche Zustände aber keineswegs hinderlich, und die meisten intergeschlechtlichen Menschen sind ohne medizinische Hilfe fruchtbar.[18] Ob man solche Gegebenheiten als Störungen oder einfach als anatomische oder biochemische Varianten betrachtet, ist also ausschließlich eine Frage der Sichtweise.

In der Geschichte stießen Abweichungen der Geschlechtsentwicklung auf Stigmatisierung, Spott, Diskriminierung und Schlimmeres.[19] Begriffe wie »Zwitter«, »Pseudohermaphrodit« oder »Eunuch« gehören noch zu den harmloseren Wörtern, mit denen man Menschen beschrieb, deren einzige Sünde darin bestand, dass sie ein wenig anders zur Welt gekommen waren. Und was noch schlimmer ist: Intergeschlechtliche Menschen waren unsäglichen Grausamkeiten ausgesetzt, von Misshandlungen, Aussetzung und Euthanasie bis zu fehlgeleiteten medizinischen »Korrekturen«, die nichts anderes waren als Verstümmelung und Sterilisation. Heute führt die Mehrzahl der intergeschlechtlichen Menschen ein vollkommen normales Leben mit minimalen oder gar keinen medizinischen Eingriffen. Ihre Gemeinschaft lehnt solche Eingriffe einhellig ab, bis Kinder eigene medizinische Entscheidungen treffen können. Wir sollten ihnen zuhören, statt uns von unseren Ängsten vor Abweichungen von der Norm leiten zu lassen.

Die häufigste Ursache der intergeschlechtlichen Abweichung heißt »Nebennierenhyperplasie«. Sie führt dazu, dass die Nebennieren anormal große Androgenmengen produzieren. Geschieht das schon vor der Geburt, spricht man von »angeborener« oder »kongenitaler adrenaler Hyperplasie« (CAH). Ist ein genetisch weiblicher Embryo (XX) der CAH ausgesetzt, entwickelt sich die äußere geschlechtliche Anatomie nach dem traditionell männlichen Prinzip mit Hodensack und Penis. Es gibt aber ein breites Spektrum solcher Zustände, von Personen ohne erkennbare Abweichung von dem typisch weiblichen Erscheinungsbild bis zu denen, die zu 100 Prozent männlich wirken; die meisten Betroffenen liegen irgendwo dazwischen. Personen mit zwei X-Chromosomen und *spät einsetzender Nebennierenhyperplasie* zeigen bis zur Pubertät überhaupt keine Abweichungen; erst dann vermännlicht sich der Körper durch den hohen Androgenspiegel. Bei solchen Personen stimmt das *chromosomale* oder *genetische Geschlecht* unter Umständen nicht mit dem *anatomischen Geschlecht* überein.

Frauen mit CAH tragen im Körperinneren Eierstöcke, denn dies entspricht der normalen Entwicklung, wenn kein Y-Chromosom die Keimdrüsen in Hoden verwandelt. Aber je nachdem, wie hoch der Androgenspiegel ist, kann auch die innere Anatomie des Embryos typisch weiblich oder typisch männlich sein, ganz ähnlich wie die äußere Anatomie mit ihrem Spektrum vom Weiblichen bis zum Männlichen. Es überrascht nicht, dass genetische Frauen (XX) mit beiden Formen der CAH eine stärker ausgeprägte Intersexualität erleben, während der Körperbau von genetischen Männern (XY) durch den höheren Androgenspiegel fast nicht beeinträchtigt wird, sodass keine Intergeschlechtlichkeit entsteht; dennoch kann die CAH andere Hormonstörungen mit medizinischen Folgen verursachen.

Ein intergeschlechtlicher Zustand, der gewissermaßen das Gegenteil der CAH darstellt, ist die Androgenresistenz (*androgen insensitivity syndrome*/AIS), eine genetisch bedingte Störung, bei der die Zellen eines genetischen Mannes nicht wie üblich auf Androgene ansprechen. Reagieren Zellen nicht auf ein Hormon, ist das so, als wäre dieses Hormon nicht vorhanden, und da die typisch weibliche Entwicklung der inneren wie der äußeren anatomischen Geschlechtsmerkmale »voreingestellt« ist, werden solche Menschen bei der Geburt als Mädchen eingestuft, wachsen als solche auf und entwickeln sich normal. Das erste Anzeichen dafür, dass ein Unterschied vorliegt, ist gewöhnlich das Ausbleiben der Pubertät zur üblichen Zeit. Die Mehrzahl der Individuen mit XY-Chromosomen und AIS identifiziert sich selbst als Frauen und nimmt Hormone, um die weibliche Körperentwicklung in Gang zu setzen; in den meisten Fällen können solche Personen allerdings keine Kinder bekommen. Menschen mit zwei X-Chromosomen sind nicht von AIS betroffen, aber unter Umständen Erbanlageträger und können die Androgenresistenz an ihre XY-Kinder weitergeben.

Auch manche Chromosomenabweichungen können zu Intergeschlechtlichkeit führen. Wenn sich die Chromosomen bei der Bildung von Samen- oder Eizellen nur unvollständig trennen, erhalten manche Nachkommen drei Geschlechtschromosomen mit der Kombination XXY, ein Zustand, der als »Klinefelter-Syndrom« bezeichnet wird. Da das Y-Chromosom beim Menschen im Mittelpunkt der Geschlechtsbestimmung steht, entwickeln sich solche Personen typisch männlich und identifizieren sich auch fast immer als Männer. Da ein System in unser aller Zellen, auch bei Frauen, stets nur das eine oder das andere X-Chromosom nutzt, werden Jungen und Männer mit Klinefelter-Syndrom oft – wenn überhaupt – erst in der Pubertät erkannt. Die Unterschiede sind geringfügig: etwa eine leichte

Brustentwicklung, eine geringe Körperbehaarung und eine große Statur. Klinefelter-Männer sind häufig fruchtbar, brauchen aber manchmal die Hilfe der Fortpflanzungsmedizin.

Das Gegenstück zum Klinefelter- ist das Turner-Syndrom, bei dem eine Frau nicht zwei X-Chromosomen besitzt, sondern nur eines – ein Zustand, der meist als »Xo« dargestellt wird. Aber auch hier gilt: Da menschliche Zellen ohnehin darauf angelegt sind, mit einem oder zwei X-Chromosomen umzugehen, verursacht das Turner-Syndrom im Körper keine großen Beeinträchtigungen. Die betroffenen Frauen entwickeln sich normal und wachsen normal heran; geringfügige Unterschiede betreffen etwa eine relativ kleine Statur und Hautfalten im Nacken und an den Füßen. Im Gegensatz zu Klinefelter-Männern brauchen Turner-Frauen aber gewöhnlich medizinische Hilfe, damit die Pubertät in Gang kommt und sie Kinder haben können. Ansonsten führen sie ein normales Leben.

Eine fehlerhafte Chromosomentrennung kann auch dazu führen, dass eine Frau drei X-Chromosomen hat. Die große Mehrzahl dieser Frauen mit dem sogenannten Triple-X-Syndrom weist in Körperbau, Physiologie und Fruchtbarkeit keine Besonderheiten auf; nach Schätzungen wird der Zustand bei mindestens 90 Prozent von ihnen überhaupt nicht diagnostiziert. Ebenso haben manche Männer mehrere Y-Chromosomen, und auch bei ihnen hat die Abweichung keine Auswirkungen. Extreme Fälle von ausbleibender Chromosomentrennung können sogar dazu führen, dass Menschen vier oder fünf Geschlechtschromosomen in allen möglichen Kombinationen besitzen. Im Allgemeinen haben Frauen mit mehreren X-Chromosomen wenig oder gar keine Probleme, und genetische Männer (solche mit zumindest einem Y-Chromosom) mit mehreren X-Chromosomen – ganz gleich, wie vielen – werden als Klinefelter-Männer betrachtet.

Was die Zahl der Geschlechtschromosomen angeht, sind wir bemerkenswert tolerant. Das heißt, unser *Körper* ist gegenüber den Abweichungen tolerant. Für die *Kultur* gilt das nicht unbedingt.

Zusammen sind CAH, AIS und Abweichungen der Chromosomenzahl für die Mehrheit der intergeschlechtlichen Zustände verantwortlich, deren Ursache man kennt. Man sollte aber festhalten, dass viele Personen mit solchen Abweichungen sich selbst nicht als intergeschlechtlich bezeichnen, entweder weil nur geringfügige Unterschiede zu dem typisch männlichen oder weiblichen Körperbau vorliegen oder weil man alle Beeinträchtigungen, die sie erleben, mit medizinischen Eingriffen vollständig beheben kann. Darüber hinaus kennt man für den intergeschlechtlichen Zustand buchstäblich Dutzende weitere Ursachen, von Unterschieden bei der Hormonsynthese bis zu geringfügigen genetischen Abweichungen in den Geschlechtschromosomen.

Wichtiger ist, dass man bei vielen intergeschlechtlichen Personen die genaue Ursache für die Abweichung von den typischen anatomischen Verhältnissen nicht kennt und dass der Zustand anscheinend nur sporadisch auftritt. Die Embryonalentwicklung ist eine ungeheuer komplizierte, genau koordinierte Abfolge genetischer und biochemischer Vorgänge, die auf engstem Raum und mit einem sehr geringen Fehlerspielraum abläuft. Überall im Körper können größere oder kleinere Anomalien auftreten – jeder und jede von uns weist gewisse Launen der Natur auf. Manche davon haben keine genetische Grundlage, andere sind jedoch die Folge kleiner Mutationen in unserem Genom und können deshalb weitergegeben werden. Wir alle werden mit einigen Hundert neuen Mutationen geboren, die wir zum Genpool beitragen können. Die meisten haben keine Auswirkungen, manche verursachen allerdings geringfügige Veränderungen in unserer Anatomie, einschließlich der Geschlechtsmerkmale.

Wenn man genauer darüber nachdenkt, fällt auf, dass wir für Veränderungen im Entwicklungsablauf eine seltsame Sprache verwenden. Bildet sich ein Organ nicht auf die typische Weise, sprechen wir in der Regel von einem »Defekt« oder einem »Fehler«. Wir wissen aber, dass im Laufe der Evolution sämtliche anatomischen Neuerungen – überhaupt alles Neue – als Mutation begonnen haben. Von der Lage der Blaslöcher auf dem Rücken der Delfine bis zum aufrechten Gang, der unser Schicksal als afrikanische Menschenaffen veränderte, sind anatomische Abweichungen der Rohstoff für das kreative Potenzial der Evolution. Es sind eben *keine* Fehler oder Defekte. Es sind einfach Variationen. Das ständige Fluten des Genpools mit einem Schwall von Mutationen ist die Methode, mit der die Natur Variationen einführt, und das tut sie blind und nach dem Zufallsprinzip. Anschließend verbreitet sich die Variation durch sexuelle Fortpflanzung in der Population und schafft Vielfalt. Variation und Diversität sind ohne Zweifel *gut* für eine Spezies – ja sogar unentbehrlich.

Die einfache biologische Erkenntnis, dass Variation etwas *Gutes* ist, geht häufig an uns vorüber, weil die moderne Gesellschaft uns dazu erzieht, Unterschieden gegenüber misstrauisch zu sein. Aber das ist eine *psychologische* Neigung, und wir täten gut daran, sie abzulegen. Sie reicht zurück in eine Zeit, in der prähistorische Menschen in kleinen Gruppen lebten, die häufig untereinander in Konkurrenz standen; das begünstigte ein Gefühl der Stammeszugehörigkeit und der Vorurteile, das uns noch heute plagt und die Grundlage einiger unserer größten gesellschaftlichen Probleme darstellt. Wenn wir erkennen, dass anatomische Variation Teil des Werkzeugarsenals der Natur für kreative Neuerungen und Fortschritt ist, können wir auch unsere Denkweise über Mitmenschen, deren sexuelle Anatomie sich von unserer unterscheidet, verändern.

Betrachten wir noch einmal die in Kapitel 1 beschriebenen vielfältigen Formen des biologischen Geschlechts. Von den penisfechtenden Plattwürmern bis zu den Clownfischen, die ihr Geschlecht wechseln – all diese interessanten Varianten entstanden ursprünglich durch eine geringfügige Veränderung, die von einer Mutation ausgelöst wurde. Was man als Defekt oder Abweichung hätte beschreiben können, war in Wirklichkeit der Anfang von etwas Neuem, Kreativem. Nach meiner Überzeugung sollte diese Sichtweise auch zur Grundlage für unsere Einstellung gegenüber Menschen mit intergeschlechtlichen Unterschieden werden. Sie sind nicht defekt; sie sind nur anders. Wenn sie erwachsen werden, bemühen sie sich vielleicht um medizinische Eingriffe oder auch nicht, aber das sollten wir ihnen selbst überlassen. Die Natur liebt die Vielfalt. Wir sollten sie auch lieben.

Im Januar 1991 wurde in dem winzigen Dorf Ga-Masehlong nicht weit von Polokwane in Südafrika ein Mädchen namens Mokgadi Caster Semenya geboren. Als sie auf der Oberschule war, nahm sie erstmals an Laufwettbewerben teil, und bald dominierte sie alle Rennen, die sie auf lokaler Ebene austrug. Die beherrschende Stellung blieb auch bei regionalen und provinzweiten Turnieren erhalten, und wenig später nahm sie an nationalen und internationalen Wettkämpfen teil. Der vorläufige Höhepunkt waren die Commonwealth Youth Games 2008, wo sie mit 17 Jahren die Goldmedaille über 800 Meter gewann. Vor ihr lag eine äußerst vielversprechende Zukunft als Leistungssportlerin im Mittelstreckenlauf.

Im Jahr 2009 – mittlerweile war Semenya erwachsen – nahm sie an den Leichtathletik-Weltmeisterschaften in Berlin teil und gewann eine Goldmedaille: Sie war die 800 Meter in 1:55,45 gelaufen, weltweit die schnellste in jenem Jahr aufgezeichnete Zeit über diese Distanz. Danach wurde sie zum Gegenstand einer Untersuchung des Internationalen Leichtathletikverbandes IAAF (mittlerweile World Athletics), weil die schnelle Verbesserung ihrer Zeiten Verdacht erregt hatte. Da sie ihre eigene Bestleistung über 800 Meter um 8 Sekunden und über 1500 Meter sogar um erstaunliche 25 Sekunden unterboten hatte, verdächtigte man sie der Anwendung leistungssteigernder Medikamente, gemeinhin »Doping« genannt.

Offensichtlich ohne ihr Wissen führte die IAAF bei Semenya auch eine biochemische Geschlechtsuntersuchung durch. Man versichert den Athletinnen und Athleten zwar, solche Tests würden vertraulich behandelt, aber an die Presse wurde durchgestochen, dass sie ein Y-Chromosom besitze und deshalb von der IAAF als genetischer Mann eingestuft werde. Dagegen bestand nie ein Zweifel, dass sie anatomisch eine Frau ist und auch als solche großgezogen wurde. Da es keine Hinweise auf Doping gab, gestattete die IAAF Semenya, ihre 2009 gewonnene Goldmedaille zu behalten, und erteilte ihr auch die Freigabe für die weitere Teilnahme an Wettkämpfen. Dennoch unterzog die IAAF sie 2010 einem weiteren Test, und wieder wurde ihr die Wettbewerbsfreigabe erteilt. Im Jahr 2012 nahm Semenya zum ersten Mal an den Olympischen Spielen teil und wurde über die 800 Meter Zweite. Die Silbermedaille wurde später zur Goldmedaille hochgestuft, weil die ursprüngliche Siegerin des Dopings überführt wurde, sodass man ihr alle Medaillen aberkannte.

Bei den Olympischen Spielen 2016 gewann Semenya erneut die Goldmedaille, und das wurde überraschenderweise zum Anlass für eine weltweite Diskussion über die Bedeutung des Testosterons für die Leistung von Spitzensportlerinnen. Als Reaktion auf die Kontroversen änderte die IAAF 2018 ihre Richtlinien und führte neue Standards für den erlaubten Testosteronspiegel ein; weithin herrschte die Ansicht, die Maßnahme richte sich gezielt gegen Semenya, denn die neue Regel galt nur für drei Disziplinen: die Läufe über 400 Meter, 800 Meter und 1500 Meter. Semenya war gezwungen, sich entweder zurückzuziehen oder medizinischen Maßnahmen zu unterziehen, mit denen der Testosteronspiegel im Blut künstlich auf den erlaubten Wert gesenkt würde. Daraufhin erhob sie Einspruch: Sie hatte solche Medikamente zuvor schon eingenommen, um die Angehörigen der Regelkommissionen zu besänftigen, und dabei hatte sie nach eigenen Angaben unter unerträglichen Nebenwirkungen gelitten. Es folgten juristische Auseinandersetzungen, wobei Semenya in den meisten Fällen mit ihren Einsprüchen scheiterte, sodass die Regeln in Kraft treten konnten. Semenya klagte durch alle Instanzen bis hin zum Europäischen Gerichtshof für Menschenrechte, und der urteilte 2023 zu ihren Gunsten. Aber durch das Urteil wurde nur die Schweiz bestraft, wo der Leichtathletik-Weltverband seinen

Sitz hat; das Verbot gegen Semenya wurde damit nicht außer Kraft gesetzt. Über die Berufung der Schweiz ist noch nicht entschieden. Im Sommer 2024, bei den Olympischen Spielen in Paris, saß Semenya auf der Zuschauertribüne.

Der Fall Mokgadi Caster Semenya wirft heikle Fragen nach Geschlecht und Gender auf. Wie kann eine Frau ein Y-Chromosom besitzen? Verschafft das Y-Chromosom in sportlichen Wettbewerben einen besonderen Vorteil? Ist Testosteron von Vorteil? Wie viel Testosteron ist »zu viel« für eine Frau? Die Fragen spitzen sich noch stärker zu, weil die IAAF nicht nur genaue Standards für den Testosteronspiegel festlegte, sondern auch Ausnahmen bei bestimmten medizinischen Störungen gestattete (allerdings nicht für Semenya). Die Lage ist, kurz gesagt, chaotisch.

An dem Chaos ist aber nicht Semenya schuld. An ihr ist nichts Chaotisches: Sie ist eine Frau, und zwar eine mit unglaublicher sportlicher Begabung. Semenya zeigt zudem in ihrer Geschlechtsentwicklung eine gewisse Variation und wird dadurch mit einer Welt konfrontiert, die nur darauf erpicht ist, Menschen nach der Größe und Form ihrer Genitalien zu definieren und zunehmend auch nach der Konzentration verschiedener Hormone, die in ihrem Blut kreisen. Ja, die Situation ist chaotisch, aber das Chaos hat die IAAF selbst angerichtet. Obwohl ihr so viele medizinische Fachleute zur Verfügung stehen, ist es ihr gelungen, über ihren eigenen fehlgeleiteten Versuch, Fairness durchzusetzen, zu stolpern.

In Wirklichkeit entschloss sich die IAAF zur Einführung einer grotesken, sich ständig ändernden Reihe von Standards und Ausnahmen, die gegenüber Sportlerinnen wie Semenya, deren einziges Vergehen darin besteht, auf einzigartige Weise sie selbst zu sein, unglaublich *unfair* ist. In Bezug auf einige biologische Maßstäbe steht Semenya außerhalb eines Bereiches, den manche Menschen für »normal« halten. Ja, gut, aber denken wir daran, dass *wir alle* hinsichtlich einiger der vielen Tausend biologischen Maßstäbe, die wir betrachten können, außerhalb des Normbereichs stehen. »Normal«

bedeutet nur, dass etwas einer Mehrheit der Bevölkerung entspricht, und das könnte gut, schlecht oder keines von beiden sein.

Die Geschlechtsüberprüfung bei Mokgadi Caster Semenya, einer der schnellsten Mittelstreckenläuferinnen aller Zeiten, ist ein widerwärtiges Kapitel der Sportgeschichte. Eine Geschlechtsuntersuchung ist schon per se erniedrigend und entmenschlichend, doch sie wurde anfangs auch noch *ohne ihr Wissen* durchgeführt. Die hässliche Geschichte der Geschlechtsuntersuchungen von Sportlerinnen im Spitzensport begann im Wesentlichen in den 1950er-Jahren, als die Athletinnen zur Inspektion nackt vor einem Gremium von Ärzten und anderen Funktionären auftreten mussten. Die Methode wurde Ende der 1960er-Jahre durch Chromosomenuntersuchungen abgelöst, und dabei wurden Sportlerinnen mit einem Y-Chromosom disqualifiziert. Nach der Entdeckung der bereits beschriebenen Androgenresistenz, durch die sich Personen mit der Kombination XY als fast vollkommen normale Frauen entwickeln können, wurde die Praxis gegen Ende des 20. Jahrhunderts aufgegeben. Zu den heutigen Methoden der Geschlechtsuntersuchung gehört die Messung des Testosteronspiegels, und ein solcher Test führte offenbar auch dazu, dass Semenya für internationale Wettkämpfe disqualifiziert wurde.

Wegen der ärztlichen Schweigepflicht ist Semenyas medizinischer Zustand nicht in allen Einzelheiten bekannt, aber nach den begrenzten verfügbaren Informationen und öffentlichen Äußerungen von verschiedenen Funktionären und Semenya selbst zu urteilen, sieht es so aus, als wäre sie genetisch XY mit einem gewissen Maß an Androgenresistenz. Demnach spricht ihr Organismus auf Testosteron nicht so stark an wie der der meisten anderen Menschen. In Bezug auf ihre äußerliche Anatomie ist sie eine Frau, das Geschlecht wurde ihr bei der Geburt zugewiesen, und sie identifiziert sich bis heute damit. Aber ihr Körper erzeugt wahrscheinlich aufgrund ihres Zustandes mehr Testosteron, als es für Frauen typisch ist. Zum Teil liegt das daran, dass der Organismus das Testosteron nicht gut »erkennt«, und in dem Versuch, einen Ausgleich zu schaffen, produzieren ihre Nebennieren das Hormon in größeren Mengen.

Semenya wegen des höheren Testosteronspiegels von Sportwettbewerben auszuschließen, ist jedoch in wissenschaftlicher Hinsicht unberechtigt. Das hat folgende Gründe:

Erstens bin ich der Ansicht, dass sämtliche Spitzensportlerinnen und Spitzensportler auf Olympianiveau irgendwelche natürlichen biologischen Variationen aufweisen, die diese Personen außerhalb des Normbereichs stellen und ihnen in Bezug auf ihre Leistungen einen Vorteil verschaffen. Olympiateilnehmende weichen schon definitionsgemäß von der Norm der körperlichen Fähigkeiten eines Menschen ab, und ich würde mein letztes Hemd darauf verwetten, dass alle Topathleten und -athletinnen Mutationen oder andere Merkmale in sich tragen, mit denen sich ihre unglaublichen Leistungen zum Teil erklären lassen. Einfach gesagt, sind Menschen im Spitzensport nicht »normal«. Sie sind eben »spitze«.

Beim Olympiaschwimmer Michael Phelps wurde eine genetische Abweichung festgestellt, die bei Sauerstoffmangel für eine drastisch verminderte Milchsäureproduktion in seinen Muskeln sorgt. In manchen Situationen wäre das schädlich, aber bei einer plötzlichen starken Muskelanstrengung verringert es die Müdigkeit und beschleunigt anschließend die Erholung. Soweit mir bekannt ist, hat noch niemand vorgeschlagen, Phelps seine vielen Medaillen abzuerkennen. Die Abweichung wird vielmehr als ein Faktor gepriesen, der ihn zu einem so großen Sportler macht.

Das Gleiche gilt für den Skilangläufer Eero Mäntyranta: Bei ihm ließ eine Mutation die natürliche Produktion des Erythropoietins ansteigen, eines Hormons, das die Bildung der sauerstofftransportierenden roten Blutkörperchen fördert; diese war bei ihm um mehr als 25 Prozent verstärkt.[20] Was dabei wichtig ist: Würde ein Sportler oder eine Sportlerin sich selbst von außen Erythropoietin zuführen, würde dies wegen verbotenen Dopings ebenso zur Disqualifikation führen wie eine Testosteronspritze. Aber bei Mäntyranta wurde das natürliche Doping nie bestraft, bei Semenya dagegen schon.

Das gesamte »Talent«-Konzept basiert auf natürlichen, angeborenen Vorteilen.[21] Natürlich muss Talent durch harte Arbeit weiterentwickelt werden (und niemand nimmt an, Semenya hätte sich nicht den Allerwertesten aufgerissen), aber ganz offensichtlich werden im Hinblick auf die körperlichen Fähigkeiten nicht alle mit dem gleichen Potenzial geboren. Ganz gleich, wie hart ich arbeite, ich werde niemals so schnell schwimmen wie Phelps, niemals so schnell Ski laufen wie Mäntyranta und niemals so schnell rennen wie Semenya. Sie besitzen oder besaßen die Gene für solche Spitzenleistungen, und ich besitze sie vermutlich nicht. Das ist nicht unfair – das ist das Leben. Warum greifen wir einen einzigen Unterschied – einen geringfügig höheren Testosteronspiegel – als Begründung für ein Verbot heraus?

Zweitens gibt es bisher keinen unmittelbaren Beleg dafür, dass der erhöhte Testosteronspiegel für Semenyas unglaubliche sportliche Leistungen eine Rolle gespielt hätte. Ihre Androgenresistenz spricht sogar dagegen. Ihr Organismus reagiert nicht richtig auf Testosteron. Deshalb liegt das Hormon ja in so hoher Konzentration vor, und deshalb hat sich ihr weiblicher Körper entwickelt. Dies erkannten offenbar sogar die Funktionäre an, denn sie entwarfen die Ausschlussregel nur für Disziplinen, in denen Semenya antrat, als wollten sie vermeiden, andere Sportler und Sportlerinnen damit ins Unglück zu stürzen. Dass man nicht nur gezielt ihre Form der Abweichung, sondern sie persönlich bestrafte, riecht nach der kolonialistischen Entrüstung über Spitzenleistungen von Schwarzen, die lange für die europäischen Sportverbände und ihre Einstellung gegenüber Sportlern und Sportlerinnen aus dem globalen Süden typisch war.[22] Man kann deswegen mit den Augen rollen, aber ich habe einen Doktor in menschlicher Physiologie und bin davon überzeugt, dass eine solche Aussage besser zu den Belegen passt als jedes wissenschaftliche Argument, das bisher angeführt wurde.

Drittens hat man – abgesehen von dem Verbot von Testosteronspritzen – niemals versucht, das natürliche Potenzial männlicher Sportler mit erhöhtem Testosteronspiegel einzuschränken. Als man Semenya zwang, ihren natürlichen Testosteronspiegel künstlich zu senken, verfolgte man angeblich das Ziel, »gleiche Voraussetzungen zu schaffen«; warum also wenden die Funktionäre dieselbe Methode nicht auch bei männlichen Athleten an? Wenn der hohe Testosteronspiegel Semenya einen unfairen Vorteil verschaffen würde, hätte er dann nicht auch die gleiche Wirkung bei männlichen Athleten, deren Testosteronspiegel in manchen Fällen durch die Decke geht? Das widerspricht, gelinde gesagt, aller Logik.

Mokgadi Caster Semenya ist eine unglaublich begabte Sportlerin, die sich unter schmerzhaften Bedingungen angestrengt hat, um ihr Talent zu entwickeln und ihr volles biologisches Potenzial zu entfalten. Sie hat keine leistungssteigernden Medikamente oder Hormone genommen, um ihre Leistung über das hinaus, wozu sie von Natur aus in der Lage ist, zu steigern. Sie hat sich an die Regeln gehalten, hart gearbeitet und sich selbst wie auch ihr Land untadelig repräsentiert. Ihr Testosteronspiegel ist etwas höher als der der meisten anderen Frauen, und das könnte zu ihrem biologischen Potenzial, die 800 Meter in unter zwei Minuten zu laufen, beigetragen haben oder auch nicht.

Warum also greifen wir sie heraus und schließen sie aus? Die Antwort ist einfach und traurig: weil ihre Abweichung im Bereich des Geschlechts liegt. Gegen diese besondere Form von Variationen zeigt unsere moderne Gesellschaft eine streng durchgesetzte Intoleranz. So müsste es nicht sein. Es war auch nicht immer so. Variationen von Geschlecht, Gender, Sexualität und – ja – auch Anatomie und Physiologie sollte man feiern, weil sie wunderschöne Beispiele für Diversität sind. Die IAAF meint vielleicht, Semenya würde nicht dazugehören, aber in Wirklichkeit passt sie hervorragend auf einen Planeten voller wunderbarer Vielfalt.

Gender im Bau

Im letzten Abschnitt von Kapitel 2 habe ich geschildert, wie sich die soziale Dynamik der Berggorillas von Virunga in den letzten 30 Jahren vollkommen verändert hat: Sie gaben ihre Gemeinschaft in kleinen Harems mit einem einzigen Männchen zugunsten eines relativ harmonischen Zusammenlebens in großen Gruppen mit Dutzenden von Männchen und Weibchen auf. Das stellte alle unsere Kenntnisse auf den Kopf, nicht nur die über Gorillas, sondern auch jene über die Flexibilität stark genderabhängiger Verhaltensweisen und die Stabilität der Sozialstrukturen, die aus ihnen erwachsen. Damit erheben sich gezielte Fragen nach den biologischen Grundlagen unseres eigenen genderspezifischen Verhaltens.

Im Mittelpunkt des Fachgebiets der *Evolutionspsychologie* steht der Gedanke, dass Verhaltensweisen von Menschen die Produkte natürlicher Selektionskräfte sind, die in der Vergangenheit den Fortpflanzungserfolg belohnt haben. Das mag sich zwar nach einer einfachen Aussage anhören, aus ihr haben sich aber zahlreiche umstrittene Folgerungen ergeben. Eine davon taucht besonders häufig in der Populärkultur auf: Es wird behauptet, manche Verhaltensunterschiede zwischen Männern und Frauen seien daraus erwachsen, dass die Evolution uns unterschiedlich gestaltet hat, und solche angeborenen Geschlechtsunterschiede seien der wichtigste Grund, warum in manchen Berufen Männer und in anderen Frauen dominieren würden. Vielleicht habe die Evolution ja beispielsweise Männer dahingehend geprägt, dass sie beruflichen Ehrgeiz höher schätzen würden als ein erfüllendes Familienleben, während Frauen Beziehungen höher schätzen würden als materielle Güter. Eines stimmt: Man hat geringe, aber statistisch signifikante Geschlechtsunterschiede hinsichtlich bestimmter kognitiver Leistungen wie des räumlichen Denkens und quantitativer Überlegungen beobachtet – und vielleicht ist das der Grund, warum es im Lehrkörper der Harvard-Universität nicht mehr Astrophysikerinnen gibt.

Lassen wir einmal die ärgerliche Tatsache beiseite, dass Frauen den Befunden zufolge in mehr kognitiven Aufgaben besser abschneiden als Männer. Vermutlich muss ich mich nicht lange mit der Überlegung aufhalten, welchen potenziellen Schaden solche Diskussionen für die Gendergleichberechtigung anrichten können. Darauf wird manch einer allerdings erwidern, wenn eine bestimmte Behauptung durch Tatsachen gestützt werde, solle man sie nicht aus Rücksicht auf ein gesellschaftliches Ideal verschweigen. Insbesondere Steven Pinker bezeichnet sich nachdrücklich als Feminist und besteht darauf, die Zugangswege stets offen zu halten. Eine Grenze zieht er allerdings: wenn die Gesellschaft ihre sozialpolitische Agenda so weit treibe, dass die potenziellen Leistungen der einen geopfert würden, um das Potenzial anderer zu fördern, die vielleicht von Natur aus weniger Fähigkeiten besäßen. Wo diese Grenze im Einzelnen liegen könnte, lässt sich allerdings nur schwer sagen.

Das Problem liegt nach Ansicht einiger darin, dass gesellschaftspolitische Maßnahmen ihren Preis haben. Wenn Männer im Durchschnitt von Natur aus mathematisch begabter seien als Frauen, bedeute die Durchsetzung von Geschlechterparität in Spitzenpositionen im Bereich der Mathematik, dass man Menschen mit geringeren natürlichen Fähigkeiten gegenüber solchen mit größerer Begabung bevorzuge. Unter dem Strich ergebe sich daraus für die Gesellschaft ein Ertragsverlust hinsichtlich unseres gemeinsamen mathematischen Potenzials, das durch gesellschaftspolitische Maßnahmen zunichte gemacht werde.

Aber woher kommen diese angenommenen Geschlechtsunterschiede? Verhalten beginnt im Gehirn und bei seinen neurochemischen Vorgängen, aber die Anatomie des Gehirns weist nur spärliche, geringfügige Unterschiede zwischen den Geschlechtern auf. Entscheidend ist, dass die Wissenschaft umweltbedingte Ursachen für die wenigen nachgewiesenen Geschlechtsunterschiede bei den kognitiven Fähigkeiten bislang nicht ausschließen konnte. Kein Kind auf der Welt wurde jemals ohne den allgegenwärtigen Einfluss gesellschaftlich konstruierter Gendernormen großgezogen. Wie Elizabeth Spelke und viele andere nachweisen konnten, behandeln auch noch so feministische Eltern ihre männlichen und weiblichen Kinder vom ersten Lebenstag an unterschiedlich. Männliche Babys werden als groß, kräftig und robust beschrieben, weibliche sind zart und empfindlich, auch wenn die tatsächliche Größe und Kraft des Säuglings solche Unterscheidungen nicht hergeben. Wir wissen noch bei Weitem nicht, was Jungen und Mädchen vielleicht von Natur aus anstreben würden und wozu sie fähig wären, wenn der Einfluss des sozialen Umfeldes sie nicht so prägen würde, dass sie unterschiedlich sind und es auch sein wollen.

Die Evolutionspsychologie, oftmals das wissenschaftliche Bollwerk der reaktionären Denkweise, könnte in Wirklichkeit auch die Antwort auf das Dilemma liefern, das sie aufwirft. In einem leidenschaftlichen Angriff auf die von Stephen J. Gould und vielen anderen Progressiven vertretene Ansicht, der menschliche Geist sei ein »unbeschriebenes Blatt«, legte Pinker überzeugend dar, welche genetischen Grundlagen bestimmte Verhaltensweisen wie Triebe, Instinkte und Neigungen haben, die ein breites, aber nicht unendliches Spektrum möglicher Auswirkungen bieten. Dahinter steht ein Prinzip, das so einfach wie elegant ist: Gene plus Umwelt gleich Verhalten.

Während die Verfechter des unbeschriebenen Blattes die Bedeutung der Gene für das Verhalten ignorieren, unterschätzen Evolutionspsychologen vielleicht die Rolle der Umwelt. In ihrer Sorge um Männer, denen man die Flügel stutzt, um Spielraum für Frauen zu schaffen, vergessen sie die Mädchen, deren Vorlieben in einer Welt geprägt werden, die ihnen sagt, wie niedlich sie seien, statt ihnen zu vermitteln, wie stark oder schlau sie sind. In ihrem Buch *Beyond Biofatalism* formuliert Gillian Barker die Herausforderung hervorragend:

> Evolutionspsychologen konzentrieren sich auf die Orwell'sche Drohung, wonach offenkundige Unglückseligkeit aus der Un-

> fähigkeit der Menschen erwächst, ihre Vorlieben auszuleben, oder aus gewaltsamen Versuchen, diese Vorlieben zu unterdrücken, aber dabei übersehen sie ... die Gefahr eines verborgenen Glücksverlustes als Folge einer Beschränkung des Horizonts von Menschen, die es ihnen unmöglich macht, bestimmte Vorlieben überhaupt erst auszubilden.[23]

Wenn sich die Evolutionspsychologie zwanghaft mit den Kosten und Gefahren des Versuchs beschäftigt, Geschlechtsunterschiede im Bereich beruflicher Leistungen übermäßig zu korrigieren, könnte sie dadurch eine Unachtsamkeit gegenüber den Kräften an den Tag legen, die für solche Unterschiede verantwortlich sind. Schließlich betont schon ihr eigenes Selbstverständnis die Wichtigkeit des Kontextes, wenn es um die Frage geht, wie sich Triebe in Verhaltensweisen verwandeln.

Wie die Berggorillas von Virunga, so haben auch wir umfassende Verhaltensveränderungen vollzogen. Denken wir nur daran, wie deutlich sich unser Verhalten von dem unserer prähistorischen Vorfahren unterscheidet, die im letzten Kapitel beschrieben wurden und die genetisch nicht nennenswert anders waren als wir. Einer der größten Fürsprecher dieser Erkenntnis ist Pinker. In seinem Buch *Gewalt. Eine neue Geschichte der Menschheit* zeichnet er nach, wie das Auftreten tödlicher Gewalt seit dem Anbeginn der Zivilisation in den Gesellschaften der Menschen immer weiter zurückgegangen ist.[24] Unser Gesellschaftsvertrag entwickelt sich ständig weiter, und er erlaubt uns, die Art, wie wir miteinander umgehen, drastisch zu verändern. Selbst wenn Gewalt gerechtfertigt ist, scheuen wir in unserer Jugend davor zurück, und bei Erwachsenen wird sie streng bestraft.

Befriedung als Anforderung des sesshaften Lebens beschränkt sich nicht auf zwischenmenschliche Gewalt; sie erstreckt sich auch auf die Kriegsführung zwischen Clans und Staaten. Genau wie Gesetze und Umgangsformen das individuelle Verhalten regeln, so drängen Verträge und Sanktionen ganze Gesellschaften von der Kriegslüsternheit weg. Trotz allem, was sensationshungrige Schlagzeilen uns glauben machen wollen, sind sämtliche gewaltsamen Todesformen nicht nur seit Jahrhunderten, sondern schon seit Jahrtausenden im Rückgang begriffen. Wir leben in der friedlichsten Phase der Geschichte unserer Spezies, zumindest wenn man sie nach der Wahrscheinlichkeit misst, durch Gewalttaten getötet oder verletzt zu werden.

Was soll das anderes sein als Social Engineering? Der Leviathan der gesellschaftlichen und staatlichen Aufsicht zügelt unsere natürlichen Instinkte, die auf kompetitive Gewalt abzielen; stattdessen richten wir diese Instinkte auf Sport, beruflichen Ehrgeiz und Ähnliches. Gene plus Umwelt gleich Verhalten. Der Grund, warum wir keine Bedenken wegen der Unterdrückung unserer »wahren Natur« als gewalttätige Menschenaffen hören, liegt auf der Hand: Uns allen geht es besser, weil wir unser Verhalten auf diese Weise gestaltet haben. Ein gesellschaftliches Umfeld zu schaffen, das uns von Gewaltsamkeit abhält, ist nicht »unnatürlicher« als die heutige Lebensweise der Berggorillas im kongolesischen Virunga-Nationalpark. Instinkte sind unbestimmt und nehmen nur in einer ganz bestimmten Umwelt als Verhaltensweisen Gestalt an.

Es gibt auch andere Beispiele. In den Industrieländern sind wir davon abgekommen, gemeinsam mit mehreren Generationen, mit Großeltern und entfernten Verwandten, zusammenzuleben. Stattdessen bevorzugen wir eine gemütlichere häusliche Atmosphäre, die sich in der Regel auf den engsten Familienkreis je Wohnung beschränkt. Was früher eine allgegenwärtige gesellschaftliche Struktur war, erscheint heute jenen, die nie etwas anderes gekannt haben als den Kernfamilienhaushalt, nicht praktikabel oder sogar unnatürlich. Hier haben wir innerhalb weniger Generationen eine völlige Verschiebung erlebt.

Viele Evolutionspsychologen und -psychologinnen sorgen sich auch um mögliche Verminderungen der persönlichen Freiheit, die aus dem Streben nach einem gesellschaftlichen Ideal erwachsen können. Aber ein Verlust von Freiheit ist nicht immer etwas Schlechtes. Indem wir Morde verbieten, schränken wir das Erfolgspotenzial eines mächtigen Menschen ein, der ansonsten vielleicht geneigt wäre, seine Konkurrenten zu töten und seinen Erfolg zu vergrößern. Und doch verbieten wir den Mord. Indem wir Diebstahl verbieten, beschränken wir die Freiheit einer ehrenwerten Gestalt, weniger mächtigen Personen Ressourcen wegzunehmen, die sie vielleicht einer »besseren Verwendung« zuführen könnte. Und doch verbieten wir den Diebstahl. Strafrechtliche Angelegenheiten sind nicht der einzige Bereich, in dem wir regelmäßig gesellschaftlichen Druck ausüben, um Verhalten zu prägen. Öffentliches Bildungswesen, Religion, Rollenvorbilder, Übungen zum Teambuilding, selbst die Pfadfinderbewegung kann man als Formen von Social Engineering bezeichnen. David Buss, ein Vorreiter der Evolutionspsychologie, hat dies am besten formuliert: »Das Verhalten der Menschen ist ungeheuer flexibel – und die Flexibilität erwächst aus der großen Zahl kontextabhängig entstandener psychologischer Anpassungen, die aktiviert, kombiniert und hintereinandergeschaltet werden können, um ein vielseitiges, anpassungsorientiertes menschliches Verhalten hervorzubringen.«[25]

Die Tatsache, dass Frauen im Vergleich zu der Zeit vor nur einer Generation verblüffend schnell die höchsten Ebenen des Berufslebens erklommen haben, spricht aus meiner Sicht nachdrücklich dafür, dass beruflicher Ehrgeiz bei Frauen wohl kaum etwas Unnatürliches ist. Deutlich wahrscheinlicher scheint zu sein, dass es *von vornherein* unnatürlich war, Frauen aus dem Berufsleben fernzuhalten. So betrachtet, sind gesellschaftliche Bestrebungen, die Gleichberechtigung und Gleichstellung der Geschlechter voranzubringen, kein gewaltsames Social Engineering, sondern eher das Gegenteil: Der Zwang, der Frauen viel zu lange eingeschränkt hat, wird damit *beseitigt*. Es ist eine Kurskorrektur. Wie bei einer tatsächlichen Korrektur der Richtung muss man eine gewisse Energie aufwenden, um den Weg eines bewegten Körpers zu ändern. Ein Kreuzfahrtschiff fährt nicht schnell um die Ecke. Mit anderen Worten: Es werden Kosten entstehen.

Die Diskussionen um unterschiedliche Potenziale und Vorlieben werden wir wahrscheinlich noch lange Zeit führen, aber die Beobachtungen in Bezug auf die Berggorillas im Virunga-Nationalpark werfen eine naheliegende Frage auf: Wenn Gorillas ihre gesamte Sozialstruktur verändern und ein höchst genderspezifisches Verhalten vollkommen umkehren können – *und wenn es ihnen dabei hervorragend geht* –, warum sollten wir es dann nicht auch können? Die Antwort ist einfach. Natürlich können wir es, und wir haben es bereits getan.

Kapitel 8

Das Schwulen-Gen

Als ich kürzlich an einer wissenschaftlichen Tagung teilnahm, traf ich hinter dem Podium einen der angesehensten Wissenschaftler und bekanntesten Intellektuellen der Welt. Er stand dort, hielt Hof vor seinen Bewunderern und predigte über verschiedene Themen, aber dann kam das Gespräch auf Geschlecht und Gender. Ich schrieb damals gerade an diesem Buch und ergriff die Gelegenheit, mich an dem Gespräch zu beteiligen und seine Gedanken zu erfahren. Wir führten ein angenehmes Gespräch über ein breites Themenspektrum. Er ist eindeutig progressiv und würde vielem, was ich in diesem Buch sage, zustimmen. In einigen Fragen stritten wir uns, aber in freundlichem Ton.

Nachdem wir ungefähr eine Stunde lang einige der größten Fragen über das Leben und die Zukunft unserer Spezies gewälzt hatten, sagte er einen Satz, mit dem er mich kalt erwischte. Plötzlich wurde mir klar, wie weitverbreitet manche großen Missverständnisse sind, was die biologischen Grundlagen von Sexualität und Attraktivität angeht.

»Weißt du, Nathan, ich frage mich immer wieder, ob die Homosexualität wohl eines Tages aus der Bevölkerung verschwinden wird, nachdem sie jetzt offener behandelt und stärker akzeptiert wird.«

Ich sah ihn fragend an.

»Nun, denk doch mal darüber nach: Jahrtausendelang war Homosexualität verboten, und Schwule mussten im Verborgenen leben. Die meisten von ihnen zwangen sich, heterosexuelle Ehen einzugehen, und hatten Kinder; deshalb blieben die Gene für Homosexualität erhalten.«

Mein Gesichtsausdruck wechselte vom Fragenden zur Verwirrung.

»Heute, wo Schwule die Anerkennung bekommen, die sie immer verdient haben, müssen sie sich nicht mehr verstecken, und sie sind nicht gezwungen, heterosexuelle Ehen einzugehen. Das bedeutet, dass sie sich nicht annähernd so häufig fortpflanzen. Deshalb frage ich mich, ob die Homosexualität irgendwann verschwinden wird, weil die Gene nicht mehr weitergegeben werden.«

Mittlerweile war mein Gesichtsausdruck vollkommen ungläubig und sogar erregt. Sein ganzer Gedankengang beruhte auf zutiefst fehlerhaften Annahmen. In dem Augenblick wurde mir sonnenklar, dass falsche Vorstellungen selbst über die Grundlagen der Sexualität weitverbreitet und tief in unserem Denken verwurzelt sind. Wenn ein höchst gebildeter, progressiver, ausgezeichneter Wissenschaftler so viele grundlegende Dinge über die biologischen Hintergründe der Sexualität falsch verstanden hat, welche Chance haben dann wir anderen?

Es ist jetzt an der Zeit, einige Mythen über die sexuelle Orientierung auszuräumen.

Eine Antwort auf der Suche nach einer Frage

Auf die gezielte Beantwortung der Frage, warum Menschen schwul werden, wurden viele Forschungsanstrengungen verwendet. Da die Untersuchungen zum größten Teil im Rahmen der verstaubten alten Debatte um Gene oder Umwelt (*nature versus nurture*) stattfanden, wurde die Frage meist umformuliert: »Ist Homosexualität genetisch programmiert, oder ist sie die Folge von Umwelteinflüssen?« Nach unserem heutigen Verständnis von Sexualität erscheint der größte Teil dieser Forschung naiv und sogar problematisch. In der Frage steckt die unausgesprochene Annahme, Heterosexualität sei der normale, voreingestellte Zustand und Homosexualität sei eine Eigenart, die eine bestimmte Ursache haben müsse. Natürlich studieren viele Wissenschaftler und Wissenschaftlerinnen die sexuelle Anziehungskraft und konzentrieren sich dabei ausschließlich oder vorwiegend auf Heterosexuelle, aber niemand stellt jemals die Frage, was die *Ursache* der Heterosexualität sei. Das hört sich doch nach einer absurden Frage an, oder? Genauso seltsam ist es aber auch, nach den Ursachen der Homosexualität zu fragen.

Tatsächlich habe ich mit mir gekämpft, ob ich in diesem Buch auch solche Forschungsarbeiten erörtern soll, denn es könnte so aussehen, als würde ich stillschweigend die Vorstellung billigen, dass gleichgeschlechtliche Anziehung einer Erklärung bedürfe. Je bestrebter wir sind, eine solche Erklärung zu liefern, desto legitimer wird die Vorstellung. In den vielen Artikeln, die über die biologischen Grundlagen der Homosexualität veröffentlicht wurden, lautet eine unterschwellige, aber unverkennbare Botschaft, man habe mit der Arbeit herausfinden wollen, »was da schiefgeht«. Es musste doch ein »Schwulen-Gen« am Werk sein, oder vielleicht haben Schwule auch zu viel vom falschen Hormon. Aber die Erforschung des Tierverhaltens zeigt, dass Variationen bei Trieben und Anziehungskräften zum normalen sexuellen Wesen aller sozialen Arten gehören. Wie wir in den Kapiteln 1 bis 5 immer wieder gesehen haben, ist die Vielfalt der sexuellen Verhaltensweisen kein Fehler, sondern eine *Funktion – it's not a bug, it's a* feature.

Seit über 500 Millionen Jahren ist Sex ein wesentlicher Bestandteil des Tierlebens. Das war schon so, bevor sich ein richtiges Sozialleben der Tiere entwickelte, aber es verstärkte sich explosionsartig, als Geselligkeit und Kooperation auf der Bildfläche erschienen. Am Ende von Kapitel 3 habe ich über einige aktuelle Arbeiten berichtet, in denen Biologen und Biologinnen endlich die Vorstellung infrage stellen, für »abweichende« sexuelle Bedürfnisse müsse es eine Erklärung geben; stattdessen machen sie sich ein neues Prinzip zu eigen: Danach ist der Sexualtrieb bei Tieren nicht eng auf Partner des anderen Geschlechts und Fortpflanzung ausgerichtet. Die ursprüngliche sexuelle Anziehung war vielmehr bi- oder pansexuell, und als dann verschiedene Tiergruppen aufkamen und sich weiterentwickelten, wurde sie abgewandelt. Dieses Szenario ist nicht nur einfacher und damit wahrscheinlicher, es ist auch viel plausibler angesichts all der Arten, wie Sexualität den Interessen eines Tieres dienen kann. Ein weniger eingeschränkter Sexualtrieb ist vorteilhafter und entspricht eher den Befunden. Homosexualität ist ein angeborener Aspekt des Lebens von Tieren und ist es auch immer gewesen.

Darüber hinaus ist sexuelle Anziehungskraft ganz offensichtlich eine komplizierte Angelegenheit, die sich allen einfachen Erklärungsversuchen entzieht. Komplexe – insbesondere psychosoziale – Merkmale könnten nie in einem einzelnen Gen codiert sein, und auch nicht in wenigen Genen oder anderen Faktoren. Allgemein gilt die Regel: Je älter und komplexer ein Merkmal ist, desto komplizierter ist auch seine molekulare Grundlage. Relativ einfache, »neue« Merkmale wie Blutgruppe, Augenfarbe oder Laktosetoleranz könnten in einem einzelnen Gen oder in einigen wenigen Genen codiert sein, aber ältere, kompliziertere Merkmale wie die Form des Gehirns oder unsere Nierenfunktion erfordern Beiträge von Hunderten oder Tausenden von Genen, die über Jahrmillionen entstanden sind. Deshalb hört man nie, dass irgendjemand über ein »Gehirn-Gen« oder ein »Geh-Gen« spekuliert. Der Sexualtrieb – ein Merkmal nahezu aller Tiere – ist vor Hunderten von Jahrmillionen entstanden, lange bevor die Tiere ein Gehirn oder Nieren entwickelt haben. Deshalb kann man davon ausgehen, dass er durch die Tätigkeit vieler Gene aufgebaut wurde.

Ist Homosexualität genetisch bedingt? Ja, natürlich, aber sie ist nicht so genetisch bedingt wie grüne Augen. Sie ist genauso genetisch angelegt wie die Tatsache, dass wir Nieren haben. Unsere Sexualität erwächst wie unsere Nieren aus der Tätigkeit vieler Tausend Gene, die in Millionen Zellen wirken, wenn Gehirn und Körper während der Entwicklung des Embryos, in der Kindheit und Pubertät und auch bis weit ins junge Erwachsenenalter hinein Gestalt annehmen. Außerdem scheint klar zu sein, dass sexuelle Anziehung bei

Tieren wie auch bei Menschen die Folge von Genetik *und* Umwelt ist. Ist beispielsweise ein eineiiger Zwilling schwul, besteht eine Wahrscheinlichkeit von 50 Prozent, dass der andere ebenfalls schwul ist. Die Genetik spielt sicherlich eine große Rolle, aber nicht nur sie. Warum liegt die Korrelation nicht bei 100 Prozent? Das wissen wir nicht. Bei zweieiigen Zwillingen ist die Korrelation mit ungefähr 20 Prozent viel niedriger, aber immer noch weitaus höher, als man es nach dem Zufallsprinzip erwarten würde. Komplizierter wird die Sache, weil die meisten Zwillinge sowohl die Genetik als auch die Umwelt gemeinsam haben. Bei eineiigen Zwillingen, die nach der Geburt getrennt wurden und in verschiedenen Haushalten aufwuchsen, besteht hinsichtlich der Sexualität eine geringere Korrelation als bei solchen, die im gleichen Haushalt groß geworden sind, aber der Unterschied ist nicht riesig. Und noch schwieriger wird das alles, weil selbst Zwillinge, die bei der Geburt getrennt wurden, zuvor neun Monate lang im Mutterleib der gleichen Umwelt ausgesetzt waren, und stichhaltige Indizien sprechen dafür, dass die Sexualität in dieser Zeit Gestalt annimmt oder zumindest stark beeinflusst wird.

Darüber hinaus können wir die Homosexualität nicht so behandeln, als wäre sie selbst ein eigenes Merkmal. Sie ist eine Spielart eines Merkmals, das jeder besitzt – des Sexualtriebes. Ein Gen für grüne Augen gibt es nicht; es gibt Gene für die Pigmente in der Iris, und manche Versionen dieser Gene führen zu grüner Augenfarbe. Selbst wenn die Homosexualität eine rein genetische Grundlage hätte, wäre sie auf die Vererbung bestimmter Versionen vieler einflussreicher Gene zurückzuführen.

Was aber noch wichtiger ist: Alles, was wir in den Kapiteln 1 bis 5 über das Sexualverhalten von Tieren erfahren haben, spricht nachdrücklich gegen eine rein genetische Grundlage der Homosexualität. In dem Bild, das sich herauskristallisiert, haben Tiere vielmehr einen unbestimmten Sexualtrieb mit einem ganzen Spektrum möglicher Ausdrucksformen, die dann durch die Wechselwirkungen mit der Umwelt konkret Gestalt annehmen. Wenn verschiedene Triebe oder

Verhaltensweisen zu Erfolgen führen, werden sie selektiert; wenn nicht, dann nicht. Denkbare Basis des Ganzen ist weniger ein unbeschriebenes Blatt als vielmehr ein Spektrum möglicher Resultate. Die Natur dürfte eine Bandbreite festlegen, und die Umwelt trägt dazu bei, das Merkmal innerhalb dieses Spektrums zu prägen. Gene plus Umwelt gleich Verhalten. Sich das bei einem einzelnen Menschen vorzustellen, mag schwerfallen, aber wenn wir an eine Bevölkerungsgruppe denken, in der jeder einzelne Mensch seine eigenen, einzigartigen zwischenmenschlichen Erfahrungen macht, kann man sich Vielfalt, Experimentierfreude und unterschiedlichen Erfolg leichter ausmalen.

Vor diesem Hintergrund können wir uns mit einigen Forschungsarbeiten über die sogenannte biologische Grundlage der Homosexualität befassen. So irregeleitet diese Frage auch sein mag, so ist doch – vielleicht ironischerweise – die Tatsache, dass man aus derartigen Forschungen keine stichhaltigen Schlussfolgerungen ziehen konnte, an sich schon aufschlussreich. Dass wir diese Variable nicht einzeln betrachten können, hat seinen Grund. Nebenbei haben diese Arbeiten aber zu einigen interessanten Entdeckungen darüber geführt, wie sexuelle Anziehung in Menschen und anderen Tieren entsteht.

Der Schleier wird gelüftet

Scham und Tabus führten dazu, dass sexuelle Anziehung und Orientierung erst in den 1930er-Jahren mit den Pionierarbeiten von Alfred Kinsey[1] erstmals zum Gegenstand ernsthafter wissenschaftlicher Forschung wurden. Davor gab es den Begriff der »sexuellen Orientierung«, wie wir ihn heute verstehen, überhaupt nicht, und ebenso wenig gab es bis vor Kurzem eine Terminologie, um sie nachzuzeichnen. Das Tabu gegenüber nichtheterosexueller Sexualität war so stark, dass wir nicht einmal Worte hatten, um darüber zu sprechen. Der Terminus »homosexuell« ist ein griechisch-lateinisches Mischwort, das ursprünglich im deutschsprachigen Raum geprägt wurde; es existiert erst seit der zweiten Hälfte des 19. Jahrhunderts. Aufschlussreich ist, dass der Begriff, soweit man weiß, erstmals im Protest gegen ein Gesetz zur Verurteilung der Sodomie im preußischen Strafgesetzbuch auftauchte.

Jahrhundertelang war »Sodomie« der einzige Ausdruck, den es für Homosexualität gab, aber er war kaum definiert, wurde nicht einheitlich gebraucht und bezeichnete nur sexuelle Handlungen, aber keine homosexuelle Anziehung oder Orientierung.* Mit »Sodomie« war in den meisten Fällen Sex zwischen Männern und insbesondere Analverkehr gemeint, gelegentlich wurde der Begriff aber auch auf heterosexuellen Analverkehr und sogar auf Oralverkehr angewendet. Manchmal schloss er andere sexuelle Kontakte zwischen Männern ein, ansonsten konnten solche Handlungen auch allgemeiner unter den Oberbegriff der »Perversion« fallen. Zuweilen meinte man mit »Sodomie« auch Sex mit Tieren (im Deutschen hat sich diese verengte Bedeutung sogar durchgesetzt), und irgendwann bezeichnete der Ausdruck alle sexuellen Verbrechen »gegen die Natur«. Andererseits war »Sodomit« – besonders im Englischen – immer ein abwertender Begriff für Männer, die sexuelle Kontakte zu anderen Männern hatten (oder haben wollten). Entsprechend wird »Sodomie« ausschließlich im Zusammenhang mit juristischen Verboten oder moralischer

* »Sodomie« kommt natürlich von der »sündigen« Stadt Sodom, die laut der Bibel – insbesondere dem Alten Testament – zusammen mit Gomorrha, Adma und Zebojim von Gott zerstört wurde. Seltsamerweise geht aus den Schriften keineswegs klar hervor, ob gleichgeschlechtliche Handlungen der Auslöser für Gottes Zorn gegenüber Sodom waren. Das 1. Buch Mose nennt eine Fülle unmoralischer Verhaltensweisen als Gründe für Gottes Entscheidung, die Städte zu zerstören, und in anderen Büchern des Alten Testaments werden im Zusammenhang mit der Verderbtheit von Sodom und Gomorrha ebenfalls diese anderen Sünden erwähnt, mitunter ohne Anführung der sexuellen Übergriffe. Urteilt man nach den biblischen Texten selbst, waren Hochmut und Bruch der Gastfreundschaft die entscheidenden Missetaten.

Missbilligung verwendet, aber nie als neutrale Beschreibung sexueller Handlungen vor allem schwuler Menschen. Die einzigen Wörter, die für Gespräche über homosexuelle Menschen existierten, waren also nicht nur negativ konnotiert, sondern sie stellten schlicht die unerwünschtesten Kennzeichnungen dar, die es überhaupt gab.

Als Erster bemühte sich Alfred Kinsey um eine wissenschaftliche Untersuchung der menschlichen Sexualität. Seine Arbeiten gelten als Grundlage für das Fachgebiet der Sexualforschung. Bevor er seine Aufmerksamkeit der Sexualität der Menschen zuwandte, war Kinsey Insektenforscher, und als solcher trug er Millionen Exemplare zur Insektensammlung des American Museum of Natural History in New York bei. Passend zur Hauptaussage seines Buches begann sich Kinsey für die sexuellen Verhaltensweisen der Menschen zu interessieren, nachdem er das nicht der Fortpflanzung dienende Sexualverhalten von Gallwespen beobachtet hatte. Eine erste Version der berühmten Kinsey-Skala, in der die Orientierung von homo- bis heterosexuell eingeordnet wird, entwickelte er sogar für die Anwendung an Wespen. Erst später kam ihm der Gedanke, dass seine Beobachtungen auch für die menschliche Sexualität gelten könnten.

Wie dünn der Wissensstand über Sexualität vor Kinseys bahnbrechenden Arbeiten war, kann man gar nicht genug betonen; aus diesem Grund haben auch nicht alle seine Schlussfolgerungen und Theorien die Zeiten überdauert. So funktioniert Wissenschaft nun einmal. Forschung baut auf dem auf, was vorher da war, und verfeinert oder widerlegt es, aber alles trägt dazu bei, in Bezug auf das wahre Wesen der Dinge »treffsicherer« zu werden. Arbeiten aus den Anfangsjahren eines Fachgebietes können später naiv, fehlgeleitet oder regelrecht falsch wirken. Und nicht nur das: Wenn Methoden und Berufsethik sich weiterentwickeln, erscheinen frühere Ausdrucksformen vielleicht amateurhaft und sogar unethisch. Der dynamische Aufbau von Wissen ist niemals ein klarer oder gerader Weg, sondern stets ein Prozess des Entdeckens, und nicht alle Vorgehensweisen erweisen sich am Ende als fruchtbar, aber ohne eine solche unordentliche Erkundungsphase käme das Streben nach Wissen nicht voran. Kinsey bediente sich fragwürdiger Methoden und übertrieb vielleicht manche Phänomene, während er andere übersah; seine Theorien erscheinen uns heute übermäßig streng und unvollständig, doch zu ihrer Zeit waren sie ein gewaltiger Schritt nach vorn, und Kinsey war als Wissenschaftler so mutig und fantasievoll, sie zu formulieren.

In seinem ersten Buch, *Das sexuelle Verhalten des Mannes*, und dann noch einmal in *Das sexuelle Verhalten der Frau* führte Kinsey detaillierte wissenschaftliche Belege dafür an, dass Homosexualität eine echte, dauerhafte Orientierung ist und nicht nur die seltene, perverse Folge psychischer Schäden, wie man zuvor oft angenommen hatte.[2,3] Außerdem legitimierte Kinsey als Erster die Auffassung, dass manche Menschen sich sexuell sowohl von Männern als auch von Frauen angezogen fühlen – diese Orientierung nannte er »Bisexualität«. Seine Arbeit war entscheidend dafür, dass die Homosexuellenbewegung und die sexuelle Befreiung der Frauen in Gang kamen. So lächerlich es uns heute erscheinen mag: Kinsey musste sich mit einer großen Zahl wissenschaftlicher Originalbefunde wappnen, um nachdrücklich argumentieren zu können, dass die meisten Frauen an sexueller Aktivität tatsächlich *Spaß* haben. *Keuch!*

Die Kinsey-Skala, in der Menschen in Kategorien von 0 bis 6 – ausschließlich heterosexuell bis ausschließlich homosexuell – eingestuft werden, war die erste ihrer Art und vertrat den neuartigen Standpunkt, dass sexuelle Orientierung eine festgelegte persönliche Eigenschaft sei und kein anormales Verhalten oder eine flüchtige Kuriosität. Mit ihr wurde auch zum ersten Mal anerkannt, dass sexuelle Anziehung nicht streng binär ist, sondern ein Spektrum bilden kann – eine Erkenntnis, die Sexualforscher erst in jüngster Zeit eingehender studieren. Später fügte Kinsey sogar eine Einstufung »X« für Menschen hinzu, die überhaupt keine sexuellen Neigungen haben, eine Orientierung, die wir heute als »asexuell« bezeichnen. Am schockierendsten im Amerika der 1950er-Jahre waren jedoch seine Behauptungen, nahezu die Hälfte aller Männer habe irgendwann im Erwachsenenalter einmal auf einen anderen Mann »sexuell reagiert« und mehr als ein Drittel habe handfeste homosexuelle Erfahrungen. Für Frauen ergaben sich ähnliche Zahlen. Als diese Befunde den Weg in die großen Zeitungen fanden, fragten Millionen US-Amerikaner und -Amerikanerinnen argwöhnisch nach den Leichen in den Kellern ihrer Mitmenschen. Außerdem berichtete Kinsey, ungefähr 10 Prozent aller Erwachsenen seien mehr oder weniger ausschließlich homosexuell und ein ähnlicher Prozentsatz sei bisexuell.

Im weiteren Verlauf beschrieb Kinsey die Häufigkeit von ehelichem und außerehelichem Sex in der von ihm untersuchten Gruppe und die Häufigkeit anderer »sexuell abweichender« Verhaltensweisen, darunter auch Sadomasochismus und sogar Pädophilie. Seine Bücher wurden zu Bestsellern, und sein Name war in aller Munde. Die Arbeiten hatten zur Folge, dass die westliche Welt der Realität ins Auge sah und erkannte, dass Sexualität nicht so einfach war, wie man geglaubt hatte. Dieses Erwachen setzt sich bis heute fort.

Die Forschung, die Kinsey in den 1940er-Jahren begonnen hatte, gab in der gesamten Gesellschaft Anlass zu Gesprächen und Diskussionen, von den familiären Runden am Esstisch bis zu akademischen Forschungsinstituten und von Kirchenkanzeln bis zu den Preisverleihungsshows von Hollywood. Die sexuelle Befreiung der 1960er-Jahre konzentrierte sich zwar vordergründig auf die Trennung von Sexualität und Fortpflanzung bei Heterosexuellen, die nachfolgende allgemeine Lockerung der sexuellen Sitten schloss aber irgendwann auch die Homosexualität ein, und im Juni 1969 begann mit den »Stonewall-Unruhen« offiziell die Lesben- und Schwulenbewegung.* Allmählich kristallisierte sich das Thema der sexuellen Orientierung – als kulturelles Phänomen und als Gegenstand wissenschaftlicher Forschung – aus dem Schatten des Tabus heraus. Tatsächlich

* Als 2011 in New York das Gesetz über die Ehe für alle verabschiedet wurde, machten sich viele von uns spontan auf den Weg zur Bar »Stonewall Inn« im Greenwich Village, um unsere Vorgänger zu feiern und zu ehren.

lautete der vermutlich am weitesten verbreitete Kampfruf der Homosexuellenbewegung während der gesamten 1970er- und 1980er-Jahre: »Wir sind hier; wir sind queer; gewöhnt euch daran.« Er betonte, dass das Tabu rund um die Fragen der sexuellen Orientierung das erste und größte Hindernis für die Befreiung war.

Heute wissen wir, dass Abweichungen von der strengen Heterosexualität unter Menschen aller Altersgruppen, ethnischen Zugehörigkeiten, Kulturkreise, Nationalitäten und Religionen weitverbreitet sind, aber die Häufigkeit einer queeren Sexualität lässt sich nur schwer feststellen, denn die Befunde schwanken – je nachdem, wann, wo und wie sie erfasst werden. Dabei kann schon die Formulierung der Frage sehr viel ausmachen: Die Zahlen, über die in verschiedenen Umfragen berichtet wird, reichen von 3 bis 20 Prozent, in ihrer Mehrzahl liegen sie aber zwischen 5 und 10 Prozent.[4]

Nachdem ich Dutzende solcher Erhebungen genau studiert habe, bin ich persönlich der Ansicht, dass man die Zahl queerer Menschen am genauesten ermitteln kann, wenn man nach strenger Heterosexualität fragt und dann subtrahiert. Eine solche Vorgehensweise liefert tatsächlich von Studie zu Studie einheitlichere Ergebnisse, weil man, so denke ich, damit die Unterschiede in der Art, wie queere Menschen sich selbst als solche identifizieren, außen vor lässt. Es gibt Anziehung, Verhaltensweisen und Identitäten, und die stimmen nicht immer überein, aber wenn man jemanden fragt, ob er oder sie sich »nur zu Angehörigen des anderen Geschlechts hingezogen fühlt«, erhält man offensichtlich recht einheitliche Ergebnisse. In dem 2015 von den Centers for Disease Control and Prevention durchgeführten *National Health Interview Survey*, einer Umfrage unter mehr als 10 000 US-Amerikanerinnen und -Amerikanern, gaben beispielsweise rund 90 Prozent der Männer und 80 Prozent der Frauen an, sie fühlten sich ausschließlich vom anderen Geschlecht angezogen.[5] Darunter waren zwar auch einige vorwiegend heterosexuelle Menschen, die eine schwächere gleichgeschlechtliche Anziehungskraft empfanden, aber da die Attraktion ein ganzes Spektrum bildet, kann man keine saubere Grenze ziehen. Ich kann gut mit der Erkenntnis leben, dass 80 Prozent der Frauen und 90 Prozent der Männer ziemlich hetero sind, während für 10 Prozent der Männer und 20 Prozent der Frauen etwas anderes gilt.

Unglaublich schwierig wird die Sache jedoch, wenn man »etwas anderes« dingfest machen möchte. Das erste große Hindernis: Die Empfindung bestimmter Anziehungskräfte bedeutet nicht, dass man auch danach handelt. So wird etwa ein Mann, der in seinem ganzen Leben nur Sex mit Frauen hatte – und davon begeistert war –, gelegentlich aber bestimmte Männer attraktiv findet, sich mit ziemlicher Sicherheit in einer Umfrage als heterosexuell bezeichnen. Was hat es also mit seiner ab und an empfundenen Anziehungskraft von Männern auf sich? Wie bewertet man sie? Zudem stellt die Tatsache, dass man sich zu Angehörigen des gleichen Geschlechts hingezogen fühlt und auch regelmäßig entsprechend dieser Attraktion handelt, für viele Menschen keine Identität dar. Zahlreiche Männer, die immer mal wieder Sex mit anderen Männern haben, bezeichnen sich nicht als schwul. Schwulsein bedeutet für viele nicht nur Anziehungskraft oder auch Verhalten, sondern Identität. Deshalb werden in der Sexualforschung häufig *MSM* – Männer, die Sex mit Männern haben – studiert und nicht »schwule Männer«. Man interessiert sich nur für diejenigen, die regelmäßig eine bestimmte Verhaltensweise praktizieren, und will sich nicht mit Fragen von Identität, Anziehungskraft oder Kennzeichnungen herumschlagen.[6]

Das kenne ich selbst sehr gut. Ich fühle mich zu Männern hingezogen, die meisten meiner Sexualpartner waren Männer, und ich identifiziere mich als schwuler Mann. Und doch werde ich immer wieder von Frauen angezogen und hatte mit ihnen auch sexuelle Begegnungen, darunter langfristige Beziehungen, die sexuell befriedigend waren (und zwar für beide Seiten, wenn ich das sagen darf). Ich bin also eindeutig bis zu einem gewissen Grad bisexuell, warum identifiziere ich mich dann nicht so? Da bin ich mir nicht ganz sicher. Ich tue es einfach nicht. Gewissermaßen in der umgekehrten Situation ist Svante Pääbo, der 2022 den Nobelpreis erhielt, weil er das Genom des Neandertalers sequenziert hat (und damit die Arbeit meines Instituts erst möglich machte). Er identifizierte sich jahrzehntelang als schwul, aber als er seine jetzige Frau kennenlernte und sich in sie verliebte, wurde ihm klar, dass er bisexuell sein musste. Die beiden sind auch nach 17 Jahren noch glücklich verheiratet. Es ist – zumindest für Menschen wie Professor Pääbo und mich selbst – eher so, dass die Anziehungskraft nicht von einem bestimmten Gender, sondern von einzelnen Menschen ausgeht. Das muss man sich mal vorstellen!

Wenn wir nur diejenigen zählen würden, die sich als bisexuell identifizieren, hätten wir den Eindruck, Bisexualität sei mit rund 1 Prozent der Bevölkerung wirklich selten. Nimmt man aber jene hinzu, die sich als homo oder hetero identifizieren und gleichzeitig einräumen, sie würden »mehr als nur eine flüchtige Anziehung« zum anderen oder eigenen Geschlecht empfinden, schießt der bisexuelle Anteil auf 20 Prozent in die Höhe und ist damit größer als die gesamte LGBTQ-Community nach den meisten traditionellen Maßstäben.[7] Meiner Ansicht nach beweist diese extreme Abhängigkeit von der genauen Formulierung der Frage, dass alle Versuche, Sexualität und Anziehungskraft mit hübschen sauberen Etiketten zu versehen, zum Scheitern verurteilt sind.

Bisexualität ist eine so schwammige Angelegenheit, dass Zweifel, ob es sie überhaupt gibt, selbst in der queeren Community weitverbreitet sind.[8] Einer gängigen Redewendung zufolge ist Bisexualität für Männer nur der erste Schritt auf dem Weg zum Coming-out als Schwuler. Andere fragen sich, ob Bisexualität nur der Ausdruck einer überentwickelten Libido ist, eines starken sexuellen Dranges, sodass jeder Partner und jede Partnerin gerade recht kommt. Die größte und umfassendste diesbezügliche Studie erschien 2020. Darin bestätigten die Autoren, dass nahezu alle befragten Männer, die sich selbst als bisexuell identifizierten, tatsächlich beim Anblick von Männer- und Frauenbildern mehr oder weniger in gleichem Maße sexuelle Erregung und Anziehung empfanden.[9] Das scheint zwar nicht gerade eine bahnbrechende Erkenntnis zu sein, aber die Presse der ganzen Welt berichtete darüber, von der BBC bis zur *New York Times*. An dem Neuigkeitswert dieser Forschungsarbeiten können wir alles ablesen, was wir über die Skepsis der Öffentlichkeit gegenüber männlicher Bisexualität wissen müssen. Ich kann mir vorstellen, dass weltweit Millionen Bisexuelle erleichtert waren, als sie erfuhren, dass sie existieren.

Zusammenfassend können wir nach sieben Jahrzehnten der Erforschung sexueller Orientierungen feststellen, dass ungefähr 10 Prozent der Bevölkerung eindeutig queer sind, während weitere rund 20 Prozent sich zwar als heterosexuell identifizieren, aber auch eine nichtheterosexuelle Anziehungskraft empfinden, die so stark oder häufig ist, dass sie in Umfragen eingestanden wird. Während also der größte Teil der Bevölkerung heterosexuell ist, gibt es daneben eine breite sexuelle Vielfalt. Außerdem zeigt das Konzept der Sexualität drei wichtige Stränge: Anziehungskraft, Verhalten und Identität. Alle drei gehen natürlich meist Hand in Hand, aber oft genug stimmen sie so wenig überein, dass die Erforschung der Sexualität kompliziert wird. Verschiedene Studien können zu widersprüchlichen Ergebnissen führen, die sich nicht ohne Weiteres vereinbaren lassen, weil unterschiedliche Methoden angewandt wurden.

Schon daran, dass wir mit der Definition der Kategorien solche Schwierigkeiten haben, können wir aus meiner Sicht ablesen, dass *die Kategorien als solche ihren Zweck nicht erfüllen*. Schon Kinsey selbst sagte: »Die lebendige Welt ist ein Kontinuum in allen ihren Aspekten.«[10]

Brüderbande

Als Alfred Kinsey in den 1950er-Jahren zum ersten Mal die Theorie äußerte, Homosexualität könne zu einem natürlichen Spektrum der sexuellen Anziehungskraft gehören, war die Verhaltensforschung voll und ganz mit der grundsätzlichen Frage »Anlage oder Umwelt?« beschäftigt, und deshalb beherrschte dieses Entweder-oder-Denken auch die Erforschung der Homosexualität. Man stellte Fragen wie: Werden schwule Menschen so geboren, oder ist in ihrem Leben etwas geschehen, was sie schwul gemacht hat? Ist Homosexualität ein Merkmal, das von Genen codiert wird, oder die Folge eines Umweltreizes? Kann jemand schwul werden, wenn die richtigen Umweltbedingungen gegeben sind? Oder ist es in manchen Menschen fest verankert, schwul zu werden, ganz gleich, was geschieht? Zu solchen Fragen gibt es seit 60 Jahren gründliche Forschungsarbeiten, aber wir haben immer noch nicht alle Antworten; allerdings wissen wir genug, um sagen zu können, dass die Dichotomie – Überraschung! – eine falsche Vorgabe ist. Sexualität wird von Genen *und* der Umwelt beeinflusst. Bis heute wissen wir nicht, ob Menschen wirklich schwul *geboren* werden, und wenn nicht, wie lange die Sexualität durch die Umwelt beeinflusst werden kann. Klar ist aber, dass die Orientierung bei den meisten Menschen in dem Moment, wo die Pubertät das Feuer der sexuellen Anziehung anfacht, bereits auf einem guten Weg ist.

Die erste Studie, die auf eine biologische Grundlage der Homosexualität hindeutete, wurde in den 1960er-Jahren von dem höchst einflussreichen britischen Psychiater Eliot Slater veröffentlicht. Das Motiv für seine Mitgliedschaft in der Eugenics Society war die feste Überzeugung, dass tiefgreifende geistige Krankheiten vorwiegend genetische Ursachen hätten und letztlich aus der Bevölkerung herausgezüchtet werden könnten. (Später behauptete er, er sei immer gegen die »erzwungene Eugenik« gewesen.) Und als wäre das nicht schon Grund genug, seine Arbeiten mit den Londoner Homosexuellen argwöhnisch zu betrachten, sprach er sich auch noch nachdrücklich für die transorbitale Lobotomie aus, das heißt für den chirurgischen Stich durch die Oberseite der Augenhöhle, um dann neurale Verbindungen im Gehirn zu durchtrennen; diese Ansicht vertrat er noch bis weit in die 1970er-Jahre, als das medizinische Establishment das grausige Verfahren längst aufgegeben hatte. Das alles ist nicht von großer Bedeutung für den bahnbrechenden Aufsatz, den er über Homosexualität veröffentlichte, aber in jeder Diskussion über seine Arbeiten sollte erwähnt werden, wie er über Menschen dachte, die anders waren.

Im Laufe von fünf Jahren studierte Slater die Berichte über rund 400 Männer, die wegen sexueller Abweichungen im Krankenhaus gewesen waren und bei denen man später Homosexualität »diagnostiziert« hatte. Beim Vergleich ihrer Geburts- und Familienakten fiel ihm auf, dass die Mütter häufig älter waren, als er erwartet hatte, und bei genauerem Hinsehen wurde ihm auch klar, warum: Die schwulen Männer waren oftmals jüngere Mitglieder kinderreicher Familien. Zunächst war das Ganze nur ein Eindruck, das heißt, er brauchte zum Vergleich eine Kontrollgruppe. Am einfachsten waren ähnliche Krankenhausakten von Epileptikern zu beschaffen, also untersuchte er auch die Geburtsurkunden mehrerer Hundert Männer, die man in der gleichen Zeit wegen Epilepsie eingewiesen hatte, und verglich die beiden Gruppen. Die Statistik bestätigte seine Vermutung: Homosexuelle Männer hatten häufiger ältere Geschwister als Epileptiker.[11]

Diese Arbeit schien auf einen Umwelteinfluss auf die Homosexualität hinzudeuten, auch wenn eine solche Gesetzmäßigkeit in Bezug auf die Geburtsreihenfolge bei lesbischen Frauen nicht zu beobachten war. In den 1960er-Jahren waren Familien im Westen im Durchschnitt noch recht groß, schrumpften aber bereits, weil die Babyboomer im Begriff waren, ihre Familien zu verlassen und weil hormonelle Empfängnisverhütungsmittel allmählich zur Verfügung standen. In solchen Familien, so wurde allgemein behauptet, würden die jüngsten Kinder, insbesondere die Jungen, häufig von ihren Müttern verhätschelt. Schließlich kann das jüngste Kind die Aufmerksamkeit der Mutter länger fesseln als die älteren Geschwister, weil es nicht gezwungen ist, noch jüngeren Platz zu machen. Die Mütter jener Zeit bezeichneten ihre Jüngsten sogar oft noch Jahre nach deren Erwachsenwerden als »Familienbaby«, und wenn es sich um Jungen handelte, haftete ihnen häufig der Begriff »Muttersöhnchen« an. Vor diesem Hintergrund und angesichts der immer noch beherrschenden freudschen Psychologie schien offenkundig zu sein, welchen Bösewicht man für die Homosexualität verantwortlich machen konnte: die Mutter.

Ungefähr drei Jahrzehnte lang lautete die Volksweisheit, Homosexuelle seien die Produkte überfürsorglicher Mütter. Manchmal beschuldigte man auch die »abwesenden Väter«, aber dann meist, weil sie es versäumt hätten, die Mütter von der Vereinnahmung ihrer Söhne abzuhalten. Ich muss vermutlich nicht viel darüber sagen, welche Schäden eine solche Denkweise bei allen Beteiligten anrichtete, gerade bei kleinen Jungen. Die moralische Panik rund um die Homosexualität mischte sich nur allzu gut mit dem allgemeinen Nachkriegspatriarchat und schuf eine Suppe aus toxischer Männlichkeit: Jungen mussten »abgehärtet« werden, Sanftmut und Gefühlsäußerungen sollten möglichst gering gehalten werden. Dass so etwas grausam und schädlich war, brauche ich nicht zu betonen, es war aber auch ineffektiv. Keine emotionale und körperliche Misshandlung konnte das Schwulsein aus armen kleinen Jungen herausprügeln, aber das Ziel, sie abzuhärten, führte zum Gegenteil der beabsichtigten Wirkung: Im Laufe der Jahrzehnte machten sich Schwule und Lesben ihre Kraft und Unabhängigkeit zunutze, outeten sich und begannen, um Anerkennung und Gleichberechtigung zu kämpfen.

Slaters Beobachtung, dass schwule Männer häufig ältere Geschwister hätten, wurde in vielen Ländern wiederholt und war allgemein als echtes, wenn auch rätselhaftes Phänomen anerkannt. Eine nachdrückliche Aktualisierung erhielt sie 1996: Wie sich nämlich herausstellte, haben schwule Männer nicht nur häufig ältere Geschwister – sie haben insbesondere ältere *Brüder*.[12] Ältere Schwestern scheinen dagegen keine Rolle zu spielen, und – noch wichtiger – der Effekt tritt auch nicht auf, wenn die älteren Geschwister durch Adoption in die Familie gekommen sind.[13] Eine Zunahme der Homosexualität steht in Verbindung mit älteren *biologischen* Brüdern, ganz gleich, ob die fraglichen Männer zusammen mit diesen älteren Brüdern oder überhaupt bei ihrer biologischen Mutter aufgewachsen sind. Mit anderen Worten: Es war tatsächlich ein umweltbedingter Trend, aber nicht auf die Art, die man sich in der Psychologie vorgestellt hatte. Wenn überfürsorgliche Mütter die Kinder nicht schwul machten, was dann?

Das Phänomen wurde offiziell als »Großer-Bruder-Effekt« oder *fraternal birth order effect* (FBOE) bezeichnet und ist vermutlich der bislang stichhaltigste Beleg dafür, dass biologische Faktoren die Sexualität in einer bestimmten Weise beeinflussen.[14] Man beobachtet ihn auch dann, wenn die älteren Brüder tot geboren wurden oder als Säuglinge gestorben sind, und bei jüngeren Brüdern, die nicht zusammen mit ihren älteren Geschwistern aufgewachsen sind. Alles deutet also auf die vorgeburtliche Umwelt als »verursachenden Faktor« hin, nicht auf das Kindheitsumfeld.

Wichtig ist aber auch die Feststellung, dass es sich um einen geringfügigen Effekt handelt. Bei einem erstgeborenen männlichen Kind liegt die Wahrscheinlichkeit, dass es ausschließlich homosexuell (Kinsey-6) ist, bei rund 2 Prozent. Für jedes weitere männliche Kind steigt die Wahrscheinlichkeit ungefähr um ein Drittel: Das zweite männliche Kind hat eine Chance von 2,6 Prozent, das dritte von 3,5 Prozent. Das vierte männliche Kind ist mit einer Wahrscheinlichkeit von 4,6 Prozent schwul, und wenn die Mutter noch einen fünften Sohn zur Welt bringt, liegt dessen Chance, schwul zu sein, bei kolossalen 6 Prozent. Dieser verblüffend lineare mathematische Trend, der in Dutzenden von Studien bestätigt wurde, ist ein überzeugender Beleg dafür, dass es sich um einen echten biologischen Effekt handelt.

Weitere bestätigende, aber auch verwirrende Befunde betreffen andere biologische Faktoren, die offenbar mit dem FBOE in Verbindung stehen. So scheint die Zahl älterer biologischer Brüder (aber nicht älterer Schwestern) bei männlichen (aber nicht weiblichen) Säuglingen auch mit einem niedrigeren Geburtsgewicht in Zusammenhang zu stehen, und diejenigen, die später homosexuell sind, haben im Durchschnitt ein noch niedrigeres Geburtsgewicht als jene, die zu Heterosexuellen heranwachsen. Anscheinend besteht also ein Zusammenhang zwischen Geburtsreihenfolge, Geburtsgewicht und der Wahrscheinlichkeit, schwul zu werden. Seltsam, aber gleichbleibend.

Faszinierenderweise beschränkt sich der Effekt auch auf Männer, die Rechtshänder sind.[15] Betrachtet man nur Links- oder Beidhänder, verschwindet der FBOE völlig! Wie alle diese Faktoren zusammenhängen, ist nach wie vor ein absolutes Rätsel. Wenn man allerdings bedenkt, dass sowohl die Händigkeit als auch (natürlich) das Geburtsgewicht während der Schwangerschaft festgelegt werden und der FBOE ausschließlich im Zusammenhang mit biologischen älteren Brüdern steht, nicht aber mit Adoptivbrüdern, ist eines klar: An der Umwelt des Fötus ist irgendetwas anders, wenn die Gebärmutter zuvor schon männliche Babys ausgetragen hat. Worum es sich bei diesem Etwas auch handeln mag, es erhöht die Chance, dass weitere männliche Babys zu Schwulen heranwachsen.

Unter anderem könnte sich im Organismus der Mutter nach Schwangerschaften mit männlichen Babys deshalb etwas ändern, weil ihr Immunsystem Antikörper gegen spezifisch männliche Faktoren bildet.[16] Da Frauen kein Y-Chromosom besitzen, erkennt ihr Immunsystem die Proteine, die von Genen auf dem Y-Chromosom codiert werden, als fremd. Wie alle fremden Proteine, so könnten auch jene, die spezifisch männlich sind, im Organismus der Schwangeren einem Angriff des Immunsystems ausgesetzt sein, ein Phänomen, das man als »Alloimmunantwort« (*alloimmune response*) bezeichnet. Was dabei wichtig ist: Wenn wir Antikörper gegen ein fremdes Protein bilden, verstärkt jeder weitere Kontakt damit die Antikörperreaktion – deshalb kann man die Immunität mit »Auffrischimpfungen« aufrechterhalten. Wenn eine Mutter gegen die männlichen Proteine des Fötus, mit dem sie schwanger ist, Antikörper entwickelt, verstärkt sich der Effekt mit jeder weiteren Schwangerschaft. Das wäre eine Erklärung für den FBOE als solchen *und* dafür, dass sich die Korrelation mit der wachsenden Zahl älterer Brüder verstärkt. Diese vorläufige Hypothese findet bei vielen Fachleuten Anerkennung, und nun ist die Jagd auf die spezifischen männlichen Proteine eröffnet, die dabei im Mittelpunkt stehen.

Der erste spezifisch männliche Faktor, der als möglicher Verdachtsfall für die Alloimmunantwort bei Müttern schwuler Söhne genauer untersucht wurde, war das sogenannte H-Y-Antigen, ein Protein, das nur bei Männern vorkommt und an der Bildung der Samenzellen mitwirkt.[17] Analysen der mütterlichen Antikörper gegen diesen Faktor erbrachten allerdings vorwiegend negative oder mehrdeutige Ergebnisse. Im Jahr 2018 tauchte ein neuer Kandidat auf: ein Protein namens »Neuroligin«. Dieses spezifisch männliche Protein ist ein attraktiverer Kandidat, denn es wirkt im Gehirn und ist für die Entwicklung des Nervensystems männlicher Föten wichtig. Wie sich in der 2018 erschienenen Studie herausstellte, ist die Immunantwort gegen Neuroligin bei Müttern schwuler Söhne stärker als bei solchen, deren Söhne ausschließlich heterosexuell sind, und noch stärker war der Effekt, wenn die schwulen Söhne ältere Brüder hatten.[18] Solche Beobachtungen sprechen dafür, dass Neuroligin zu den biologischen Grundlagen der Homosexualität bei Männern beiträgt, aber hier ist noch weitere Forschungsarbeit notwendig.

Selbst wenn zukünftige Untersuchungen vielleicht Zweifel am Neuroligin aufkommen lassen, spricht vieles dafür, dass die Umwelt im Mutterleib auf irgendeine Weise die Entwicklung der Homosexualität von Männern beeinflusst, auch wenn es sich nur um einen geringfügigen Effekt handelt. Grundsätzlich gilt jedoch für alle psychosozialen Phänomene, dass die Zusammenhänge zwischen Ursache und Wirkung – fachsprachlich die Kausalitäten – nur selten eindeutig sind. Die meisten Männer mit älteren Brüdern sind heterosexuell, und viele schwule Männer sind erstgeborene Söhne oder Einzelkinder. Offensichtlich wird Homosexualität als Wahrscheinlichkeit angelegt, das heißt, für jeden Menschen, der geboren wird, besteht eine geringe Chance, schwul zu sein, und in manchen Fällen ist die Chance ein wenig höher.

Auch auf die Gefahr hin, dem Anekdoteneffekt zum Opfer zu fallen, kann ich der Versuchung nicht widerstehen, zum Schluss dieses Abschnitts zu erwähnen, dass sowohl mein Ehemann als auch ich zwei ältere Brüder haben.

Gebärfreudige Meute

Der Große-Bruder-Effekt ist nicht das einzige Indiz für eine biologische Grundlage der männlichen Homosexualität. Ein anderes wurde in den 1990er-Jahren an den US-amerikanischen National Institutes of Health entdeckt und dann noch einmal Anfang der 2000er-Jahre von einem italienischen Forschungsteam. Betrachtet man diesen zweiten biologischen Zusammenhang parallel zum FBOE, gelangt man zu einigen interessanten, wenn auch spekulativen soziologischen Möglichkeiten.

Für die italienische Studie wurden ungefähr 200 Männer nach dem Zufallsprinzip rekrutiert; die Hälfte von ihnen identifizierte sich als ausschließlich homosexuell, die andere Hälfte als ausschließlich heterosexuell. (Wie gesagt: In der Wissenschaft bevorzugt man strikte Kategorien statt unscharfer Grenzen.) Man sammelte familiengeschichtliche und demografische Informationen der Männer und suchte nach Unterschieden zwischen den beiden Gruppen. Dabei fiel wiederum auf, dass die schwulen Männer häufig aus größeren Familien stammten, wie es nach dem FBOE zu erwarten war. Hinzu kam aber eine andere, ganz unerwartete Beobachtung. Nicht nur die Mütter der schwulen Männer hatten viele Kinder, sondern auch ihre Großmütter und Tanten hatten meist größere Familien![19] Es lohnt sich, diesen Befund ein wenig genauer zu betrachten.

Die Mütter der schwulen Männer in der Studie hatten durchschnittlich 2,69 Kinder, bei den Müttern der heterosexuellen Männer waren es 2,32. Das ist kein riesiger Unterschied, aber er ist statistisch signifikant (für Statistiker: p=0,02, das heißt, die Wahrscheinlichkeit eines Stichprobenfehlers liegt nur bei 2 Prozent). Dieser Unterschied ließ sich aber mit dem FBOE erklären, also verglich das Forschungsteam anschließend nur die erstgeborenen Männer. In diesem Vergleich hatten die Mütter der schwulen Männer 1,94 Kinder, die Mütter der heterosexuellen Männer dagegen 1,77 – dieser kleinere Unterschied war statistisch gesehen nicht ganz so signifikant.

Für die eigentliche Überraschung sorgte der Blick des Teams über die Verwandten ersten Grades hinaus. Die Großmütter mütterlicherseits der schwulen Männer hatten im Durchschnitt 3,55 Kinder (italienische Familien waren in der vorangegangenen Generation größer), während es bei den Großmüttern mütterlicherseits der heterosexuellen Männer 3,39 waren. Einen noch signifikanteren Unterschied fand man bei den Tanten mütterlicherseits. Die Tanten der schwulen Männer hatten 1,98 Kinder, die der heterosexuellen Männer dagegen nur 0,97. Insgesamt hatten die Mütter der schwulen Männer sowie ihre Großmütter und Tanten mütterlicherseits im Durchschnitt mehr Kinder als die gleichen Verwandten der heterosexuellen Männer. Das lässt zumindest in diesen italienischen Familien auf einen Zusammenhang zwischen männlicher Homosexualität und weiblicher Fruchtbarkeit schließen.

Faszinierenderweise beschränkte sich der Effekt auf Verwandte in der mütterlichen Linie. Unterschiede in der Familiengröße bei Onkeln mütterlicherseits oder bei Tanten, Onkeln und Großeltern väterlicherseits gab es nicht. Es ist auch nicht so, dass *alle* weiblichen Verwandten schwuler Männer größere Familien haben; fruchtbarer sind ausschließlich die weiblichen Angehörigen in *mütterlicher* Linie. Verwandte in der mütterlichen Linie sind solche, zu denen die Verbindung ausschließlich über Frauen besteht. Die Mutter, Geschwister derselben Mutter, Großeltern mütterlicherseits, Tanten und Onkel mütterlicherseits (nicht angeheiratet) sowie Cousins und Cousinen (über dieselbe Großmutter mütterlicherseits) sind Verwandte in der mütterlichen Linie. Großeltern, Tanten, Onkel, Cousins und Cousinen väterlicherseits gehören nicht der mütterlichen Linie an, denn die Verbindung zu ihnen führt nicht ausschließlich über Frauen.

Die Studie wurde seither von dem gleichen Forschungsteam und anderen wiederholt und erweitert. Untersuchungen mit Tausenden von Versuchspersonen verschiedener Nationalitäten und ethnischer Gruppen haben bestätigt, dass die weiblichen Verwandten schwuler Männer mütterlicherseits tendenziell signifikant mehr Kinder haben als die gleichen Verwandten heterosexueller Männer, während man den Unterschied bei Verwandten in väterlicher Linie nicht beobachtet. Verblüffenderweise tritt der Effekt auch bei bisexuellen Männern im gleichen Umfang auf wie bei Homosexuellen.[20] Wer in Biologie nicht bewandert ist, dem erscheint der Zusammenhang mit den Verwandten aus der mütterlichen Linie von Männern vollkommen rätselhaft, aber für Biologen und Biologinnen liegt die Verbindung auf der Hand: Es ist das X-Chromosom.

Wie wir aus Kapitel 1 wissen, geht die Geschlechtsbestimmung bei Menschen vom Y-Chromosom aus, das heißt, genetische Frauen haben zwei X-Chromosomen, Männer dagegen ein X und ein Y. Auf dem Y-Chromosom liegt nur sehr wenig funktionsfähige genetische Information, das X-Chromosom dagegen enthält mehr als 2000 protein- und RNA-codierende Gene, die überall in unserem Organismus wichtige Funktionen erfüllen. Frauen erhalten von jedem Elternteil ein X-Chromosom; das einzige X-Chromosom der Männer stammt von der Mutter. Es mag der Intuition widersprechen, aber Männer erhalten von der Mutter mehr genetische Information als vom Vater. Während das kümmerliche Y-Chromosom meist unverändert vom Vater auf den Sohn übergeht, verbreiten sich die X-Chromosomen über beide Geschlechter und sind an der Vermischung und Paarung von Genvarianten beteiligt, die wir als »genetische Rekombination« bezeichnen. Das X-Chromosom ähnelt stärker einem normalen Körperchromosom und beherbergt Hunderte von lebensnotwendigen Genen. Da das X-Chromosom aber auf einzigartige Weise mit der Geschlechtsbestimmung zusammenhängt, wird es in Familien nach einem ganz besonderen Muster weitervererbt. Für den genetischen Zusammenhang zwischen schwulen Männern und ihren weiblichen Verwandten aus der mütterlichen Linie könnte es eine ganz einfache Erklärung geben: Es besteht eine große Wahrscheinlichkeit, dass sie dasselbe X-Chromosom teilen.

Mit der über die mütterliche Linie verlaufenden Verbindung zwischen Fruchtbarkeit und Homosexualität hatte die Wissenschaft einen genetischen Ansatzpunkt, auf den man sich mit den Analysen konzentrieren konnte: das X-Chromosom. Gleichzeitig verschob sich damit aber auch die Anlage-Umwelt-Debatte. Der FBOE besagt, dass die Umwelt, insbesondere die Umwelt vor der Geburt, für die männliche Homosexualität eine Rolle spielt, aber die Fruchtbarkeit der Verwandten in mütterlicher Linie spricht dafür, dass die Gene verantwortlich sind. Die neuen Befunde beantworteten also die Frage nicht, sondern vertieften die Gräben zwischen der Veranlagungsfraktion und der Umweltfraktion, aber – und das war wichtig – sie lieferten auch weitere Anhaltspunkte dafür, dass Homosexualität nicht psychologisch, sondern biologisch bedingt ist. Man konnte den Müttern nicht vorwerfen, sie seien schuld an der Homosexualität ihrer Söhne – zumindest nicht so, wie Sexisten und Freudianer es uns eingeredet hatten.

Der Zusammenhang zwischen weiblicher Fruchtbarkeit und männlicher Homosexualität, der offensichtlich durch das X-Chromosom vermittelt wird, führte zu einigen recht amüsanten Spekulationen. Schon Anfang der 2000er-Jahre äußerten seriöse Fachleute ganz offen die Vermutung, es könne bestimmte Gene geben, die für eine starke Zuneigung zu Männern verantwortlich seien. Einige nahmen sogar an, diese Gene seien so stark, dass sie Männer schwul und Frauen »hyperheterosexuell« machen würden, und das sei der Grund, warum die weiblichen Verwandten schwuler Männer so fruchtbar seien. Die Homosexualität, so die Logik, habe sich in der Bevölkerung hartnäckig gehalten, obwohl schwule Männer in der Regel weniger Nachkommen hinterlassen, weil die unkontrollierbare Geilheit dieser hyperheterosexuellen Frauen dazu führe, dass sie mehr Kinder bekämen. Manche Männer, die solche Gene besäßen, wüchsen dann zwar als Schwule auf, aber jeder Fitnessverlust durch männliche Homosexualität werde durch die insgesamt höhere Geburtenrate ausgeglichen.

Manche Spekulationen gingen sogar noch einen Schritt weiter. Nachdenklich wurden wir daran erinnert, dass homosexuelle Männer gegenüber ihren Nichten und Neffen oftmals großzügiger sind als heterosexuelle. Tatsächlich hat sich in einigen Studien herausgestellt, dass schwule Onkel mehr Zeit und Geld für ihre jungen Nichten und Neffen aufwenden als heterosexuelle. (Als ob das ein genetisches Merkmal wäre!) Hinter dieser simplen Pop-Evolutionspsychologie steht der Gedanke, manche Genvarianten auf dem X-Chromosom würden Männer schwul und Frauen übermäßig sexuell machen. Dann seien die schwulen Onkel nützlich, weil sie bei der Versorgung der zusätzlichen Babys der fruchtbaren Frauen helfen könnten.

Ich weiß nicht, wie es anderen geht, aber mir klingt das alles ein wenig zu glatt. Lassen wir Sitcom-Klischees einmal beiseite: In Wirklichkeit vermindert sich die Fortpflanzungsrate durch gleichgeschlechtliche Sexualität in der Regel nicht, auch wenn schwule Männer zu diesem besonderen kulturellen Zeitpunkt nicht so viele biologische Nachkommen haben. Glücklicherweise folgte der Todesstoß für diese niedliche Theorie sehr schnell. Dennoch wurde der erstaunliche Zusammenhang zwischen männlicher Homosexualität und weiblicher Fruchtbarkeit in Bevölkerungsgruppen rund um die Welt viele Male bestätigt. Die Belege für einen schwachen, aber dauerhaften genetischen Einfluss auf die männliche Homosexualität sind stichhaltig.

X zeigt die Stelle

In den 1990er- und frühen 2000er-Jahren schien die Forschung zu bestätigen, dass Homosexualität bei Männern tatsächlich von der

Mutter kommt – aber nicht durch übermäßige Fürsorge, sondern entweder durch ihr X-Chromosom oder durch Antikörper, die sie in früheren Schwangerschaften gebildet hat, vielleicht auch durch beides. Während die Erforschung der Antikörpertheorie erst vor Kurzem begonnen hat, reichen die genetischen Untersuchungen weiter zurück. Schon 1993 beschäftigten sich Forschende der National Institutes of Health mit homosexuellen Männern an einer ambulanten HIV-Klinik, und nachdem man auch dort den FBOE verifiziert hatte, schloss man eine *Stammbaum-Kopplungsstudie* an. Dabei ist man bestrebt, bestimmte Genvarianten innerhalb eines Familienstammbaumes mit einer körperlichen Eigenschaft oder einem Verhaltensmerkmal in Verbindung zu bringen, in diesem Fall mit der Homosexualität. Dabei stellte sich heraus, dass die schwulen Brüder in der Untersuchung häufig eine Handvoll ganz bestimmter genetischer Varianten gemeinsam hatten, und zwar mehr als mit ihren heterosexuellen Brüdern und (was sich in einer späteren Studie herausstellte) häufiger als heterosexuelle Brüder untereinander.[21] Unter dem Strich hatte man damit eine Gruppe spezifischer Genvarianten gefunden, die innerhalb bestimmter Familien bevorzugt bei homosexuellen Männern auftreten, weniger bei heterosexuellen.

Wichtig ist dabei, dass die Varianten, die man in solchen Analysen untersucht hat, keine funktionalen Gene sind. Sie ähneln eher Wegweisern am Straßenrand. Man erkennt sie leicht, aber in der Regel haben sie keinen genetischen Zweck.* Solche Forschungsarbeiten legen also keinen möglichen Mechanismus für die genetischen Ursachen der Homosexualität nahe, doch sie können auf eine bestimmte Stelle im Genom hindeuten, an der man dann genauer nach Anhaltspunkten suchen kann. Die Region, die sich auf diese Weise in der Kopplungsanalyse zeigte, wird als »Xq28« bezeichnet und ist

* Das Genom des Menschen ist so voller nutzlosem Material, dass ich dem »DNA-Schrott« in meinem Buch *Human Errors* ein ganzes Kapitel gewidmet habe.

ein kleiner Bereich mit hoher Gendichte an der Spitze des X-Chromosoms.[22] Auch das ist ein Indiz für die Verbindung zur Mutter und eine X-chromosomale Übertragung der männlichen Homosexualität. Da der Befund die Vererbung der Homosexualität in der mütterlichen Linie physisch untermauerte und da in den Studien eindeutige molekulare Analysen mit strengen statistischen Methoden kombiniert wurden, waren schließlich sowohl die wissenschaftliche Welt als auch die Öffentlichkeit davon überzeugt, dass es eine genetische Verbindung zur Homosexualität gibt. Wir standen faszinierend kurz davor, das »Schwulen-Gen« zu finden.

In der Region Xq28 liegen Hunderte von Genen, und einige Dutzend davon wurden bereits zum »Schwulen-Gen« erkoren und später wieder entzaubert. Der Gedanke, ein einzelnes Gen könne für Homosexualität verantwortlich sein, ist ohnehin absurd: Einzelgenmerkmale lassen sich in Stammbäumen leicht nachverfolgen, und Homosexualität weist kein einfaches Vererbungsschema auf. Dagegen ist die Vorstellung, dass ein einzelnes Gen neben anderen Faktoren einen wichtigen Beitrag leisten könnte, nicht unvernünftig; deshalb beschäftigten sich mehrere Forschungsteams mit der Bedeutung von Xq28 für die Homosexualität. Um es kurz zu machen: Die Ergebnisse waren widersprüchlich. Alle Folgestudien derselben Forschungsgruppe bestätigten eine Funktion von Xq28; die Resultate größerer, von anderen Arbeitsgruppen durchgeführter Untersuchungen waren dagegen weniger ermutigend.[23] Xq28 ist also der ursprünglichen Aufregung nicht gerecht geworden, aber die meisten Fachleute, die auf dem Gebiet arbeiten, hätten (bis vor Kurzem) zugestimmt, dass die diesbezüglichen Studien gut ausgearbeitet waren und dass es mit Xq28 und der männlichen Homosexualität irgendetwas auf sich hat.

Dann kam der Herbst 2019. Im Rahmen einer riesigen Studie, an der fast eine halbe Million Menschen – sowohl Männer als auch Frauen – teilnahmen, überprüfte man mithilfe der britischen Biobank und dem Gentest-Unternehmen 23andMe viele Tausend genetische Varianten. Frühere Erhebungen hatten nur einige Hundert

Mitwirkende, demnach war diese Studie weitaus umfangreicher und flächendeckender (auch wenn ein deutliches Schwergewicht auf Europa und Nordamerika lag). Damit hatte sie in statistischer Hinsicht eine viel größere Aussagekraft als alle vorherigen Untersuchungen. Den Teilnehmenden wurden detaillierte Fragen nach sexueller Aktivität, sexuellen Fantasien und sexueller Anziehung gestellt, womit die Studie auch weitaus feiner abgestuft war. Es war ein wahrhaft gewaltiges Projekt.

Und die Ergebnisse? In der Studie zeigten sich buchstäblich Hunderte von genetischen Varianten, verteilt über das ganze Genom, die sich bevorzugt mit Homosexualität assoziierten.[24] Und doch lassen sich mit all diesen Varianten, die gemeinsam zur Homosexualität beitragen, nur zwischen 10 und 25 Prozent ihres Auftretens erklären. Mit anderen Worten: Die Studie legt dar, dass der gemeinsame Einfluss der Gene auf die Homosexualität nur bis zu einem Viertel – vermutlich weniger – der Gesamtverbreitung des Merkmals ausmacht. Der verbleibende Einfluss ist wahrscheinlich eine Kombination aus umweltbedingten, epigenetischen, zufälligen und psychosozialen Faktoren.

Im Rückblick erscheint schon die Vorstellung, ein einzelnes Gen oder auch eine geringe Zahl von Genen könne für die Homosexualität verantwortlich sein, geradezu komisch naiv. Wenn uns das Zeitalter der Genomforschung etwas gelehrt hat, dann dass alle biologischen Phänomene weitaus komplizierter sind, als wir ursprünglich dachten. Sexuelle Anziehung ist ein komplexes Merkmal, weitaus komplexer als körperliche Eigenschaften wie Augen- oder Hautfarbe. Warum also sollten wir erwarten, dass die *genetische* Grundlage dieses Merkmals einfach ist?

Betrachten wir einmal etwas so Simples wie die Körpergröße. Zu ihr tragen, wie sich herausgestellt hat, über 800 Gene bei. *Achthundert!* Und das ist noch nicht alles: Zusammen machen diese 800 Gene nur 25 Prozent des genetischen Beitrages zur Körpergröße aus, das heißt, 2400 weitere Gene spielen ebenfalls eine Rolle. Außerdem tun diese vielen Tausend Gene – *und zwar alle* – viel mehr in unserem Körper, als nur darüber mitzubestimmen, wie groß wir sind. Unter dem Strich kann man sagen: Das eine Gen für die Körpergröße gibt es nicht. Sie wird von Tausenden Genen in irgendeiner Form beeinflusst, die aber auch unzählige andere Dinge beeinflussen, und darüber hinaus sind Ernährung und andere Umwelteinflüsse ebenfalls wichtig. Und dieses körperliche Merkmal ist weitaus einfacher als ein neurologisch bedingtes Verhaltensmerkmal wie die Homosexualität.

Von den vielen Tausend Genvarianten, die sich laut der Forschenden mit der Homosexualität assoziieren ließen, lagen diejenigen auf Xq28 nicht besonders dicht, selbst wenn man ausschließlich Männer betrachtete. Heute können wir mit so viel Sicherheit, wie wissenschaftlich überhaupt möglich ist, sagen: Ein Schwulen-Gen gibt es nicht.

Fingerspiele

Was die biologischen Grundlagen der Homosexualität angeht, so hat sich die Forschung viel stärker auf schwule Männer als auf lesbische Frauen konzentriert. Dafür gibt es diverse verständliche Gründe – neben den vorhersehbaren sexistischen. Frauen werden bis heute in vielen medizinischen Studien nicht berücksichtigt: Die männliche Form gilt allgemein als biologischer Standard, Frauen dagegen sind eine verwirrende Variante, bei der diese verrückten Hormone alles durcheinanderbringen. (Übrigens Hormone, die auch die Männer aufweisen.) Wie sich aber herausgestellt hat, sind an der Diskrepanz auch einige echte Unterschiede schuld, und Wissenschaftler – ein Berufsstand, in dem Männer nach wie vor dominieren – waren nur allzu gern bereit, das als Ausrede zu benutzen und sich mit einer Forschung, die sich ausschließlich auf Männer konzentriert, zufriedenzugeben.

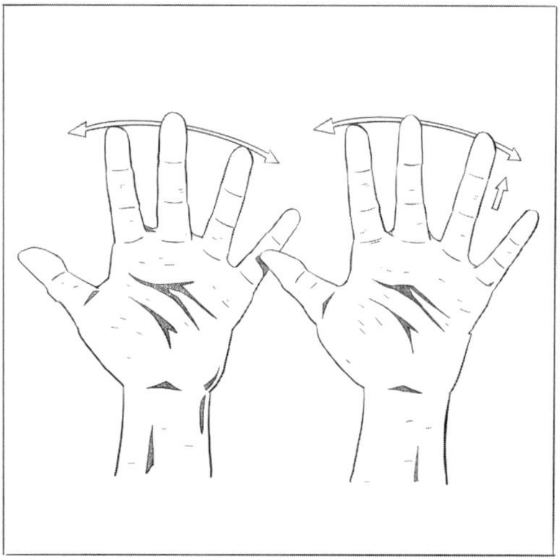

Links ein hohes, rechts ein niedriges 2D:4D-Verhältnis

Erstens zeigte eine Studie nach der anderen, dass Frauen offenbar in ihren sexuellen Neigungen durchschnittlich flexibler sind als Männer. Die meisten Männer passen in die hübschen, sauberen Kategorien, die man in der empirischen Wissenschaft bevorzugt, Frauen dagegen tun das nicht. Frauen ordnen sich selbst im Vergleich zu Männern häufiger als bisexuell, pansexuell, heteroflexibel und in andere unscharfe Kategorien ein (was sich allerdings ändern könnte). Ob das als Folge biologischer Gegebenheiten oder einer freizügigeren Kultur gewertet werden kann, ist noch eine offene Frage, aber nach meiner Vermutung spielt beides eine Rolle. Und zweitens sind der Große-Bruder-Effekt und sein Zusammenhang mit der weiblichen Fruchtbarkeit Phänomene, die nur darauf warteten, gefunden zu werden – sie sprangen aus den Daten sofort ins Auge, als man anfing, die Familien schwuler Männer genauer zu betrachten. Bei lesbischen Frauen beobachtet man keines dieser Phänomene, und auch sonst fiel in ihren Familienstammbäumen trotz umfangreicher Suche nichts Besonderes auf. Man kann es der Wissenschaft nicht vorwerfen, wenn sie keinen Effekt erforscht, der einfach nicht vorhanden ist.

Allerdings hat man bei lesbischen Frauen tatsächlich ein biologisches Phänomen beobachtet, und das scheint noch seltsamer zu sein als alles, was wir von schwulen Männern kennen: Lesbische Frauen haben einen kürzeren Zeigefinger als heterosexuelle! Die Messwerte, um die es hier geht, werden als »2D:4D-Verhältnis« bezeichnet, das heißt als Verhältnis zwischen der Länge des Zeigefingers (des zweiten Fingers oder *digitus*) und des Ringfingers (des vierten Fingers). Bei lesbischen Frauen ist das 2D:4D-Verhältnis im Durchschnitt niedriger, das heißt, der Zeigefinger ist kürzer als der Ringfinger, während Zeige- und Ringfinger heterosexueller Frauen in der Regel ungefähr gleich lang sind. Wie könnte dieser bizarre Unterschied entstanden sein? Das ist eine lange, interessante Geschichte.

Zweifelhafte wissenschaftliche Grübeleien über die unterschiedlichen Fingerlängenverhältnisse von Männern und Frauen reichen bis ins 19. Jahrhundert zurück. Die erste umfangreiche empirische Studie wurde in den 1930er-Jahren veröffentlicht; darin wurde berichtet, der Zeigefinger sei bei der Mehrzahl der Männer kürzer als der Ringfinger, bei den meisten Frauen dagegen hätten beide die gleiche Länge. Diese Beobachtung blieb jahrzehntelang nahezu unbeachtet, erlebte aber in den 1960er- und 1970er-Jahren, als man in der Biologie versessen auf Geschlechtsunterschiede im menschlichen Körper war, ein fulminantes Comeback. Neuere Studien haben den geringfügigen, aber einheitlichen Unterschied bestätigt. Das durchschnittliche 2D:4D-Verhältnis ist bei Männern ungefähr 0,95, bei Frauen ungefähr 0,97. Das mag sich nicht nach einem großen Unterschied anhören, aber die Standardabweichung ist gering und die statistische Signifikanz hoch. In einer typischen Gruppe von Männern und Frauen kann man den Unterschied in der Regel feststellen, indem man einfach einen Blick auf die Finger der anderen wirft. Interessanterweise schwankt das 2D:4D-Verhältnis auch in verschiedenen ethnischen Gruppen, und diese Unterschiede sind sogar größer als der zwischen den Geschlechtern.[25] Den Geschlechtsunterschied hat man aber in allen bisher untersuchten ethnischen Gruppen beobachtet.

Zu der Erkenntnis, dass es zwischen 2D:4D-Verhältnis und Sexualität einen Zusammenhang gibt, gelangte man auf umständliche, sexistische Weise. Im Jahr 1983 berichtete Dr. Glenn Wilson, ein in London ansässiger Psychologe, das 2D:4D-Verhältnis sei bei Frauen, die sich selbst als »durchsetzungsfähig« und »kompetitiv« bezeichneten, niedriger.[26] Diese Formulierung verweist darauf, dass Dr. Wilson Durchsetzungskraft und Wettbewerbsorientierung für männliche Eigenschaften hielt; und deshalb, so seine Hypothese, könnten Frauen, die so unglaublich maskulin seien, dass sie sich selbst als durchsetzungsfähig bezeichneten (keuch!), auch männliche körperliche Merkmale haben. Also entschloss er sich, das 2D:4D-Verhältnis zu untersuchen. Wenn wir einmal über die sexistische Vorstellung hinwegsehen, Durchsetzungsfähigkeit und Konkurrenzdenken seien irgendwie unweiblich, sieht es so aus, als wäre Wilson – wie ein blindes Huhn, das auch einmal ein Korn findet – auf ein interessantes wissenschaftliches Ergebnis gestoßen. Er stellte sogar Vermutungen über einen Mechanismus an, durch den die beiden Merkmale zusammenhängen könnten: eine Einwirkung von Geschlechtshormonen auf den Fötus. Sein Verdacht, die vorgeburtliche Umwelt spiele eine Rolle, gründete sich auf die Tatsache, dass das 2D:4D-Verhältnis bereits vor der Geburt angelegt wird und stabil bleibt, wenn unsere Finger zur späteren Größe heranwachsen.

Angesichts der Annahmen hinsichtlich Durchsetzungskraft und Männlichkeit war es nur logisch, die Rolle eines ganz bestimmten Hormons in der Embryonalentwicklung genauer zu untersuchen: des Testosterons. Glücklicherweise gibt es eine einfache, nichtinvasive Methode zur Überprüfung der Hypothese, dass Testosteron für das 2D:4D-Verhältnis von Bedeutung sein könnte. Bei der im vorherigen Kapitel beschriebenen Krankheit der angeborenen Nebennierenhyperplasie oder CAH ist der Fötus einem weitaus höheren Testosteronspiegel ausgesetzt als üblich. Auf den Körper eines chromosomal männlichen Fötus (XY) hat ein hoher Testosteronspiegel offenbar keine großen Auswirkungen, aber bei Frauen reicht er unter Umständen aus, um die anatomische Entwicklung in die männliche Richtung zu verschieben – in Abhängigkeit von Zeit und Menge des Testosterons, das während der Entwicklung des weiblichen Fötus normalerweise kaum vorhanden ist. Als man 2002 bei Menschen mit unterschiedlich stark ausgeprägter CAH das 2D:4D-Verhältnis untersuchte, ergab sich die gewünschte Bestätigung. Sowohl Männer als auch von CAH betroffene Frauen weisen ein eher männliches Fingerlängenverhältnis in Form kürzerer Zeigefinger auf, und der Effekt ist ungefähr proportional zur Schwere ihres CAH-Syndroms.[27] Bei der Androgenresistenz, die wir uns als das Gegenteil von CAH vorstellen können, entwickeln sich XY-Individuen als Frauen und zeigen das typisch weibliche 2D:4D-Verhältnis.[28] Beide Befunde weisen nachdrücklich darauf hin, dass die vorgeburtliche Testosteroneinwirkung das Bindeglied zwischen Geschlecht und 2D:4D-Verhältnis ist.

Mit Forschungsarbeiten an Mäusen wurde definitiv bestätigt, dass Androgene – die Hormonfamilie, zu der auch das Testosteron gehört – für die Ausprägung des 2D:4D-Verhältnisses verantwortlich sind.[29] Während einer genau festgelegten zeitlichen Phase der Embryonalentwicklung verlangsamen Androgene das Wachstum des Zeigefingers, weil er (aus unbekannten Gründen) größere Mengen des Androgenrezeptors produziert als die anderen Finger. Deshalb ist das 2D:4D-Verhältnis bei Mäusen wie bei Menschen ein erstaunlich gutes Anzeichen dafür, welchem Androgenspiegel wir vor der Geburt ausgesetzt waren, und der wiederum steht letztlich im Zusammenhang mit einem breiten Spektrum von Merkmalen und klinischen Störungen.[30]

So wurde beispielsweise ein niedriges 2D:4D-Verhältnis bei Männern mit dem Auftreten von Prostatakrebs, ADHS, Aggressivität, Depressionen und Angstzuständen, verminderter Empathie, Verhaltensstörungen und mit der Penisgröße in Verbindung gebracht. Bei Frauen korreliert ein hohes 2D:4D-Verhältnis mit Brustkrebs, visuellem Erinnerungsvermögen, Magersucht, Bulimie und Psychosen. Bei beiden Geschlechtern steht das 2D:4D-Verhältnis im Zusammenhang mit Fruchtbarkeit, Zahlenverständnis, sportlichen Leistungen und Redegewandtheit; bei Männern hängt allerdings ein niedrigeres Verhältnis mit diesen Merkmalen zusammen, bei Frauen dagegen ist ein höheres Verhältnis ein entsprechender Vorhersagefaktor. In Hunderten von Studien wurde das 2D:4D-Verhältnis mit Dutzenden weiteren Merkmalen in Verbindung gebracht; der Zusammenhang ist in der Regel sehr schwach, und immer besteht eine Verknüpfung mit bekannten oder mutmaßlichen Androgenwirkungen.[31]

Aber zurück zu den lesbischen Frauen. Im Jahr 2000 schlug ein Aufsatz in der Fachzeitschrift *Nature* wie eine Bombe ein: Er berichtete über die Ergebnisse einer Studie, die das 2D:4D-Verhältnis in einer großen Gruppe aus homo- und heterosexuellen Männern und Frauen untersucht hatte.[32] Dabei hatte sich wieder einmal ein geringer, aber statistisch signifikanter Unterschied zwischen Männern und Frauen gezeigt. Als man die Daten jedoch nach der sexuellen Orientierung aufschlüsselte, zeigte sich bei den Frauen, die sich selbst als homosexuell bezeichneten, im Durchschnitt das geringere 2D:4D-Verhältnis, das für Männer typisch ist. Damit hatte man zum ersten Mal einen handfesten Beleg für eine biologische Verbindung zur Homosexualität bei Frauen als Ergänzung zu dem Zusammenhang zwischen FBOE und mütterlicher Fruchtbarkeit bei schwulen Männern.*

* In dieser ersten Studie zeigte sich auch ein Zusammenhang mit dem 2D:4D-Verhältnis bei schwulen Männern, insbesondere solchen mit älteren Brüdern, aber der Befund hatte in anderen Studien nicht immer Bestand; für lesbische Frauen dagegen waren die Ergebnisse einheitlicher.

Zwei Jahre später trieb die gleiche Arbeitsgruppe die Erforschung des Fingerlängenverhältnisses bei lesbischen Frauen weiter und stellte die Frage, ob es einen Unterschied zwischen Lesben gebe, die sich selbst als *Butch* (engl. »maskulin«) identifizierten, und jenen, die sich als *Femme* (frz. »Frau«) bezeichneten.[33] Zunächst einmal müssen wir einräumen, dass die Forschung in diesem Bereich mit Meinungsverschiedenheiten belastet ist. Die Begriffe *Butch* und *Femme* wirken auf manche Menschen verletzend, und vielfach gelten sie als kulturelle Konstrukte, die mehr mit dem Ausdruck von Gender als mit Sexualität zu tun haben. Innerhalb der lesbischen Community herrscht verständlicherweise Misstrauen gegenüber denen, die mit ihrer Art der Forschung die Gemeinschaft womöglich in verschiedene »Typen« lesbischer Frauen spalten wollen. Die Forschenden gingen die Frage allerdings so an, dass sie freiwilligen Versuchspersonen erlaubten, sich selbst nach Belieben zu identifizieren, und dann verglichen sie einfach bei denen, die es taten, das Fingerlängenverhältnis.

Die Ergebnisse waren eindeutig. Lesbische Frauen, die sich als *Butch* identifizierten, wiesen ein niedriges 2D:4D-Verhältnis auf. Es war sogar so niedrig, dass man es insgesamt nicht von dem der Männer unterscheiden konnte. Sogenannte *Femme*-Lesben hatten ein hohes 2D:4D-Verhältnis und waren dadurch insgesamt nicht von heterosexuellen Frauen zu unterscheiden. Hier beginnen die Meinungsverschiedenheiten. Wie nicht anders zu erwarten, interpretierten manche den Unterschied so, als wären nur die Butch-Frauen »echte« Lesben, während eher weibliche lesbische Frauen in Wirklichkeit nur oberflächlich homosexuell oder vielleicht heteroflexibel oder bisexuell seien. Die Frauen selbst hatten sich allerdings so identifiziert, und der Unterschied im Fingerlängenverhältnis war statistisch signifikant. Wie mein Doktorvater früher immer sagte: »Daten sind Daten.«

Ich persönlich kann mir leicht vorstellen, dass es unter homosexuellen Männern und Frauen ein Spektrum der Genderausdrucksweisen und ein Spektrum der sexuellen Anziehung gibt und dass sich diese beiden Spektren – wenn auch vielleicht unvollständig – überschneiden. Außerdem erscheint es mir plausibel, dass die Einwirkung von Androgenen während der Schwangerschaft einen gewissen Einfluss auf die Genderausdrucksform und die sexuelle Orientierung hat – und niemand geht davon aus, dass es der *einzige* Einfluss ist. Darauf deutet das 2D:4D-Verhältnis hin.

Damit will ich *nicht* sagen, dass Gender und Sexualität das Gleiche oder untrennbar gekoppelt sind, sondern nur, dass sie einen gewissen gemeinsamen Einfluss haben und dass ihre Ausdrucksformen in irgendeiner Weise gekoppelt sein *können*. Bei lesbischen Frauen könnte sich dies an dem *Butch-Femme*-Spektrum zeigen, und ich glaube, ein ähnliches Spektrum gibt es auch bei schwulen Männern. Manche von ihnen identifizieren sich beispielsweise als »masc« oder »fem«, das heißt, ihre Genderausdrucksweise ist eher traditionell maskulin oder feminin. Aber beide Gruppen fühlen sich zu Männern hingezogen. Für mich ist es in keiner Weise eine beleidigende oder problematische Vorstellung, dass Dinge wie die vorgeburtliche Einwirkung von Androgenen oder Antikörpern einen Einfluss darauf haben können, wo wir letztendlich in diesem Spektrum landen.

Solange wir alle die Freiheit haben, wir selbst zu sein und unsere Genderidentität und sexuelle Orientierung frei von Verurteilungen, Belästigungen und Gewalt auszuleben – welche Rolle spielt es da, ob es molekulare Mechanismen gibt, die an der Bestimmung dieser Identität und Orientierung mitgewirkt haben? Ich bin der Ansicht, dass es kaum anders sein kann.

Insgesamt hat die Erforschung des Fingerlängenverhältnisses bei Menschen ergeben, dass ein Zusammenhang zwischen biologischem Geschlecht, sexueller Orientierung und vorgeburtlicher Androgeneinwirkung besteht. Damit haben wir einen weiteren Beleg dafür, dass molekulare Ereignisse, die im Mutterleib stattfinden, einen gewissen Einfluss auf Geschlecht, Gender und Sexualität haben.[34] Wichtig ist: Die Anlage-Umwelt-Debatte ist damit nicht erledigt, denn die Umwelt im Mutterleib ist eigentlich eine Kombination aus genetischen und umweltbedingten Einflüssen. Wenn überhaupt, spricht das Ganze dafür, dass die Diskussion von vornherein in die Irre gegangen ist.

Ich bin nun einmal so geboren

Die oben beschriebenen Arbeiten sind nicht die einzigen auf dem Gebiet der Sexualforschung. In anderen Studien wurde beispielsweise die Konzentration von Geschlechtshormonen – Androgene, Östrogene und Progesteron – im Körper von Erwachsenen mit der Sexualität wie auch mit dem Genderausdruck in Verbindung gebracht, aber die Ergebnisse waren schwach, zweideutig oder ließen sich nicht wiederholen. Irgendwann herrschte in der Psychiatrie die Ansicht, man könne schwule Männer mit Testosteronspritzen »heilen«. Dies führte aber keineswegs zu einer Veränderung der sexuellen Orientierung, sondern verstärkte meist die homosexuelle Libido. Die Einwirkung von Geschlechtshormonen *vor der Geburt* könnte Einfluss auf die sexuelle Orientierung haben, aber im späteren Leben ist das offenbar nicht der Fall. Ähnlich verwirrende, widersprüchliche Ergebnisse erbrachte auch die Erforschung des Sexualverhaltens von Tieren. Selbst trotz all der eingehenden Untersuchungen an homosexuellen Schafböcken (Kapitel 3) haben wir bis heute keine konkrete Vorstellung davon, wie die Sexualität bei dieser Spezies Gestalt annimmt, von allen anderen Tierarten ganz zu schweigen.

Was können wir aus alledem ablesen? Möglicherweise sind wir bisher einfach noch nicht auf die »richtige Antwort« gestoßen. Das werden Forschende zweifellos sagen, wenn sie weitere Forschungsmittel beantragen. Aufgrund der zuvor beschriebenen genomweiten Studie können wir meiner Ansicht nach einen rein genetischen Mechanismus mit Sicherheit ausschließen. Ein epigenetischer Mechanismus jedoch – die Auswirkungen der Umwelt und früherer

Erlebnisse auf die Ausprägung der Gene – könnte durchaus mitspielen und wäre vermutlich weiterer Untersuchungen wert. Und auch wenn die Messung der Hormonspiegel und Keimdrüsengröße bisher in Bezug auf einheitliche Trends nur wenige Aufschlüsse geliefert hat, könnten sich andere sexuelle und nichtsexuelle Faktoren und Umweltreize auf den Umstand auswirken, *wie* die Hormone unsere sexuellen Wünsche beeinflussen. Als ich Doktorand war, erinnerte uns der Professor für Endokrinologie häufig daran: »Wenn es um die Art geht, wie Hormone arbeiten, gibt es nur eine Handvoll unterschiedliche Schlüssel, aber Tausende von Schlössern, und jedes davon öffnet eine vollkommen andere Tür.« Wir *wissen*, dass Hormone eine unmittelbare Rolle für die sexuelle Anziehungskraft spielen, denn beides erscheint deckungsgleich in der Pubertät, und ein Mangel an dem einen ist in der Regel von einem Mangel an dem anderen begleitet. Aber wir haben praktisch keine Ahnung, wie oder warum das der Fall ist.

Aber schon die Tatsache, dass eine einfache Antwort nicht greifbar ist, lässt tief blicken. Sie besagt, dass sexuelle Anziehung kompliziert ist, viele Facetten hat und von vielen Genen gesteuert wird; ein Teil der Tierphysiologie ist sie schon seit sehr langer Zeit. Betrachten wir als Kontrast dazu einmal, welche Vielfalt wir bei den Hautfarben der Menschen beobachten. Für diese gesamte oder nahezu die gesamte Vielfalt sind nur wenige Gene verantwortlich, denn unterschiedliche Hautfarben sind für unsere Spezies etwas Neues – sie haben sich erst in den letzten 30 000 Jahren entwickelt, vielleicht auch in kürzerer Zeit. Die sexuelle Vielfalt dagegen geht zurück bis auf den Ursprung des Geschlechtsdimorphismus bei Tieren *vor Hunderten von Millionen* Jahren. Diese Diversität ist in sämtliche Teile unserer Körperbeschaffenheit eingebettet und lässt sich nicht in wenigen, hier und dort gelegenen Genen lokalisieren. Und das ist noch nicht alles: Zunehmend beobachten wir, dass sexuelle Anziehung und Orientierung ohnehin im Fluss sind und ihre Gestalt je nach dem kulturellen Umfeld annehmen, in dem wir aufwachsen. Das ist sicher einer der Gründe, warum wir heute in einer Zeit der sexuellen Umwälzungen leben: Die derzeitige Kultur macht es möglich. Unsere Gene, Hormone und Gehirne stehen in ständigem Austausch miteinander und mit der Welt um uns herum.

Dass wir so sind, wie wir sind, liegt nicht nur an dem, was wir geerbt haben, sondern auch an dem, was wir erleben.

Jetzt können wir zu den falschen Vorstellungen des berühmten ungenannten Wissenschaftlers zurückkehren, den ich zu Beginn dieses Kapitels erwähnt habe. Zur Erinnerung: Er fragte sich, ob die Homosexualität allmählich aus der Bevölkerung verschwinden werde, nachdem sich queere Menschen nun nicht mehr zwangsweise in eine Ehe begeben und Kinder haben müssten, wodurch die Gene für Homosexualität nicht mehr weitergegeben würden. Gehen wir die einzelnen falschen Vorstellungen einmal nacheinander durch und analysieren wir sie.

Falsche Vorstellung Nr. 1: *Homosexualität ist genetisch bedingt.* Ist sie nicht. Dies lässt sich am schnellsten widerlegen. In buchstäblich Hunderten von wissenschaftlichen Untersuchungen, darunter große genomweite Assoziationsstudien, hat man versucht, die genetischen Elemente zu finden, die für die sexuelle Orientierung verantwortlich sind; die Ergebnisse waren, gelinde gesagt, alles andere als beeindruckend. In verschiedenen Einzelprojekten gelangte man zwar zu Kandidatengenen und Chromosomenabschnitten, die möglicherweise beteiligt sind, aber die Ergebnisse hatten in späteren Studien fast nie Bestand. Die Resultate sind breit gestreut, und die größte, »definitivste« Studie von allen identifizierte, wie ich zuvor erläutert habe, Hunderte von möglichen genetischen Elementen, verteilt über sämtliche Chromosomen, die in einer Beziehung zur Homosexualität stehen sollen. Und was (für die Stichhaltigkeit dieser falschen Vorstellung) noch schlimmer ist: Der Gesamtbeitrag all dieser vielen Hundert Genvarianten erklärt nicht mehr als 25 Prozent des Auftretens von Homosexualität (und möglicherweise noch viel weniger).

Man kann also nur eine Schlussfolgerung ziehen: Entweder ist Homosexualität überhaupt nicht genetisch bedingt, oder die genetischen Grundlagen sind so diffus, dass man sie niemals aus der Bevölkerung »herauszüchten« könnte. Rückblickend hätten wir die ganze Zeit davon ausgehen können, denn im Gegensatz zu anderen genetischen Merkmalen wurde nie beobachtet, dass Homosexualität gehäuft in bestimmten Familien vorkommt. Und unser freundlicher, aber irrender Wissenschaftler hat recht damit, dass jedes genetische Merkmal, durch das seine Träger sich weniger häufig fortpflanzen, aus der Population verschwinden sollte. Aber eine Sexualität, zu der auch ein gewisses Maß an gleichgeschlechtlicher Anziehung gehört, kommt in allen Bevölkerungsgruppen der Menschen vor, außerdem auch in allen Tierpopulationen, deren Sexualität zu erforschen wir uns die Mühe gemacht haben. Wenn Homosexualität ein Fortpflanzungshindernis ist, warum ist sie dann sowohl bei Menschen als auch bei anderen Tieren so weit verbreitet? Damit bin ich schon bei der nächsten falschen Vorstellung.

Falsche Vorstellung Nr. 2: *Homosexualität schadet der biologischen Fitness.* Tut sie nicht. »Fitness« ist in der biologischen Fachsprache die Eigenschaft, viele erfolgreiche Nachkommen zu hinterlassen. Deshalb erscheint uns diese Vorstellung in unserer modernen Empfindlichkeit ein klein wenig sinnvoll. Schließlich haben queere Menschen in der Regel weniger Kinder als Heterosexuelle, also wirkt es so, als würde gleichgeschlechtliche Anziehung die biologische Fitness vermindern. Manchmal sage ich sogar scherzhaft zu Studierenden und anderen Fachleuten der Evolutionsbiologie, dass ich als Adoptivvater eine *negative* biologische Fitness hätte, denn ich hätte nicht nur keine biologischen Nachkommen, ich investierte sogar meine ganze Energie und sämtliche Ressourcen in die genetischen Abkömmlinge *eines anderen.*

Aber auch das geht an der Sache vorbei. Ja, in diesem ganz speziellen Moment verringert die gleichgeschlechtliche Anziehung im Durchschnitt die Wahrscheinlichkeit, dass jemand genetische Nachkommen hinterlässt. Aber wir haben keinen Grund zu der Annahme, dass diese Bedingungen von langer Dauer sein werden, sondern jeden Grund zu vermuten, dass es sich hierbei um eine vorübergehende Anomalie handle.

Zunächst einmal stehen Sex und sexuelle Anziehung nicht in einem unmittelbaren Zusammenhang mit der Produktion von Nachkommen. Erinnern wir uns noch einmal an die vielen nicht der Zeugung dienenden Funktionen der Sexualität, von denen in Kapitel 5 die Rede war. Tiere einschließlich des Menschen sind aus den verschiedensten Gründen miteinander sexuell aktiv, und diese unterschiedlichen Gründe stehen nicht in Konkurrenz zueinander. Weder die gleichgeschlechtlichen Albatros- und Pinguinpaare noch die traumatische Insemination zwischen männlichen Bettwanzen, weder die überschäumende Sexualität der lesbischen Bonobos noch die sexuellen Begegnungen von Alpha- und Beta-Löwen vermindern ihre Fähigkeit, Nachkommen zu hinterlassen. In allen diesen Fällen *verstärkt* das gleichgeschlechtliche Sexualverhalten sogar die biologische Fitness. Die sexuelle Orientierung von Minderheiten bringt manchmal ihre einzigartigen Vorteile allein dadurch mit sich, dass sie sich von der der großen Masse unterscheidet.

Und zweitens haben viele queere Menschen auch im heutigen Klima noch Kinder! Manche lesbischen Frauen oder schwulen Männer haben Kinder aus einer früheren heterosexuellen Ehe oder Beziehung; viele entscheiden sich dafür, Kinder durch künstliche Befruchtung wie die Insemination oder die In-vitro-Fertilisation zu bekommen. Schwule Männer sind häufig Samenspender – sowohl für Freundinnen oder Bekannte als auch durch anonyme Spenden in Samenbanken. Und es erscheinen immer mehr kreative, progressive Familienstrukturen auf der Bildfläche, in denen queere Menschen sich tatsächlich fortpflanzen. Da die Geburtenraten in den traditionellen heterosexuellen Familien weiterhin sinken und die Fortpflanzung bei sexuellen Minderheiten weiterhin zunimmt, nähern wir uns dem Gleichstand. Und alles hat sich *innerhalb einer einzigen Ge-*

neration abgespielt, nachdem die unterdrückenden Beschränkungen der Homosexualität aufgehoben wurden.

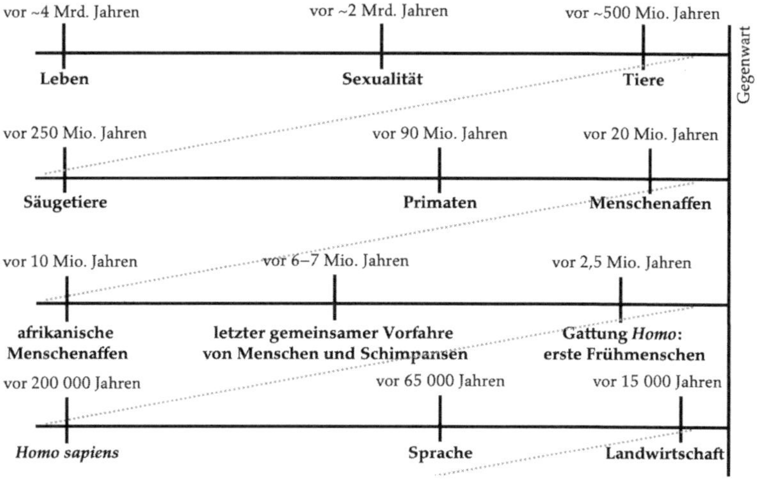

Zeitleisten mit der Entstehung wichtiger systematischer Gruppen (Taxa) und Phänomene in der Evolutionsgeschichte (vuZ = vor unserer Zeitrechnung). Insgesamt kann man daraus ablesen, dass die Unterdrückung sexueller Minderheiten nur während eines winzigen Bruchteils unserer Naturgeschichte stattgefunden hat.

Falsche Vorstellung Nr. 3: *Homosexualität wurde während des größten Teils der Menschheitsgeschichte unterdrückt.* Wurde sie nicht. Wie wir im vorangegangenen Kapitel erfahren haben, geht auch diese Annahme weit an der Wirklichkeit vorbei. Die Geschichtsschreibung reicht ungefähr 5000 Jahre weit zurück, und selbst in den repressivsten Kulturkreisen und Regionen der Welt wurde Homosexualität nur während eines Teils dieser Zeit gezielt unterdrückt, aber sicher nicht während der längsten Zeit. Und in den meisten Teilen der Welt wurde sie *überhaupt* nicht unterdrückt, bis der westliche und östliche Imperialismus mit Feuer und Schwefel anrückte. Die restriktiven und unterdrückerischen kulturellen Verbote von Sexualität, die nicht heterosexuell war und nicht der Fortpflanzung diente, haben nur die letzten Jahrhunderte beherrscht und sind im größeren geschichtlichen Rahmen und in Bezug auf die Vielfalt der unterschiedlichen menschlichen Kulturen eine Anomalie.

Aber selbst damit wird man der Realität noch nicht gerecht. Unsere Spezies existiert in ihrer heutigen Form seit ungefähr 200 000 Jahren, und Frühmenschen wie der *Homo erectus* wandelten bereits vor mehr als 2 *Millionen* Jahren über die Erde. Menschenaffen gibt es seit über 20 Millionen Jahren, Säugetiere seit über 200 Millionen und Tiere generell seit über 500 Millionen Jahren. Die tiefsten Wurzeln der sexuellen Fortpflanzung wurden vor fast 2 *Milliarden* Jahren angelegt. Den besten verfügbaren Belegen zufolge gab es fast während dieser ganzen Zeit auch gleichgeschlechtliche sexuelle Verhaltensweisen – frei von jeglicher Unterdrückung oder Einschränkung. Ein paar Jahrhunderte der Unterdrückung und ihre heutige Aufhebung werden die Wirkungen von Hunderten von Jahrmillionen der Evolution nicht zunichtemachen, insbesondere wenn wir noch einmal daran denken, dass sexuelle Anziehung nicht oder nur auf sehr diffuse Weise genetisch bedingt ist.

Falsche Vorstellung Nr. 4: *Heterosexuelle sind ausschließlich heterosexuell.* In diesem Kapitel habe ich mich mit meinen Beschreibungen auf sexuelle Minderheiten konzentriert und die Heterosexuellen vorwiegend außen vor gelassen. Jetzt möchte ich aber auf etwas Wichtiges hinweisen: Es gibt viele Gründe für die Annahme, dass die sogenannten Heterosexuellen hinsichtlich ihrer sexuellen Anziehung vermutlich viel mehr Flexibilität und Vielfalt aufweisen, als ihnen selbst klar ist oder als sie einräumen wollen. Zwar bezeichnet sich die Mehrheit der Bevölkerung als strikt heterosexuell und identifiziert sich vielleicht tatsächlich damit; das bedeutet aber nicht zwangsläufig, dass sie alle »so geboren wurden« und ausschließlich für diese Form der sexuellen Anziehung bestimmt wären.

Damit will ich natürlich nicht sagen, dass die meisten heterosexuellen Menschen in Wirklichkeit verkappte Schwule oder Bisexuelle seien, und ebenso behaupte ich nicht, sie würden unterdrückt und belögen sich selbst über ihre Sexualität. Ich meine nur, dass unsere biologischen Eigenschaften keine strikte, ganz bestimmte Form der sexuellen Anziehung vorgeben. Sexuelle Antriebe und Anziehungskräfte sind vielmehr unbestimmt und nehmen durch den Einfluss unserer persönlichen und kulturellen Erfahrungen ihre Form an. Das wissen wir aus einer Vielzahl von Befunden, etwa aus historischen Trends oder durch die Untersuchung eineiiger Zwillinge, die bei der Geburt getrennt wurden und in verschiedenen Umgebungen aufgewachsen sind. Ihre Sexualität kann sehr unterschiedlich sein, und diese Unterschiede lassen sich häufig erklären, wenn man ihr jeweils prägendes Umfeld betrachtet. Eine Umgebung, in der die Abweichung von der Heterosexualität brutal unterdrückt wird, liefert für abweichende Anziehungskräfte einen starken negativen Impuls. Manche Menschen entwickeln dennoch die gleichgeschlechtliche Anziehung, viele aber auch nicht. Das heißt nicht, dass wir alle als unbeschriebene Blätter geboren würden; stattdessen besitzen wir so etwas wie ein Spektrum möglicher Ergebnisse. Sexuelle »Orientierung« ist anscheinend eine Folge der Wechselbeziehungen zwischen unseren biologischen Eigenschaften und unserem psychosozialen Umfeld während einer entscheidenden Phase in Kindheit und Jugend.

Zusammenfassend kann man sagen: Nach allem, was wir wissen, und aus verschiedensten Gründen sollten wir nicht damit rechnen, dass gleichgeschlechtliche Anziehung und gleichgeschlechtliche sexuelle Verhaltensweisen verschwinden werden, auch wenn queere Menschen nicht so viele biologische Kinder haben wie solche, die sich selbst als heterosexuell identifizieren. Vermutlich sollten wir selbst dann nicht damit rechnen, dass die Homosexualität verschwindet, wenn queere Menschen über Jahrtausende hinweg *überhaupt keine* Kinder hätten. Da ein gewisser biologischer und genetischer Einfluss vorhanden ist, würde die Homosexualität möglicherweise langsam schwinden, wenn der negative Selektionsdruck stark genug wäre und über ausreichend lange Zeit bestünde. Aber wenn uns die jahrhundertelange Unterdrückung queerer Menschen in den Kulturkreisen des Westens und des Ostens eines gelehrt hat, dann dieses: Eine vielfältige Sexualität ist ein untrennbares Merkmal unserer Spezies und lässt sich nicht ohne Weiteres ausmerzen. Und da das Gleiche auch für praktisch alle anderen Tierarten gilt, kann es vermutlich auch nicht anders sein.

Die Queen-James-Bibel

Wer sich für die englische oder protestantische Geschichte interessiert, kennt natürlich König Jakob I., in England »King James« genannt. Der Monarch befahl, eine neue englische Bibelübersetzung zu erstellen, und diese ist noch heute allgemein in Gebrauch und trägt seinen Namen. James war der Sohn der schottischen Königin Mary Stuart und wurde in sehr jungen Jahren als James VI. König von Schottland. Als die ebenfalls von Henry Tudor abstammende Königin Elizabeth I. starb, erbte er, ihr Neffe zweiten Grades, auch ihre Throne und war von da an zudem James I., König von England und Irland. Damit waren diese Kronen vollständig und endgültig vereinigt, und es entstand die Monarchie von Großbritannien und (Nord-)Irland, wie sie noch heute existiert und mittlerweile von seinem Urururururururururururururururenkel repräsentiert wird, König Charles III. Eines allerdings ist über König James, den ersten Monarchen des vereinigten Großbritannien, nicht allgemein bekannt: Er war schwul, und das ziemlich offen.[35]

Seinen ersten Liebhaber, der allen Berichten zufolge die große Liebe seines Lebens war, lernte James schon mit 13 Jahren kennen. Der Teenager, bereits König von Schottland, war bezaubert von dem schottisch-französischen Adligen Esmé Stewart. Der König verbarg seine Zuneigung zu Stewart kaum, umarmte und küsste ihn in der

Öffentlichkeit und teilte häufig das Bett mit ihm. Er nannte ihn einen »Gentleman der Schlafkammer«, ernannte ihn zum königlichen Geheimen Rat und machte ihn schließlich zum Herzog von Lennox, eine sehr hohe Stellung, in der Stewarts Katholizismus nicht mehr tragbar war. Stewart konvertierte zum Presbytertum, was ihn in Frankreich seine Familie und seine Titel kostete. Er sprach von seiner unverbrüchlichen Treue zu König James und sehnte sich danach, für ihn zu sterben, um seine Hingabe unter Beweis zu stellen. Als er schließlich tatsächlich starb, wurde sein einbalsamiertes Herz auf seine Anweisung hin an James geschickt, und der König schrieb zur Erinnerung an ihn ein Gedicht.

Nach Stewarts Tod erfüllte König James seine Pflicht und heiratete Anna von Dänemark, womit er enge Verbindungen zum protestantischen Europa knüpfte. Die beiden hatten acht Kinder. Während der Ehe hatte er andere Liebschaften. Darunter war zwar auch eine romantische Beziehung zu einer anderen Frau, vor allem aber unterhielt er mit mehreren Männern langfristige Affären. Einer davon, George Villiers, war anscheinend die zweite große Liebe in James' Leben. Der König ernannte ihn zum Herzog von Buckingham, womit er als erster Bürgerlicher nach über einem Jahrhundert eine so hohe Stellung erhielt. Kürzlich entdeckte man bei Renovierungsarbeiten in einem von James' früheren königlichen Gemächern einen geheimen Durchgang zwischen den Schlafzimmern des Königs und des Herzogs. In ihrer privaten Korrespondenz bezeichnete James den Herzog als seine »Ehefrau« und sich selbst als den »Ehemann« des Herzogs und sprach von einem »bekümmerten Witwenleben«, sollte er ohne den anderen leben müssen.[36] Ich möchte wetten, dass es nur den wenigsten protestantischen Gläubigen klar ist: Die King-James-Bibel, in der sie jeden Sonntag lesen, ist nach einem ausgesprochen schwulen Mann benannt.

James hatte also offensichtlich eine starke Disposition zu sexuellen und romantischen Beziehungen mit anderen Männern, und dazu gehörten tief empfundene Liebe, Zuneigung und persönliche

Hingabe; gelegentlich dürfte er aber auch Spaß am Sex mit Frauen gehabt haben. Er zeugte mit seiner Ehefrau acht Kinder und hatte, so jedenfalls die Vermutung der Historiker, mindestens eine außereheliche Beziehung mit einer Frau. Er könnte also zumindest ein wenig bisexuell gewesen sein, oder vielleicht war er nur einer der vielen verkappten Schwulen der Geschichte, die Ehe und Familienleben aufrechterhalten konnten, während sie – gewöhnlich heimlich – ihre Vorliebe für Männer auslebten.

Wir können zwar darüber nachgrübeln, wie moralisch die eheliche Untreue des »göttlich gesalbten« Königs war, seine Homosexualität beeinträchtigte oder behinderte aber nicht seine Herrschaft, obwohl er zumindest im engsten Kreis seiner Mitmenschen kaum Anstrengungen unternahm, die Neigung zu verbergen. Angesichts der Tatsache, dass wir frühere Zeiten heute mit überschäumender Homophobie und staatlich sanktionierter Gewalt gegen queere Menschen in Verbindung bringen, erscheint uns so etwas schockierend. Man sollte meinen, James hätte große Mühe darauf verwandt, seine Geliebten zu verstecken, weil er fürchtete, seinen Thron zu verlieren oder zum Opfer von Nötigung und Erpressung zu werden. Aber so war es nicht. James und seine Liebhaber hinterließen eine Fülle von Belegen für ihre gegenseitige Zuneigung, und auch heute noch, Jahrhunderte später, sind Historikerinnen und Historiker damit beschäftigt, diese Zeugnisse auszuwerten. James' Zeitgenossen wussten mit Sicherheit über sein Privatleben Bescheid. Als er noch ein junger König war, versuchten die schottischen Adligen, ihn von seinem ersten Geliebten, dem Herzog von Lennox, fernzuhalten, aber als er älter wurde, konnte er sich in seiner Selbstbestimmung behaupten und seine Affären selbst regeln. Er war ein ernsthafter Monarch und engagierte sich in seinem Reich für Frieden und Wohlstand.

Dennoch beteiligte sich James auch aktiv an der Unterdrückung queerer Personen, sodass viele von ihnen ihre Neigungen verbergen mussten. Er sorgte für die strikte Durchsetzung der Gesetze gegen Sodomie und bezeichnete schwulen Sex sogar als »eines der entsetzlichsten Verbrechen, welche wir guten Gewissens niemals vergeben können«. Den Richtern befahl er, keinen Straferlass zu gewähren und keine Gnade zu üben, und in seinem eigenen Buch schrieb er, dies sei ein Verbrechen, für das selbst Monarchen keine Gnade zeigen dürften.

Was sollen wir von dieser Heuchelei halten? Dass Männer, die insgeheim schwul sind, andere Homosexuelle verfolgen, hat eine lange Geschichte, die sich bis heute fortsetzt und die queere Community in Wut versetzt. Von christlichen Geistlichen, die von der Kanzel die Übel der Homosexualität predigen, während sie insgeheim ihre Freuden genießen, bis zu konservativen Politikern, die gegen Homosexuellenrechte kämpfen und gleichzeitig verstohlen Affären unterhalten – Furcht und Scham eines heimlichen Lebens haben viele schwule Männer zu heuchlerischen Ungeheuern gemacht. Für Männer wie König James bestand das strategische Gegenmittel gegen Verdacht und Missbilligung darin, in der Öffentlichkeit den strikten Homophoben zu geben, aber privat litt er anscheinend nicht unter Scham, Reue oder Verlegenheit.

Wichtiger für unser Thema ist aber, dass James' Homosexualität absolut kein Hindernis für seine *biologische Fitness* war. Die Definition der biologischen Fitness besagt nicht nur, dass jemand viele Kinder hat, sondern dass er viele *erfolgreiche* Kinder und nachfolgende Abkömmlinge hervorbringt. Nach diesem Maßstab hätte James die bestmögliche Note verdient. Ein Sohn erbte seinen Thron und wurde zu Charles I., einem mächtigen Monarchen, der wiederum viele Kinder hatte, darunter die beiden späteren Könige Charles II. und James II., beide wie James aus dem Haus Stuart. James' älteste Tochter wurde durch Eheschließung zur Königin von Böhmen, und ihr Enkel war König George I., der erste britische Monarch aus dem Haus Hannover. Selbst als also die Monarchie abgeschafft und wieder errichtet wurde, als sie erst katholisch und dann wieder protestantisch war und vom Haus Stuart auf das Haus Hannover überging, blieben die Nachkommen von James I. an der Macht. Seine zahlreichen Abkömmlinge heirateten überall in Europa in mächtige Familien ein. Heute sind alle europäischen Monarchen, die meisten hochrangigen Adligen und Tausende von normalen Menschen auf der ganzen Welt unmittelbare Nachkommen des schwulen Königs James.*

Wie bei den stillen Grillen, den lesbischen Albatrossen und praktisch allen Bonobos, so konnte auch die Homosexualität von König James die ergiebige Ausbreitung seiner Gene nicht bremsen.

* Etwas zum Schmunzeln: Obwohl das Haus Stuart in Großbritannien seit dem Tod von Königin Anne 1714 nicht mehr die Monarchenfamilie stellt, setzt sich die Erbfolge der jakobitischen Thronanwärter bis heute fort. Der derzeitige Anwärter ist Franz von Bayern, über 90 Jahre alt, Oberhaupt des Hauses Wittelsbach und Herzog von Bayern, ein prominenter Kunstsammler und Aristokrat. Hätte es nicht 1701 den Act of Settlement gegeben, wäre der rechtmäßige König von England, Schottland und Nordirland wiederum ein schwuler Mann.

Zum Schluss

Jetzt sage ich, was ich wirklich denke

An dieser Stelle wird vom Autor in der Regel erwartet, dass er alles zusammenfasst und dann auf seine Seifenkiste steigt und eine Predigt darüber hält, was das alles bedeutet und was wir als Gesellschaft damit anfangen sollen. Um ehrlich zu sein, habe ich das für mich selbst noch nicht ganz herausgefunden, ganz zu schweigen von der Frage, was *alle anderen* meiner Ansicht nach tun sollten. In Wirklichkeit gibt es mit ziemlicher Sicherheit keine Allzweckantwort, denn die eigentliche Botschaft dieses Buches lautet: *Der bemerkenswerteste Aspekt des sexuellen Erlebens von Menschen ist die Vielfalt.* Und ja, die Diversität von Geschlecht und Gender ist kein Fehler unserer Spezies, sondern eine *Funktion* – kein *bug*, sondern ein *feature*. Rekapitulieren wir noch einmal, was wir wissen.

Zu Beginn unseres Weges sind wir der Frage nachgegangen, wie sich Diploidie und Gameten bei den ersten Lebensformen entwickelt haben und zu einem Mittel wurden, um ständig neue genetische Vielfalt hervorzubringen; außerdem haben wir festgestellt, dass Sexualität den Zweck hat, diese Vielfalt fortzuschreiben. Ein Schlüsselereignis war die Differenzierung der Gameten zu zwei Formen – einer großen und einer kleinen –, die schließlich zur Grundlage des biologischen Geschlechts wurden: Männlichkeit, Weiblichkeit und Hermaphroditismus. Mit der Vielfalt erzeugenden Sexualität legte die Evolution den Schnellgang ein, die Lebensformen wurden immer raffinierter und vielzellig. Pflanzen, Tiere und Pilze entstanden, entwickelten sich auseinander und bildeten das wunderbare Mosaik des

Lebens, von Moosen bis zu Kiefern, von Champignons bis zur Hefe, von Tyrannosauriern bis zu Seegurken. Und immer war nicht Effizienz, sondern Vielfalt letztlich der Weg zum Evolutionserfolg auf dem zunehmend überfüllten Planeten.

Nachdem es Geschlechter gab, folgte wenig später auch das gendertypische Verhalten. Die Tiere – von Fischen über Vögel bis zu Affen – entwickelten kreative Wege, um Männlichkeit und Weiblichkeit auszuleben, und diese Wege gingen weit über die Zweiheit der Gameten hinaus. Geschlecht ist eine körperliche Eigenschaft, Gender dagegen eine gesellschaftliche, ein Grundzug der Interaktion zwischen Tieren. Tiere essen zwar auch, sie trinken, jagen, flüchten, wachsen, heilen, spielen und so weiter, aber *Gender* ist eine besondere Kombination von Merkmalen und Verhaltensweisen, die eng mit dem absolut zentralen Lebensprozess gekoppelt sind: mit der Fortpflanzung. Alle Lebewesen haben letztlich das Ziel, mehr von sich selbst zu erzeugen, denn mehr als alles andere *will* das Leben sich fortsetzen. Das ist der Grund, warum Sexualität auch für uns so wichtig ist.

Was die Sexualität angeht, so haben wir viel zu lange geglaubt, der Geschlechtstrieb von Tieren sei einfach, heterosexuell und ausschließlich auf die Befruchtung ausgerichtet. Nachdem wir die Scheuklappen unserer Vorurteile abgelegt haben, wissen wir heute, dass Tiere mit jedem Angehörigen ihrer Spezies ungeachtet von Geschlecht oder Gender Sex betreiben können, und das aus einer Fülle verschiedener Gründe, ohne Ausschließlichkeit bei zusammengehörigen Paaren, auch wenn das unvermeidlich zu Eifersucht und Konflikten führt. Das Sexualleben von Tieren ist alles andere als einfach, und wie immer gedeiht überall die Vielfalt.

Die eigentliche Frage aber lautet: Lässt sich das alles auf das Erleben der Menschen anwenden, und wenn ja, wie?

Hier müssen wir uns unbedingt vor Augen halten, dass Menschen genetisch und *genealogisch* mit allen anderen heutigen und früheren Lebewesen auf der Erde durch eine allgemeine gemeinsame Abstammung verbunden sind. Das ist kein Klischee und keine Metapher, sondern buchstäblich eine wissenschaftliche Tatsache. Weder Menschen noch irgendwelche anderen Lebensformen auf unserem Planeten sind vom Himmel gefallen oder wurden *aus dem Nichts* erschaffen. Wir sind die Produkte der Abstammung mit Abwandlung, gemeinhin »Evolution« genannt, und die gleichen Evolutionskräfte, die Schimpansen, Pinguine und Plattwürmer geformt haben, haben auch uns gestaltet.

Das macht einige Schlussfolgerungen relativ einfach. Erstens steht die explosionsartige Zunahme der vielfältigen Genderidentitäten, die wir in jüngster Zeit bei Menschen beobachten, im Einklang mit der Gendervielfalt bei anderen Tieren, und deshalb können wir sie kaum als »unnatürlich« bezeichnen. Und zweitens: Wenn Experimente mit dem Gender schädlich oder nur eine Marotte wären, könnte man sie nicht bei einer solch großen Fülle von Tieren beobachten. Die Neigung sozialer Tiere, mit Verhaltensweisen und sogar anatomischen Merkmalen herumzuspielen, sodass die Grenzen zwischen streng männlichen und streng weiblichen Formen verschwimmen, ist nahezu allgemein verbreitet, denn oft ist sie ein Weg zum Fortpflanzungserfolg. Deshalb *rechnen wir damit, das Gleiche auch bei Menschen zu beobachten!* Es wäre seltsam, wenn es anders wäre.

Ein weiterer Beweis dafür ist nach meiner Überzeugung das *Tempo*, mit dem sich die Gendervielfalt vermehrt hat. Sobald unsere Gesellschaft toleranter wurde, war sie da. Wenn Miesepeter jammern: »Zu meiner Zeit waren Frauen noch Frauen und Männer noch Männer, und dieses Trans- oder nichtbinäre Zeug gab es gar nicht«, so sind sie drauf und dran, es zu begreifen! Ja, vor einer Generation gab es noch viel weniger Genderdiversität, aber warum? Weil sie von der Gesellschaft insgesamt hart bestraft wurde, sodass sie *eine schlechte Erfolgsstrategie* war. In einem gewissen Sinn haben die Konservativen recht, wenn sie sagen, die Gendervielfalt verbreite sich, weil unsere Gesellschaft sie heute stärker anerkennt. Falsch ist aber aus meiner Sicht ihre Überzeugung, daran sei etwas Unnatürliches. Ein schneller Blick auf die Tierwelt beweist etwas anderes.

Ich räume jedoch voll und ganz ein, dass dies nichts darüber aussagt, ob eine tolerante Einstellung gegenüber der Gendervielfalt etwas Gutes oder etwas Schlechtes ist. Ich habe es schon zu Beginn gesagt: Dass etwas natürlich ist, heißt nicht, dass es für die Gesellschaft positive Folgen hat. Es hat nichts Unnatürliches, wenn ein siegreicher Silberrücken-Gorilla die Nachkommen seines besiegten Gegners ermordet, und doch wollen wir vermutlich nicht in einer Welt leben, die solche Verhaltensweisen hinnimmt.*

Ich vertrete deshalb die Ansicht, dass Menschen – welche Überraschung – genau wie jede andere Tierart Vielfalt-Erzeugungsmaschinen sind, und das gilt insbesondere für Gender und Sexualität. In unserer Gesamtheit besitzen wir eine einprogrammierte Neigung, mit Männlichkeit, Weiblichkeit und allgemein mit Genderverhalten zu experimentieren. Das ist die Aussage über das »Ist«. Daraus Aussagen über das »Sollte« abzuleiten, ist Sache der Gesellschaft. Ich persönlich habe bislang noch keinen einzigen stichhaltigen Grund gehört, warum wir irgendetwas anderes tun sollten, als diese Vielfalt zu feiern. *Die Vielfalt gewinnt* – das ist eine der übergeordneten Lektionen des Lebens auf der Erde. Wer sind wir, dass wir dagegen sein könnten?

Was dabei wichtig ist: Die Genderdiversität der Menschen beschränkt sich nicht auf Verhaltensweisen und kulturelle Hervorbringungen wie Kleidung und Make-up. Wie wir in Kapitel 7 erfahren haben, sind auch anatomische und biochemische Variationen weitverbreitet. Die Ausprägung von Enzymen und Hormonrezeptoren unterliegt ebenso einer bimodalen Verteilung wie die Größe und

* Zu unserem Glück spricht so gut wie nichts dafür, dass Menschen ähnliche mörderische Instinkte haben wie Gorillas. Die Wahrscheinlichkeit, dass Kinder von Stiefeltern misshandelt oder vernachlässigt werden, ist allerdings tatsächlich größer als bei biologischen Eltern. Ein Gegengewicht zu dieser Tatsache ist aber die Statistik, wonach Kinder von Adoptiveltern mit *geringerer* Wahrscheinlichkeit misshandelt werden als von biologischen Eltern. Menschen neigen dazu, sich ungeachtet der Elternrolle um kleine Kinder zu *kümmern*, statt ihnen Schaden zuzufügen.

Form von Brüsten, Genitalien und Gehirnarealen. Keiner und keine von uns hat ausschließlich *vollkommen* männliche oder weibliche Merkmale.

Deshalb sage ich: Geschlecht ist keine Zweiheit. Das ist vermutlich die umstrittenste Aussage in diesem Buch, und an dieser Stelle verliere ich die Unterstützung vieler, die allem anderen zustimmen. Das Festhalten am Geschlecht als reiner Zweiheit ist eine Folge der echten Dichotomie der Gameten. Es gibt nur zwei Arten von ihnen, einen großen und einen kleinen, und jeder von uns stellt nur einen davon her.* Deshalb, so die generelle Meinung, gehören wir alle entweder dem männlichen oder dem weiblichen Geschlecht an. Ich bezweifle das, denn es stellt die Gameten über sämtliche anderen Zellen und Organe des Körpers, die alle für die Gesundheit und das Alltagsleben des Individuums weitaus wichtiger sind. Für jene, die sich – aus welchen Gründen auch immer – ausschließlich auf Samen- und Eizellen konzentrieren wollen, existiert der vollkommen geeignete Begriff des »Gametengeschlechts«, während diejenigen, die sich für die vom Geschlecht beeinflussten biologischen Eigenschaften des ganzen Körpers interessieren, beim »biologischen Geschlecht« bleiben können. Nur in diesem letztgenannten Sinn betrachte ich das Geschlecht als vieldimensionales Spektrum. Wer Dualismen wirklich liebt, für den ist *Gametengeschlecht* das Richtige. Viel Spaß damit.

Wo wir gerade bei Spektren sind: Ein weiteres Konzept, das meiner Ansicht nach eine vollständige Neubewertung verdient hat, ist die Se-

* Bei der ovotestikulären DSD, einem extrem seltenen intergeschlechtlichen Zustand, hat ein Individuum sowohl Eierstock- als auch Hodengewebe. Die Ursache ist in den meisten Fällen die Verschmelzung zweier unterschiedlicher Zygoten zu einem frühen Embryo, der sich dann (mit Ausnahme der Geschlechtsorgane, wenn die verschmolzenen Zygoten nicht das gleiche chromosomale Geschlecht hatten) normal entwickelt. Solche Individuen sind genetische Chimären. Insgesamt wurde nur über rund 500 derartige Fälle berichtet, und wie viele der Betroffenen sowohl Samen- als auch Eizellen produzieren können, ist nicht geklärt.

xualität. Ich halte die Idee der *sexuellen Orientierung* nicht für hilfreich. Um ehrlich zu sein, bin ich nicht einmal sicher, ob so etwas wirklich existiert. Die Vertreter von Schwulenrechten haben lange behauptet, schwule Menschen seien »so geboren«, aber das setzt einen strengen Determinismus voraus, für den ich kaum Belege erkennen kann. Selbst in der relativ nüchternen experimentellen Studie zur Homosexualität von Schafböcken konnten wir beobachten, dass die meisten Böcke zwar eine Vorliebe haben, aber auch fröhlich mit dem nicht bevorzugten Geschlecht kopulieren, das heißt, wenn sie überhaupt Spaß am Kopulieren haben. Dass Tiere einen Sexualtrieb besitzen, ist klar, und Menschen sind da nicht anders; das heißt jedoch nicht, dass dieser Trieb in bestimmten Spielarten mit strengen Grenzen auftritt. Die Tierverhaltensforschung offenbart weniger Abneigungen als vielmehr Flexibilität. Tatsächlich wäre mit einer Abneigung gegen alle Angehörigen eines Geschlechts kaum etwas zu gewinnen.

Das Gleiche beobachtet man auch zunehmend bei Menschen. Sowohl die sexuelle Fluidität als auch Anziehungskräfte im ganzen pansexuellen Spektrum sind schon seit recht langer Zeit Gegenstand von Untersuchungen. Sie begannen in den 1940er-Jahren mit Alfred Kinsey, das Thema ist also wirklich nicht neu. Und doch hat sich die Vorstellung von einer festgelegten sexuellen Orientierung – schwul oder hetero – hartnäckig gehalten, bis sich die jungen Erwachsenen von heute zunehmend Kennzeichnungen wie »bisexuell«, »sexuell fluid«, »pansexuell« oder »heteroflexibel« zulegten. Die zuletzt genannte – die Heteroflexibilität – ist die formelle Anerkennung einer »Orientierung«, die sich in Studien zur Sexualität schon seit Langem zeigt: ein starkes, einheitliches sexuelles Interesse am anderen Geschlecht mit gleichzeitiger mehr als nur flüchtiger Anziehung oder Neugier in Bezug auf das eigene Geschlecht.

Dass die jüngere Generation gegenüber sexuellen Experimenten aufgeschlossen ist, spricht dafür, dass eine tolerantere Kultur die sexuelle Entdeckerfreude aufblühen lässt. Früher übten die üblen Reaktionen auf Homosexualität einen starken negativen Einfluss auf die Entwicklung solcher Anziehungskräfte aus. Vorpubertäre Jungen und Mädchen, die erstes Interesse am gleichen Geschlecht zeigten, erlebten Schande, Spott und sogar Gewalt, sodass sie gezwungen waren, solche Neigungen so gut wie möglich zu überdecken. Die ständige Förderung heterosexueller Beziehungen trug dazu bei, die entstehende Neugier in dieser Richtung zu nähren, und entsprechend nahm ihre Sexualität Gestalt an. Heute, da solche gesellschaftlichen Einflüsse ihren toxischen Griff lockern, entwickeln junge Menschen eine stärker wechselnde, vielseitigere Sexualität und damit genau das, was wir erwarten, wenn die biologischen Grundlagen des Sexualtriebs unbestimmt und flexibel sind. Wer sich darüber aufregt, dass nur noch ein kleinerer Teil der Bevölkerung ausschließlich heterosexuell ist, dem empfehle ich eine Beratung, um damit fertigzuwerden.

Das vielleicht am stärksten belastete Thema in diesem Buch ist die Monogamie. Die Frage, ob eine Liebesbeziehung sexuell exklusiv sein sollte oder nicht, hat zu vielen hitzigen Meinungsverschiedenheiten, Verurteilungen und bitteren Trennungen geführt. Das Thema spaltet auch die stets progressive queere Community: Viele bevorzugen die Freiheit einer offenen Beziehung, und ebenso viele wollen damit nichts zu tun haben. Häufig werden Psychologen, Anthropologinnen und Fachleute aus der Biologie angefleht, die Frage zu beantworten: »Sind Menschen für die Monogamie geschaffen oder nicht?«

Leider gibt die Wissenschaft darauf keine klare Antwort. Einerseits haben sich Kulturkreise auf der ganzen Welt auf die dauerhafte, sexuell exklusive Ehe als Organisationseinheit des Familienlebens festgelegt, was für eine gemeinsame biologische Grundlage sprechen könnte. Andererseits scheint dies aber eine relativ neue Entwicklung zu sein, die vielen Gesellschaften durch kulturelle (und auch ganz buchstäbliche) Invasion aufgezwungen wurde. Einerseits sind Männer um 10 bis 15 Prozent größer als Frauen, und der Geschlechtsdimorphismus ist mit Monogamie oder sexuell exklusiver Polygynie verknüpft (während Promiskuität mit geringfügigem oder gar keinem Dimorphismus korreliert). Andererseits schrumpft der Größenunterschied seit mindestens 3 Millionen Jahren, denn bei den ersten *Homo*-Arten lag er bei 50 Prozent. Dieser Trend könnte darauf hindeuten, dass sich die Evolution von sexueller Monogamie oder Polygynie *entfernt*. Auch unsere Hoden liefern eine widersprüchliche Antwort: Die riesigen Hoden der Schimpansen sprechen für ihre Promiskuität, die winzigen Hoden der Gorillas für deren partnerschaftliche Treue. Die Hoden der Menschen liegen zwischen diesen Extremen. Grrr!

Die Bedeutung anderer angeblicher Anzeichen für Monogamie ist in der Wissenschaft umstritten. Der versteckte Eisprung, die langen Pausen zwischen Geburten, ein großer Penis und das (zumindest bei Menschenaffen) ausschließlich menschliche Phänomen der Menopause wurden in die Debatte geworfen, aber ein klarer Konsens kristallisierte sich nicht heraus. Nachdem ich alle Argumente gelesen und die Belege und Beweisführung beider Seiten analysiert habe, gelange ich zu einer einfachen Schlussfolgerung: Keiner hat recht. Menschen sind für *keinen* bestimmten Typ einer sexuell-romantischen Beziehung vorprogrammiert. Vielmehr sind wir in dieser Hinsicht flexibel veranlagt und können uns an verschiedene gesellschaftliche Umfelder anpassen. Haben wir nicht genau das auch auf unserer Reise durch Kulturkreise und die Geschichte der Menschen in Kapitel 6 beobachtet? So weit hergeholt ist es nicht. Erinnern wir uns noch einmal an die Gorillas von Virunga. Sie wechselten nahtlos von der strengen sexuellen Exklusivität der Harem-Lebensweise zur Promiskuität großer Gruppen mit vielen Männchen und vielen Weibchen.

Um einschätzen zu können, wie begründet diese Behauptung ist, sollte man sich einen der wirklich einzigartigen Aspekte unserer Spezies vor Augen führen: Unsere Evolution hat uns zum *ultimativen Generalisten* gemacht. Wir sind nicht an irgendeinen bestimmten Lebensraum und auch nicht an eine spezielle Ernährung oder Lebensweise angepasst. Das ist vielleicht unsere bemerkenswerteste Eigenschaft, und sie geht Hand in Hand mit unserem riesigen Gehirn und unserem leistungsfähigen Geist. Das möchte ich erklären.

Versuchen wir nur einmal, ein Tier zu nennen, das ebenso gut in der kargen Wüste, der eisigen Tundra, dem schwülen Regenwald, auf verstreuten Inseln, in offenen Graslandschaften und in üppigen Wäldern der gemäßigten Breiten überleben kann. Das gelingt nur den Menschen, aber nicht durch Anpassung, sondern durch *Innovation*. Menschen sind nicht an ein Leben in der Wüste *angepasst*, und doch gedeihen die Beduinen dort seit Jahrtausenden. Menschen sind nicht an ein Leben auf dem Meer *angepasst*, und doch fahren die Bajau seit Jahrhunderten zur See. Menschen sind *Nischenbaumeister*: Wir passen uns nicht an unseren Lebensraum an, wir *schaffen* unseren Lebensraum. Jeder Menschenaffe würde im unwirtlichen Klima nördlich des Polarkreises schnell zugrunde gehen, aber den Inuit geht es dort gut, weil sie warme Kleidung nähen und Iglus bauen. Wir Menschen bewältigen die Herausforderungen unserer Umwelt nicht mit unserem Körper, wir bewältigen sie mit unserem Geist. Wir bewältigen sie, indem wir uns mit unserem *Verhalten* darauf einstellen.

Und das betrifft nicht nur den Lebensraum. Ein weiteres Beispiel ist die Ernährung. Die meisten anderen Tiere müssen sich mit einem recht schmalen Spektrum verschiedener Futtermittel begnügen. Pandas essen nur Bambus, Koalas leben fast ausschließlich von Eukalyptusblättern. Vergleichen wir das einmal mit der vielfältigen Küche der Menschen. Küstenbewohner ernähren sich vorwiegend von Fisch und Meeresfrüchten; offene Prärien und Steppen liefern Getreide und Wild. Völker aus dem Regenwald essen Käfer und Maden, Beeren und saftige Früchte; im Himalaja bilden Fleisch und Milchprodukte von Yaks und Ziegen die Ernährungsgrundlage. Entscheidend ist, dass es nicht die eine Kost der Menschen gibt. Wir sind die höchste Form der Allesfresser und gedeihen mit einer breiten Vielfalt an Lebensmitteln, ja sogar mit krassen Unterschieden in der Zusammensetzung der Makronährstoffe. Mit der Ernährung ist es wie mit dem Lebensraum: Menschen müssen nicht warten, bis Mutationen für körperliche Anpassung sorgen. Stattdessen finden wir unseren Weg selbst, essen, was wir finden, bauen Unterkünfte, wenn sie notwendig sind, und schlagen uns auf jede erdenkliche Weise durch.

Ebenso nutzen wir auch unsere Körper auf ganz unterschiedliche Arten. Gorillas können schneller laufen als wir; Schimpansen können besser auf Bäume klettern als wir; Gibbons können höher springen als wir; Nasenaffen können besser schwimmen als wir. Aber wir sind die Einzigen, die sowohl laufen als auch springen, sowohl klettern als auch schwimmen können. Wir können auch werfen, drücken, stampfen, zeigen, treten, tanzen und nähen. Alle anderen Tiere auf der Erde haben ihren Platz durch Spezialisierung gefunden, doch wir Menschen haben den umgekehrten Ansatz gewählt. Wir haben uns dahingehend entwickelt, alles zu tun; dadurch konnten wir uns in der ganzen Welt ausbreiten, jede Nahrung essen, in jedem Lebensraum gedeihen und überall herausfinden, wie man überlebt und Erfolg hat. Dafür ist unser großes Gehirn da. Wir sind wirklich die ultimativen Generalisten.

Genauso verhält es sich mit den Beziehungen. Es gibt für Menschen nicht die eine richtige Weise, gemeinsam zu leben und Familien zu bilden. Kulturkreise und Gesellschaften auf der ganzen Welt gehen Intimitäts- und Familienangelegenheiten auf ihre eigene Art an. Wir sind nicht dazu programmiert, nur eine Art der sexuellen Beziehung anzustreben oder zu tolerieren. Vielmehr finden wir tiefe emotionale Verbindungen zueinander auf sehr vielfältige Weise. Menschen können in strenger sexueller Monogamie glücklich sein, in freigeistiger Polyamorie und in jeglicher Ausprägung dazwischen.

Was nun mit all dieser Information anzufangen ist, bleibt jedem und jeder selbst überlassen. Wie sämtliche anderen Tiere, so gehen auch Menschen ganz unterschiedlich an Geschlecht, Gender und Sexualität heran, und durch die Magie der sexuellen Rekombination wird ständig neue kreative Vielfalt erzeugt. Und obendrein haben wir ein riesiges Gehirn für fantasievolles Denken und kritische Auseinandersetzung.

Nutzen wir es.

Danksagung

Wie die meisten Wissenschaftler, so lasse auch ich mich oft von meinen Ideen und meiner Neugier hinreißen. Wenn diese Seiten dennoch Struktur, Zusammenhang und Fokussierung aufweisen, liegt es an der Kompetenz und Erfahrung der Lektoren, Agentinnen und Agenten, mit denen ich in den fünf Jahren, die das Verfassen dieses Buches gedauert hat, zu meinem Glück zusammenarbeiten konnte. Mein früherer Lektor Alex Littlefield und meine frühere Agentin Marly Rusoff trugen frühzeitig zu der Erkenntnis bei, dass sich hinter all meinen unbestimmten Gedanken und Klagen ein Buch verbarg. Indem mich meine jetzigen Agenten Larry Weissman und Sascha Alper zwangen, zu Grundlegendem zurückzukehren, halfen sie mir, die Umrisse und Struktur dieses Buches zu prägen. Und mein Lektor Matt Harper schließlich, der so geduldig wie klug ist, unterstützte mich gewaltig darin, die verschiedenen Ideen in diesem Buch zu einem zusammenhängenden Narrativ zu machen, das darstellt, wie die Komplexität der Fortpflanzung die gesamte prachtvolle Welt von Geschlecht und Gender entstehen lässt.

Was die Gedanken selbst angeht, so muss ich zuallererst die Arbeiten von Dr. Joan Roughgarden erwähnen. Nachdem ich vor rund 15 Jahren zum ersten Mal *Evolution's Rainbow* gelesen hatte, war ich wie verwandelt. Sowohl die von ihr beschriebene wissenschaftliche Arbeit als auch das von ihr umrissene Genderprinzip, mit dem man das alles versteht, öffnen einem wirklich die Augen und haben die Grundlagen für dieses Buch geschaffen. Tatsächlich zeigten mir ihre Darlegungen die wahre Stärke eines theoretischen Gerüsts, denn es hilft uns, die komplizierten Funktionsweisen des Lebens zu verstehen – oder misszuverstehen. Joans gewissenhafte Beschreibung des Genderprinzips, mit dem man das Sexualverhalten von Tieren begreift, änderte meine Sichtweise auf die Welt des Lebendigen ein für alle Mal, und dafür werde ich ihr ewig dankbar sein. Wenn sich das vorliegende Buch irgendwie auf jemandes Denken ausgewirkt haben sollte, ist das unbestreitbar Joan zu verdanken.

Ebenso möchte ich den unzähligen Freunden, Freundinnen und Angehörigen danken, mit denen ich diese Themen im Laufe der Jahre erörtert habe. Mein Schreibstil entspricht einem lockeren Gespräch mit einem Bekannten, und so waren all jene Bekannten, die meine »lockeren Gespräche« erduldet haben, als inoffizielle (und unbezahlte) Lektorinnen und Lektoren tätig, und das häufig gegen ihren Willen. Es sind zu viele, als dass ich alle Namen aufzählen könnte, und da ich nicht riskieren möchte, jemanden zu vergessen, sage ich nur eines: Wenn ich mich jemals mit euch auf ein Gespräch über Geschlecht, Gender, Sexualität oder sexuelle Beziehungen von Tieren oder Menschen eingelassen habe, bedeutet das, dass ich eure Sichtweise zu schätzen weiß, und ich danke euch aufrichtig dafür, dass ihr sie mit mir geteilt habt.

Erwähnen muss ich auch die vielen Studierenden, die am New Yorker John Jay College an meinem Seminar über die biologischen Grundlagen von Geschlecht, Gender und Sexualität teilgenommen haben. Durch eure einzigartigen Äußerungen, eure kühnen Ideen und eure klugen schriftlichen Arbeiten habe ich viel gewonnen. Selbst eure sorgfältigen Literaturrecherchen haben sich auf unzählige Weise – in größerem und kleinerem Ausmaß – auf den Inhalt dieses Buches ausgewirkt. Es ist tatsächlich schwer vorstellbar, dass dieses Buch ohne den Input und Einfluss meiner Studierenden am John Jay College überhaupt geschrieben worden wäre. Sie gehören zu den schlauesten, scharfsinnigsten Menschen, die mir jemals begegnet sind.

Anmerkungen

Motto: Charles Darwin, *Der Ursprung der Arten*, übers. v. Eike Schönfeld, Stuttgart: Klett-Cotta, 2018, S. 570.

Einleitung: Wie die Dinge stehen

1 Kaestle, Christine E., »Sexual orientation trajectories based on sexual attractions, partners, and identity: A longitudinal investigation from adolescence through young adulthood using a U.S. representative sample«, in: *Journal of Sex Research* 56, 7 (2019): 811–826.

2 Watson, Ryan J./Wheldon, Christopher W./Puhl, Rebecca M., »Evidence of diverse identities in a large national sample of sexual and gender minority adolescents«, in: *Journal of Research on Adolescence* 30, Suppl. 2 (2020): 431–442.

3 Cover, Rob, »The proliferation of gender and sexual identities, categories and labels among young people: emergent taxonomies«, in: Peter Aggleton u. a. (Hrsg.), *Youth, Sexuality and Sexual Citizenship*, London/New York: Routledge, 2019, 278–290.

4 Galupo, M. Paz/Henise, Shane B./Mercer, Nicholas L., »›The labels don't work very well‹: Transgender individuals' conceptualizations of sexual orientation and sexual identity«, in: *International Journal of Transgenderism* 17, 2 (2016): 93–104.

5 Diamond, Lisa M., »Sexual fluidity in male and females«, in: *Current Sexual Health Reports* 8 (2016): 249–256.

6 Sassler, Sharon/Lichter, Daniel T., »Cohabitation and marriage: Complexity and diversity in union-formation patterns«, in: *Journal of Marriage and Family* 82, 1 (2020): 35–61.

7 Haupert, Mara L./Gesselman, Amanda N./Moors, Amy C./Fisher, Helen E./Garcia, Justin R., »Prevalence of experiences with consensual nonmonogamous relationships: Findings from two national samples of single Americans«, in: *Journal of Sex & Marital Therapy* 43, 5 (2017): 424–440.

8 Smock, Pamela J./Schwartz, Christine R., »The demography of families: A review of patterns and change«, in: *Journal of Marriage and Family* 82, 1 (2020): 9–34.
9 Lents, Nathan H., *Not So Different: Finding Human Nature in Animals*, New York: Columbia University Press, 2016.
10 Johnson, Hunter R./Blandino, Jessica A./Mercado, Beatriz C./Galván, José A./Higgins, William J./Lents, Nathan H., »The evolution of de novo human-specific microRNA genes on chromosome 21«, in: *American Journal of Biological Anthropology* 178, 2 (2022): 223–243.
11 Lents, Nathan H., *Human Errors: A Panorama of Our Glitches, from Pointless Bones to Broken Genes*, Boston: Mariner Books, 2018.

Kapitel 1
Der Regenbogen der Evolution: Männchen, Weibchen und mehr

1 Watts, Phillip C./Buley, Kevin R./Sanderson, Stephanie/Boardman, Wayne/Ciofi, Claudio/Gibson, Richard, »Parthenogenesis in Komodo dragons«, in: *Nature* 444, 7122 (2006): 1021–1022.
2 Dudgeon, Christine L./Coulton, Laura/Bone, Ren/Ovenden, Jennifer R./Thomas, Severine, »Switch from sexual to parthenogenetic reproduction in a zebra shark«, in: *Scientific Reports* 7, 1 (2017): 40537.
3 Lowe, Charles H./Wright, John W., »Evolution of parthenogenetic species of Cnemidophorus (whiptail lizards) in western North America«, in: *Journal of the Arizona Academy of Science* 4, 2 (1966): 81–87.
4 Barley, Anthony J./Reeder, Tod W./Nieto-Montes de Oca, Adrián/Cole, Charles J./Thomson, Robert C., »A new diploid parthenogenetic whiptail lizard from Sonora, Mexico, is the ›missing link‹ in the evolutionary transition to polyploidy«, in: *American Naturalist* 198, 2 (2021): 295–309.
5 Newell, Peter C./Telser, Alvin/Sussman, Maurice, »Alternative developmental pathways determined by environmental conditions in the cellular slime mold Dictyostelium discoideum«, in: *Journal of Bacteriology* 100, 2 (1969): 763–768.
6 Welch, David B. Mark/Ricci, Claudia/Meselson, Matthew, »Bdelloid rotifers: Progress in understanding the success of an evolutionary scandal«, in: Isa Schön/Koen Martens/Peter Dijk (Hrsg.), *Lost Sex: The Evolutionary Biology of Parthenogenesis*, Springer, 2009, 259–279.
7 Welch, David B. Mark/Meselson, Matthew, »Evidence for the evolution of

bdelloid rotifers without sexual reproduction or genetic exchange«, in: *Science* 288, 5469 (2000): 1211–1215.
8 Gladyshev, Eugene A./Meselson, Matthew/Arkhipova, Irina R., »Massive horizontal gene transfer in bdelloid rotifers«, in: *Science* 320, 5880 (2008): 1210–1213.
9 Kothe, Erika, »Tetrapolar fungal mating types: Sexes by the thousands«, in: *FEMS Microbiology Reviews* 18, 1 (1996): 65–87.
10 Michiels, Nicolaas K./Newman, L. J., »Sex and violence in hermaphrodites«, in: *Nature* 391, 6668 (1998): 647.
11 Iwata, Eri/Nagai, Yukiko/Hyoudou, Mai/Sasaki, Hideaki, »Social environment and sex differentiation in the false clown anemonefish, Amphiprion ocellaris«, in: *Zoological Science* 25, 2 (2008): 123–128.
12 Iwata, Eri/Mikami, Kyohei/Manbo, Jun/Moriya-Ito, Keiko/Sasaki, Hideaki, »Social interaction influences blood cortisol values and brain aromatase genes in the protandrous false clown anemonefish, Amphiprion ocellaris«, in: *Zoological Science* 29, 12 (2012): 849–855.
13 Prakash, Sanjeevi/Ajith Kumar, Thipramalai T./Subramoniam, Thanumalaya/Baeza, J. Antonio, »Sexual system and sexual dimorphism in the shrimp *Periclimenes brevicarpalis* (Schenkel, 1902) (Caridea: Palaemonidae), symbiotic with the sea anemone *Stichodactyla haddoni* (Saville-Kent, 1893) in the Gulf of Mannar, India«, in: *Journal of Crustacean Biology* 37, 3 (2017): 332–339.
14 Miya, Masaki/Nemoto, Takahisa, »Reproduction, growth and vertical distribution of the meso- and bathypelagic fish *Cyclothone atraria* (Pisces: Gonostomatidae) in Sagami Bay, Central Japan«, in: *Deep Sea Research Part A. Oceanographic Research Papers* 34, 9 (1987): 1565–1577.
15 Grafe, T. Ulmar/Linsenmair, Karl Eduard, »Protogynous sex change in the reed frog *Hyperolius viridiflavus*«, in: *Copeia* (1989): 1024–1029.
16 Holleley, Clare E./O'Meally, Denis/Sarre, Stephen D./Marshall Graves, Jennifer A./Ezaz, Tariq/Matsubara, Kazumi/Azad, Bhumika/Zhang, Xiuwen/Georges, Arthur, »Sex reversal triggers the rapid transition from genetic to temperature-dependent sex«, in: *Nature* 523, 7558 (2015): 79–82.
17 Tingley, G. A./Anderson, R. M., »Environmental sex determination and density-dependent population regulation in the entomogenous nematode *Romanomermis culicivorax*«, in: *Parasitology* 92, 2 (1986): 431–449.
18 Davey, Andrew J. H./Jellyman, Donald J., »Sex determination in freshwater eels and management options for manipulation of sex«, in: *Reviews in Fish Biology and Fisheries* 15, 1 (2005): 37–52.
19 Leet, Jessica K./Gall, Heather E./Sepulveda, Maria S., »A review of studies

on androgen and estrogen exposure in fish early life stages: Effects on gene and hormonal control of sexual differentiation«, in: *Journal of Applied Toxicology* 31, 5 (2011): 379–398.

Kapitel 2
Transvestiere

1 Carius, Hans Joachim/Little, Tom J./Ebert, Dieter, »Genetic variation in a hostparasite association: Potential for coevolution and frequency-dependent selection«, in: *Evolution* 55, 6 (2001): 1136–1145.
2 Avila, Vernon Lee, »A field study of nesting behavior of male bluegill sunfish (Lepomis macrochirus Rafinesque)«, in: *American Midland Naturalist* 96, 1 (1976): 195–206.
3 Gross, Mart R., »Sneakers, satellites and parentals: Polymorphic mating strategies in North American sunfishes«, in: *Zeitschrift für Tierpsychologie* 60, 1 (1982): 1–26.
4 Neff, Bryan D./Fu, Peng/Gross, Mart R., »Sperm investment and alternative mating tactics in bluegill sunfish (*Lepomis macrochirus*)«, in: *Behavioral Ecology* 14, 5 (2003): 634–641.
5 Dominey, Wallace J., »Maintenance of female mimicry as a reproductive strategy in bluegill sunfish (*Lepomis macrochirus*)«, in: *Environmental Biology of Fishes* 6 (1981): 59–64.
6 Kodric-Brown, Astrid/Brown, James H., »Truth in advertising: The kinds of traits favored by sexual selection«, in: *American Naturalist* 124, 3 (1984): 309–323.
7 Bygott, J. David/Bertram, Brian C. R./Hanby, Jeannette P., »Male lions in large coalitions gain reproductive advantages«, in: *Nature* 282 (1979): 839–841.
8 Cooke, Lucy, *Bitch – Ein revolutionärer Blick auf Sex, Evolution und die Macht des Weiblichen im Tierreich*, übers. v. Susanne Warmuth/Jorunn Wissmann, München: Piper, 2023.
9 Darwin, Charles, *Die Abstammung des Menschen*, übers. v. V. Carus, Nachdruck: Wiesbaden: Fourier 1966, 249 f.
10 Gross, Mart R., »Disruptive selection for alternative life histories in salmon«, in: *Nature* 313 (1985): 47–48.
11 Gross, Mart R., »Salmon breeding behavior and life history evolution in changing environments«, in: *Ecology* 72, 4 (1991): 1180–1186.
12 Lowther, James K., »Polymorphism in the white-throated sparrow, Zonotrichia albicollis (Gmelin)«, in: *Canadian Journal of Zoology* 39, 3 (1961): 281–292.

13 Ficken, Robert W./Ficken, Millicent S./Hailman, Jack P., »Differential aggression in genetically different morphs of the white-throated sparrow (*Zonotrichia albicollis*)«, in: *Zeitschrift für Tierpsychologie* 46, 1 (1978): 43–57.

14 Lamichhaney, Sangeet u. a., »Structural genomic changes underlie alternative reproductive strategies in the ruff (*Philomachus pugnax*)«, in: *Nature Genetics* 48, 1 (2016): 84–88.

15 Küpper, Clemens u. a., »A supergene determines highly divergent male reproductive morphs in the ruff«, in: *Nature Genetics* 48 (2016): 79–83.

16 Hill, Jason u. a., »Low mutation load in a supergene underpinning alternative male mating strategies in ruff (*Calidris pugnax*)«, in: *Molecular Biology and Evolution* 40, 12 (2023): msad224.

17 Sternalski, Audrey/Mougeot, Francois/Bretagnolle, Vincent, »Adaptive significance of permanent female mimicry in a bird of prey«, in: *Biology Letters* 8, 2 (2012): 167–170.

18 Sternalski, Audrey/Bretagnolle, Vincent, »Experimental evidence of specialised phenotypic roles in a mobbing raptor«, in: *Behavioral Ecology and Sociobiology* 64 (2010): 1351–1361.

19 Slagsvold, Tore/Sætre, Glenn-Peter, »Evolution of plumage color in male pied flycatchers (*Ficedula hypoleuca*): Evidence for female mimicry«, in: *Evolution* 45, 4 (1991): 910–917.

20 Alatalo, Rauno V./Lundberg, Arne/Ritti, Osmo, »Male polyterritoriality and imperfect female choice in the pied flycatcher, *Ficedula hypoleuca*«, in: *Behavioral Ecology* 1, 2 (1990): 171–177.

21 Alatalo, Rauno V./Lundberg, Arne/Ståhlbrandt, Karin, »Female mate choice in the pied flycatcher *Ficedula hypoleuca*«, in: *Behavioral Ecology and Sociobiology* 14 (1984): 253–261.

22 Weber, A. William/Vedder, A., »Population dynamics of the Virunga gorillas: 1959–1978«, in: *Biological Conservation* 26, 4 (1983): 341–366.

23 Nsubuga, Anthony M./Robbins, Martha M./Boesch, Christophe/Vigilant, Linda, »Patterns of paternity and group fission in wild multimale mountain gorilla groups«, in: *American Journal of Physical Anthropology* 135, 3 (2008): 263–274.

24 Robbins, Martha M./Robbins, Andrew M., »Variation in the social organization of gorillas: Life history and socioecological perspectives«, in: *Evolutionary Anthropology: Issues, News, and Reviews* 27, 5 (2018): 218–233.

25 De Waal, Frans, *Der Unterschied. Was wir von Primaten über Gender lernen können*, übers. v. C. Arlinghaus, Stuttgart: Klett-Cotta, 2022.

Kapitel 3

Das ist schwul

1 Stack, Stephanie H./Krannichfeld, Lyle/Romano, Brandi, »An observation of sexual behavior between two male humpback whales«, in: *Marine Mammal Science* 40, 3 (2024): e13119.

2 Stutt, Alastair D./Siva-Jothy, Michael T., »Traumatic insemination and sexual conflict in the bed bug *Cimex lectularius*«, in: *Proceedings of the National Academy of Sciences* 98, 10 (2001): 5683–5687.

3 Siva-Jothy, Michael T., »Trauma, disease and collateral damage: conflict in cimicids«, in: *Philosophical Transactions of the Royal Society B: Biological Sciences* 361, 1466 (2006): 269–275.

4 Ryne, Camilla, »Homosexual interactions in bed bugs: alarm pheromones as male recognition signals«, in: *Animal Behaviour* 78, 6 (2009): 1471–1475.

5 Zuk, Marlene/Rotenberry, John T./Tinghitella, Robin M., »Silent night: Adaptive disappearance of a sexual signal in a parasitized population of field crickets«, in: *Biology Letters* 2, 4 (2006): 521–524.

6 Heinen-Kay, Justa L./Urquhart, Ellen M./Zuk, Marlene, »Obligately silent males sire more offspring than singers in a rapidly evolving cricket population«, in: *Biology Letters* 15, 7 (2019): 20190198.

7 Zhang, Xiao/Rayner, Jack G./Blaxter, Mark/Bailey, Nathan W., »Rapid parallel adaptation despite gene flow in silent crickets«, in: *Nature Communications* 12, 1 (2021): 50.

8 Jukema, Joop/Piersma, Theunis, »Permanent female mimics in a lekking shorebird«, in: *Biology Letters* 2, 2 (2006): 161–164.

9 Savage-Rumbaugh, E. Sue/Wilkerson, Beverly J., »Socio-sexual behavior in *Pan paniscus* and *Pan troglodytes*: A comparative study«, in: *Journal of Human Evolution* 7, 4 (1978): 327–344.

10 Wrangham, Richard W., »The evolution of sexuality in chimpanzees and bonobos«, in: *Human Nature* 4 (1993): 47–79.

11 Moscovice, Liza R./Surbeck, Martin/Fruth, Barbara/Hohmann, Gottfried/Jaeggi, Adrian V./Deschner, Tobias, »The cooperative sex: Sexual interactions among female bonobos are linked to increases in oxytocin, proximity and coalitions«, in: *Hormones and Behavior* 116 (2019): 104581.

12 Gómez, José M./González-Megías, Adela/Verdú, M., »The evolution of same-sex sexual behaviour in mammals«, in: *Nature Communications* 14, 1 (2023): 5719.

13 Ebd.

14 Resko, John A./Perkins, Anne/Roselli, Charles E./Fitzgerald, James A./

Choate, Jerome V. A./Stormshak, Fredrick, »Endocrine correlates of partner preference behavior in rams«, in: *Biology of Reproduction* 55, 1 (1996): 120–126.

15 Roselli, Charles E./Stormshak, Fred/Stellflug, John N./Resko, John A., »Relationship of serum testosterone concentrations to mate preferences in rams«, in: *Biology of Reproduction* 67, 1 (2002): 263–268.

16 Roselli, Charles E./Resko, John A./Stormshak, Fred, »Hormonal influences on sexual partner preference in rams«, in: *Archives of Sexual Behavior* 31 (2002): 43–49.

17 Roselli, Charles E./Larkin, Kay/Resko, John A./Stellflug, John N./Stormshak, Fred, »The volume of a sexually dimorphic nucleus in the ovine medial preoptic area/anterior hypothalamus varies with sexual partner preference«, in: *Endocrinology* 145, 2 (2004): 478–483.

18 Roselli, Charles E./Larkin, Kay/Schrunk, Jessica M./Stormshak, Fredrick, »Sexual partner preference, hypothalamic morphology and aromatase in rams«, in: *Physiology & Behavior* 83, 2 (2004): 233–245.

19 Roselli, Charles E./Reddy, Radhika C./Kaufman, Katherine R., »The development of male-oriented behavior in rams«, in: *Frontiers in Neuroendocrinology* 32, 2 (2011): 164–169.

20 LeVay, Simon, »A difference in hypothalamic structure between heterosexual and homosexual men«, in: *Science* 253, 5023 (1991): 1034–1037.

21 Swaab, Dick Frans/Fliers, Eric, »A sexually dimorphic nucleus in the human brain«, in: *Science* 228, 4703 (1985): 1112–1115.

22 Young, Lindsay C./Zaun, Brenda J./VanderWerf, Eric A., »Successful same-sex pairing in Laysan albatross«, in: *Biology Letters* 4, 4 (2008): 323–325.

23 Ebd.

24 Elie, Julie E./Mathevon, Nicolas/Vignal, Clementine, »Same-sex pair-bonds are equivalent to male–female bonds in a life-long socially monogamous songbird«, in: *Behavioral Ecology and Sociobiology* 65 (2011): 2197–2208.

25 Richardson, Justin/Parnell, Peter, *And Tango Makes Three: With Audio Recording*, New York: Simon and Schuster, 2015.

26 Davis, Lloyd S./Hunter, Fiona M./Harcourt, Robert G./Michelsen Heath, Sue, »Reciprocal homosexual mounting in Adelie Penguins Pygoscelis adeliae«, in: *Emu – Austral Ornithology* 98, 2 (1998): 136–137.

27 Pincemy, Gwénaëlle/Dobson, F. Stephen/Jouventin, Pierre, »Homosexual mating displays in penguins«, in: *Ethology* 116, 12 (2010): 1210–1216.

28 Cezilly, Frank/Nager, Ruedi G., »Comparative evidence for a positive association between divorce and extra-pair paternity in birds«, in: *Proceedings of the Royal Society of London. Series B: Biological Sciences* 262, 1363 (1995): 7–12.

29 Heg, Dik/van Treuren, Rob, »Female–female cooperation in polygynous oystercatchers«, in: *Nature* 391 (1998): 687–691.
30 Totterman, Bo/Harrison, Annette, »A long-term breeding trio of Pied Oystercatchers: Haematopus Longirostris«, in: *Australian Field Ornithology* 24, 1 (2007): 7–12.
31 Quinn, Thomas W./Davies, J. Chris/Cooke, Fred/White, Bradley N., »Genetic analysis of offspring of a female-female pair in the lesser snow goose (Chen c. caerulescens)«, in: *The Auk* 106, 2 (1989): 177–184.
32 Ebd.
33 Diamond, Jared M., »Goslings of gay geese«, in: *Nature* 340 (1989): 101.
34 Hunt, George L. Jr./Warner Hunt, Molly, »Female-female pairing in western gulls (*Larus occidentalis*) in Southern California«, in: *Science* 196, 4297 (1977): 1466–1467.
35 Braithwaite, L. Wayne, »Ecological studies of the Black Swan III. Behaviour and social organisation«, in: *Wildlife Research* 8, 1 (1981): 135–146.
36 Brugger, C./Taborsky, Michael, »Male incubation and its effect on reproductive success in the Black Swan, *Cygnus atratus*«, in: *Ethology* 96, 2 (1994): 138–146.
37 Monk, Julia D./Giglio, Erin/Kamath, Ambika/Lambert, Max R./McDonough, Caitlin E., »An alternative hypothesis for the evolution of same-sex sexual behaviour in animals«, in: *Nature Ecology & Evolution* 3, 12 (2019): 1622–1631.

Kapitel 4
Monogamismus

1 Westneat, David F., »Extra-pair fertilizations in a predominantly monogamous bird: genetic evidence«, in: *Animal Behaviour* 35, 3 (1987): 877–886.
2 Birkhead, Tim R./Pellatt, J./Hunter, F. M., »Extra-pair copulation and sperm competition in the zebra finch«, in: *Nature* 334 (1988): 60–62.
3 Carter, C. Sue/Perkeybile, Allison M., »The monogamy paradox: What do love and sex have to do with it?«, in: *Frontiers in Ecology and Evolution* 6 (2018): 202.
4 Reichard, Ulrich H./Boesch, Christophe (Hrsg.), *Monogamy: Mating Strategies and Partnerships in Birds, Humans and Other Mammals*, Cambridge: Cambridge University Press, 2003.
5 Dixson, Alan F., *Mammalian Sexuality: The Act of Mating and the Evolution of Reproduction*, Cambridge: Cambridge University Press, 2021.
6 Burke, T./Davies, N. B./Bruford, Michael William/Hatchwell, B. J., »Paren-

tal care and mating behaviour of polyandrous dunnocks *Prunella modularis* related to paternity by DNA fingerprinting«, in: *Nature* 338 (1989): 249–251.
7 Gill, Lisa F./van Schaik, Jaap/von Bayern, Auguste M. P./Gahr, Manfred L., »Genetic monogamy despite frequent extrapair copulations in ›strictly monogamous‹ wild jackdaws«, in: *Behavioral Ecology* 31, 1 (2020): 247–260.
8 Shuster, Stephen M., »Sexual selection and mating systems«, in: *Proceedings of the National Academy of Sciences* 106, suppl. 1 (2009): 10009–10016.
9 Clutton-Brock, Timothy Hugh, »Review lecture: mammalian mating systems«, in: *Proceedings of the Royal Society of London. Series B: Biological Sciences* 236, 1285 (1989): 339–372.
10 Arnold, Stevan J./Duvall, David, »Animal mating systems: A synthesis based on selection theory«, in: *The American Naturalist* 143, 2 (1994): 317–348.
11 Lukas, Dieter/Clutton-Brock, Timothy Hugh, »The evolution of social monogamy in mammals«, in: *Science* 341, 6145 (2013): 526–530.
12 Getz, Lowell L./Carter, C. Sue/Gavish, Leah, »The mating system of the prairie vole, *Microtus ochrogaster*: Field and laboratory evidence for pair-bonding«, in: *Behavioral Ecology and Sociobiology* 8 (1981): 189–194.
13 Sather, J. Henry, »Biology of the Great Plains muskrat in Nebraska«, in: *Wildlife Monographs* 2 (1958): 1–35.
14 Bertram, Brian C. R., »The social system of lions«, in: *Scientific American* 232, 5 (1975): 54–65.
15 Bertram, Brian C. R., »Kin selection in lions and evolution«, in: P. P. G. Bateson/R. A. Hinde (Hrsg.), *Growing Points in Ethology*, Cambridge: Cambridge University Press, 1976, 281–301.
16 Solomon, Nancy G./Hayes, Loren D., »The biological basis of alloparental behaviour in Mammals«, in: Gillian Bentley/Ruth Mace (Hrsg.), *Substitute Parents: Biological and Social Perspectives on Alloparenting across Human Societies*, New York/Oxford: Berghahn, 2009, 13–49.
17 Montgomery, Tracy M./Pendleton, Erika L./Smith, Jennifer E., »Physiological mechanisms mediating patterns of reproductive suppression and alloparental care in cooperatively breeding carnivores«, in: *Physiology & Behavior* 193 (2018): 167–178.
18 Konrad, Christine M./Frasier, Timothy R./Whitehead, Hal/Gero, Shane, »Kin selection and allocare in sperm whales«, in: *Behavioral Ecology* 30, 1 (2019): 194–201.
19 Wiley, R. Haven, »Lekking in birds and mammals: Behavioral and evolutionary issues«, in: Peter J. B. Slater u. a. (Hrsg.), *Advances in the Study of Behavior*, Bd. 20, San Diego u. a.: Academic Press, 1991: 201–291.

20 Robertson, Kathy L./Runcorn, C. W./Young, Julie K./Gerber, Leah R., »Spatial and temporal patterns of territory use of male California sea lions (*Zalophus californianus*) in the Gulf of California, Mexico«, in: *Canadian Journal of Zoology* 86, 4 (2008): 237–244.

21 Gerber, Leah R./González-Suárez, Manuela/Hernández-Camacho, Claudia J./Young, Julie K./Sabo, John L., »The cost of male aggression and polygyny in California sea lions (*Zalophus californianus*)«, in: *PLoS ONE* 5, 8 (2010): e12230.

22 Elorriaga-Verplancken, Fernando R./Acevedo-Whitehouse, Karina, »Potential intersexual altruistic behavior in California sea lions (*Zalophus californianus*)«, in: *Aquatic Mammals* 43, 2 (2017): 208–212.

23 Flatz, Ramona/González-Suárez, Manuela/Young, Julie K./Hernández-Camacho, Claudia J./Immel, Aaron J./Gerber, Leah R., »Weak polygyny in California sea lions and the potential for alternative mating tactics«, in: *PLoS ONE* 7, 3 (2012): e33654.

24 Carter, C. Sue/Devries, A. Courtney/Getz, Lowell L., »Physiological substrates of mammalian monogamy: the prairie vole model«, in: *Neuroscience & Biobehavioral Reviews* 19, 2 (1995): 303–314.

25 Williams, Jessie R./Insel, Thomas R./Harbaugh, Carroll R./Carter, C. Sue, »Oxytocin administered centrally facilitates formation of a partner preference in female prairie voles (*Microtus ochrogaster*)«, in: *Journal of Neuroendocrinology* 6, 3 (1994): 247–250.

26 De Dreu, Carsten K. W./Greer, Lindred L./Van Kleef, Gerben A./Shalvi, Shaul/Handgraaf, Michel J. J., »Oxytocin promotes human ethnocentrism«, in: *Proceedings of the National Academy of Sciences* 108, 4 (2011): 1262–1266.

27 DeWall, C. Nathan/Gillath, Omri/Pressman, Sarah D./Black, Lora L./Bartz, Jennifer A./Moskovitz, Jackob/Stetler, Dean A., »When the love hormone leads to violence: Oxytocin increases intimate partner violence inclinations among high trait aggressive people«, in: *Social Psychological and Personality Science* 5, 6 (2014): 691–697.

28 Wirobski, G./Range, F./Schaebs, F. S./Palme, R./Deschner, T./Marshall-Pescini, S., »Endocrine changes related to dog domestication: Comparing urinary cortisol and oxytocin in hand-raised, pack-living dogs and wolves«, in: *Hormones and Behavior* 128 (2021): 104901.

29 Oliva, Jessica Lee/Wong, Yen T./Rault, Jean-Loup/Appleton, Belinda/Lill, Alan, »The oxytocin receptor gene, an integral piece of the evolution of *Canis familaris* from *Canis lupus*«, in: *Pet Behaviour Science* 2 (2016): 1–15.

30 Sands, Jennifer/Creel, Scott, »Social dominance, aggression and faecal glu-

cocorticoid levels in a wild population of wolves, *Canis lupus*«, in: *Animal Behaviour* 67, 3 (2004): 387–396.
31 Mazzini, Francesco/Townsend, Simon W./Viranyi, Zsofia/Range, Friederike, »Wolf howling is mediated by relationship quality rather than underlying emotional stress«, in: *Current Biology* 23, 17 (2013): 1677–1680.
32 Tucker, Abigail, »What can rodents tell us about why humans love?«, in: *Smithsonian Magazine* (Februar 2014).
33 Ophir, Alexander G./Phelps, Steven M./Sorin, Anna Bess/Wolff, Jerry O., »Social but not genetic monogamy is associated with greater breeding success in prairie voles«, in: *Animal Behaviour* 75, 3 (2008): 1143–1154.
34 Lim, Miranda M./Wang, Zuoxin/Olazábal, Daniel E./Ren, Xianghui/Terwilliger, Ernest F./Young, Larry J., »Enhanced partner preference in a promiscuous species by manipulating the expression of a single gene«, in: *Nature* 429 (2004): 754–757.
35 Dolotovskaya, Sofya/Roos, Christian/Heymann, Eckhard W., »Genetic monogamy and mate choice in a pair-living primate«, in: *Scientific Reports* 10, 1 (2020): 20328.
36 Chova, Paula Escriche/Ferrer, Emilio/Goetze, Leana R./Dufek, Madison E./Freeman, Sara M./Bales, Karen L., »Neural and behavioral reactions to partners and strangers in monogamous female titi monkeys (*Plecturocebus cupreus*)«, in: *Behavioural Brain Research* 443 (2023): 114334.
37 Zablocki-Thomas, Pauline B./Savidge, Logan E./Witczak, Lynea R./Ferrer, Emilio/Hobson, Brad A./Chaudhari, Abhijit J./Freeman, Sara M./Bales, Karen L., »Neural correlates and effect of jealousy on cognitive flexibility in the female titi monkey (*Plecturocebus cupreus*)«, in: *Hormones and Behavior* 152 (2023): 105352.
38 Fernandez-Duque, Eduardo/Huck, Maren/Van Belle, Sarie/Di Fiore, Anthony, »The evolution of pair-living, sexual monogamy, and cooperative infant care: Insights from research on wild owl monkeys, titis, sakis, and tamarins«, in: *American Journal of Physical Anthropology* 171, Suppl. 70 (2020): 118–173.
39 Fooden, Jack, »Systematic review of the Barbary macaque, *Macaca sylvanus* (Linnaeus, 1758)«, in: *Fieldiana Zoology* 2007, 113 (2007): 1–60.
40 Small, Meredith F., »Alloparental behaviour in Barbary macaques, *Macaca sylvanus*«, in: *Animal Behaviour* 39, 2 (1990): 297–306.
41 Paul, Andreas/Kuester, Jutta/Arnemann, Joachim, »The sociobiology of male-infant interactions in Barbary macaques, *Macaca sylvanus*«, in: *Animal Behaviour* 51, 1 (1996): 155–170.

42 Sosa, Sebastian, »The influence of gender, age, matriline and hierarchical rank on individual social position, role and interactional patterns in *Macaca sylvanus* at ›La Forêt des Singes‹: A multilevel social network approach«, in: *Frontiers in Psychology* 7 (2016): 529.

43 Widdig, Anja/Streich, Wolf Jürgen/Tembrock, Günter, »Coalition formation among male Barbary macaques (*Macaca sylvanus*)«, in: *American Journal of Primatology* 50, 1 (2000): 37–51.

44 Kuester, Jutta/Paul, Andreas, »Influence of male competition and female mate choice on male mating success in Barbary macaques (*Macaca sylvanus*)«, in: *Behaviour* 120, 3–4 (1992): 192–216.

45 Berghänel, Andreas/Ostner, Julia/Schröder, Uta/Schülke, Oliver, »Social bonds predict future cooperation in male Barbary macaques, *Macaca sylvanus*«, in: *Animal Behaviour* 81, 6 (2011): 1109–1116.

46 Small, Meredith F., »Promiscuity in Barbary macaques (*Macaca sylvanus*)«, in: *American Journal of Primatology* 20, 4 (1990): 267–282.

47 Nadler, Ronald D., »Sexual behavior of orangutans (*Pongo pygmaeus*)«, in: ders. u. a.(Hrsg.), *The Neglected Ape*, New York: Springer, 2013: 223–237.

48 Watts, David P., »Mountain gorilla reproduction and sexual behavior«, in: *American Journal of Primatology* 24, 3–4 (1991): 211–225.

49 De Waal, Frans B. M., »Behavioral contrasts between bonobo and chimpanzee«, in: Paul G. Heltne/Linda A. Marquardt (Hrsg.), *Understanding Chimpanzees*, Cambridge (MA)/London: Harvard University Press, 1989: 154–175.

50 Stanford, Craig B., »The social behavior of chimpanzees and bonobos: empirical evidence and shifting assumptions«, in: *Current Anthropology* 39, 4 (1998): 399–420.

51 Furuichi, Takeshi/Ihobe, Hiroshi, »Variation in male relationships in bonobos and chimpanzees«, in: *Behaviour* 130, 3–4 (1994): 211–228.

52 Møller, Anders Pape, »Ejaculate quality, testes size and sperm competition in primates«, in: *Journal of Human Evolution* 17, 5 (1988): 479–488.

53 Wittig, Roman M./Crockford, Catherine/Deschner, Tobias/Langergraber, Kevin E./Ziegler, Toni E./Zuberbühler, Klaus, »Food sharing is linked to urinary oxytocin levels and bonding in related and unrelated wild chimpanzees«, in: *Proceedings of the Royal Society. Series B: Biological Sciences* 281, 1778 (2014): 20133096.

54 Lehmann, Julia/Boesch, Christophe, »Sexual differences in chimpanzee sociality«, in: *International Journal of Primatology* 29 (2008): 65–81.

55 Parish, A. R., »Sex and food control in the ›uncommon chimpanzee‹: How

bonobo females overcome a phylogenetic legacy of male dominance«, in: *Ethology and Sociobiology* 15, 3 (1994): 157–179.
56 Manson, Joseph H./Perry, Susan/Parish, Amy R., »Nonconceptive sexual behavior in bonobos and capuchins«, in: *International Journal of Primatology* 18 (1997): 767–786.
57 De Waal, Frans B. M., »Sex as an alternative to aggression in the bonobo«, in: Paul R. Abramson/Steven D. Pinkerton (Hrsg.), *Sexual Nature/Sexual Culture*, Chicago/London: University of Chicago Press, 1995, 37–56.
58 Wrangham, Richard W., »The evolution of sexuality in chimpanzees and bonobos«, in: *Human Nature* 4 (1993): 47–79.
59 De Waal, Frans B. M., »Behavioral contrasts between bonobo and chimpanzee« (1989), a. a. O.
60 Moffett, Mark W., »Human identity and the evolution of societies«, in: *Human Nature* 24 (2013): 219–267.
61 Staes, Nicky/Stevens, Jeroen M. G./Helsen, Philippe/Hillyer, Mia/Korody, Marisa/Eens, Marcel, »Oxytocin and vasopressin receptor gene variation as a proximate base for inter- and intraspecific behavioral differences in bonobos and chimpanzees«, in: *PLoS One* 9, 11 (2014): e113364.

Kapitel 5
Sexuelle Tiere

1 Berridge, Kent C./Kringelbach, Morten L., »Pleasure systems in the brain«, in: *Neuron* 86, 3 (2015): 646–664.
2 Georgiadis, Janniko R./Kringelbach, Morten L., »The human sexual response cycle: Brain imaging evidence linking sex to other pleasures«, in: *Progress in Neurobiology* 98, 1 (2012): 49–81.
3 Lewis, Sara/South, Adam, »The evolution of animal nuptial gifts«, in: Marc Naguib u. a. (Hrsg.), *Advances in the Study of Behavior* 44, London/Waltham (MA): Elsevier/Academic Press, 2012, 53–97.
4 LeBas, Natasha R./Hockham, Leon R., »An invasion of cheats: The evolution of worthless nuptial gifts«, in: *Current Biology* 15, 1 (2005): 64–67.
5 Tryjanowski, Piotr/Hromada, Martin, »Do males of the great grey shrike, *Lanius excubitor*, trade food for extrapair copulations?«, in: *Animal Behaviour* 69, 3 (2005): 529–533.
6 Arnqvist, Goran/Jones, Theresa M./Elgar, Mark A., »Reversal of sex roles in nuptial feeding«, in: *Nature* 424, 6947 (2003): 387.
7 González, Andrés/Rossini, Carmen/Eisner, Maria/Eisner, Thomas, »Sexually

transmitted chemical defense in a moth (*Utetheisa ornatrix*)«, in: *Proceedings of the National Academy of Sciences* 96, 10 (1999): 5570–5574.
8 Russell, Douglas G. D./Sladen, William J. L./Ainley, David G., »Dr. George Murray Levick (1876–1956): Unpublished notes on the sexual habits of the Adélie penguin«, in: *Polar Record* 48, 4 (2012): 387–393.
9 Hunter, Fiona M./Davis, Lloyd S., »Female Adélie penguins acquire nest material from extrapair males after engaging in extrapair copulations«, in: *The Auk* 115, 2 (1998): 526–528.
10 Baxter, Margaret Joan/Fedigan, Linda Marie, »Grooming and consort partner selection in a troop of Japanese monkeys (*Macaca fuscata*)«, in: *Archives of Sexual Behavior* 8 (1979): 445–458.
11 Gumert, Michael D., »Payment for sex in a macaque mating market«, in: *Animal Behaviour* 74, 6 (2007): 1655–1667.
12 Takahashi, Hiroyuki/Furuichi, Takeshi, »Comparative study of grooming relationships among wild Japanese macaques in Kinkazan A troop and Yakushima M troop«, in: *Primates* 39 (1998): 365–374.
13 Vasey, Paul L., »Sexual partner preference in female Japanese macaques«, in: *Archives of Sexual Behavior* 31 (2002): 51–62.
14 Hockings, Kimberley J./Humle, Tatyana/Anderson, James R./Biro, Dora/Sousa, Claudia/Ohashi, Gaku/Matsuzawa, Tetsuro, »Chimpanzees share forbidden fruit«, in: *PloS One* 2, 9 (2007): e886.
15 Gilby, Ian C./Thompson, M. Emery/Ruane, Jonathan D./Wrangham, Richard, »No evidence of short-term exchange of meat for sex among chimpanzees«, in: *Journal of Human Evolution* 59, 1 (2010): 44–53.
16 Gomes, Cristina M./Boesch, Christophe, »Wild chimpanzees exchange meat for sex on a long-term basis«, in: *PloS One* 4, 4 (2009): e5116.
17 Santos, Laurie, »A monkey economy as irrational as ours« (Video), TED-Global 2010 (Oxford/UK, July 2010).
18 Mason, Robert T./Crews, David, »Female mimicry in garter snakes«, in: *Nature* 316 (1985): 59–60.
19 Shine, R./Phillips, B./Waye, H./LeMaster, M. T. M. R./Mason, R. T., »Benefits of female mimicry in snakes«, in: *Nature* 414 (2001): 267.
20 Parker, M. Rockwell/Mason, Robert T., »How to make a sexy snake: Estrogen activation of female sex pheromone in male red-sided garter snakes«, in: *Journal of Experimental Biology* 215, 5 (2012): 723–730.
21 Haubruge, Eric/Arnaud, L./Mignon, Jacques/Gage, M. J. G., »Fertilization by proxy: rival sperm removal and translocation in a beetle«, in: *Proceedings of the Royal Society of London. Series B: Biological Sciences* 266, 1424 (1999): 1183–1187.

22 Packer, Craig/Pusey, Anne E., »Cooperation and competition within coalitions of male lions: kin selection or game theory?«, in: *Nature* 296 (1982): 740–742.

23 Packer, Craig/Pusey, Anne E., »Divided we fall: Cooperation among lions«, in: *Scientific American* 276, 5 (1997): 52–59.

24 Bygott, J. David/Bertram, Brian C. R./Hanby, Jeannette P., »Male lions in large coalitions gain reproductive advantages«, in: *Nature* 282 (1979): 839–841.

25 Belkin, Aaron, »*Gay Warriors: A Documentary History from the Ancient World to the Present* (review)«, in: *Journal of the History of Sexuality* 11, 4 (2002): 657–662.

26 Platon, *Das Gastmahl*, übers. v. Franz Susemihl (1855), Berliner Ausgabe, 2. Aufl., 2012, S. 10. Textgrundlage: Platon, *Sämtliche Werke*, Berlin: Lambert Schneider, 1940, S. 667.

27 Archie, E. A./Tung, J./Clark, M./Altmann, J./Alberts, S. C., »Social affiliation matters: Both same-sex and opposite-sex relationships predict survival in wild female baboons«, in: *Proceedings of the Royal Society. Series B: Biological Sciences*, 281, 1793 (2014): 20141261.

28 Goffe, A. S./Zinner, D./Fischer, J., »Sex and friendship in a multilevel society: Behavioural patterns and associations between female and male Guinea baboons«, in: *Behavioral Ecology and Sociobiology* 70 (2016): 323–336.

29 Roth, Lateefah/Briken, Peer /Fuß, Johannes, »Masturbation in the animal kingdom«, in: *Journal of Sex Research* 60, 6 (2023): 786–798.

30 Cenni, Camilla/Christie, Jessica B. A./Van der Pant, Yanni/Gunst, Noëlle/Vasey, Paul L./Wandia, I. Nengah/Leca, Jean-Baptiste, »Do monkeys use sex toys? Evidence of stone tool-assisted masturbation in free-ranging long-tailed macaques«, in: *Ethology* 128, 9 (2022): 632–646.

31 Dixson, Alan F./Anderson, Matthew J., »Sexual behavior, reproductive physiology and sperm competition in male mammals«, in: *Physiology & Behavior* 83, 2 (2004): 361–371.

32 Baker, R. Robin/Bellis, Mark A., »Human sperm competition: Ejaculate adjustment by males and the function of masturbation«, in: *Animal Behaviour* 46, 5 (1993): 861–885.

33 Pavličev, Mihaela/Wagner, Günter, »The evolutionary origin of female orgasm«, in: *Journal of Experimental Zoology Part B: Molecular and Developmental Evolution* 326, 6 (2016): 326–337.

34 Waterman, Jane M., »The adaptive function of masturbation in a promiscuous African ground squirrel«, in: *PLoS One* 5, 9 (2010): e13060.

Kapitel 6
Familiäre Werte

1 Coontz, Stephanie, »The world historical transformation of marriage«, in: *Journal of Marriage and Family* 66, 4 (2004): 974–979.

2 Brodman, Janice Zarro, *Sex Rules! Astonishing Sexual Practices and Gender Roles Around the World*, Coral Gables (FL): Mango Media Group, 2017.

3 Hansen, Casper Worm/Sandholt Jensen, Peter/Skovsgaard, Christian Volmar, »Modern gender roles and agricultural history: the Neolithic inheritance«, in: *Journal of Economic Growth* 20 (2015): 365–404.

4 Borgerhoff Mulder, Monique u. a., »Intergenerational wealth transmission and the dynamics of inequality in small-scale societies«, in: *Science* 326, 5953 (2009): 682–688.

5 Gregor, Thomas, *Anxious Pleasures: The Sexual Lives of an Amazonian People*, Chicago: University of Chicago Press, 1987.

6 Politis, Gustavo G., *Nukak: Ethnoarchaeology of an Amazonian People*, London/New York: Routledge, 2016.

7 Tiffany, Sharon W./Adams, Kathleen J., »Anthropology's ›fierce‹ Yanomami: Narratives of sexual politics in the Amazon«, in: *NWSA Journal* 6, 2 (1994): 169–196.

8 Everett, Daniel L., »Concentric circles of attachment among the Pirahã: a brief survey«, in: Hiltrud Otto/Heidi Keller (Hrsg.), *Different Faces of Attachment: Cultural Variations on a Universal Human Need*, Cambridge: Cambridge University Press, 2014, 169–186.

9 Jonsson, Hjorleifur, »Good attachment in the Asian highlands: questioning notions of ›loose women‹ and ›autonomous communities‹«, in: *Critical Asian Studies* 52, 3 (2020): 403–428.

10 Herdt, Gilbert, »The Ethnography of Trobriand Sexual Culture in the 21st Century«, in: *Anthropology Now* 5, 3 (2013): 134–140.

11 Senft, Gunter, »›Noble Savages‹ and the ›Islands of Love‹: Trobriand Islanders in Popular Publications«, in: Jürg Wassmann (Hrsg.), *Pacific Answers to Western Hegemony*, London: Routledge, 1998, 119–140.

12 Herdt, Gilbert, *Sambia Sexual Culture: Essays from the Field*, Chicago/London: University of Chicago Press, 1999.

13 Diamond, Milton, »Selected cross-generational sexual behavior in traditional Hawai'i: a sexological ethnography«, in: Jay R. Feierman (Hrsg.), *Pedophilia: Biosocial Dimensions*, New York: Springer, 1990, 422–444.

14 Vance, Carole S., »Anthropology rediscovers sexuality: A theoretical comment«, in: *Social Science & Medicine* 33, 8 (1991): 875–884.

15 Jonsson, Hjorleifur, »Ethnology and the issue of human diversity in mainland Southeast Asia«, in: N. J. Enfield (Hrsg.), *Dynamics of Human Diversity: The Case of Mainland Southeast Asia*, Canberra: Pacific Linguistics, 2011, 109–122.

16 Ryan, Christopher/Jethá, Cacilda, *Sex – Die wahre Geschichte*, übers. v. Birgit Herden, Stuttgart: Klett-Cotta, 2016.

17 Tiffany, Sharon W./Adams, Kathleen J., »Anthropology's ›fierce‹ Yanomami« (1994), a. a. O., 169.

18 Reeder, Greg, »Same-sex desire, conjugal constructs, and the tomb of Niankhkhnum and Khnumhotep«, in: *World Archaeology* 32, 2 (2000): 193–208.

19 Parkinson, Richard B., *Poetry and Culture in Middle Kingdom Egypt. A Dark Side to Perfection*, Oxford: Oxford University Press, 2002.

20 El-Menshawy, Sherine, »Notes on the human characteristics of ancient Egyptian kings«, in: *Archiv orientální* 82, 3 (2014): 411–430.

21 Chapnik, Elaine, »›Women known for these acts‹: A review of the Jewish laws of lesbians«, in: Alan Slomowitz/Alison Feit (Hrsg.), *Homosexuality, Transsexuality, Psychoanalysis and Traditional Judaism*, London/New York: Routledge, 2019, 128–142.

22 Percy III, William A., *Pederasty and Pedagogy in Archaic Greece*, Urbana/Chicago: University of Illinois Press, 1996.

23 Lear, Andrew, »Ancient pederasty: an introduction«, in: Thomas K. Hubbard (Hrsg.), *A Companion to Greek and Roman Sexualities*, Chichester: Wiley, 2013, 102–127.

24 Scheidel, Walter, »A peculiar institution? Greco-Roman monogamy in global context«, in: *The History of the Family* 14, 3 (2009): 280–291.

25 Levin-Richardson, Sarah, *The Brothel of Pompeii: Sex, Class, and Gender at the Margins of Roman Society*, Cambridge: Cambridge University Press, 2019.

26 Fisher, Kate/Langlands, Rebecca, »The censorship myth and the secret museum«, in: Shelley Hales/Joanna Paul (Hrsg.), *Pompeii in the Public Imagination from its Rediscovery to Today*, Oxford: Oxford University Press, 2011, 301–315.

27 Stacey, Judith, »Unhitching the Horse from the Carriage: Love and Marriage Among the Mosuo«, in: *Journal of Law and Family Studies* 11, 2 (2009): 239–273.

28 Marco Polo, zitiert nach: Ryan, Christopher/Jethá, Cacilda, *Sex at Dawn: How We Mate, Why We Stray, and What It means for Modern Relationships*, New York u. a.: HarperCollins, 2010, 127.

29 Sanday, Peggy Reeves, *Women at the Center: Life in a Modern Matriarchy*, Ithaca/London: Cornell University Press, 2002.

30 Mattison, Siobhan M./Scelza, Brooke/Blumenfield, Tami, »Paternal investment and the positive effects of fathers among the matrilineal Mosuo of Southwest China«, in: *American Anthropologist* 116, 3 (2014): 591–610.
31 Goldstein, Melvyn C., »Fraternal polyandry and fertility in a high Himalayan valley in northwest Nepal«, in: *Human Ecology* 4, 3 (1976): 223–233.
32 Beall, Cynthia M./Goldstein, Melvyn C., »Tibetan fraternal polyandry: a test of sociobiological theory«, in: *American Anthropologist* 83, 1 (1981): 5–12.
33 Gould, Terry, *The Lifestyle: A Look at the Erotic Rites of Swingers*, Buffalo: Firefly Books, 2000.
34 Jenks, Richard J., »Swinging: A review of the literature«, in: *Archives of Sexual Behavior* 27 (1998): 507–521.
35 Rubel, Alicia N./Burleigh, Tyler J., »Counting polyamorists who count: Prevalence and definitions of an under-researched form of consensual nonmonogamy«, in: *Sexualities* 23, 1–2 (2020): 3–27.
36 Osmani, Noor Mohammad, »Misyar marriage between Shariah texts, realities and scholars fatawa: an analysis«, in: *International Islamic University Chittagong Studies* 7 (2012): 297–320 .
37 Zonouzi, Leila, »Temporary Marriage in Iran: Gender and Body Politics in Modern Iranian Film and Literature«, in: *Journal of Middle East Women's Studies* 17, 1 (2021): 121–124.
38 Al-Krenawi, Alean, »Polygamy, Islam, and Marital Justice«, in: ders., *Psychosocial Impact of Polygamy in the Middle East*, New York: Springer, 2014, 51–74.
39 Huda, Muhammad Chairul/Yusriyadi, Yusriyadi/Thohir, Mudjahirin/Miftahuddin, Miftahuddin/Iqdami, Muhammad Nazil, »Nonmarital Sex Rituals on Mount Kemukus (Study of Legal Culture and Islamic Law Perspective)«, in: *Samarah: Jurnal Hukum Keluarga dan Hukum Islam* 6, 1 (2022): 289–309.
40 Streitmatter, Rodger, *Empty Without You: The Intimate Letters of Eleanor Roosevelt and Lorena Hickok*, Boston: Simon and Schuster, 1999.
41 Kessler, Pamela, *Undercover Washington: Where Famous Spies Lived, Worked, and Loved*, Sterling: Capital Books, 2005.

Kapitel 7
Geschlecht und Gender: (nicht) binär

1 Rosser, B. R. Simon/ Oakes, J. Michael/Bockting, Walter O./Miner, Michael, »Capturing the social demographics of hidden sexual minorities: An internet study of the transgender population in the United States«, in: *Sexuality Research & Social Policy* 4, 2 (2007): 50–64.

2 Black, Dan/Gates, Gary/Sanders, Seth/Taylor, Lowell, »Demographics of the gay and lesbian population in the United States: evidence from available systematic data sources«, in: *Demography* 37, 2 (2000): 139–154.
3 McManus, Ian Christopher/Moore, James/Freegard, Matthew/Rawles, Richard, »Science in the making: right hand, left hand. III: Estimating historical rates of left-handedness«, in: *Laterality* 15, 1–2 (2010): 186–208.
4 Zucker, Kenneth J., »Epidemiology of gender dysphoria and transgender identity«, in: *Sexual Health* 14, 5 (2017): 404–411.
5 Blackwood, Evelyn, »Sexuality and gender in certain Native American tribes: The case of cross-gender females«, in: *Signs: Journal of Women in Culture and Society* 10, 1 (1984): 27–42.
6 Lang, Sabine, »Native American men-women, lesbians, two-spirits: Contemporary and historical perspectives«, in: *Journal of Lesbian Studies* 20, 3–4 (2016): 299–323.
7 Jacobs, Sue-Ellen/Thomas, Wesley/Lang, Sabine (Hrsg.), *Two-Spirit People: Native American Gender Identity, Sexuality, and Spirituality*, Urbana/Chicago: University of Illinois Press, 1997.
8 Mark, Joshua J., »LGBTQ+ in the Ancient World«, in: *World History Encyclopedia* (25.06.2021), https://www.worldhistory.org/article/1790/lgbtq-in-the-ancient-world/ [letzter Zugriff: 11.03.2025].
9 Ebd.
10 Merrim, Stephanie, »Catalina de Erauso: from anomaly to icon«, in: Francisco Javier Cevallos u. a. (Hrsg.), *Coded Encounters: Writing, Gender, and Ethnicity in Colonial Latin America*, Amherst: University of Massachusetts Press, 1994, 177–205.
11 Velasco, Sherry, *The Lieutenant Nun: Transgenderism, Lesbian Desire, and Catalina de Erauso*, Austin: University of Texas Press, 2001.
12 Fausto-Sterling, Anne, *Sexing the Body: Gender Politics and the Construction of Sexuality*, New York: Basic Books, 2000.
13 de Lacoste-Utamsing, Christine/Holloway, Ralph L., »Sexual dimorphism in the human corpus callosum«, in: *Science* 216, 4553 (1982): 1431–1432.
14 Joel, Daphna, »Beyond the binary: Rethinking sex and the brain«, in: *Neuroscience & Biobehavioral Reviews* 122 (2021): 165–175.
15 Joel, Daphna, »Male or female? Brains are intersex«, in: *Frontiers in Integrative Neuroscience* 5 (2011): 57.
16 Hyde, Janet Shibley/Bigler, Rebecca S./Joel, Daphna/Tate, Charlotte Chucky/van Anders, Sari M., »The future of sex and gender in psychology: Five challenges to the gender binary«, in: *The American Psychologist* 74, 2 (2019): 171–193.

17 Fausto-Sterling, Anne, *Sexing the Body* (2000), a. a. O., 53; Reis, Elizabeth, *Bodies in Doubt: An American History of Intersex*, 2. Aufl., Baltimore: John Hopkins University Press, 2021.
18 Horowicz, Edmund M., »Intersex children: Who are we really treating?«, in: *Medical Law International* 17, 3 (2017): 183–218.
19 Carpenter, Morgan, »Intersex variations, human rights, and the international classification of diseases«, in: *Health and Human Rights Journal* 20, 2 (2018): 205–214.
20 Camporesi, Silvia/Hämäläinen, Mika, »A local criterion of fairness in sport: Comparing the property advantages of Caster Semenya and Eero Mäntyranta with implications for the construction of categories in sport«, in: *Bioethics* 35, 3 (2021): 262–269.
21 Vann, Taylor, »Caster Semenya and the policing of competitive athletic advantage«, in: *Connecticut Law Review* 53, 4 (2022): 1019–1044.
22 Batelaan, Krystal/Abdel-Shehid, Gamal, »On the Eurocentric nature of sex testing: the case of Caster Semenya«, in: *Social Identities* 27, 2 (2021): 146–165.
23 Barker, Gillian, *Beyond Biofatalism: Human Nature for an Evolving World*, New York: Columbia University Press, 2015, 102.
24 Pinker, Steven, *Gewalt. Eine neue Geschichte der Menschheit*, übers. v. Sebastian Vogel, Frankfurt a. M.: Fischer, 2011.
25 Buss, David M., *Evolutionäre Psychologie*, übers. v. U. Hoffrage, München: Pearson Studium, 2004.

Kapitel 8

Das Schwulen-Gen

1 Jones, James H., *Alfred C. Kinsey: A Life*, New York: W. W. Norton & Company, 2004.
2 Kinsey, Alfred C./Pomeroy, Wardell R./Martin, Clyde E., *Das sexuelle Verhalten des Mannes*, übers. v. M. Baacke/M. v. Eckardt-Jaffé/Walter Seemann, Frankfurt a. M.: Fischer, 1955.
3 Kinsey, Alfred C./Pomeroy, Wardell B./Martin, Clyde E./Gebhard, Paul H., *Das sexuelle Verhalten der Frau*, übers. v. M. Baacke/W. Hasenclever u. a., Frankfurt a. M.: Fischer, 1963.
4 Poston, Dudley L./Chang, Yu-Ting, »The conceptualization and measurement of the homosexual, heterosexual, and bisexual populations in the United States«, in: M. Nazrul Hoque/Lloyd B. Potter (Hrsg.), *Emerging Techniques in Applied Demography*, Dordrecht: Springer, 2015, 359–378.

5 Gonzales, Gilbert/Przedworski, Julia/Henning-Smith, Carrie, »Comparison of health and health risk factors between lesbian, gay, and bisexual adults and heterosexual adults in the United States: Results from the National Health Interview Survey«, in: *JAMA Internal Medicine* 176, 9 (2016): 1344–1351.
6 Zaza, Stephanie/Kann, Laura/Barrios, Lisa C., »Lesbian, gay, and bisexual adolescents: population estimate and prevalence of health behaviors«, in: *JAMA* 316, 22 (2016): 2355–2356.
7 Monto, Martin A./Neuweiler, Sophia, »The rise of bisexuality: U.S. representative data show an increase over time in bisexual identity and persons reporting sex with both women and men«, in: *Journal of Sex Research* 61, 5 (2023): 1–14.
8 Dodge, Brian u. a., »Attitudes toward bisexual men and women among a nationally representative probability sample of adults in the United States«, in: *PloS One* 11, 10 (2016): e0164430.
9 Jabbour, Jeremy u. a., »Robust evidence for bisexual orientation among men«, in: *Proceedings of the National Academy of Sciences* 117, 31 (2020): 18369–18377.
10 Alfred Kinsey, zitiert nach: Erwin J. Haeberle, »Bisexualitäten – Geschichte und Dimensionen eines modernen wissenschaftlichen Problems«, in: ders./R. Gindorf, *Bisexualitäten – Ideologie und Praxis des Sexualkontaktes mit beiden Geschlechtern*, Stuttgart: Gustav Fischer Verlag, 1994, 1–39.
11 Slater, Eliot, »Birth order and maternal age of homosexuals«, in: *The Lancet* 279, 7220 (1962): 69–71.
12 Blanchard, Ray/Bogaert, Anthony F., »Homosexuality in men and number of older brothers«, in: *American Journal of Psychiatry* 153, 1 (1996): 27–31.
13 Bogaert, Anthony F., »Biological versus nonbiological older brothers and men's sexual orientation«, in: *Proceedings of the National Academy of Sciences* 103, 28 (2006): 10771–10774.
14 Blanchard, Ray, »Fraternal birth order, family size, and male homosexuality: Meta-analysis of studies spanning 25 years«, in: *Archives of Sexual Behavior* 47, 1 (2018): 1–15.
15 Blanchard, Ray/Cantor, James M./Bogaert, Anthony F./Breedlove, S. Marc/Ellis, Lee, »Interaction of fraternal birth order and handedness in the development of male homosexuality«, in: *Hormones and Behavior* 49, 3 (2006): 405–414.
16 Blanchard, Ray, »Fraternal birth order and the maternal immune hypothesis of male homosexuality«, in: *Hormones and Behavior* 40, 2 (2001): 105–114.
17 Blanchard, Ray/Klassen, Philip, »H-Y antigen and homosexuality in men«, in: *Journal of Theoretical Biology* 185, 3 (1997): 373–378.

18 Bogaert, Anthony F./Skorska, Malvina N./Wang, Chao/Gabrie, José/MacNeil, Adam J./Hoffarth, Mark R./VanderLaan, Doug P./Zucker, Kenneth J./Blanchard, Ray, »Male homosexuality and maternal immune responsivity to the Y-linked protein NLGN4Y«, in: *Proceedings of the National Academy of Sciences* 115, 2 (2018): 302–306.
19 Camperio Ciani, Andrea/Corna, Francesca/Capiluppi, Claudio, »Evidence for maternally inherited factors favouring male homosexuality and promoting female fecundity«, in: *Proceedings of the Royal Society of London. Series B: Biological Sciences* 271, 1554 (2004): 2217–2221.
20 Camperio Ciani, Andrea/Iemmola, Francesca/Blecher, Stan R., »Genetic factors increase fecundity in female maternal relatives of bisexual men as in homosexuals«, in: *Journal of Sexual Medicine* 6, 2 (2009): 449–455.
21 Hamer, Dean H./Hu, Stella/Magnuson, Victoria L./Hu, Nan/Pattatucci, Angela M. L., »A linkage between DNA markers on the X chromosome and male sexual orientation«, in: *Science* 261, 5119 (1993): 321–327.
22 Hu, Stella/Pattatucci, Angela M. L./Patterson, Chavis/Li, Lin/Fulker, David W./Cherny, Stacey S./Kruglyak, Leonid/Hamer, Dean H., »Linkage between sexual orientation and chromosome Xq28 in males but not in females«, in: *Nature Genetics* 11, 3 (1995): 248–256.
23 Rice, George/Anderson, Carol/Risch, Neil/Ebers, George, »Male homosexuality: absence of linkage to microsatellite markers at Xq28«, in: *Science* 284, 5414 (1999): 665–667.
24 Ganna, Andrea u. a., »Large-scale GWAS reveals insights into the genetic architecture of same-sex sexual behavior«, in: *Science* 365, 6456 (2019): eaat7693.
25 Manning, John T./Churchill, Andrew J. G./Peters, Michael, »The effects of sex, ethnicity, and sexual orientation on self-measured digit ratio (2D:4D)«, in: *Archives of Sexual Behavior* 36, 2 (2007): 223–233.
26 Wilson, Glenn D., »Finger-length as an index of assertiveness in women«, in: *Personality and Individual Differences* 4, 1 (1983): 111–112.
27 Okten, Ayşenur/Kalyoncu, Mukaddes/Yariş, Nilgün, »The ratio of second- and fourth-digit lengths and congenital adrenal hyperplasia due to 21-hydroxylase deficiency«, in: *Early Human Development* 70, 1–2 (2002): 47–54.
28 Manning, John T./Bundred, Peter E./Newton, Darren J./Flanagan, Brian F., »The second to fourth digit ratio and variation in the androgen receptor gene«, in: *Evolution and Human Behavior* 24, 6 (2003): 399–405.
29 Brown, Windy M./Finn, Christopher J./Breedlove, S. Marc, »Sexual dimorphism in digit-length ratios of laboratory mice«, in: *The Anatomical Record* 267, 3 (2002): 231–234.

30 Galis, Frietson/Ten Broek, Clara M. A./Van Dongen, Stefan/Wijnaendts, Liliane C. D., »Sexual dimorphism in the prenatal digit ratio (2D:4D)«, in: *Archives of Sexual Behavior* 39, 1 (2010): 57–62.

31 Jeevanandam, Saravanakumar/Muthu, Prathibha K., »2D:4D ratio and its implications in medicine«, in: *Journal of Clinical and Diagnostic Research: JCDR* 10, 12 (2016): CM01–CM03.

32 Williams, Terrance J./Pepitone, Michelle E./Christensen, Scott E./Cooke, Bradley M./Huberman, Andrew D./Breedlove, Nicholas J./Breedlove, Tessa J./Jordan, Cynthia L./Breedlove, S. Marc, »Finger length ratios and sexual orientation«, in: *Nature* 404 (2000): 455–456.

33 Brown, Windy M./Finn, Christopher J./Cooke, Bradley M./Breedlove, S. Marc, »Differences in finger length ratios between self-identified ›butch‹ and ›femme‹ lesbians«, in: *Archives of Sexual Behavior* 31, 1 (2002): 123–127.

34 Krämer, Bernd/Noll, Thomas/Delsignore, Aba/Milos, Gabriella/Schnyder, Ulrich/Hepp, Urs, »Finger length ratio (2D:4D) and dimensions of sexual orientation«, in: *Neuropsychobiology* 53, 4 (2006): 210–214.

35 Capps, Donald/Carlin, Nathan Steven, »The homosexual tendencies of King James: Should this matter to Bible readers today?«, in: *Pastoral Psychology* 55 (2007): 667–699.

36 Bergeron, David M., *King James & Letters of Homoerotic Desire*, Iowa City: University of Iowa Press, 1999.

Leseempfehlungen

In den vielen Jahren, in denen ich mit der Arbeit an diesem Buch beschäftigt war, habe ich nicht weniger als 50 Bücher und Hunderte – vielleicht Tausende – von wissenschaftlichen Fachartikeln über die hier behandelten Themen gelesen, und vieles davon lag deutlich außerhalb meines eigenen Fachbereiches. Eine Handvoll Bücher ragen aber als besonders gute Empfehlungen für all jene heraus, die daran interessiert sind, tiefer in die biologischen Kenntnisse über Geschlecht, Gender und Sexualität sowie über ihre vielen gesellschaftlichen Auswirkungen vorzudringen. Ich nenne hier einige Titel, die mein Denken geprägt, mein Wissen vermehrt und mein Blickfeld erweitert haben. Nach meiner Überzeugung sind sie eine hervorragende Wahl für alle, die die gleichen Ambitionen haben.

Wenn es um eine neue Sichtweise auf die Art geht, wie Tiere Geschlecht und Gender verwirklichen, ragt ein Werk über alle anderen hinaus: *Evolution's Rainbow: Diversity, Gender, and Sexuality in Nature and People* von Joan Roughgarden. Dieses Buch war von fundamentaler Bedeutung für das Thema und wurde von einer wahren wissenschaftlichen Pionierin des Fachgebiets verfasst. Mit ihrer Erlaubnis habe ich den Titel ihres Buches für mein erstes Kapitel übernommen – wegen seiner Klugheit und als Hommage an diese angesehene Wissenschaftlerin und beeindruckende Autorin.

Ein eher unbeschwertes, aber nicht weniger kenntnisreiches Buch über Tiere ist Olivia Judsons *Die raffinierten Sexpraktiken der Tiere*. Es ist aufgebaut wie eine Ratgeberkolumne für Tiere, die Fragen im Zusammenhang mit ihrem sexuellen Erleben haben. »Dr. Tatiana« gibt kluge Ratschläge, erklärt die Einzelheiten verschiedener Formen des Geschlechtsverkehrs und wirft damit ein Licht auf die unglaublich vielgestaltige Fortpflanzung im Tierreich.

Ich kann auch nicht dem Drang widerstehen, mein eigenes Buch anzupreisen: *Not So Different: Finding Human Nature in Animals*, erschienen 2016. In den Kapiteln 4 und 5 wurden bereits die Samen für das vorliegende Buch ausgesät, denn ich erörtere dort sexuelle Verhaltensweisen von anderen Tieren und deren soziale/sexuelle Bindungen. Eingebettet sind diese Themen aber in eine längere Beschreibung des Tierverhaltens im Allgemeinen und der Art und Weise, wie die Evolution das Verhalten sozialer Tierarten prägt; damit liefert das Buch meiner Ansicht nach einen wichtigen Bezugsrahmen für das Verständnis von Gender und Sexualität. Für Leserinnen und Leser, die ein weiter gefasstes Interesse am Tierverhalten und insbesondere an der Frage haben, was es über das menschliche Verhalten aussagt, dürfte *Not So Different* eine gute Ergänzung zu dem vorliegenden Buch sein.

Das vielleicht bahnbrechendste und eindeutig wichtigste Buch über Genderverhalten bei Tieren ist *Bitch – Ein revolutionärer Blick auf Sex, Evolution und die Macht des Weiblichen im Tierreich* von Lucy Cooke. Dieses Werk ist das längst überfällige Gegengift gegen den heimtückischen Einfluss von Frauenhass und Patriarchat auf die biologischen Wissenschaften und bietet einen neuen Blick auf die Vielfalt weiblicher Verhaltensweisen in einem breiten Spektrum verschiedener Tiere. Zwar wird es wahrscheinlich ein oder zwei Generationen dauern, bis die durch die männlich dominierte Wissenschaft hervorgerufene Voreingenommenheit, die unsere Wahrnehmung des Tierverhaltens verzerrt hat, beseitigt ist; doch *Bitch* ist ein starker Auftakt für diesen Wandel und sollte von allen gelesen werden, die sich für Tiere interessieren – insbesondere von jenen, die sich beruflich damit beschäftigen wollen.

Und wo ich schon dabei bin: Cat Bohannons Buch *Eva: Das Wunder des weiblichen Körpers – und wie er seit 200 Millionen Jahren die Entwicklung des Lebens auf der Erde vorantreibt* passt ausgezeichnet zu Cookes *Bitch*. Es konzentriert sich stärker auf Menschen, allerdings mit der gleichen ganzheitlichen evolutionären Sichtweise. Von der Anprangerung sexistischer medizinischer Methoden und Forschungsprioritäten bis zu einem Loblied auf schamfreie weibliche sexuelle Befriedigung setzt sich *Eva* gegen die jahrhundertealte gesellschaftliche Unterdrückung alles Weiblichen zur Wehr. Alle Männer, vor allem diejenigen, die an der Macht sind, sollten es lesen.

Wer ein Buch sucht, das Gender und Genderverhalten von Primaten genau unter die Lupe nimmt, um damit unser eigenes Genderkonstrukt besser zu verstehen, dem empfehle ich *Der Unterschied: Was wir von Primaten über Gender lernen können* von Frans de Waal, dem vielleicht weltweit führenden Menschenaffen-Verhaltensforscher. De Waal hat während seines ganzen Lebens die Verhaltensweisen unserer engsten Verwandten, der Bonobos und Gemeinen Schimpansen, studiert; alle seine Bücher strotzen von Klugheit und Erkenntnissen darüber, warum Menschenaffen einschließlich des Menschen sich so verhalten, wie sie es tun. De Waals Tod 2024 hinterließ in der Primatenforschung eine riesige Lücke. Seine früheren Bücher, insbesondere *Unsere haarigen Vettern. Neueste Erfahrungen mit Schimpansen* (1983), *Der Affe in uns. Warum wir sind, wie wir sind* (2006), *Are We Smart Enough to Know How Smart Animals Are?* (2016) und *Mamas letzte Umarmung: Die Emotionen der Tiere und was sie über uns Menschen verraten* (2020), hatten tiefgreifende Auswirkungen auf unser allgemeines Verständnis der Emotion und Kognition von Primaten inklusive des Menschen.

Das umfangreichste verfügbare Buch, das sich ausschließlich mit gleichgeschlechtlichen Verhaltensweisen bei Tieren beschäftigt, ist *Biological Exuberance: Animal Homosexuality and Natural Diversity* von Bruce Bagemihl. Der Band führt eine gewaltige Menge an Forschungsarbeit zusammen und ist üppig illustriert. Ein Kinderbuch über das gleiche Thema brachte Eliot Shrefer 2022 heraus: *Queer Ducks (and Other Animals): The Natural World of Animal Sexuality*.

Für alle, die die Herausforderung annehmen wollen, sich mit einem umfassenden wissenschaftlichen Werk über das Thema zu beschäftigen, ist *Mammalian Sexuality* von Alan Dixson sicher ein lohnenswerter Zeitaufwand. Das Buch enthält ein sorgfältiges Quellenverzeichnis und bietet damit leichten Zugang zu der Primärliteratur, auf der es basiert. Besonders hilfreich finde ich das, wenn ich mich mit theoretischen Konstrukten auseinandersetze, denen ich skeptisch gegenüberstehe, wie beispielsweise der Weibchenmimikry und anderen Verhaltensweisen, die manche Autoren als Täuschung interpretieren.

Das richtungsweisende populärwissenschaftliche Buch über die Vielfalt der menschlichen Sexualität ist mit großem Abstand *Sex – Die wahre Geschichte* von Christopher Ryan und Cacilda Jethá. Dieses Buch rückte – vielleicht mehr als jedes andere – die Realität der sexuellen Diversität von Menschen ins öffentliche Bewusstsein, und zwar so, dass man es nicht ignorieren konnte. Ich empfehle dieses Buch dringend allen, die von Kapitel 6 fasziniert sind, denn es bietet einen viel detaillierteren Blick auf die unzähligen Weisen, wie menschliche Gesellschaften und auch unsere Primatenvorfahren sexuelle Beziehungen im Laufe ihrer Geschichte strukturiert haben. Als ein ähnliches Buch, das sich aber weniger auf die anthropologischen und evolutionären Analysen der Sexualität konzentriert und eher ein unterhaltsamer Rundgang durch die Vielfalt der modernen Sexualpraktiken auf der ganzen Welt ist, schlage ich das 2017 erschienene *Sex Rules! Astonishing Sexual Practices and Gender Roles Around the World* von Janice Zarro Brodman vor.

Allen, die mehr über die verschiedenen Spielarten der einvernehmlichen Nicht-Monogamie in der heutigen Zeit erfahren möchten, empfehle ich *Schlampen mit Moral: Warum es an der Zeit ist, Sex und Liebe neu zu denken – wie Polyamorie, offene Beziehungen und andere Abenteuer gelingen können* von Dossie Easton und Janet W. Hardy. Dieser Band bietet einen faszinierenden Blick darauf, wie moderne Paare und einzelne Menschen die vielfältigen Möglichkeiten ihrer Sexualität ausleben. Dazu ein Ratschlag: Ich halte dieses Buch zwar für den besten Ausgangspunkt, es sollte aber nicht das Ende der Lektüre sein, denn das Thema ist nach wie vor stark belastet. Ich würde so viele Sichtweisen wie möglich betrachten, bevor ich mich in mein eigenes einvernehmlich-nichtmonogames Abenteuer stürze.

Nachdrücklich empfehlen kann ich auch den Podcast und die zugehörige Website *Savage Love* von Dan Savage; hier behandelt dieser Fragen, die von normalen Menschen und Paaren auf ihrem Weg durch die Welt von Sex, Liebe und Beziehungen aufgeworfen werden. Eine Sammlung der aufschlussreichsten Beiträge aus seiner Ratgeberkolumne ist auch als Buch erschienen: *Aus purer Lust: Sextipps* ist durchaus lesenswert. Ein Buch, das sich stärker auf Sex, Liebe und Attraktion bei Frauen konzentriert, ist *Sexual Fluidity: Understanding Women's Love and Desire* von Lisa M. Diamond, einer weltweit führenden Expertin für die Erforschung der sexuellen Anziehungskraft.

Sehr empfehlenswert ist auch *The Lifestyle: A Look at the Erotic Rites of Swingers* von Terry Gould. Dieses Buch machte das Phänomen des Swingens in den Vereinigten Staaten allgemein bekannt und zeichnet seine faszinierende Geschichte auf den US-Militärstützpunkten nach. In die gleiche Richtung geht *The Polyamorists Next Door: Inside Multiple-Partner Relationships and Families* von Elisabeth Sheff, das ebenfalls dazu beiträgt, die einvernehmliche Nicht-Monogamie in der modernen Welt zu entmystifizieren und vom Stigma zu befreien.

Für alle, die dagegen an einer historischen oder anthropologischen Analyse sexueller Beziehungen von Menschen – in der Fachsprache »Paarungstypen« genannt – interessiert sind, gibt es eine ganze Reihe wissenschaftlicher Werke. Nachdrücklich empfehle ich *Der Ursprung der Familie, des Privateigentums und des Staats* von Friedrich Engels, *The Family: A World History* von Mary Jo Maynes und Ann Waltner sowie *In schlechten wie in guten Tagen: Die Ehe – eine Liebesge-*

schichte von Stephanie Coontz. Und Rui Diogo schließlich widmet in seinem Hauptwerk *Meaning of Life, Human Nature, and Delusions* mehrere Kapitel der genauen Analyse moderner und vormoderner Vorstellungen von Ehe, Geschlecht, Gender und Sexualität – einschließlich eines kritischen Blicks auf einige der in diesem Abschnitt von mir aufgeführten Bücher.

Allen, die sich für die menschliche Intersex-Diversität interessieren, empfehle ich den Roman *Middlesex* von Jeffrey Eugenides, der damit 2003 den Pulitzerpreis für Belletristik gewann. Das Buch wurde zwar nicht von einer intergeschlechtlichen Person verfasst, es brachte das Thema aber ins öffentliche Bewusstsein und ist eine sensible, beeindruckende Geschichte über das Erwachsenwerden einer Intersex- und Transgender-Hauptfigur. Dagegen wirft *Sexing the Body: Gender Politics and the Construction of Sexuality* von Anne Fausto-Sterling einen maßgeblichen, fachkundigen und hin und wieder sehr fachsprachlichen Blick aus nicht binärer Perspektive auf den menschlichen Körper. Viel über die Biologie und Geschichte des intergeschlechtlichen Körpers erfuhr ich auch aus *Fixing Sex: Intersex, Medical Authority, and Lived Experience* von Katrina Karkazis sowie aus *Bodies in Doubt: An American History of Intersex* von Elizabeth Reis. Und zum Schluss empfehle ich noch *Born Both: An Intersex Life* von Hida Viloria – eine ergreifende, herzzerreißende, letztlich aber zuversichtliche Erzählung in der ersten Person über intergeschlechtliche Erfahrungen.

Index

H

N

O

P

U

V

FSC
www.fsc.org
MIX
Papier | Fördert gute Waldnutzung
FSC® C083411

Die amerikanische Originalausgabe erschien 2025 unter dem Titel ›The Sexual Evolution. How 500 Million Years of Sex, Gender, and Mating Shape Modern Relationships‹ bei Mariner Books, New York/Boston.

1. Auflage 2025

Übersetzung: Sebastian Vogel
Lektorat: Kerstin Thorwarth
Umschlaggestaltung: Lübbeke Naumann Thoben, Köln
Satz: Fagott, Ffm
Gesetzt aus der Nova Aldus Pro
Druck und Verarbeitung: CPI books GmbH, Leck
Gedruckt auf säurefreiem und chlorfrei gebleichtem Papier
Printed in Germany
ISBN 978-3-7558-0014-9

www.dumont-buchverlag.de